Matemàtiques aplicades a les ciències socials

1

Jordi Besora i Torradeflot
Josep Maria Guiteras i Piella
Àngela Jané i Sanahuja

Revisió tècnica
Alícia Almonacid Goberna

Mc Graw Hill Education

MADRID – BARCELONA – BOGOTÀ – BUENOS AIRES – CARACAS – GUATEMALA
MÈXIC – NOVA YORK – PANAMÀ – SAN JUAN – SANTIAGO – SÃO PAULO
AUCKLAND – HAMBURG – LONDRES – MILÀ – MONTREAL – NOVA DELHI – PARÍS
SAN FRANCISCO – SYDNEY – SINGAPUR – SAINT LOUIS – TÒQUIO – TORONTO

COM S'USA AQUEST PROJECTE

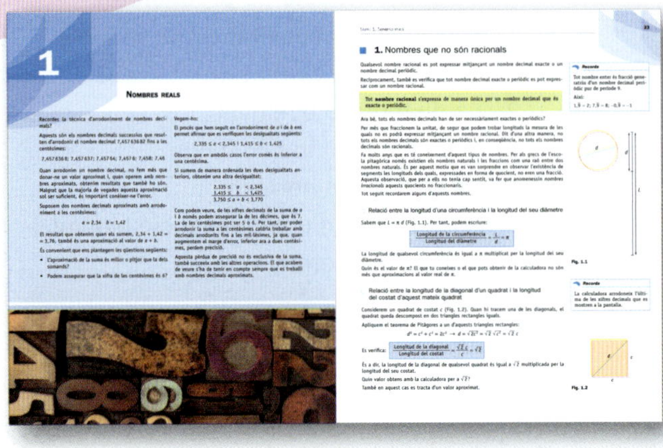

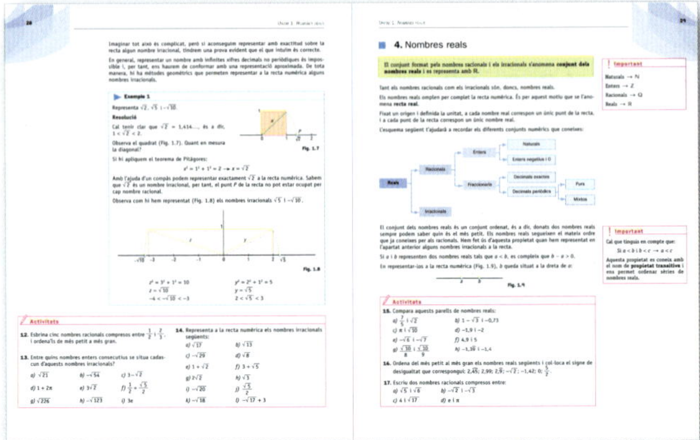

Comencem

Cada unitat s'enceta amb una pàgina que té la finalitat d'introduir els continguts que s'hi desenvoluparan i que fan referència als coneixements previs necessaris per comprendre més bé el que es treballarà tot seguit.

Desenvolupament de la unitat

Diferents apartats en els quals s'inclouen els continguts conceptuals i procedimentals, exemples resolts i, al final de cada apartat, activitats d'aprenentatge.

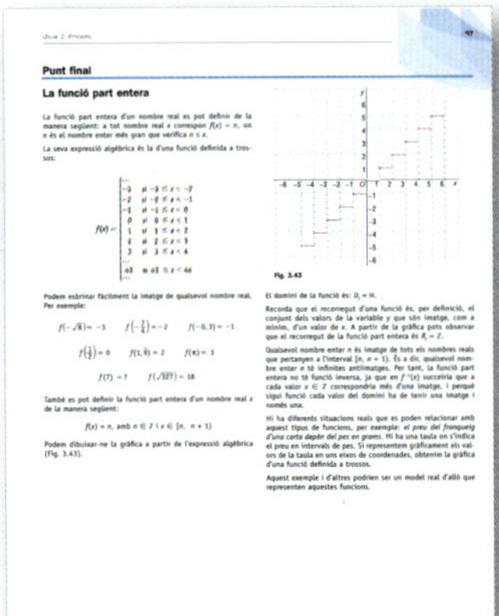

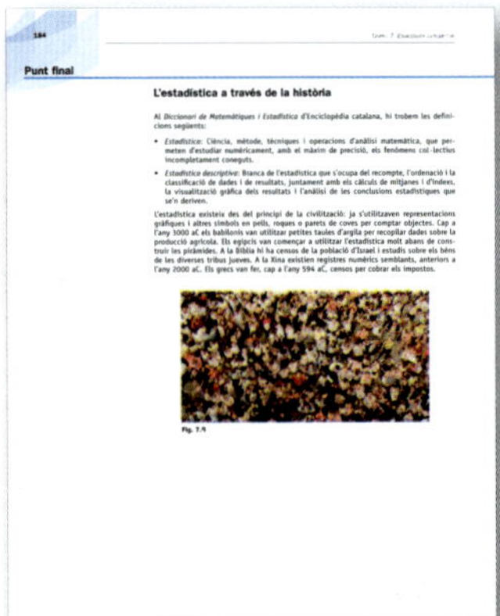

Punt final

Curiositats, exemples, resolució de situacions reals o nocions breus d'història de les matemàtiques que tenen relació amb els continguts treballats a la unitat.

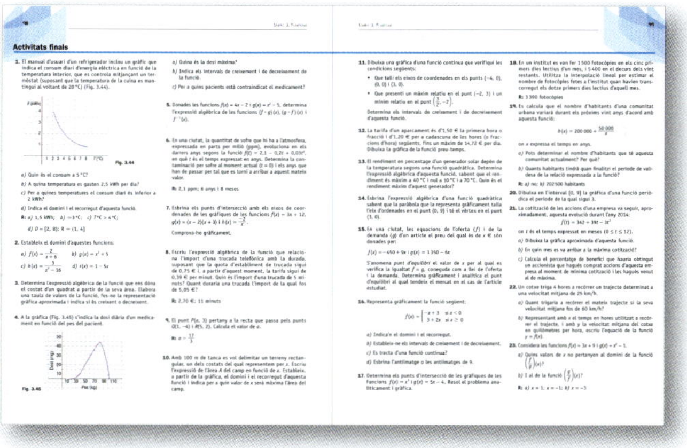

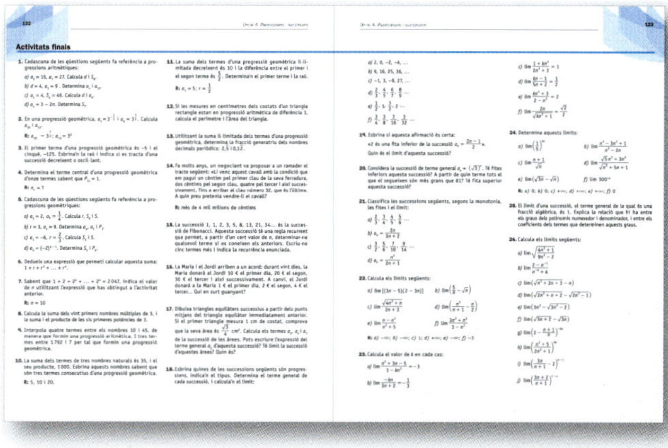

Activitats finals

Recull d'exercicis i de problemes proposats amb la finalitat que l'alumnat sedimenti i apliqui els coneixements adquirits.

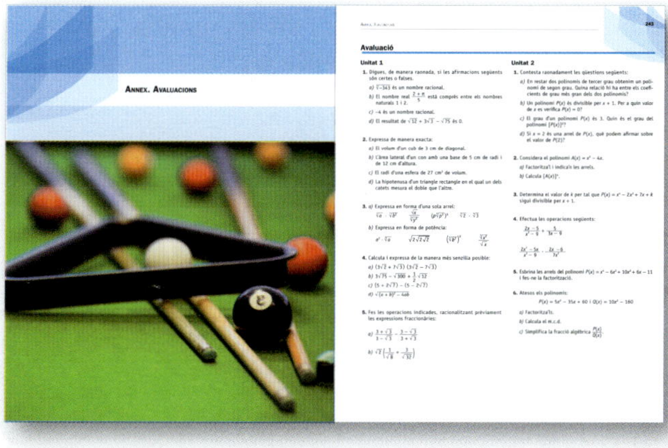

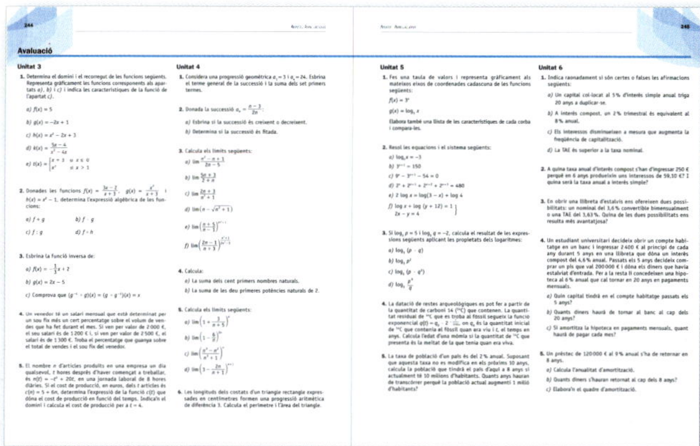

Annex

Al final de tot, l'Annex que clou el llibre presenta un seguit d'activitats d'avaluació de les deu unitats de que consta el llibre, perquè l'alumnat pugui avaluar els coneixements que ha anat adquirint al llarg de cadascuna de les unitats treballades.

0

Una mica de tot

- En una entitat bancària, 1025 € produeixen uns interessos anuals de 35,88 €. En les mateixes condicions, quins interessos obtindríem per 850 €? Quin és el rèdit anual que aquesta entitat ofereix als clients?

  Si les condicions són les mateixes, el capital que s'inverteix i els interessos que genera són directament proporcionals. Per tant, el quocient o raó entre parells de valors que es corresponen és constant i podem establir la proporció següent:

  $$\frac{1025\ €}{35{,}88\ €} = \frac{850\ €}{i} \rightarrow i = \frac{35{,}88\ € \cdot 850\ €}{1025\ €} = 29{,}75\ €$$

  Per 850 € s'obtindrien 29,75 € d'interessos anuals.

  El *rèdit* és el percentatge d'interès amb què l'entitat bancària gratifica els clients que li confien els seus estalvis. Per determinar-lo, cal que calculem els interessos que produirien 100 € en un any, és a dir:

  $$\frac{1025\ €}{35{,}88\ €} = \frac{100\ €}{r} \rightarrow r = \frac{35{,}88\ € \cdot 100\ €}{1025\ €} = 3{,}5\ €$$

  L'entitat bancària ofereix als seus clients un rèdit anual del 3,5%.

- Un automobilista omple el dipòsit de combustible del seu cotxe amb 47,66 L de gasoil A, a 0,72 €/L.

  Amb la mateixa quantitat de diners, quants litres de carburant podria haver adquirit per a un vehicle que utilitzés benzina sense plom si el seu preu és de 0,82 €/L?

  Si gastem la mateixa quantitat de diners, el nombre de litres de carburant i el seu preu són inversament proporcionals. Per tant, el producte de parells de valors que es corresponen és constant.

  S'ha de verificar la igualtat:

  $$47{,}66\ \text{L} \cdot 0{,}72\ €/\text{L} = x \cdot 0{,}82\ €/\text{L}$$

  $$x = \frac{47{,}66\ \text{L} \cdot 0{,}72\ €/\text{L}}{0{,}82\ €/\text{L}} = 41{,}85\ \text{L}$$

  Amb la mateixa quantitat de diners podria haver comprat 41,85 L de benzina sense plom.

Les quantitats representades en els exercicis anteriors són nombres racionals.

1. Nombres racionals

Un nombre racional és el quocient entre dos nombres enters a i b, tals que $b \neq 0$.

Es pot expressar mitjançant la fracció $\frac{a}{b}$ o mitjançant el nombre, enter o decimal, que s'obté com a resultat de dividir a entre b.

Les fraccions $\frac{3}{5}, \frac{21}{35}, \frac{-9}{-15}, \frac{33}{55}, \ldots$ corresponen al mateix nombre racional. En tots els casos, el quocient entre el numerador i el denominador és igual a 0,6. Qualssevol d'aquestes fraccions, per exemple $\frac{3}{5}$ i $\frac{21}{35}$, són **equivalents**. Escrivim:

$$\frac{3}{5} = \frac{21}{35} \text{ i es verifica que } 3 \cdot 35 = 5 \cdot 21$$

Podem ampliar el concepte de nombre racional:

El conjunt de les fraccions equivalents a una fracció donada s'anomena **nombre racional.**

A totes les fraccions que representen el mateix nombre racional els correspon també el mateix nombre decimal. Per tant, l'expressió decimal d'un nombre racional és única, però l'expressió fraccionària, no.

De totes les fraccions que representen un mateix nombre racional, cal destacar la **fracció irreductible,** és a dir, la fracció en què el numerador i el denominador són primers entre si.

Per tal d'esbrinar la fracció irreductible d'una fracció donada (procés que es coneix amb el nom de **simplificació** de la fracció) n'hi ha prou de dividir el numerador i el denominador pel màxim comú divisor (m. c. d.) d'ambdós.

! Important

El conjunt dels nombres racionals es representa mitjançant la lletra $\mathbb{Q}$. Inclou el conjunt $\mathbb{Z}$ dels nombres enters que, al seu torn, conté el conjunt $\mathbb{N}$ dels nombres naturals.

! Important

$$\frac{a}{b} = \frac{c}{d} \Leftrightarrow a \cdot d = b \cdot c$$

2. Fraccions i nombres decimals

Determinar el nombre decimal que correspon a una fracció $\frac{a}{b}$ és senzill: només cal que dividim a entre b. Si a és múltiple de b, el resultat de la divisió és un nombre enter. En cas contrari, sempre obtindrem un nombre decimal exacte o periòdic:

$$\frac{11}{4} = 2{,}75 \rightarrow \text{nombre decimal exacte.}$$

$$\frac{40}{11} = 3{,}\widehat{63} \rightarrow \text{nombre decimal periòdic pur.}$$

$$-\frac{5}{6} = -0{,}8\widehat{3} \rightarrow \text{nombre decimal periòdic mixt.}$$

Tot nombre decimal exacte o periòdic es pot expressar en forma de fracció, que es coneix amb el nom de **fracció generatriu del nombre decimal.**

Qualsevol nombre decimal exacte es pot expressar com una fracció decimal, és a dir, una fracció el denominador de la qual és una potència de base 10. Per exemple:

$$2{,}25 = \frac{225}{100} = \frac{9}{4} \qquad 0{,}684 = \frac{684}{1\,000} = \frac{171}{250} \qquad -1{,}7 = -\frac{17}{10}$$

El procediment per determinar la fracció generatriu d'un nombre decimal periòdic és una mica més complicat. Observa amb atenció els dos exemples següents:

- Expressem $1,\widehat{36}$ en forma de fracció:

$$f = 1,\widehat{36} \;\rightarrow\; 100f = 136,\widehat{36}$$

Restem membre a membre la primera igualtat de la segona i aïllem f:

$$99\,f = 135 \;\rightarrow\; f = \frac{135}{99} = \frac{15}{11} \;\rightarrow\; 1,\widehat{36} = \frac{15}{11}$$

- Expressem $2,8\widehat{3}$ en forma de fracció:

$$f = 2,8\widehat{3} \;\rightarrow\; 10\,f = 28,\widehat{3} \;\rightarrow\; 100\,f = 283,\widehat{3}$$

Restem membre a membre la segona igualtat de la tercera i aïllem f:

$$90\,f = 255 \;\rightarrow f = \frac{255}{90} = \frac{17}{6} \;\rightarrow\; 2,8\widehat{3} = \frac{17}{6}$$

3. Operacions amb nombres racionals

Habitualment, les operacions amb nombres racionals resulten més senzilles si aquests s'expressen en forma de fracció. Per aquest motiu, repassarem breument les operacions amb fraccions.

3.1 Suma i resta

Únicament podem sumar i restar fraccions que tinguin el mateix denominador. Si no es verifica aquesta condició, cal que les substituïm per altres fraccions equivalents que tinguin el mateix denominador. És aconsellable que aquest denominador sigui el mínim comú múltiple dels denominadors:

$$0,58\widehat{3} + \frac{3}{20} - \frac{13}{15} = \frac{7}{12} + \frac{3}{20} - \frac{13}{15} = \frac{35}{60} + \frac{9}{60} - \frac{52}{60} = -\frac{8}{60} = -\frac{2}{15}$$

3.2 Multiplicació

El resultat de multiplicar dues fraccions és una altra fracció que té per numerador el producte dels numeradors i per denominador el producte dels denominadors:

$$\frac{4}{9} \cdot \frac{3}{5} = \frac{12}{45} = \frac{4}{15} \qquad 18 \cdot 0,\widehat{12} = 18 \cdot \frac{4}{33} = \frac{72}{33} = \frac{24}{11}$$

3.3 Divisió

Per dividir dues fraccions només cal multiplicar la primera per la inversa de la segona:

$$\frac{5}{6} : \frac{4}{3} = \frac{5}{6} \cdot \frac{3}{4} = \frac{15}{24} = \frac{5}{8} \qquad 1{,}2 : 0{,}\widehat{6} = \frac{6}{5} : \frac{2}{3} = \frac{6}{5} \cdot \frac{3}{2} = \frac{18}{10} = \frac{9}{5}$$

3.4 Potenciació

Si $\frac{a}{b}$ és una fracció i n un nombre natural:

$$\left(\frac{a}{b}\right)^n = \frac{a^n}{b^n} \quad \text{i} \quad \left(\frac{a}{b}\right)^{-n} = \left(\frac{b}{a}\right)^n = \frac{b^n}{a^n}$$

Si l'exponent és zero, $\left(\frac{a}{b}\right)^0 = 1$.

$$\left(-\frac{2}{3}\right)^3 = -\frac{2^3}{3^3} = -\frac{8}{27} \quad \text{i} \quad (0{,}\widehat{5})^{-2} = \left(\frac{5}{9}\right)^{-2} = \left(\frac{9}{5}\right)^2 = \frac{9^2}{5^2} = \frac{81}{25}$$

! Important

Si $\frac{a}{b} > 0$, la potència $\left(\frac{a}{b}\right)^n$ sempre és un nombre racional positiu.

Si $\frac{a}{b} < 0$, la potència $\left(\frac{a}{b}\right)^n$ és positiva si n és parell i negativa si n és senar.

! Important

Quan hagis de fer operacions combinades amb nombres racionals, recorda la prioritat de les operacions i tingues en compte la col·locació dels parèntesis.

4. Percentatges

Els **percentatges** són una de les principals aplicacions pràctiques de la proporcionalitat directa.

El seu ús és molt freqüent en nombrosos aspectes de la realitat quotidiana.

El **tant per cent** t d'una quantitat Q es calcula fent $\frac{t}{100}\,Q$.

La mateixa quantitat Q, disminuïda en un t per cent, es transforma en:

$$Q - \frac{t}{100}\,Q = Q\left(1 - \frac{t}{100}\right)$$

I incrementada en un t per cent es converteix en:

$$Q + \frac{t}{100}\,Q = Q\left(1 + \frac{t}{100}\right)$$

Així, per exemple, només cal multiplicar una quantitat Q per 0,12 per calcular-ne el 12 %, per $1 - 0{,}12 = 0{,}88$ per disminuir-la un 12 % i per $1 + 0{,}12 = 1{,}12$ per incrementar-la un 12 %.

4.1 Percentatges simultanis

Si els percentatges s'apliquen a una mateixa quantitat els podem sumar, independentment de l'ordre en què s'hagin efectuat.

4.2 Percentatges successius

Els descomptes o els recàrrecs que s'apliquen successivament, és a dir, cadascun sobre el preu resultant de l'anterior, no es poden sumar. El motiu és evident: els diferents percentatges no fan referència a la mateixa quantitat. Tot i així, no importa l'ordre amb què s'apliquin aquests percentatges.

5. Equacions de primer grau

5.1 Amb una incògnita

Qualsevol equació de primer grau amb una incògnita pot adoptar la forma $ax = b$, en què x és la incògnita i a i b són dos nombres reals.

- Si $a = 0$ i $b \neq 0$, l'equació no té solució.
- Si $a = 0$ i $b = 0$, la igualtat $0x = 0$ es verifica per a qualsevol valor de x. Per tant, l'equació proposada és, en realitat, una identitat.
- Si $a \neq 0$, l'equació té una única solució: $x = \dfrac{b}{a}$.

Exemple 1

Resol les equacions següents:

a) $\dfrac{3(x-2)}{5} - \dfrac{6-5x}{15} = \dfrac{2(x-5)}{3}$

b) $x(2x+7)(x-3) = 0$

c) $\dfrac{x+1}{x} = \dfrac{x}{x-3}$

Resolució

a) Ja saps els passos que cal seguir: eliminar els denominadors multiplicant els dos membres per l'm. c. m., eliminar els parèntesis aplicant-hi la propietat distributiva, transposar els termes, reduir els termes semblants i, finalment, aïllar la incògnita.

$$9(x-2) - (6-5x) = 10(x+5)$$

$$9x - 18 - 6 + 5x = 10x + 50$$

$$9x + 5x - 10x = 50 + 18 + 6 \rightarrow 4x = 74$$

$$x = \frac{74}{4} = \frac{37}{2}$$

b) Observa que es tracta d'una equació de tercer grau. No obstant això, el primer membre està expressat com un producte de tres factors i el segon membre és zero. Podem resoldre-la de manera senzilla si tenim en compte que, perquè un producte de diferents factors sigui nul, només cal que ho sigui un d'aquests factors. En conseqüència, les solucions de l'equació proposada són:

$$x = 0$$

$$2x + 7 = 0 \rightarrow x = -\frac{7}{2}$$

$$x - 3 = 0 \rightarrow x = 3$$

c) És una equació expressada en forma de proporció i, per tant, el producte de mitjans ha de ser igual al producte d'extrems:

$$(x+1)(x-3) = x^2 \rightarrow x^2 - 2x - 3 = x^2$$

$$-2x - 3 = 0 \rightarrow -2x = 3 \rightarrow x = -\frac{3}{2}$$

5.2 Amb dues incògnites

Adopten l'expressió general $ax + by = c$, en què x i y són les incògnites i a, b i c són nombres reals tals que $a \neq 0$ i $b \neq 0$. A diferència de les equacions de primer grau amb una incògnita, aquest tipus d'equacions tenen un nombre il·limitat de solucions, cadascuna de les quals està determinada per dos nombres reals, x i y.

Podem esbrinar tantes solucions com vulguem donant valors arbitraris a una de les incògnites i calculant, per a cadascun d'aquests valors, el valor de l'altra incògnita que fa que l'equació es compleixi.

Exemple 2

Esbrina tres solucions de l'equació $2x + y = 7$.

Resolució

Donem tres valors a x i esbrinem els valors corresponents de y:

$$x = 0 \rightarrow 2 \cdot 0 + y = 7 \rightarrow y = 7$$

$$x = \frac{1}{2} \rightarrow 2 \cdot \frac{1}{2} + y = 7 \rightarrow 1 + y = 7 \rightarrow y = 6$$

$$x = \pi \rightarrow 2\pi + y = 7 \rightarrow y = 7 - 2\pi$$

Tres solucions de l'equació que hem proposat són:

$$x = 0,\ y = 7;\ x = \frac{1}{2},\ y = 6;\ x = \pi,\ y = 7 - 2\pi$$

6. Equacions de segon grau

Qualsevol equació de segon grau amb una incògnita pot escriure's en la forma $ax^2 + bx + c = 0$, en què a, b i c són nombres reals i $a \neq 0$. Tot seguit repassarem la manera de resoldre aquestes equacions.

6.1 Equacions del tipus $ax^2 + c = 0$

Per esbrinar-ne les solucions, només cal que aïllem x^2 i, a continuació, extraiem l'arrel quadrada dels dos membres de l'equació equivalent que en resulta:

$$ax^2 = -c \rightarrow x^2 = \frac{-c}{a} \rightarrow x = \pm\sqrt{\frac{-c}{a}}$$

Observa que:

Si $c = 0$, la solució de l'equació és $x = 0$.

Si $\frac{c}{a} < 0$, l'equació té dues solucions que són nombres reals oposats.

Si $\frac{c}{a} > 0$, l'equació no té solucions reals.

> **! Important**
>
> Per resoldre les equacions de segon grau amb $b = 0$ o $c = 0$, conegudes amb el nom d'**incompletes**, no és necessari aplicar-hi la fórmula general.

6.2 Equacions del tipus $ax^2 + bx = 0$

Es resolen factoritzant el primer membre i aplicant-hi el criteri que hem indicat anteriorment per a aquest tipus de situacions:

$$x(ax + b) = 0 \begin{cases} \rightarrow x = 0 \\ \rightarrow ax + b = 0 \rightarrow x = -\dfrac{b}{a} \end{cases}$$

Les solucions són $x_1 = 0$ i $x_2 = -\dfrac{b}{a}$.

6.3 Equacions completes, del tipus $ax^2 + bx + c = 0$

Ja saps que hi ha una fórmula per resoldre-les. Recordem-la:

$$x = \frac{-b \pm \sqrt{b^2 - 4ac}}{2a}$$

Aquesta expressió estableix dues solucions per a l'equació:

$$x_1 = \frac{-b + \sqrt{b^2 - 4ac}}{2a} \quad \text{i} \quad x_2 = \frac{-b - \sqrt{b^2 - 4ac}}{2a}$$

El radicand $b^2 - 4ac$ es coneix amb el nom de **discriminant** de l'equació de segon grau i sol representar-se amb la lletra delta majúscula de l'alfabet grec: $\Delta = b^2 - 4ac$.

Es verifica que:

- Si $\Delta = 0$, l'equació té dues solucions iguals, o el que és el mateix, una solució doble.
- Si $\Delta > 0$, l'equació té dues solucions reals diferents.
- Si $\Delta < 0$, l'equació no té solucions reals.

Exemple 3

Resol les equacions següents:

a) $(2x + 5)^2 = 3$

b) $\dfrac{x}{x+1} + \dfrac{x}{x+4} = 1$

c) $(x - 5)(3x^2 - 10x + 3) = 0$

Resolució

a) No és necessari desenvolupar el quadrat i transposar el terme 3 per arribar a l'expressió $ax^2 + bx + c = 0$. Per tal d'obtenir les solucions d'aquesta equació, n'hi ha prou a extreure l'arrel quadrada dels dos membres:

$$2x + 5 = \pm\sqrt{3} \begin{cases} \rightarrow 2x = -5 + \sqrt{3} \rightarrow x_1 = \dfrac{-5 + \sqrt{3}}{2} \\ \rightarrow 2x = -5 - \sqrt{3} \rightarrow x_2 = \dfrac{-5 - \sqrt{3}}{2} \end{cases}$$

b) Per eliminar els denominadors, podem multiplicar els dos membres de la igualtat per l'expressió $(x + 1)\ (x + 4)$. Després, efectuem les operacions indicades i la transposició de tots els termes.

$$x\,(x + 4) + x\,(x + 1) = (x + 1)\,(x + 4) \;\rightarrow\; x^2 + 4x + x^2 + x = x^2 + 5x + 4$$

L'equació equivalent obtinguda és de resolució immediata:

$$x^2 = 4 \;\rightarrow\; x = \pm\sqrt{4} = \pm 2$$

c) Cal tenir en compte que tenim un producte de dos factors igualat a zero. Aleshores:

$$(x - 5)\,(3x^2 - 10x + 3) = 0 \;\begin{cases} x - 5 = 0 \;\rightarrow\; x_1 = 5 \\ 3x^2 - 10x + 3 = 0 \end{cases}$$

$$x = \frac{10 \pm \sqrt{100 - 36}}{6} = \frac{10 \pm 8}{6} = \begin{cases} x_2 = 3 \\ x_3 = \dfrac{1}{3} \end{cases}$$

7. Equacions biquadrades

Es coneixen amb aquest nom les equacions de quart grau amb una incògnita que són del tipus $ax^4 + bx^2 + c = 0$, en què x és la incògnita i a, b i c són nombres reals amb $a \neq 0$.

Aquestes equacions es poden transformar fàcilment en una equació de segon grau fent el canvi $x^2 = t$. Efectivament:

$$ax^4 + bx^2 + c = 0 \;\rightarrow\; a(x^2)^2 + bx^2 + c = 0 \xrightarrow{x^2 = t} at^2 + bt + c = 0$$

Si resolem l'equació de segon grau en t i desfem el canvi efectuat, $x = \pm\sqrt{t}$, obtindrem les solucions de l'equació biquadrada original.

Les equacions biquadrades poden tenir un màxim de quatre solucions reals, però també és possible que no en tinguin cap.

Exemple 4

Resol les equacions següents:

a) $x^4 + 3x^2 = 0$ *b)* $x^4 - 10x^2 + 24 = 0$

c) $2x^4 + 7x^2 + 3 = 0$

Resolució

a) Observa que no cal fer cap canvi. N'hi ha prou a treure factor comú:

$$x^2\,(x^2 + 3) = 0 \;\begin{cases} x^2 = 0 \;\rightarrow\; x = 0 \text{ solució doble} \\ x^2 + 3 = 0 \;\rightarrow\; x^2 = -3 \text{ sense solucions reals} \end{cases}$$

L'equació proposada té la solució doble $x = 0$.

b) Fent el canvi $x^2 = t$ obtenim $t^2 - 10t + 24 = 0$.

Les solucions d'aquesta equació són $t_1 = 6$ i $t_2 = 4$.

Si tenim en compte que $x = \pm\sqrt{t}$, ens queda:

$$x = \pm\sqrt{6} \quad \text{i} \quad x = \pm\sqrt{4} = \pm 2$$

L'equació té quatre solucions reals:

$$x_1 = \sqrt{6},\; x_2 = -\sqrt{6},\; x_3 = 2 \text{ i } x_4 = -2$$

c) Si procedim com a l'apartat anterior, obtenim:

$$t_1 = -\frac{1}{2} \text{ i } t_2 = -3$$

Per tant, l'equació biquadrada proposada no té solucions reals.

8. Equacions irracionals

Les equacions irracionals són aquelles en què la incògnita se situa sota el signe del radical. Ens limitarem a equacions irracionals que només tinguin radicals d'índex 2.

La resolució d'aquest tipus d'equacions passa forçosament per eliminar-ne tots els radicals. Per aconseguir-ho, haurem d'elevar al quadrat els dos membres de la igualtat les vegades que siguin necessàries. Recordem que aquest procés pot introduir solucions fictícies i, per tant, haurem de comprovar a l'equació original que les solucions obtingudes són correctes.

Exemple 5

Resol les equacions següents:

a) $\sqrt{x}+6=x$ *b)* $\sqrt{x}+\sqrt{x+5}=5$

Resolució

a) Quan es dóna el cas, com a l'exemple, que l'equació conté un únic radical, és aconsellable aïllar-lo en un dels membres abans d'eliminar-lo:

$$\sqrt{x}=x-6 \rightarrow \left(\sqrt{x}\right)^2=(x-6)^2$$

$$x=x^2-12x+36$$

$$x^2-13x+36=0$$

L'equació de segon grau obtinguda té per solucions $x_1=4$ i $x_2=9$. D'aquestes dues solucions, només la segona és solució de l'equació irracional. Comprova-ho.

b) Per suprimir els dos radicals hem de repetir dues vegades el procés que hem seguit a l'apartat anterior:

$$\left(\sqrt{x}+\sqrt{x+5}\right)^2=5^2$$

$$x+2\sqrt{x(x+5)}+x+5=25$$

$$2\sqrt{x(x+5)}=20-2x \rightarrow \sqrt{x(x+5)}=10-x$$

$$\left(\sqrt{x(x+5)}\right)^2=(10-x)^2$$

$$x^2+5x=100-20x+x^2$$

$$25x=100 \rightarrow x=4$$

Comprova que $x=4$ és solució de l'equació irracional proposada.

9. Sistemes d'equacions lineals

Els sistemes d'equacions lineals estan formats per diferents equacions de primer grau, amb dues incògnites o més, que s'han de verificar alhora. Resoldre un d'aquests sistemes consisteix a esbrinar els valors de les incògnites que verifiquen totes i cadascuna de les equacions que en formen part.

De ben segur que els sistemes lineals que coneixes millor són els que estan constituïts per dues equacions amb dues incògnites:

$$\left.\begin{array}{l} ax+by=c \\ a'x+b'y=c' \end{array}\right\}$$

En aquests sistemes a, b, c, a', b' i c' són nombres reals i x i y, les incògnites. Recorda que hi ha tres mètodes per resoldre algèbricament un sistema d'aquest tipus: reducció, substitució i igualació. La utilització de qualsevol dels mètodes anteriors ens conduirà a un sistema equivalent, una de les equacions del qual tindrà una única incògnita. Hi ha tres situacions possibles:

- Si aquesta equació té solució, naturalment única, el sistema també té solució única. Es tracta d'un sistema **compatible determinat.**
- Si l'equació no té solució, el sistema tampoc no en té. És un sistema **incompatible.**
- Si s'obté una identitat, el sistema té infinites solucions. És **compatible indeterminat.** Això succeeix quan les dues equacions del sistema són equivalents.

! Important

Recorda que per al sistema:

$$\left.\begin{array}{l} ax+by=c \\ a'x+b'y=c' \end{array}\right\}$$

es verifica que:

Si $\frac{a}{a'} \neq \frac{b}{b'}$ $\rightarrow$ sistema compatible determinat.

Si $\frac{a}{a'} = \frac{b}{b'} \neq \frac{c}{c'}$ $\rightarrow$ sistema incompatible.

Si $\frac{a}{a'} = \frac{b}{b'} = \frac{c}{c'}$ $\rightarrow$ sistema compatible indeterminat.

Exemple 6

Resol el sistema d'equacions següent:

$$\left.\begin{aligned} \frac{x-3}{5} - \frac{y+2}{2} = -y \\ 2x - 3y = 0 \end{aligned}\right\}$$

Resolució

Transformem la primera equació en una altra d'equivalent que tingui la mateixa forma que la segona. Després, resolem el sistema equivalent que en resulta mitjançant el mètode de reducció.

$$\left.\begin{aligned} 2x - 6 - 5y - 10 = -10y \\ 2x - 3y = 0 \end{aligned}\right\} \rightarrow \left.\begin{aligned} 2x + 5y = 16 \\ 2x - 3y = 0 \end{aligned}\right\} \rightarrow \left.\begin{aligned} 2x + 5y = 16 \\ -2x + 3y = 0 \end{aligned}\right\}$$

$$\left.\begin{aligned} 8y = 16 \\ -2x + 3y = 0 \end{aligned}\right\} \rightarrow \left.\begin{aligned} y = 2 \\ -2x + 3y = 0 \end{aligned}\right\} \rightarrow \left.\begin{aligned} y = 2 \\ -2x + 6 = 0 \end{aligned}\right\} \rightarrow \left.\begin{aligned} y = 2 \\ x = 3 \end{aligned}\right\}$$

El sistema és compatible determinat i la solució és $x = 3$, $y = 2$.

10. Sistemes d'equacions no lineals

Parlem d'aquest tipus de sistemes quan, com a mínim, una de les equacions que el formen no és de primer grau. Estudiarem els sistemes no lineals de dues equacions amb dues incògnites el grau màxim dels quals sigui dos.

En general, el millor mètode algèbric per resoldre'ls és el de substitució. Malgrat tot, podem trobar-nos situacions particulars en què sigui preferible la utilització d'un dels altres dos mètodes.

Exemple 7

Resol el sistema següent:

$$\left.\begin{aligned} x^2 + y^2 = 26 \\ 2x^2 - y^2 = 49 \end{aligned}\right\}$$

Resolució

Si observes atentament el sistema, veuràs que es pot resoldre d'una manera fàcil per reducció:

$$\left.\begin{aligned} x^2 + y^2 = 26 \\ 3x^2 = 75 \end{aligned}\right\} \rightarrow \left.\begin{aligned} x^2 + y^2 = 26 \\ x^2 = 25 \end{aligned}\right\} \rightarrow \left.\begin{aligned} 25 + y^2 = 26 \\ x^2 = 25 \end{aligned}\right\}$$

$$\left.\begin{aligned} y^2 = 1 \\ x^2 = 25 \end{aligned}\right\} \rightarrow \left.\begin{aligned} y = \pm 1 \\ x = \pm 5 \end{aligned}\right\}$$

Les solucions del sistema són:

$$x_1 = 5,\ y_1 = 1;\ x_2 = 5,\ y_2 = -1;\ x_3 = -5,\ y_3 = 1 \text{ i } x_4 = -5,\ y_4 = -1$$

11. Variacions

Les variacions de m objectes dels quals es fan grups de n, amb $n < m$, es caracteritzen per:

- Els n objectes són diferents.
- Dos grups de n objectes es diferencien en algun element o en el seu ordre de col·locació.

La seva expressió és $V_{m,\,n}$, i es llegeix: «variacions de m elements agrupats de n en n».

! Important

$V_{m,\,n} = m\,(m-1)\,\ldots\,(m-n+1)$ és el producte de n factors consecutius i decreixents a partir de m.

El nombre de variacions de m elements agrupats de n en n és:

$$V_{m,\,n} = m\,(m-1)\,(m-2)\,\ldots\,(m-n+1)$$

11.1 Variacions amb repetició

Donats m objectes, formem grups de n objectes, de manera que:

- Els n objectes no han de ser necessàriament tots diferents.
- Dos grups de n objectes es diferencien en algun element o en el seu ordre de col·locació.

La seva expressió és: $VR_{m,\,n}$, i es llegeix: «variacions amb repetició de m elements agrupats de n en n».

$$VR_{m,\,n} = m^n$$

Exemple 8

a) En una classe d'un institut de 30 alumnes, de quantes maneres diferents es pot fer l'elecció de delegat i de sotsdelegat?

b) Quantes travesses diferents es poden fer amb 14 partits?

Resolució

a) Dels 30 alumnes se n'han d'escollir 2. Observa que importa l'ordre, ja que el primer és el delegat i el segon, el sotsdelegat. Així doncs, hem de calcular les variacions de 30 elements agrupats de 2 en 2:

$$V_{30,\,2} = 30 \cdot 29 = 870$$

Per tant, el resultat és 870 eleccions possibles.

b) Fer una aposta en una travessa significa anotar un dels signes, 1, X o 2, a cadascuna de les 14 caselles. Evidentment, els signes s'han de repetir. Una de les apostes pot ser, per exemple:

1, 1, 1, 2, 2, 2, 2, 2 , X, 1, X, 1, 1, 1

Observa que cal escollir 14 símbols a partir dels 3 donats. Es tracta de variacions amb repetició amb $m = 3$ i $n = 14$, és a dir:

$$VR_{3,\,14} = 3^{14} = 4\ 782\ 969 \text{ travesses diferents.}$$

12. Permutacions

Les permutacions de m objectes es caracteritzen per:

- Cada grup que es forma el componen tots els m objectes.
- Dos grups de m objectes es diferencien en l'ordre en què estan col·locats. Per aquest motiu, les permutacions també es coneixen amb el nom d'*ordenacions*.

La seva expressió, P_m, es llegeix: «permutacions de m elements» i el seu nombre és:

$$P_m = V_{m,\, m}$$

El nombre de permutacions de m elements s'obté multiplicant m factors consecutius i decreixents a partir de m:

$$P_m = m\,(m-1)\,(m-2)\,\ldots\,1 = m!$$

es llegeix «m factorial» i és el producte de m factors consecutius i decreixents des de m fins a 1.

Per exemple: $P_5 = 5 \cdot 4 \cdot 3 \cdot 2 = 120$.

A les permutacions amb repetició, donats m objectes dels quals α són d'un tipus, β d'un altre i γ d'un altre, per exemple, de manera que $\alpha + \beta + \gamma = m$, formem grups de m objectes que es caracteritzen per:

- En cada grup entren tots els m objectes.
- Dos grups de m objectes es diferencien en l'ordre de col·locació dels elements que els componen.

La seva expressió és:

$$P_m^{\alpha,\beta,\gamma} = \frac{m!}{\alpha!\;\beta!\;\gamma!}$$

! Important

7! es llegeix «factorial de 7» o «7 factorial». Les calculadores tenen una tecla que permet obtenir de manera ràpida el factorial d'un nombre natural x: x!

Exemple 9

a) De quantes maneres diferents poden seure 6 persones en un banc?

b) De quantes maneres diferents es poden col·locar 6 persones al voltant d'una taula rodona?

c) Quantes ordenacions diferents es poden obtenir amb cinc uns i tres zeros?

Resolució

a) El problema es resol calculant les permutacions de 6 elements. El nombre corresponent és $P_6 = 6! = 720$ maneres diferents de seure les sis persones al banc.

b) Les diferents maneres de col·locar-se 6 persones en una taula rodona són permutacions perquè hi entren totes, però el nombre corresponent no és P_6, sinó $P_5 = 5! = 120$ maneres diferents. Això és a causa de la diferència que hi ha entre el fet que 6 persones s'asseguin en un banc, on hi hauria una primera persona i una última, o que ho facin en disposició circular. En aquest últim cas, podem fixar una persona i ordenar les altres 5 en relació amb la persona que hem fixat.

c) Una de les possibles ordenacions és: 11100011. Hi ha 8 elements: 5 d'un tipus i 3 d'un altre. Són permutacions amb repetició de 8 elements dels quals només n'hi ha dos de diferents: un que es repeteix 5 vegades i l'altre que se'n repeteix 3. El nombre corresponent és:

$$P_8^{5,3} = \frac{8!}{5!\;3!} = 56$$

13. Combinacions

Donats m objectes, formem grups de n objectes amb $n \leq m$, de manera que:

- En cada grup hi ha n elements diferents.
- Dos grups de n elements es diferencien, com a mínim, en un element. Observa que en permutar cadascun d'aquests grups de n elements s'obtindrien $n!$ variacions del mateix ordre.

La seva expressió és $C_{m,n}$ i es llegeix: «combinacions de m elements d'ordre n».

El nombre de combinacions de m elements d'ordre n es calcula:

$$C_{m,n} = \frac{V_{m,n}}{P_n} = \frac{m\,(m-1)\,\ldots\,(m-n+1)}{n!}$$

Exemple 10

Quantes mescles diferents de pintures de tres colors podem fer si disposem de cinc pots de pintura de colors diferents?

Resolució

Quan mesclem les pintures de diferents colors no importa l'ordre en què ho fem. Es tracta, per tant, de combinacions.

$$C_{5,3} = \frac{V_{5,3}}{P_3} = \frac{5 \cdot 4 \cdot 3}{3 \cdot 2} = 10 \text{ mescles diferents de pintura.}$$

Si tenim m elements i n'hem d'escollir n, hem de tenir present aquest esquema:

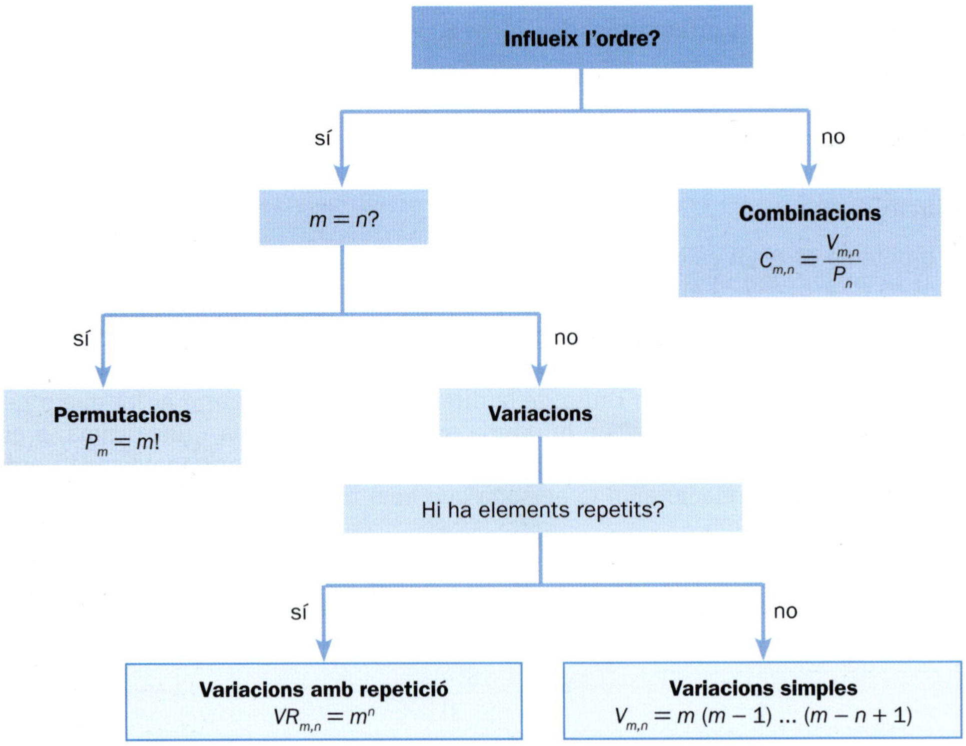

Activitats finals

1. Expressa com una fracció irreductible de la unitat que hi ha entre parèntesis les magnituds següents:

a) 15 min (1 h)

b) 30 h (1 dia)

c) 75 cm (1 m)

d) 73 dies (1 any)

2. Determina el valor de la lletra en cadascuna d'aquestes fraccions per tal que representin el mateix nombre racional que la fracció $\frac{4}{9}$:

a) $\frac{r}{63}$ *b)* $\frac{68}{s}$ *c)* $\frac{52}{t}$ *d)* $\frac{u}{-171}$

3. Són equivalents les fraccions $\frac{17}{13}$ i $\frac{323}{247}$?

4. Simplifica les fraccions següents:

a) $\frac{52}{91}$ *b)* $-\frac{121}{77}$ *c)* $\frac{350}{300}$ *d)* $-\frac{138}{174}$

5. Calcula l'expressió decimal d'aquestes fraccions i classifica els nombres decimals que obtinguis en exactes, periòdics purs o periòdics mixtos:

a) $\frac{17}{6}$ *b)* $\frac{-7}{11}$ *c)* $\frac{117}{50}$ *d)* $\frac{-45}{7}$

6. Determina la fracció generatriu dels nombres decimals següents:

a) $2,\overset{\frown}{63}$ *b)* $1,02\overset{\frown}{3}$ *c)* $-0,48$ *d)* $1,\overset{\frown}{441}$

7. El $63,\overset{\frown}{63}$ % dels 88 alumnes de 1r de Batxillerat d'un institut van aprovar totes les matèries. A quants alumnes els ha quedat alguna matèria pendent?

8. Calcula el resultat de les operacions següents:

a) $\frac{3}{5}+\frac{1}{2}:\frac{3}{4}$ *b)* $2+\frac{1}{3}\cdot\left(\frac{2}{3}\right)^{-2}$

c) $\frac{4}{3}:\frac{2}{3}-\left(\frac{1}{2}\right)^{3}$ *d)* $\dfrac{0,\overset{\frown}{36}-0,2\overset{\frown}{27}}{1-\frac{17}{22}}$

e) $\dfrac{3\left(2-\frac{1}{6}\right)-\frac{11}{17}:\frac{12}{17}-1}{\frac{2}{3}+\frac{3}{4}-\frac{5}{12}}$

9. Si $p=\frac{2}{3}$, $q=-\frac{1}{2}$ i $r=\frac{3}{5}$, determina el valor numèric de les expressions algèbriques següents:

a) $(p+q)^2$

b) $(p-q)^2$

c) $(q+r)(q-r)$

d) $3p-2q:5r$

10. Quin és el nombre que multiplicat per $\frac{2}{3}$ dóna $\frac{7}{4}$? I el que sumat a $\frac{4}{5}$ dóna $\frac{1}{2}$?

11. Es venen els $\frac{2}{3}$ d'una peça de roba i, després, la meitat del que quedava. Quina fracció de peça s'ha venut? Quina fracció en queda encara per vendre?

12. Un trajecte es divideix en tres etapes. A la primera es recorren $\frac{2}{5}$ parts del total; a la segona, la meitat del que queda, i a la tercera, els 22,5 km que encara resten. Quina és la longitud del trajecte? Quants quilòmetres es recorren a la primera etapa?

13. Una aixeta omple un dipòsit en 3 hores i una altra l'omple en 4. Quina part del dipòsit omplen en una hora les dues aixetes obertes alhora? Si el dipòsit és buit i s'obren simultàniament les dues aixetes, quant trigaran a omplir-lo?

14. Una pastilla conté el 20% d'aspirina, el 40% de vitamina C i la resta és excipient. Si té una massa de 2,5 grams, quants mil·ligrams conté de cada component?

15. La factura de la reparació d'un cotxe és de 578,96 €. Si sabem que l'IVA que s'hi ha aplicat és del 21 %, quin era l'import de la factura sense IVA?

16. Un tipus de llet produeix $\frac{4}{15}$ de la seva massa en nata, i la nata els $\frac{7}{25}$ de la seva massa en mantega. Quina fracció de la massa de la llet representa la mantega? Quants quilograms de mantega es poden obtenir a partir de 175 kg d'aquesta llet?

17. Les accions d'una empresa que cotitza a la borsa van pujar el 2,5 % dilluns i el 4,8 % dimarts. Si quan va començar la sessió borsària de dilluns una acció d'aquesta empresa costava 12,84 €, quin n'és el preu quan es va tancar la sessió de dimarts? Quants diners va guanyar en aquests dos dies un accionista que tenia títols de l'empresa per valor de 10 000 €?

Activitats finals

18. Es col·loquen 2 500 € en una llibreta a termini que garanteix el 4,2 % de rèdit anual durant 3 anys. Si en cap moment se'n retiren els interessos, quants diners hi haurà a la llibreta un cop hagin transcorregut 3 anys des que s'ha fet la imposició?

19. L'índex de la borsa inicia la setmana en 100 i el seu comportament durant els cinc primers dies és el següent: dilluns baixa el 15,2 %, dimarts puja el 7,5 %, dimecres puja el 16 %, dijous baixa el 12,4 % i divendres puja el 18,6 %. Amb quin índex tanca la borsa la setmana?

20. Resol les equacions següents:

a) $(2x-1)^2 - (2x+1)^2 = 24$

b) $2 - \dfrac{3\,(1-x)}{14} = \dfrac{x+3}{7}$

c) $\dfrac{x-5}{2x+1} = \dfrac{2x+3}{4x+7}$

d) $\sqrt{2}x - 1 = x - \sqrt{2}$

e) $1 - \dfrac{4+2x}{13} = 0$

21. Soluciona les equacions següents. Escriu prèviament els seus primers membres en forma de producte de factors.

a) $x^2 - 6x = 0$

b) $x\,(x-5) - 2\,(x-5) = 0$

c) $(x+2)^2 - (x+2)\,(3x-1) = 0$

22. Sabem que $x = 2$ i $y = -3$ és una de les solucions de l'equació $3x + by = 10$. Calcula b i esbrina una altra solució de l'equació.

23. Determina tres solucions de l'equació:

$$2x - 3y + z = 15$$

24. Resol les equacions següents:

a) $5x^2 - 75 = 0$

b) $7x^2 + 15x = 0$

c) $2x^2 - x - 1 = 0$

d) $\dfrac{2\,(x+2)}{3} = x\,(x-3)$

e) $(3x-5)^2 = 0$

f) $x^3 - 5x^2 + 6x = 0$

g) $\dfrac{4}{x} = \dfrac{x}{9}$

h) $x^2 + 4x + 5 = 0$

25. Determina el valor o els valors de b per als quals l'equació $x^2 - bx + 9 = 0$ té:

a) Una solució doble.

b) Dues solucions reals diferents.

c) No té solucions reals.

26. Quantes solucions reals té l'equació $x^2 + y^2 = 0$? I l'equació $x + y = 0$? Raona les respostes.

27. Resol les equacions següents:

a) $x^4 - 13x^2 + 36 = 0$

b) $(3x+1)\,(x^4 - 16) = 0$

c) $6x^4 + 7x^2 + 2 = 0$

d) $(x^2 - 4)^2 = 1$

28. Esbrina la solució de les equacions següents:

a) $x - \sqrt{25 - x^2} = 1$

b) $\sqrt{36 + x} = 2 + \sqrt{x}$

c) $\sqrt{2x-1} + 2 = x$

d) $\sqrt{2x-4} - \sqrt{3x-12} = \sqrt{5x-16}$

29. Esbrina l'edat d'una persona si sabem que d'aquí a 4 anys serà un quadrat perfecte i que fa 38 anys era l'arrel quadrada d'aquest quadrat.

$\sqrt{x+4} = x-38$

30. El sistema $\left.\begin{aligned} 2x + 7y &= -3 \\ 4x + ky &= -6 \end{aligned}\right\}$ és compatible determinat. Quins valors pot tenir k?

31. El sistema:

$$\left.\begin{aligned} \frac{1}{x} + \frac{1}{y} &= \frac{5}{6} \\ \frac{1}{x} - \frac{2}{y} &= -\frac{1}{6} \end{aligned}\right\}$$

es transforma en un sistema lineal mitjançant els canvis $\dfrac{1}{x} = a$ i $\dfrac{1}{y} = b$. Una vegada resolt el sistema lineal, només cal desfer els canvis efectuats per esbrinar la solució del sistema original. Aplica aquest procediment per resoldre el sistema proposat.

32. Resol el sistema:

$$\left.\begin{aligned} x = y = z \\ 3x - 2y + z = 8 \end{aligned}\right\}$$

33. Esbrina la solució dels sistemes següents:

a) $\left.\begin{aligned} x + y = 8 \\ x\,y = 15 \end{aligned}\right\}$

b) $\left.\begin{aligned} x\,y = 6 \\ x + y = 3\sqrt{3} \end{aligned}\right\}$

c) $\left.\begin{aligned} 2x - y = 6 \\ x - \frac{y+1}{4} = 1 \end{aligned}\right\}$

34. Resol gràficament els sistemes:

a) $\left.\begin{aligned} x + y = 6 \\ 2x = y \end{aligned}\right\}$

b) $\left.\begin{aligned} 3x + 2y = 5 \\ x - y = 0 \end{aligned}\right\}$

35. Un grup d'amics es reparteixen a parts iguals els 720 € que els ha tocat a la loteria de la Grossa de Cap d'any. Determina el nombre d'amics que componen el grup si sabem que, si tres d'ells haguessin renunciat al premi, cadascun dels altres hauria cobrat 20 € més del que ha cobrat.

36. Els perímetres de dos quadrats es diferencien en 8 cm i les seves àrees, en 20 cm^2. Calcula la longitud d'un dels costats de cada quadrat.

37. Quants nombres de quatre xifres diferents es poden escriure amb les 9 xifres significatives?

38. Resol l'equació:

$$V_{x,\,3} - VR_{x,\,3} + 65 = 0$$

Recorda que x només pot ser un nombre natural.

39. Per fer l'alineació d'un equip de futbol es necessiten 11 jugadors i en tenim 22. Quantes alineacions es poden fer si cada jugador pot ocupar qualsevol posició? I si dos d'ells només poden jugar-hi de porters i sis només poden fer-hi de defenses?

40. En una cursa participen 8 corredors. De quantes maneres diferents poden creuar la línia d'arribada tenint en compte que no n'arriben dos al mateix temps? I en cas que dos arribin al mateix temps?

41. Forma totes les paraules possibles, tinguin o no sentit, amb les lletres de la paraula *PERA*. Quantes n'hi ha?

42. Determina el valor de n en cadascuna de les igualtats següents:

a) $n! = 120$

b) $C_{n,2} = 21$

c) $V_{4,n} = 24$

d) $VR_{n,3} = 64$

43. Escriu totes les ordenacions possibles de les lletres de la paraula *PASSADA*. Quantes n'hi ha?

44. Vint persones van a una festa i totes s'encaixen la mà per saludar-se. Quantes encaixades de mà s'han fet?

45. D'una baralla de 40 cartes se'n reparteixen 3 a cada jugador. Quants jocs diferents pot rebre un dels jugadors?

46. Amb les xifres 2, 4, 6 i 8, quants nombres de tres xifres diferents es poden escriure? I quants nombres de tres xifres?

47. En una cursa hi participen set corredors de l'equip *A* i deu de l'equip *B*. Si tots ells acaben la cursa, determina de quantes maneres diferents ho poden fer si:

a) Els dos primers són de l'equip *A*.

b) Els tres primers són de l'equip *B*.

c) Tots els de l'equip *A* arriben abans que els de l'equip *B*.

48. Quants nombres senars de quatre xifres diferents es poden formar amb les xifres 0, 1, 2, 3, 4, 5 i 6?

49. Calcula el nombre de paraules, amb sentit o sense, que es poden escriure amb totes les lletres de la paraula *MATEMÀTIQUES*.

1

NOMBRES REALS

Recordes la tècnica d'arrodoniment de nombres decimals?

Aquests són els nombres decimals successius que resulten d'arrodonir el nombre decimal 7,457 636 82 fins a les centèsimes:

7,457 636 8; 7,457 637; 7,457 64; 7,457 6; 7,458; 7,46

Quan arrodonim un nombre decimal, no fem més que donar-ne un valor aproximat i, quan operem amb nombres aproximats, obtenim resultats que també ho són. Malgrat que la majoria de vegades aquesta aproximació sol ser suficient, és important conèixer-ne l'error.

Suposem dos nombres decimals aproximats amb arrodoniment a les centèsimes:

$$a \simeq 2{,}34 \quad b \simeq 1{,}42$$

El resultat que obtenim quan els sumem, $2{,}34 + 1{,}42 = 3{,}76$, també és una aproximació al valor de $a + b$.

És convenient que ens plantegem les qüestions següents:

- L'aproximació de la suma és millor o pitjor que la dels sumands?
- Podem assegurar que la xifra de les centèsimes és 6?

Vegem-ho:

El procés que hem seguit en l'arrodoniment de a i de b ens permet afirmar que es verifiquen les desigualtats següents:

$$2{,}335 \le a < 2{,}345 \text{ i } 1{,}415 \le b < 1{,}425$$

Observa que en ambdós casos l'error comès és inferior a una centèsima.

Si sumem de manera ordenada les dues desigualtats anteriors, obtenim una altra desigualtat:

$$\begin{array}{l} 2{,}335 \le \quad a \quad < 2{,}345 \\ \underline{1{,}415 \le \quad b \quad < 1{,}425} \\ 3{,}750 \le a + b < 3{,}770 \end{array}$$

Com podem veure, de les xifres decimals de la suma de a i b només podem assegurar la de les dècimes, que és 7. La de les centèsimes pot ser 5 o 6. Per tant, per poder arrodonir la suma a les centèsimes caldria treballar amb decimals arrodonits fins a les mil·lèsimes, ja que, quan augmentem el marge d'error, inferior ara a dues centèsimes, perdem precisió.

Aquesta pèrdua de precisió no és exclusiva de la suma, també succeeix amb les altres operacions. El que acabem de veure s'ha de tenir en compte sempre que es treballi amb nombres decimals aproximats.

1. Nombres que no són racionals

Qualsevol nombre racional es pot expressar mitjançant un nombre decimal exacte o un nombre decimal periòdic.

Recíprocament, també es verifica que tot nombre decimal exacte o periòdic es pot expressar com un nombre racional.

Tot **nombre racional** s'expressa de manera única per un nombre decimal que és exacte o periòdic.

Recorda

Tot nombre enter és fracció generatriu d'un nombre decimal periòdic pur de període 9.

Així:

$1,\widehat{9} = 2$; $7,\widehat{9} = 8$; $-0,\widehat{9} = -1$

Ara bé, tots els nombres decimals han de ser necessàriament exactes o periòdics?

Per més que fraccionem la unitat, de segur que podem trobar longituds la mesura de les quals no es podrà expressar mitjançant un nombre racional. Dit d'una altra manera, no tots els nombres decimals són exactes o periòdics i, en conseqüència, no tots els nombres decimals són racionals.

Fa molts anys que es té coneixement d'aquest tipus de nombres. Per als grecs de l'escola pitagòrica només existien els nombres naturals i les fraccions com una raó entre dos nombres naturals. És per aquest motiu que es van sorprendre en observar l'existència de segments les longituds dels quals, expressades en forma de quocient, no eren una fracció. Aquesta observació, que per a ells no tenia cap sentit, va fer que anomenessin *nombres irracionals* aquests quocients no fraccionaris.

Tot seguit recordarem alguns d'aquests nombres.

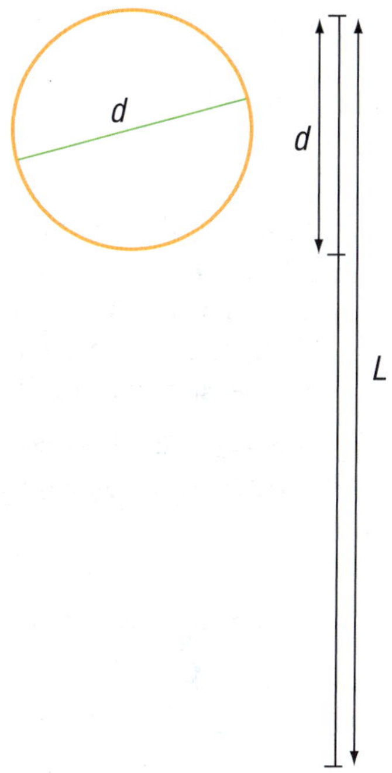

Fig. 1.1

Relació entre la longitud d'una circumferència i la longitud del seu diàmetre

Sabem que $L = \pi\, d$ (Fig. 1.1). Per tant, podem escriure:

$$\frac{\text{Longitud de la circumferència}}{\text{Longitud del diàmetre}} = \frac{L}{d} = \pi$$

La longitud de qualsevol circumferència és igual a π multiplicat per la longitud del seu diàmetre.

Quin és el valor de π? El que tu coneixes o el que pots obtenir de la calculadora no són més que aproximacions al valor real de π.

Recorda

La calculadora arrodoneix l'última de les xifres decimals que es mostren a la pantalla.

Relació entre la longitud de la diagonal d'un quadrat i la longitud del costat d'aquest mateix quadrat

Considerem un quadrat de costat c (Fig. 1.2). Quan hi tracem una de les diagonals, el quadrat queda descompost en dos triangles rectangles iguals.

Apliquem el teorema de Pitàgores a un d'aquests triangles rectangles:

$$d^2 = c^2 + c^2 = 2c^2 \rightarrow d = \sqrt{2c^2} = \sqrt{2}\,\sqrt{c^2} = \sqrt{2}\,c$$

Es verifica: $$\frac{\text{Longitud de la diagonal}}{\text{Longitud del costat}} = \frac{\sqrt{2}\,c}{c} = \sqrt{2}$$

És a dir, la longitud de la diagonal de qualsevol quadrat és igual a $\sqrt{2}$ multiplicada per la longitud del seu costat.

Quin valor obtens amb la calculadora per a $\sqrt{2}$?

També en aquest cas es tracta d'un valor aproximat.

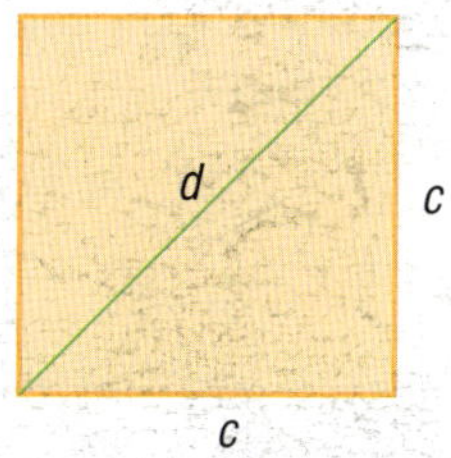

Fig. 1.2

Relació entre les longituts dels costats dels rectangles auris

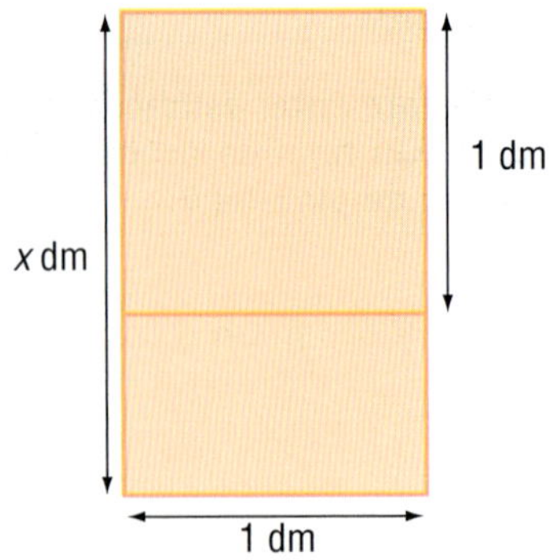

Fig. 1.3

Quina ha de ser la longitud expressada per x per tal que els dos rectangles (Fig. 1.3) siguin semblants?

Els rectangles són semblants si els costats corresponents són proporcionals. Per tant, s'ha de verificar:

$$\frac{1}{x} = \frac{x-1}{1} \rightarrow x^2 - x = 1 \rightarrow x^2 - x - 1 = 0$$

Resolem aquesta equació de segon grau:

$$x = \frac{1 \pm \sqrt{1+4}}{2} = \frac{1 \pm \sqrt{5}}{2} \quad \begin{cases} x_1 = \dfrac{1+\sqrt{5}}{2} \\ x_2 = \dfrac{1-\sqrt{5}}{2} \end{cases}$$

Com que $x_2 < 0$ i tenint en compte que la longitud d'un segment sempre ha de ser positiva, la solució vàlida és x_1.

La resposta és $x = \dfrac{1+\sqrt{5}}{2}$ dm

Fixa't que es verifica la igualtat següent (Fig. 1.4):

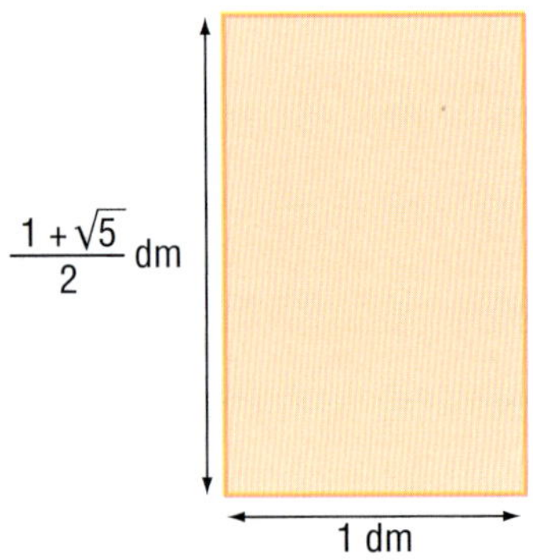

Fig. 1.4

$$\frac{\text{Longitud del costat gran}}{\text{Longitud del costat petit}} = \frac{\frac{1+\sqrt{5}}{2}}{1} = \frac{1+\sqrt{5}}{2}$$

Els rectangles que compleixen aquesta condició s'anomenen *rectangles auris* i el quocient entre les longituds dels seus costats, **relació àuria** o **nombre d'or**. Habitualment, es representa mitjançant la lletra grega ϕ:

$$\phi = \frac{1+\sqrt{5}}{2}$$

Les mesures que tenien aquesta proporció van ser molt utilitzades en l'art clàssic, ja que es considerava que proporcionaven formes particularment harmonioses als objectes.

Utilitza la calculadora per esbrinar un valor aproximat de ϕ.

Activitats

1. Calcula la longitud dels segments indicats a continuació. Expressa'n el resultat de manera exacta i utilitza la calculadora per obtenir-ne una aproximació arrodonida a les centèsimes:

a) La diagonal d d'un rectangle de costats 3 i 5 cm.

b) El diàmetre d' d'una circumferència de 10 cm de longitud.

c) L'altura h d'un triangle equilàter de 4 cm de costat.

d) L'altura h' d'un con que mesura 6 cm de radi i 9 cm de generatriu.

R: *a)* $d = \sqrt{34}$ cm $\simeq$ 5,83 cm; *b)* $d' = \dfrac{10}{\pi}$ cm $\simeq$ 3,18 cm; *c)* $h = 2\sqrt{3}$ cm $\simeq$ 3,46 cm; *d)* $h' = 3\sqrt{5}$ cm $\simeq$ 6,71 cm

2. El costat més petit d'un rectangle auri mesura 2 cm. Quant mesura l'altre costat? Expressa'n el resultat de manera exacta i amb una aproximació arrodonida a les dècimes.

R: 3,2 cm

3. Sabent que $PQ = PS = 1$ dm, demostra que el segment QR mesura $\dfrac{1+\sqrt{5}}{2}$ dm (Fig. 1.5).

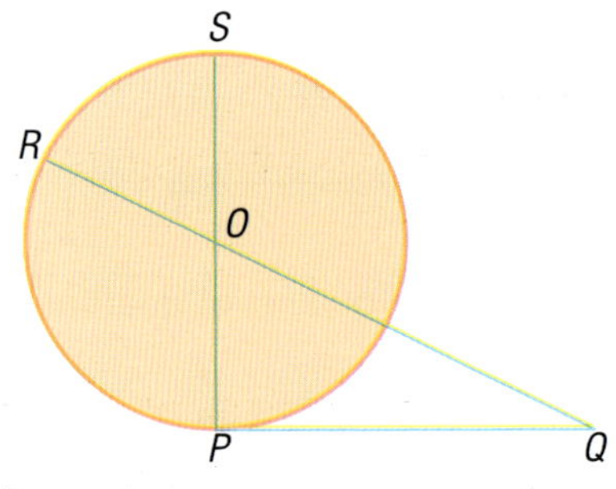

Fig. 1.5

2. Nombres irracionals

Si els nombres racionals s'expressen mitjançant els nombres decimals exactes o periòdics, hauríem de plantejar-nos com s'expressen els nombres irracionals. Sembla lògic pensar en els nombres decimals il·limitats no periòdics.

Efectivament, podem considerar els nombres irracionals com els nombres decimals il·limitats les xifres dels quals no formen cap període. Per exemple:

$$1{,}040\,040\,004\,000\,04\ldots$$

$$-5{,}762\,576\,255\,762\,555\ldots$$

Vegem, tot seguit, alguns nombres irracionals que es fan servir sovint.

> **! Important**
>
> Els nombres irracionals s'expressen mitjançant els nombres decimals il·limitats no periòdics.

2.1 L'arrel quadrada de 2: $\sqrt{2}$

A la calculadora es mostra $\sqrt{2} = 1{,}414\,213\,562$.

Tenint en compte que l'última xifra decimal 2 és poc fiable perquè podria estar arrodonida, si el valor de $\sqrt{2}$ fos aquest, seríem davant d'un nombre racional, ja que es tracta d'un decimal exacte.

Si $\sqrt{2}$ no és racional, significa que darrere de l'última xifra decimal que ens proporciona la calculadora hi ha un nombre il·limitat de més xifres que en cap moment formen període. De fet, si disposéssim d'un ordinador amb un programa adient, podríem conèixer força més xifres decimals de $\sqrt{2}$ i comprovar que no són periòdiques.

De tota manera, un ordinador tampoc no ens podria proporcionar totes aquestes xifres decimals i és lícit que ens plantegem el dubte de si en algun moment les xifres decimals de $\sqrt{2}$ acaben repetint-se.

Els grecs ja sabien que $\sqrt{2}$ no era racional i, com et pots imaginar, no disposaven de calculadores ni d'ordinadors. Com ho van demostrar?

Van utilitzar un raonament indirecte que es coneix amb el nom de *demostració per reducció a l'absurd*.

L'objectiu és demostrar que $\sqrt{2}$ no és un nombre racional.

Suposem el contrari, és a dir, que $\sqrt{2}$ és racional. Si això és cert, significa que es pot expressar en forma de fracció.

Si representem per $\frac{a}{b}$ la seva fracció generatriu irreductible, podem escriure la igualtat següent:

$$\sqrt{2} = \frac{a}{b}$$

en què a i b són nombres primers entre si.

Si elevem al quadrat els dos membres de la igualtat, obtenim:

$$2 = \frac{a^2}{b^2}$$

Això significa que hem pogut simplificar la fracció $\frac{a^2}{b^2}$ i hem obtingut com a resultat 2, cosa que és contradictòria amb la definició de $\frac{a}{b}$ com a fracció generatriu irreductible.

> **! Important**
>
> ***Reducció a l'absurd***
>
> En les demostracions per reducció a l'absurd es comença suposant tot el contrari del que es vol demostrar. Si això condueix a conclusions contradictòries, significa que la suposició inicial és errònia.

Si reflexiones un moment, t'adonaràs que aquesta simplificació no hauria de ser possible, ja que si $\frac{a}{b}$ és una fracció irreductible, també ha de ser irreductible la fracció $\frac{a^2}{b^2}$. Arribem, doncs, a una contradicció l'origen de la qual rau en la suposició de partida.

$\sqrt{2}$ no es pot expressar en forma de fracció i, per tant, no és un nombre racional. En conseqüència, podem afirmar que $\sqrt{2}$ té un nombre il·limitat de xifres decimals no periòdiques. És un nombre irracional.

Ja saps que, quan operes amb nombres racionals, les sumes, les restes, les multiplicacions, les divisions i, fins i tot, les potències d'exponent enter donen sempre com a resultat un altre nombre racional. No succeeix el mateix amb les arrels; de fet, les arrels de nombres racionals poques vegades donen com a resultat un altre nombre racional.

Si només ens fixem en les arrels quadrades de nombres naturals, podem afirmar que si el resultat no és un nombre enter, de segur que és un nombre irracional. Així, $\sqrt{2}$, $\sqrt{3}$, $\sqrt{5}$, $\sqrt{6}$, $\sqrt{7}$, $\sqrt{8}$, $\sqrt{10}$, $\sqrt{11}$, $\sqrt{12}$ ... són nombres irracionals. Es pot demostrar de manera anàloga a la que hem fet amb $\sqrt{2}$.

D'altra banda, si sumem, restem, multipliquem o dividim un nombre racional amb nombres irracionals obtenim nombres irracionals nous. Per exemple:

$$3 + \sqrt{2} \qquad 8 - \sqrt{5}$$

$$\frac{1 + \sqrt{3}}{10}$$

$$7\sqrt{13} \qquad \frac{2}{\sqrt{6}}$$

Tots aquests nombres també són nombres irracionals.

2.2 El nombre pi (π)

És el nombre irracional que has utilitzat més. És necessari per calcular la longitud d'una circumferència, l'àrea d'un cercle o els volums dels cossos de revolució.

Malgrat que a la pràctica considerem normalment $\pi = 3{,}14$, aquest valor no és més que una aproximació, que sol ser prou vàlida per als càlculs que efectuem de manera habitual. Ara bé, pensa que si π fos 3,14, seria un nombre racional i no és així.

Demostrar que pi és irracional no és senzill. Tot i que els grecs ja en sospitaven la irracionalitat, no va ser fins al segle XVII que se'n va fer la demostració.

La calculadora et proporciona una aproximació molt millor al valor del nombre π:

$$\pi = 3{,}141\,592\,654$$

2.3 El nombre e

Possiblement és un dels nombres més importants en el món de les ciències. Tindràs ocasió de comprovar-ho a mesura que avancis en els estudis.

En aquest mateix curs l'analitzarem amb detall, però pots obtenir-ne una aproximació prement les tecles e^x i 1 de la calculadora.

A la pantalla es mostra escrit això:

$$e = 2{,}718\,281\,828$$

Activitats

4. Classifica els nombres següents, segons si són racionals o irracionals:

a) $2{,}0\widehat{45}$ *b)* $-3{,}880\,800\,800\,08\ldots$ *c)* $1{,}\widehat{9}$

d) $\dfrac{113}{114}$ *e)* $4{,}313\,113\,111\,3\ldots$ *f)* $0{,}\overline{58421}$

5. Indica quins d'aquests nombres són irracionals:

a) $\sqrt{25}$ *b)* $1 + \pi$ *c)* $\sqrt{5} + 3$

d) $5e$ *e)* $3 + 2\sqrt{49}$ *f)* $7\sqrt{5}$

g) $\sqrt{16 + 9}$ *h)* $\sqrt{25 + 36}$ *i)* $\sqrt{2(16 + 9)}$

6. Per què el nombre $\dfrac{1{,}\widehat{2} + 0{,}25}{0{,}1\widehat{6}}$ no pot ser irracional?

7. Calcula l'àrea d'un cercle de 4 cm de radi prenent els valors següents de π:

a) L'aproximació per defecte 3,141 5.
b) L'aproximació per excés 3,141 6.

En quin dels dos casos has obtingut una aproximació millor a la mesura real de la superfície d'aquest cercle? Per què?

8. Expressa de manera exacta:

a) La longitud d'una circumferència de 6 cm de diàmetre.
b) L'àrea lateral d'un cilindre de 2 cm de radi i 5 cm de generatriu.
c) El volum d'un con de 5 cm de radi i 13 cm de generatriu.

9. S'ha aconseguit determinar que el radi d'una circumferència mesura $\dfrac{4}{\pi}$ cm. Se'n pot conèixer amb exactitud la longitud? I l'àrea del cercle que limita? Justifica la resposta fent els càlculs corresponents.

R: $L = 8$ cm; $A \simeq 5{,}09$ cm^2

10. Quant mesura la diagonal d'un cub de 2 cm d'aresta? Expressa'n el resultat de manera exacta i aproxima'l a les centèsimes.

R: $D = 2\sqrt{3}$ cm $= 3{,}46$ cm

11. La longitud d'una circumferència mesura $10\,\pi$ cm.

a) Expressa'n el resultat aproximat a les centèsimes.
b) Quant mesura el radi d'aquesta circumferència?
c) Calcula l'àrea del cercle que limita i expressa-la de manera exacta.

R: *a)* $L \simeq 31{,}42$ cm; *b)* $r = 5$ cm; *c)* $A = 25\,\pi$ cm^2

3. Representació gràfica dels nombres irracionals

Ja saps com es representen els nombres racionals a la recta numèrica (Fig. 1.6).

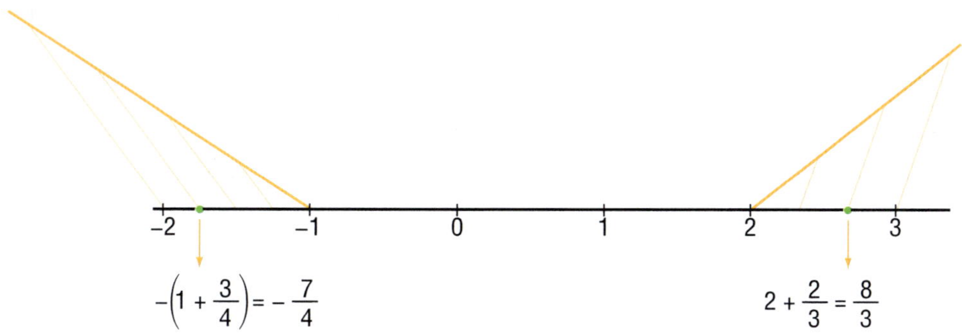

Fig. 1.6

> **! Important**
>
> Entre dos nombres racionals qualssevol hi ha un nombre il·limitat d'altres nombres racionals. Considera, per exemple, el nombre racional que resulta d'efectuar-ne la semisuma de dos nombres racionals i repeteix el procés amb el resultat i amb un dels altres dos nombres. No acabaries mai!

A cada nombre racional li correspon un punt de la recta. Però també és cert que a cada punt de la recta correspon un nombre racional? Si fos així, la recta estaria completa i no podríem representar-hi cap nombre irracional.

En realitat, els nombres racionals no completen la recta. És més, si hi poguéssim representar-los tots, quedarien encara molts punts als quals no correspondria cap racional. En principi, podríem pensar que aquests punts estan reservats per als nombres irracionals.

> **! Important**
>
> Els nombres racionals i els irracionals aconsegueixen omplir tots els punts de la recta numèrica.

Imaginar tot això és complicat, però si aconseguim representar amb exactitud sobre la recta algun nombre irracional, tindrem una prova evident que el que intuïm és correcte.

En general, representar un nombre amb infinites xifres decimals no periòdiques és impossible i, per tant, ens haurem de conformar amb una representació aproximada. De tota manera, hi ha mètodes geomètrics que permeten representar a la recta numèrica alguns nombres irracionals.

Exemple 1

Representa $\sqrt{2}$, $\sqrt{5}$ i $-\sqrt{10}$.

Resolució

Cal tenir clar que $\sqrt{2} = 1{,}414...$, és a dir, $1 < \sqrt{2} < 2$.

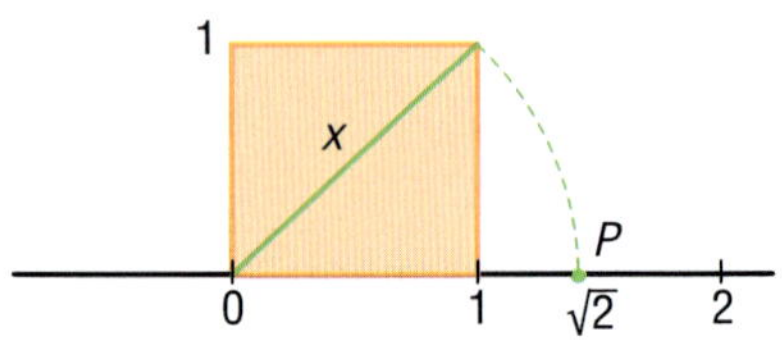

Fig. 1.7

Observa el quadrat (Fig. 1.7). Quant en mesura la diagonal?

Si hi apliquem el teorema de Pitàgores:

$$x^2 = 1^2 + 1^2 = 2 \rightarrow x = \sqrt{2}$$

Amb l'ajuda d'un compàs podem representar exactament $\sqrt{2}$ a la recta numèrica. Sabem que $\sqrt{2}$ és un nombre irracional, per tant, el punt P de la recta no pot estar ocupat per cap nombre racional.

Observa com hi hem representat (Fig. 1.8) els nombres irracionals $\sqrt{5}$ i $-\sqrt{10}$.

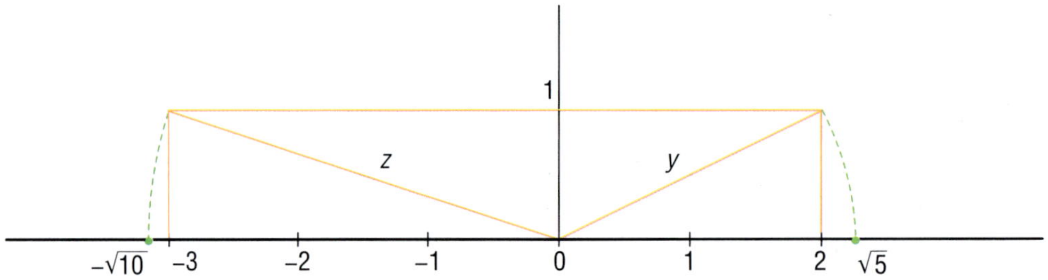

Fig. 1.8

$z^2 = 3^2 + 1^2 = 10$

$z = \sqrt{10}$

$-4 < -\sqrt{10} < -3$

$y^2 = 2^2 + 1^2 = 5$

$y = \sqrt{5}$

$2 < \sqrt{5} < 3$

Activitats

12. Esbrina cinc nombres racionals compresos entre $\frac{1}{2}$ i $\frac{2}{3}$, i ordena'ls de més petit a més gran.

13. Entre quins nombres enters consecutius se situa cadascun d'aquests nombres irracionals?

a) $\sqrt{21}$ *b)* $-\sqrt{54}$ *c)* $3-\sqrt{2}$

d) $1 + 2\pi$ *e)* $3\sqrt{2}$ *f)* $\frac{1}{2} + \frac{\sqrt{5}}{2}$

g) $\sqrt{226}$ *h)* $-\sqrt{123}$ *i)* $3e$

14. Representa a la recta numèrica els nombres irracionals següents:

a) $\sqrt{17}$ *b)* $\sqrt{13}$

c) $-\sqrt{29}$ *d)* $\sqrt{8}$

e) $1 + \sqrt{2}$ *f)* $3 + \sqrt{5}$

g) $2\sqrt{2}$ *h)* $\sqrt{3}$

i) $-\sqrt{20}$ *j)* $\frac{\sqrt{5}}{2}$

k) $-\sqrt{18}$ *l)* $-\sqrt{17} + 3$

4. Nombres reals

El conjunt format pels nombres racionals i els irracionals s'anomena **conjunt dels nombres reals** i es representa amb $\mathbb{R}$.

Tant els nombres racionals com els irracionals són, doncs, nombres reals.

Els nombres reals omplen per complet la recta numèrica. És per aquest motiu que se l'anomena **recta real**.

Fixat un origen i definida la unitat, a cada nombre real correspon un únic punt de la recta, i a cada punt de la recta correspon un únic nombre real.

L'esquema següent t'ajudarà a recordar els diferents conjunts numèrics que coneixes:

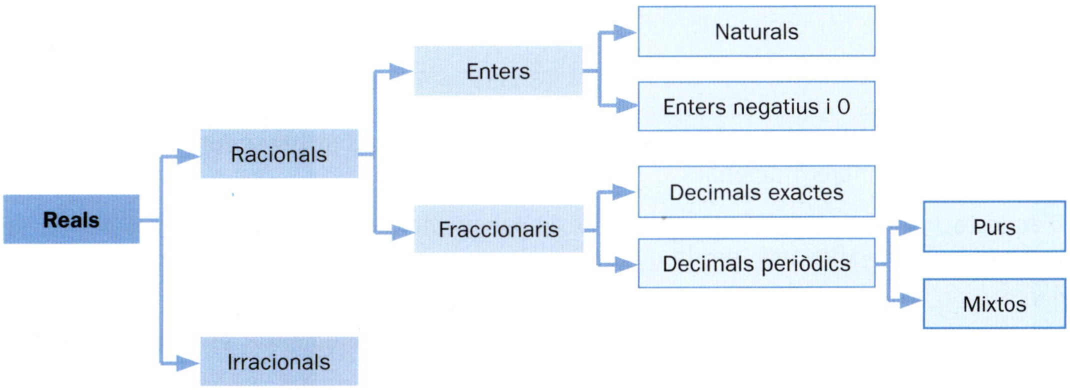

El conjunt dels nombres reals és un conjunt ordenat, és a dir, donats dos nombres reals sempre podem saber quin és el més petit. Els nombres reals segueixen el mateix ordre que ja coneixes per als racionals. Hem fet ús d'aquesta propietat quan hem representat en l'apartat anterior alguns nombres irracionals a la recta.

Si a i b representen dos nombres reals tals que $a < b$, es compleix que $b - a > 0$.

En representar-los a la recta numèrica (Fig. 1.9), b queda situat a la dreta de a:

Fig. 1.9

Activitats

15. Compara aquests parells de nombres reals:

a) $\frac{7}{5}$ i $\sqrt{2}$ *b)* $1 - \sqrt{3}$ i $-0{,}73$

c) π i $\sqrt{10}$ *d)* $-1{,}9$ i -2

e) $-\sqrt{6}$ i $-\sqrt{7}$ *f)* $4{,}9$ i 5

g) $\frac{\sqrt{10}}{8}$ i $\frac{\sqrt{10}}{9}$ *h)* $-1{,}3\widehat{9}$ i $-1{,}4$

16. Ordena del més petit al més gran els nombres reals següents i col·loca el signe de desigualtat que correspongui: $2{,}\widehat{45}$; $2{,}99$; $2{,}\widehat{9}$; $-\sqrt{2}$; $-1{,}42$; 0; $\frac{5}{2}$.

17. Escriu dos nombres racionals compresos entre:

a) $\sqrt{5}$ i $\sqrt{6}$ *b)* $-\sqrt{2}$ i $-\sqrt{3}$

c) 4 i $\sqrt{17}$ *d)* e i π

Important

Naturals $\rightarrow \mathbb{N}$

Enters $\rightarrow \mathbb{Z}$

Racionals $\rightarrow \mathbb{Q}$

Reals $\rightarrow \mathbb{R}$

Important

Cal que tinguis en compte que:

Si $a < b$ i $b < c \rightarrow a < c$

Aquesta propietat es coneix amb el nom de **propietat transitiva** i ens permet ordenar sèries de nombres reals.

5. Operacions amb nombres reals

Ja saps com es fan les operacions amb els nombres reals que són alhora racionals.

En cas que hi hagi algun nombre irracional, hauríem de treballar amb una quantitat il·limitada de xifres decimals i això és impossible.

A la pràctica, llevat d'algunes situacions particulars que comentarem més endavant, les operacions en què intervenen nombres irracionals cal deixar-les indicades. És l'única manera d'expressar-ne exactament el resultat, que la majoria de vegades és un altre nombre irracional.

Així, la longitud d'una circumferència de 3 cm de radi és:

$$L = 2\,\pi\,r = 2 \cdot \pi \cdot 3 \text{ cm} = 6\,\pi \text{ cm}$$

I l'àrea del cercle corresponent:

$$A = \pi\,r^2 = \pi \cdot (3 \text{ cm})^2 = 9\,\pi \text{ cm}^2$$

Ara bé, si el que necessitem és un resultat aproximat, hem d'utilitzar aproximacions decimals de cada nombre irracional.

D'aquesta manera, el que fem en realitat és substituir cada nombre irracional per un de racional que s'hi aproximi, per la qual cosa el resultat que n'obtindrem també serà aproximat.

Si es vol, aquesta aproximació es pot millorar: només cal augmentar el nombre de xifres decimals de cada nombre irracional.

Per a l'exemple anterior i amb una aproximació fins a les centèsimes, obtenim els resultats següents:

$$L = 6\,\pi \text{ cm} \simeq 18{,}85 \text{ cm}$$

$$A = 9\,\pi \text{ cm}^2 \simeq 28{,}27 \text{ cm}^2$$

Curiosament, algunes operacions amb arrels donen com a resultat un nombre racional. Això succeeix poques vegades, però és important adonar-se'n.

! Important

Utilitza de manera correcta la calculadora per obtenir aproximacions. Treballa amb totes les xifres decimals que et permeti la pantalla i arrodoneix tu mateix el resultat final. N'obtindràs una aproximació millor.

Exemple 2

Efectua les operacions següents i comprova que el resultat és un nombre racional.

a) $(\sqrt{7})^2$

b) $6 + \sqrt{5} - (\sqrt{5} - 6)$

c) $(4 + \sqrt{3})\,(4 - \sqrt{3})$

d) $(5\sqrt{2})^2$

Resolució

a) $(\sqrt{7})^2 = \sqrt{7} \cdot \sqrt{7} = 7$

b) $6 + \sqrt{5} - (\sqrt{5} - 6) = 6 + \sqrt{5} - \sqrt{5} + 6 = 12$

c) $(4 + \sqrt{3})\,(4 - \sqrt{3}) = 4^2 - (\sqrt{3})^2 = 16 - 3 = 13$

d) $(5\sqrt{2})^2 = 5^2\,(\sqrt{2})^2 = 25 \cdot 2 = 50$

5.1 Propietats

Els nombres racionals també són nombres reals. Per tant, no tindria cap sentit que les operacions amb racionals verifiquessin unes propietats i, en canvi, les mateixes operacions amb reals en verifiquessin unes altres de diferents. Per tant, admetrem que les propietats de les operacions amb nombres reals són les mateixes que en el cas dels racionals.

Recordem-les:

Suma

Si $a, b \in \mathbb{R}$, $a + b \in \mathbb{R}$

- *Associativa:* $a, b\ c \in \mathbb{R}$
  $(a + b) + c = a + (b + c)$
- *Commutativa:* $a, b \in \mathbb{R}$
  $a + b = b + a$
- *Existència d'element neutre:* 0
  $a \in \mathbb{R}$, $a + 0 = a$
- *Existència d'element simètric* $-a$ oposat de a:
  $a \in \mathbb{R}$, $-a \in \mathbb{R}$, $a + (-a) = 0$

Multiplicació

Si $a, b \in \mathbb{R}$, $a\ b \in \mathbb{R}$

- *Associativa:* $a, b, c \in \mathbb{R}$
  $(a\ b)\ c = a\ (b\ c)$
- *Commutativa:* $a, b \in \mathbb{R}$
  $a\ b = b\ a$
- *Existència d'element neutre:* 1
  $a \in \mathbb{R}$, $a\ 1 = a$
- *Existència d'element simètric* $\frac{1}{a}$ *invers de a* si $a \neq 0$:
  $a \in \mathbb{R}$, $a \neq 0$, $\frac{1}{a} \in \mathbb{R}$, $a \frac{1}{a} = 1$

- *Distributiva de la multiplicació respecte de la suma:*

$$a, b, c \in \mathbb{R},\ a\ (b + c) = a\ b\ + a\ c$$

Quan apliquem aquesta propietat de dreta a esquerra, diem que *extraiem factor comú.*

! Important

Per indicar que a pertany al conjunt dels nombres reals utilitzem la notació $a \in \mathbb{R}$.

Recorda

Resta: suma amb l'oposat.

$a, b \in \mathbb{R}$, $a - b = a + (-b)$

Divisió: multiplicació per l'invers.

$a, b \in \mathbb{R}$ i $b \neq 0$, $\frac{a}{b} = a \cdot \frac{1}{b}$

Activitats

18. Expressa de manera exacta:

a) L'àrea d'un triangle equilàter de 4 cm de costat.

b) La longitud de la diagonal d'un rectangle els costats del qual mesuren 4 i 6 cm.

c) El volum d'un cilindre de 2 cm de radi i 3 cm d'altura.

d) L'àrea d'un hexàgon regular inscrit en una circumferència de 8 cm de diàmetre.

19. Aproxima per defecte i per excés fins a les mil·lèsimes cadascun dels nombres irracionals següents:

a) $\sqrt{17}$ *b)* e *c)* π

20. Extreu factor comú de:

a) $3\sqrt{2} + 5\sqrt{2}$ *b)* $7\pi - 3\pi + \pi$

c) $4\sqrt{a} + 5\sqrt{a} - 2\sqrt{a}$ *d)* $\sqrt{5}a + \sqrt{5}b - \sqrt{5}c$

21. Les operacions amb nombres irracionals que s'indiquen a continuació donen com a resultat un nombre racional. Calcula'l en cada cas.

a) $(\sqrt{10})^2$ *b)* $(15 + 2\sqrt{3})(15 - 2\sqrt{3})$

c) $(3\sqrt{7})^2$ *d)* $(7\pi - 2\pi) : 3\pi$

e) $(\sqrt{6})^2 - \frac{2}{3}$ *f)* $\sqrt{(7 - \sqrt{2})(7 + \sqrt{2}) - 11}$

R: *a)* 10; *b)* 213; *c)* 63; *d)* $\frac{5}{3}$; *e)* $\frac{16}{3}$; *f)* ±6

22. Si x, y, z i t representen quatre nombres reals, escriu cadascuna d'aquestes expressions com un producte de dos factors:

a) $x^2y + xy^2$ *b)* $x(y + z) + t(y + z)$

c) $z^3 + z^2 + z$ *d)* $x^2 + 2xy + y^2 + t(x + y)$

e) $z(x - t) - x^2 + 2xt - t^2$

6. Arrels i potències

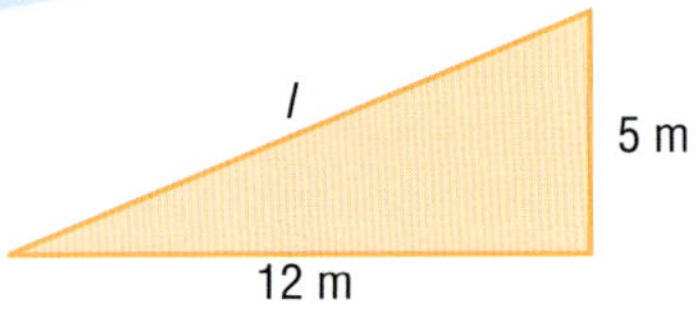

Fig. 1.10

La rampa de la figura 1.10 supera un desnivell de 5 m. Quina longitud té?

Hi apliquem el teorema de Pitàgores:

$$l^2 = 5^2 + 12^2 = 25 + 144 = 169$$

Per tant, $l = \sqrt{169} = \pm 13$.

$$\sqrt{169} = \pm 13 \text{ perquè } 13^2 = 169 \text{ i } (-13)^2 = 169$$

Com que l representa una longitud, només té sentit la solució positiva. Així doncs, la longitud de la rampa és de 13 m.

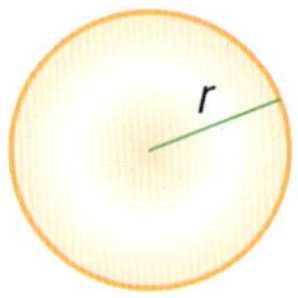

Fig. 1.11

El volum d'una esfera (Fig. 1.11) és de 36π cm^3. Quant en mesura el radi?

Per calcular el volum d'una esfera utilitzem l'expressió $V = \frac{4}{3}\pi r^3$. Substituint, obtenim:

$$36\pi = \frac{4}{3}\pi r^3 \rightarrow 108\pi = 4\pi r^3 \rightarrow r^3 = \frac{108\pi}{4\pi} = 27$$

Cal que trobem un nombre que elevat al cub doni com a resultat 27. Escrivim $r = \sqrt[3]{27}$ i ho llegim com l'arrel cúbica de 27.

$$\sqrt[3]{27} = 3 \text{ perquè } 3^3 = 27$$

El radi de l'esfera, doncs, mesura 3 cm.

D'acord amb el que acabem de veure en els exemples, podem afirmar que:

$$\sqrt[3]{-8} = -2 \text{ perquè } (-2)^3 = -8$$

$$\sqrt[4]{81} = \pm 3 \text{ perquè } 3^4 = 81 \text{ i } (-3)^4 = 81$$

$$\sqrt[5]{32} = 2 \text{ perquè } 2^5 = 32$$

$$\sqrt{\frac{4}{9}} = \pm \frac{2}{3} \text{ perquè } \left(\frac{2}{3}\right)^2 = \frac{4}{9} \text{ i } \left(-\frac{2}{3}\right)^2 = \frac{4}{9}$$

$\sqrt[6]{-64}$: no hi ha cap nombre real que elevat a una potència d'exponent parell doni com a resultat un nombre negatiu. Per tant $\sqrt[6]{-64} \notin \mathbb{R}$.

$$\sqrt[n]{a} = b \text{ només si } b^n = a$$

$\sqrt[n]{a}$ es llegeix com l'**arrel enèsima** de a.

n és un nombre natural i s'anomena **índex** de l'arrel.

a és el **radicand**.

Observa que:

- Si n és parell, a ha de ser necessàriament un nombre positiu per tal que l'arrel b sigui un nombre real. En aquest cas, hi ha dos resultats possibles que són sempre dos nombres reals oposats.
- Si n és senar, sempre existeix el nombre real b i és únic.

En els exemples anteriors, les arrels que hem calculat han donat com a resultat nombres racionals. Generalment, això no succeeix en les arrels quadrades o d'índex 2, ni tampoc en el cas de les arrels d'altres índexs.

$\sqrt[3]{5}$, $\sqrt[4]{10}$, $\sqrt[5]{-43}$... són, com $\sqrt{2}$, nombres irracionals.

Tal com es defineix la radicació, és possible escriure una arrel en forma de potència i a l'inrevés. Aquestes noves potències han de verificar les mateixes propietats que les potències d'exponent enter, que ja coneixes de cursos anteriors.

D'acord amb el que acabem de dir, podem escriure:

$$\sqrt{2} = 2^{\frac{1}{2}} \text{ perquè } \left(2^{\frac{1}{2}}\right)^2 = 2^{\frac{1}{2}\cdot 2} = 2$$
$$\sqrt[3]{5} = 5^{\frac{1}{3}} \text{ perquè } \left(5^{\frac{1}{3}}\right)^3 = 5^{\frac{1}{3}\cdot 3} = 5$$
$$\sqrt[5]{6} = 6^{\frac{1}{5}} \text{ perquè } \left(6^{\frac{1}{5}}\right)^5 = 6^{\frac{1}{5}\cdot 5} = 6$$

En general,

$$\sqrt[n]{a} = a^{\frac{1}{n}} \text{ perquè } \left(a^{\frac{1}{n}}\right)^n = a^{\frac{1}{n}\cdot n} = a$$

Si el radicand a està elevat a un exponent m enter, tindrem:

$$\sqrt[n]{a^m} = a^{\frac{m}{n}} \text{ perquè } \left(a^{\frac{m}{n}}\right)^n = a^{\frac{m}{n}\cdot n} = a^m$$

! Important

$a^{\frac{m}{n}} = \sqrt[n]{a^m}$ i si $m = 1$, $a^{\frac{1}{n}} = \sqrt[n]{a}$

Les potències del tipus $a^{\frac{m}{n}}$ s'anomenen **potències d'exponent fraccionari.** En definitiva, tota arrel es pot expressar com una potència d'exponent fraccionari i a l'inrevés.

Exemple 3

Expressa aquestes arrels en forma de potències d'exponent fraccionari positiu:

a) $\sqrt[3]{5}$ *b)* $\sqrt[4]{3}$ *c)* $\sqrt[7]{5^3}$ *d)* $\sqrt[5]{\left(\frac{2}{3}\right)^2}$

e) $\sqrt{2^{-3}}$ *f)* $\sqrt[7]{16}$ *g)* $\sqrt[3]{-6}$ *h)* $\sqrt{ab}$

Resolució

a) $\sqrt[3]{5} = 5^{\frac{1}{3}}$ *b)* $\sqrt[4]{3} = 3^{\frac{1}{4}}$ *c)* $\sqrt[7]{5^3} = 5^{\frac{3}{7}}$

d) $\sqrt[5]{\left(\frac{2}{3}\right)^2} = \left(\frac{2}{3}\right)^{\frac{2}{5}}$ *e)* $\sqrt{2^{-3}} = \sqrt{\left(\frac{1}{2}\right)^3} = \left(\frac{1}{2}\right)^{\frac{3}{2}}$ *f)* $\sqrt[7]{16} = \sqrt[7]{2^4} = 2^{\frac{4}{7}}$

g) $\sqrt[3]{-6} = (-6)^{\frac{1}{3}}$ *h)* $\sqrt{ab} = (ab)^{\frac{1}{2}}$

Exemple 4

Transforma les potències d'exponent fraccionari següents en arrels:

a) $(-2)^{\frac{1}{3}}$ *b)* $7^{\frac{1}{5}}$ *c)* $10^{\frac{3}{4}}$ *d)* $\left(\frac{1}{3}\right)^{\frac{1}{4}}$

e) $\pi^{\frac{1}{5}}$ *f)* $7^{\frac{2}{5}}$ *g)* $3^{-\frac{1}{2}}$ *h)* $\left(\frac{5}{13}\right)^{-\frac{1}{4}}$

Resolució

a) $(-2)^{\frac{1}{3}} = \sqrt[3]{-2}$ *b)* $7^{\frac{1}{5}} = \sqrt[5]{7}$ *c)* $10^{\frac{3}{4}} = \sqrt[4]{10^3}$ *d)* $\left(\frac{1}{3}\right)^{\frac{1}{4}} = \sqrt[4]{\frac{1}{3}}$

e) $\pi^{\frac{1}{5}} = \sqrt[5]{\pi}$ *f)* $7^{\frac{2}{5}} = \sqrt[5]{7^2}$ *g)* $3^{-\frac{1}{2}} = \left(\frac{1}{3}\right)^{\frac{1}{2}} = \sqrt{\frac{1}{3}}$ *h)* $\left(\frac{5}{13}\right)^{-\frac{1}{4}} = \left(\frac{13}{5}\right)^{\frac{1}{4}} = \sqrt[4]{\frac{13}{5}}$

! Important

Per a les arrels d'índex 2, utilitza la tecla [√] de la calculadora.

La calculadora ens permet esbrinar les arrels d'índex diferent de 2 utilitzant-ne l'expressió en forma de potència. Com sempre, si el resultat és irracional, només obtindrem un valor aproximat.

Imagina que hem de calcular, per exemple, $\sqrt[3]{6{,}74}$.

- Si la nostra calculadora té la tecla [$x^{1/y}$], com que $\sqrt[3]{6{,}74} = 6{,}74^{\frac{1}{3}}$, hem de prémer les tecles següents:

  6,74 [$x^{1/y}$] 3 [=] 1,888 947 839

  Aquest resultat que ens dóna la calculadora només és una aproximació racional al veritable valor de $\sqrt[3]{6{,}74}$, però per a les nostres necessitats de càlcul és una aproximació més que suficient.

- Si la calculadora que utilitzem no té la tecla [$x^{1/y}$], però sí que té la tecla [x^y], el procediment que cal seguir és el següent:

  6,74 [x^y] 3 [1/x] = 1,888 947 839

  (3 [1/x]: calcula $\frac{1}{3}$)

! Important

Amb la tecla [$\sqrt[x]{\ }$] el càlcul és directe.

Activitats

23. Calcula, sense utilitzar la calculadora:

a) $\sqrt[3]{1\,000}$ *b)* $\sqrt[4]{1\,296}$ *c)* $\sqrt{\frac{25}{81}}$

d) $\sqrt[5]{-1}$ *e)* $\sqrt[3]{0{,}001}$ *f)* $\sqrt[5]{\frac{1}{32}}$

24. Tot i que a primer cop d'ull no ho sembli, els resultats de les arrels següents són tots racionals. Calcula'ls.

a) $\sqrt{\frac{8}{18}}$ *b)* $\sqrt[3]{\frac{2}{16}}$ *c)* $\sqrt{\frac{50}{98}}$ *d)* $\sqrt[3]{\frac{3}{81}}$

25. Expressa en forma de potència:

a) $\sqrt[3]{7}$ *b)* $\sqrt[4]{a^3}$ *c)* $\sqrt{10}$

d) $\sqrt[5]{(a+2)^2}$ *e)* $\sqrt[6]{6^5}$ *f)* $\sqrt{\frac{1}{5}}$

26. Expressa en forma d'arrel:

a) $25^{\frac{1}{3}}$ *b)* $12^{\frac{1}{4}}$ *c)* $a^{\frac{3}{5}}$ *d)* $\left(\frac{1}{2}\right)^{\frac{-2}{3}}$ *e)* $b^{\frac{2}{7}}$

27. Les potències d'exponent fraccionari verifiquen totes i cadascuna de les propietats de les potències d'exponent enter. Aplica aquestes propietats per expressar en funció d'una sola potència:

a) $2^{\frac{1}{2}} \cdot 2^{\frac{1}{3}}$ *b)* $3^{\frac{2}{3}} : 3^{\frac{1}{4}}$

c) $\left(5^{\frac{1}{3}}\right)^2$ *d)* $\frac{2 \cdot \sqrt[3]{4}}{\sqrt[5]{8}}$

28. Utilitza la calculadora i aproxima fins a les centèsimes aquests nombres irracionals:

a) $\sqrt[3]{10}$ *b)* $\sqrt[5]{2{,}76}$ *c)* $\pi^{\frac{1}{4}}$

d) $\sqrt[3]{-50}$ *e)* $5^{\frac{2}{3}}$ *f)* $\sqrt[7]{2^4}$

7. Propietats de les arrels

A continuació estudiarem un seguit de propietats de les operacions amb arrels que es basen en:

a) La possibilitat d'expressar una arrel en forma de potència d'exponent fraccionari.

b) Les propietats de les potències d'exponent enter que hem fet extensives a les potències d'exponent fraccionari.

Propietat fonamental

Observa la seqüència d'igualtats següent:

$$\sqrt[3]{a^2} = a^{\frac{2}{3}} = a^{\frac{4}{6}} = \sqrt[6]{a^4}$$

> **! Important**
>
> $\sqrt[4]{64} = \sqrt[4]{2^6} = 2^{\frac{6}{4}} = 2^{\frac{3}{2}} = \sqrt{2^3} = \sqrt{8}$

> En general,
>
> $$\sqrt[n]{a^m} = a^{\frac{m}{n}} = a^{\frac{mr}{nr}} = \sqrt[nr]{a^{mr}} \text{ amb } r \neq 0$$
>
> És a dir, el resultat d'una arrel no varia si multipliquem o dividim l'índex i l'exponent del radicand per un mateix nombre diferent de zero.

Així:

$$\sqrt{a} = \sqrt[4]{a^2} = \sqrt[6]{a^3} = \sqrt[10]{a^5} \ldots$$

Arrel d'una multiplicació

$$\sqrt{6} = 6^{\frac{1}{2}} = (2 \cdot 3)^{\frac{1}{2}} = 2^{\frac{1}{2}} \cdot 3^{\frac{1}{2}} = \sqrt{2} \cdot \sqrt{3}$$

> En general,
>
> $$\sqrt[n]{a\,b} = (a\,b)^{\frac{1}{n}} = a^{\frac{1}{n}}\, b^{\frac{1}{n}} = \sqrt[n]{a}\,\sqrt[n]{b}$$
>
> L'arrel d'una multiplicació és igual al producte de les arrels dels factors.

> **! Important**
>
> Cadascuna d'aquestes propietats es pot llegir i aplicar en ambdós sentits, segons convingui.

Arrel d'una divisió

$$\sqrt[3]{\frac{2}{5}} = \left(\frac{2}{5}\right)^{\frac{1}{3}} = \frac{2^{\frac{1}{3}}}{5^{\frac{1}{3}}} = \frac{\sqrt[3]{2}}{\sqrt[3]{5}}$$

> En general,
>
> $$\sqrt[n]{\frac{a}{b}} = \left(\frac{a}{b}\right)^{\frac{1}{n}} = \frac{a^{\frac{1}{n}}}{b^{\frac{1}{n}}} = \frac{\sqrt[n]{a}}{\sqrt[n]{b}}$$
>
> L'arrel d'una divisió és igual al quocient de les arrels del dividend i del divisor.

Potència d'una arrel

$$(\sqrt[3]{2})^4 = \left(2^{\frac{1}{3}}\right)^4 = 2^{\frac{4}{3}} = \sqrt[3]{2^4}$$

! Important

$\sqrt[n]{a+b} \neq \sqrt[n]{a} + \sqrt[n]{b}$

$\sqrt[n]{a^n + b^n} \neq a + b$

En general,

$$(\sqrt[n]{a})^m = \left(a^{\frac{1}{n}}\right)^m = a^{\frac{m}{n}} = \sqrt[n]{a^m}$$

Per elevar una arrel a una potència, s'eleva el radicand a aquesta potència.

Arrel d'una arrel

$$\sqrt[3]{\sqrt{5}} = \sqrt[3]{5^{\frac{1}{2}}} = \left(5^{\frac{1}{2}}\right)^{\frac{1}{3}} = 5^{\frac{1}{6}} = \sqrt[6]{5}$$

En general,

$$\sqrt[m]{\sqrt[n]{a}} = \sqrt[m]{a^{\frac{1}{n}}} = \left(a^{\frac{1}{n}}\right)^{\frac{1}{m}} = a^{\frac{1}{nm}} = \sqrt[nm]{a}$$

L'arrel d'una arrel dóna com a resultat una altra arrel amb el mateix radicand i d'índex igual al producte dels dos índexs.

En resum:

- $\sqrt[n]{a^m} = \sqrt[nr]{a^{mr}}$ amb $r \neq 0$
- $\sqrt[n]{a\,b} = \sqrt[n]{a}\,\sqrt[n]{b}$
- $\sqrt[n]{\dfrac{a}{b}} = \dfrac{\sqrt[n]{a}}{\sqrt[n]{b}}$
- $(\sqrt[n]{a})^m = \sqrt[n]{a^m}$
- $\sqrt[m]{\sqrt[n]{a}} = \sqrt[mn]{a}$

Activitats

29. Per simplificar una arrel del tipus $\sqrt[n]{a^m}$, cal aconseguir que m i n siguin nombres primers entre ells. Simplifica:

a) $\sqrt[12]{a^{10}}$ *b)* $\sqrt[3]{a^{12}}$ *c)* $\sqrt[15]{3^{10}}$ *d)* $\sqrt[4]{64}$

30. Quina de les igualtats següents és incorrecta?

a) $\sqrt{(a+b)^2} = a + b$

b) $\sqrt[3]{a^3 + b^3} = a + b$

c) $\sqrt{a^2 - 2ab + b^2} = a - b$

31. Expressa en forma d'una sola arrel:

a) $\sqrt[3]{3} \cdot \sqrt[3]{5}$ *b)* $2^{\frac{1}{2}} \cdot \sqrt{5}$ *c)* $\dfrac{\sqrt[3]{12}}{\sqrt[3]{4}}$

d) $\dfrac{3^{\frac{1}{2}} \cdot 6^{\frac{1}{2}}}{\sqrt{15}}$ *e)* $(\sqrt[7]{2^3})^4$ *f)* $3^{\frac{1}{6}} \cdot \sqrt[3]{3} \cdot \sqrt[6]{2}$

g) $(a+b)^{\frac{1}{2}} \cdot \sqrt{a-b}$ *h)* $2\sqrt{5}$ *i)* $\sqrt{\sqrt{13}}$

j) $\sqrt{a\sqrt[3]{a^2}}$

8. Operacions amb arrels

Malgrat que la majoria d'operacions amb arrels donen com a resultat una altra arrel que gairebé sempre és un nombre irracional i, per tant, només el podem expressar de manera exacta si el deixem indicat, hi ha alguns casos en què cal anar una mica més lluny per tal d'expressar-ne el resultat d'una manera més senzilla. Vegem-los tot seguit.

8.1 Sumes i restes

Si el resultat és $\sqrt{2} + \sqrt{6}$, no hi podem fer res més. Ja saps que, com a molt, podem donar-ne una aproximació.

Ara bé, si el resultat és $3\sqrt{3} - \sqrt{3} + 2\sqrt{3}$, sí que es pot expressar de manera més senzilla. Només cal extreure el factor comú $\sqrt{3}$:

$$3\sqrt{3} - \sqrt{3} + 2\sqrt{3} = (3 - 1 + 2)\sqrt{3} = 4\sqrt{3}$$

És possible que el factor comú que necessitem no sempre sigui tan evident com en el cas anterior.

Si descomponem el radicand en factors i hi apliquem les propietats que ja coneixes, el podrem localitzar. Fixa't en l'exemple:

$$2\sqrt{5} + 3\sqrt{20} - \sqrt{125} = 2\sqrt{5} + 3\sqrt{2^2 \cdot 5} - \sqrt{5^2 \cdot 5} =$$

$$= 2\sqrt{5} + 3\sqrt{2^2} \cdot \sqrt{5} - \sqrt{5^2} \cdot \sqrt{5} = 2\sqrt{5} + 3 \cdot 2\sqrt{5} - 5\sqrt{5} =$$

$$= 2\sqrt{5} + 6\sqrt{5} - 5\sqrt{5} = (2 + 6 - 5)\sqrt{5} = 3\sqrt{5}$$

> **! Important**
>
> $125 = 5^3 = 5^2 \cdot 5$
>
> Ho expressem d'aquesta manera perquè ens convé. Raona-ho.

8.2 Multiplicacions i divisions

Podem multiplicar i dividir arrels que tenen el mateix índex. És possible fer-ho si els índexs són diferents?

Imagina que el resultat d'una operació sigui $\sqrt[3]{2} \cdot \sqrt{3}$. Vegem com es pot expressar de manera molt més senzilla utilitzant-hi una única arrel.

Cal aconseguir que les arrels que s'han de multiplicar tinguin el mateix índex. Si les expressem en forma de potència i busquem fraccions equivalents d'igual denominador per als exponents, tindrem el problema resolt. Aplicant-hi directament la propietat fonamental dels radicals, ens estalviem el pas previ a potències:

$$\sqrt[3]{2} \cdot \sqrt{3} = \sqrt[6]{2^2} \cdot \sqrt[6]{3^3} = \sqrt[6]{2^2 \cdot 3^3} = \sqrt[6]{4 \cdot 27} = \sqrt[6]{108}$$

Si es tracta d'una divisió, el procés que hem de seguir és semblant:

$$\frac{\sqrt[4]{2}}{\sqrt[3]{5}} = \frac{\sqrt[12]{2^3}}{\sqrt[12]{5^4}} = \sqrt[12]{\frac{8}{625}}$$

> **! Important**
>
> Fixa-ti que:
> 6 = m. c .m. (2, 3) i
> 12 = m. c. m. (4, 3)

Activitats

32. Expressa de la manera més senzilla possible:

a) $\sqrt{10} + 2\sqrt{10} - \frac{1}{2}\sqrt{10}$ *b)* $3\sqrt{12} - 2\sqrt{75} + 7\sqrt{3}$

c) $\sqrt[4]{5} \cdot \sqrt[3]{2}$ *d)* $\frac{\sqrt{7} \cdot \sqrt[3]{5}}{\sqrt[12]{10}}$

9. Racionalització de denominadors

És possible que alguna vegada trobis expressions fraccionàries que tenen arrels en el denominador. Aquí en tens dos exemples:

$$\frac{3}{\sqrt{3}} \text{ i } \frac{1}{3-\sqrt{2}}$$

Com pots veure, són dos nombres irracionals i, per tant, no en podem conèixer el valor exacte. De tota manera, si el que volem és fer-hi operacions, seria molt més senzill si per a cada expressió fraccionària poguéssim esbrinar-ne una d'equivalent sense arrels en el denominador. A més, per sumar i restar fraccions, és necessari que els denominadors siguin nombres naturals per poder-ne calcular l'm. c. m.

Ja saps com obtenir fraccions equivalents a una fracció donada: multiplicant-ne el numerador i el denominador per un mateix nombre diferent de zero. El problema és esbrinar en cada situació quin és aquest nombre que ens permet eliminar les arrels del denominador.

El procés que se segueix per eliminar les arrels dels denominadors de les expressions fraccionàries es coneix amb el nom de **racionalització de denominadors.**

Els dos exemples que acabem d'esmentar pertanyen als tipus d'expressions fraccionàries que trobaràs més sovint. Observa com procedim en cada cas.

Recorda

$(\sqrt{a}+\sqrt{b})(\sqrt{a}-\sqrt{b}) = a - b$

$(\sqrt{a}+b)(\sqrt{a}-b) = a - b^2$

$(a+\sqrt{b})(a-\sqrt{b}) = a^2 - b$

Exemple 5

Racionalitza l'expressió fraccionària: $\frac{3}{\sqrt{3}}$

Resolució

Multipliquem el numerador i el denominador per $\sqrt{3}$.

$$\frac{3}{\sqrt{3}} = \frac{3}{\sqrt{3}} \cdot \frac{\sqrt{3}}{\sqrt{3}} = \frac{3 \cdot \sqrt{3}}{3} = \sqrt{3} \rightarrow \frac{3}{\sqrt{3}} = \sqrt{3}$$

Exemple 6

Racionalitza l'expressió fraccionària: $\frac{1}{3-\sqrt{2}}$

Resolució

Multipliquem el numerador i el denominador per $3+\sqrt{2}$, expressió que s'anomena *conjugada* de $3-\sqrt{2}$.

$$\frac{1}{3-\sqrt{2}} = \frac{1}{3-\sqrt{2}} \cdot \frac{3+\sqrt{2}}{3+\sqrt{2}} = \frac{3+\sqrt{2}}{(3-\sqrt{2})(3+\sqrt{2})} = \frac{3+\sqrt{2}}{9-2} = \frac{3+\sqrt{2}}{7}$$

Per tant,

$$\frac{1}{3-\sqrt{2}} = \frac{3+\sqrt{2}}{7}$$

Activitats

33. Racionalitza les expressions fraccionàries que figuren a continuació:

a) $\dfrac{1}{\sqrt{5}}$ *b)* $\dfrac{1}{2+\sqrt{3}}$

c) $\dfrac{12}{\sqrt{2}}$ *d)* $\dfrac{22}{4-\sqrt{5}}$

34. Efectua les operacions indicades racionalitzant prèviament cada expressió fraccionària:

a) $\dfrac{1}{5+\sqrt{3}}+\dfrac{2}{5-\sqrt{3}}$

b) $\dfrac{7}{4+\sqrt{2}}-\dfrac{6}{4-\sqrt{2}}$

10. Solucions d'inequacions i la recta real

Quines són les solucions de la inequació $2x + 3 > 5$?

$$2x + 3 > 5 \rightarrow 2x > 5 - 3 \rightarrow 2x > 2 \rightarrow x > 1$$

La resposta és: tots els nombres reals més grans que 1.

Els nombres reals més grans que 1, l'1 no hi és inclòs, determinen un conjunt de punts que s'anomena **semirecta oberta** (Fig. 1.12) i que es designa amb $(1, +\infty)$.

Fig. 1.12

La inequació $2x + 3 \geq 5$ té per solucions $x \geq 1$.

Els nombres reals més grans o iguals que 1 determinen un conjunt de punts anomenat **semirecta tancada** (Fig. 1.13) i que es designa amb $[1, +\infty)$.

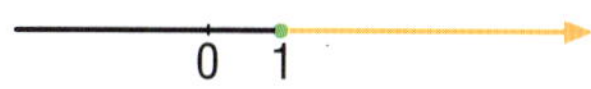

Fig. 1.13

Anàlogament:

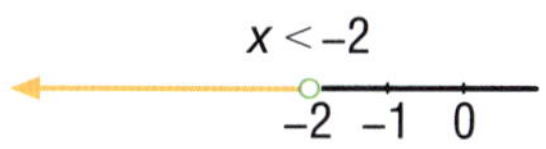

Semirecta oberta $(-\infty, -2)$ **Fig. 1.14**

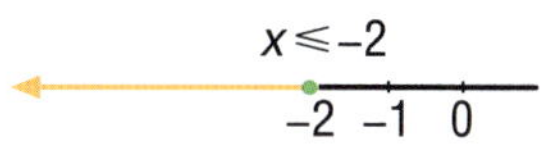

Semirecta tancada $(-\infty, -2]$ **Fig. 1.15**

Les inequacions $x > -1$ i $x < 2$ tenen solucions comunes. Si observes la figura 1.16, comprovaràs que són tots els nombres reals compresos entre -1 i 2, ni el -1 ni el 2 hi són inclosos. Aquests nombres determinen un conjunt de punts que es coneix amb el nom de **segment** o **interval obert** i que es designa amb $(-1, 2)$.

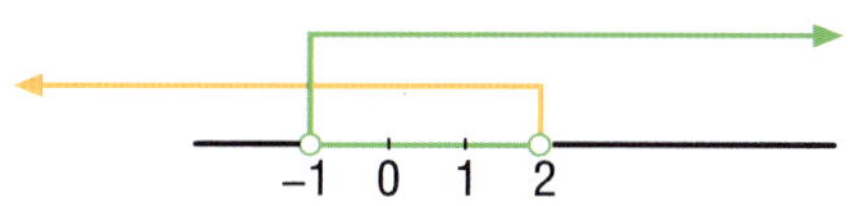

$-1 < x < 2$ s'expressa $(-1, 2)$ **Fig. 1.16**

Les solucions comunes a les inequacions $x \geq -1$ i $x \leq 2$ són tots els nombres reals compresos entre -1 i 2, ambdós inclosos. Determinen sobre la recta un conjunt de punts que rep el nom de **segment** o **interval tancat** (Fig. 1.17) i que s'expressa per $[-1, 2]$.

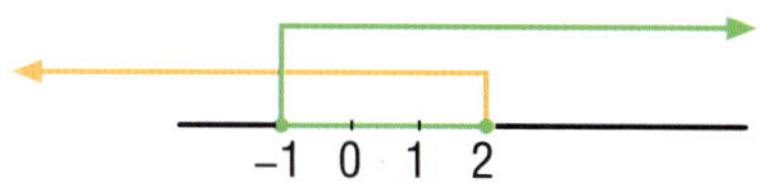

Fig. 1.17

Fixa't en els conjunts de nombres reals representats a la recta i en la notació utilitzada per designar-los.

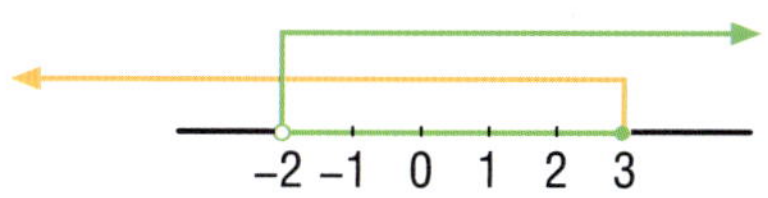

$-2 < x \leq 3$ s'expressa $(-2, 3]$.
No inclou el –2, però sí el 3. **Fig. 1.18**

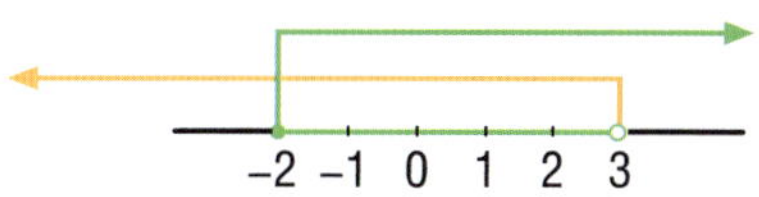

$-2 \leq x < 3$ s'expressa $[-2, 3)$.
Inclou el –2, però no el 3. **Fig. 1.19**

Activitats

35. Representa a la recta real els conjunts de nombres següents. Després, defineix-los mitjançant desigualtats:

a) $[4, +\infty)$ *b)* $(-\infty, -2)$

c) $[1, 3]$ *d)* $(2, 5)$

e) $[-3, 0)$ *f)* $(0, 3]$

g) $(5, +\infty)$ *h)* $[-2, 2)$

i) $(-4, 2]$ *j)* $(-\infty, 0)$

k) $(-3, 4)$ *l)* $\left(-1, \frac{3}{2}\right]$

36. Expressa, utilitzant la nova notació, els conjunts de nombres reals que verifiquen:

a) $x \geq -3$ *b)* $x < 4$

c) $-2 \leq x \leq 3$ *d)* $-5 < x < -1$

e) $-4 < x \leq 6$ *f)* $x > 7$

37. Les inequacions $-1 \leq 3x + 5$ i $3x + 5 < 2$ tenen solucions comunes. Troba-les, representa-les gràficament i expressa-les de dues maneres diferents.

! Important

Si $a < b \rightarrow -a > -b$

11. Notació científica

El treball científic obliga a utilitzar amb freqüència nombres que són molt grans o molt petits. L'escriptura d'aquests nombres és feixuga i pot provocar nombroses errades.

La notació científica permet expressar-los de manera més senzilla, i facilita al mateix temps les operacions que s'hi efectuen. Aquesta notació consisteix a escriure tot nombre x no nul positiu en la forma següent:

$$x = a \cdot 10^n \text{ amb } n \in \mathbb{Z} \text{ i } 1 \leq a < 10$$

Exemple 7

Escriu en notació científica els nombres següents:

a) 0,000 000 008 7

b) 6 250 000 000 000

c) 345 500 000 000 000 000

d) 0,000 000 000 000 05

Resolució

a) $0{,}000\,000\,008\,7 = 8{,}7 \cdot 10^{-9}$

b) $6\,250\,000\,000\,000 = 6{,}25 \cdot 10^{12}$

c) $345\,500\,000\,000\,000\,000 = 3{,}455 \cdot 10^{17}$

d) $0{,}000\,000\,000\,000\,05 = 5 \cdot 10^{-14}$

Les calculadores científiques utilitzen aquesta notació quan el resultat d'una operació té un nombre de xifres superior al de la capacitat de la pantalla.

Així, per exemple, expressen el resultat de la potència 3^{25}, que evidentment és un nombre enter, com a $8{,}472\,886 \cdot 10^{11}$. Malgrat que el resultat no sigui l'exacte, permet saber que es tracta d'un nombre enter de dotze xifres.

Si hem d'efectuar operacions amb nombres expressats en notació científica, hem de fer servir la tecla EXP per introduir-los a la calculadora. Cal que tinguem en compte que aquesta tecla introdueix el factor 10^n, per això hem de teclejar prèviament el factor a.

$2{,}25 \cdot 10^{15} \rightarrow 2{,}25$ EXP 15

$1{,}9 \cdot 10^{-16} \rightarrow 1{,}9$ EXP 16 ±

$10^{10} = 1 \cdot 10^{10} \rightarrow 1$ EXP 10

! Important

Hi ha calculadores en què la tecla EXP es mostra com a EE.

Activitats

38. Escriu en notació científica:

a) $0{,}003\,45 \cdot 10^8$

b) $126{,}78 \cdot 10^{-5}$

c) $\dfrac{13}{5\,789\,680}$

d) 756 423 987

e) 0,000 000 028 54

39. Efectua aquestes operacions amb l'ajut de la calculadora. Expressa'n els resultats utilitzant-hi la notació científica:

a) $2{,}5 \cdot 10^4 + 10^5 - 6{,}25 \cdot 10^3$

b) $(10^6 : 4 \cdot 10^{-3}) : 5 \cdot 10^7$

c) $\dfrac{1{,}25 \cdot 10^{12} - 10^{12}}{10^{10} + 5 \cdot 10^9}$

d) $(10^4 - 10^7)^2$

40. Una estrella està situada a 4 anys llum de la Terra. Quina és la distància en quilòmetres que la separa del nostre planeta? Un any llum és la distància que recorre la llum en un any a una velocitat de 300 000 km/s.

R: $3{,}784\,32 \cdot 10^{13}$ km

41. Sabent que un mol d'àtoms de ferro conté $6{,}02 \cdot 10^{23}$ àtoms d'aquest metall i que té una massa de 55,8 g, esbrina:

a) La massa en grams d'un àtom de ferro.

b) El nombre d'àtoms continguts en 1 g de ferro.

R: *a)* $9{,}27 \cdot 10^{-23}$ g Fe; *b)* $1{,}08 \cdot 10^{22}$ àtoms Fe

42. Expressa en notació científica la longitud en metres del radi de la Terra, sabent que un quadrant d'un meridià terrestre mesura 10^4 km.

R: $6{,}366\,2 \cdot 10^6$ m

Punt final

La quadratura del cercle

És possible construir amb regle i compàs un quadrat que tingui la mateixa àrea que un cercle de radi 1?

Com pots comprovar en la figura 1.20, la resposta serà afirmativa si som capaços de dibuixar un segment la longitud del qual sigui $\sqrt{\pi}$.

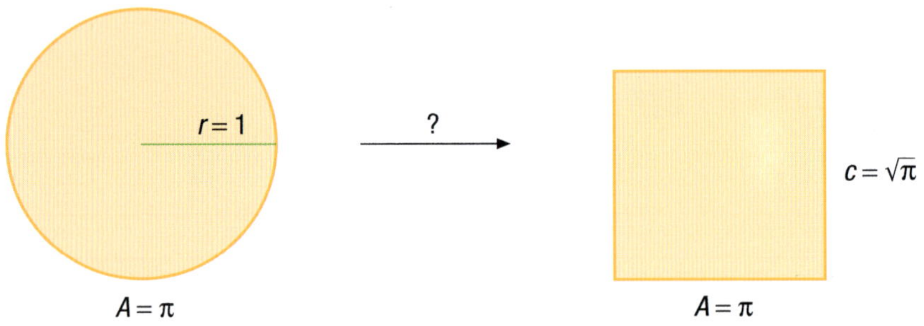

Fig. 1.20

Aquest problema, conegut amb el nom de *quadratura del cercle*, ha estat discutit diverses vegades al llarg de la història de les matemàtiques i va estar molts anys sense ser resolt. És per aquest motiu que en sentit figurat parlem de la «quadratura del cercle» quan fem referència a un problema molt difícil o impossible de resoldre.

La solució definitiva la va donar Ferdinand Lindemann l'any 1882. Aquest matemàtic alemany va demostrar que, donat un segment de longitud 1, no és possible construir amb regle i compàs un segment de longitud $\sqrt{\pi}$; és a dir, es tracta d'un problema irresoluble en geometria.

Lindemann va arribar a aquesta conclusió mentre duia a terme un treball que demostrava que el nombre pi (π) és un nombre irracional i alhora transcendent. π és *irracional* en el sentit que el seu valor és impossible d'expressar exactament amb nombres decimals (només podem treballar amb aproximacions com 3,14 o 3,1416, que són les més habituals) i π és *transcendent* perquè no es pot obtenir com a solució d'una equació polinòmica de coeficients enters.

Quan Lindemann va comprovar que π és un nombre transcendent, va demostrar com a conseqüència que el problema de la quadratura del cercle no tenia solució.

Una passejada amb el cavall

No sembla gens senzill aconseguir desplaçar un cavall d'escacs per tots els quadrats del tauler en 64 moviments sense repetir-ne cap. Malgrat la dificultat, es coneixen diferents solucions del problema des de fa segles. La solució que et proposem a continuació és del matemàtic De Moivre. Només cal que segueixis la successió dels nombres naturals, de l'1 al 64 (Fig. 1.21).

34	49	22	11	36	39	24	1
21	10	35	50	23	12	37	40
48	33	62	57	38	25	2	13
9	20	51	54	63	60	41	26
32	47	58	61	56	53	14	3
19	8	55	52	59	64	27	42
46	31	6	17	44	29	4	15
7	18	45	30	5	16	43	28

Fig. 1.21

Activitats finals

1. Demostra, sense utilitzar la calculadora, que el nombre $\sqrt{1764}$ és racional. Fes abans la descomposició en factors primers de 1 764.

2. Calcula el costat, el perímetre i l'àrea d'un quadrat inscrit en una circumferència de 2 cm de radi. Quina de les tres mesures s'expressa mitjançant un nombre racional? Expressa les altres dues de manera exacta i amb una aproximació que arribi fins a les centèsimes.

R: *a)* $c \simeq 2{,}83$ cm; *b)* $P \simeq 11{,}31$ cm; *c)* $A = 8$ cm^2

3. Dibuixa un quadrat de 2 cm de costat. Determina els punts mitjans dels seus costats i uneix-los successivament. Quina figura n'obtens? Per què? Calcula'n l'àrea i el perímetre.

4. Considera un nombre positiu, eleva'l al quadrat, multiplica'l per 2 i, finalment, extreu-ne l'arrel quadrada. Demostra que el quocient de la divisió entre l'últim nombre i el primer és igual a $\sqrt{2}$.

5. Quina condició han de verificar els coeficients a, b i c de l'equació de segon grau $ax^2 + bx + c = 0$, per tal que les solucions siguin nombres reals?

6. El perímetre d'un rectangle mesura 16 cm i una de les seves diagonals, $2\sqrt{10}$ cm. Calcula'n l'àrea.

7. Esbrina quatre nombres racionals que estiguin compresos entre $2 + \sqrt{5}$ i $2 + \sqrt{6}$.

8. Representa a la recta numèrica els nombres reals següents:

a) $\dfrac{3}{4}$ *b)* $1{,}1\widehat{6}$

c) $\sqrt{34}$ *d)* $-\sqrt{8}$

9. Calcula:

a) $(3\sqrt{5})^2$

b) $(\sqrt{10})^4$

c) $(\sqrt{5} + \sqrt{3})(\sqrt{5} - \sqrt{3})$

d) $(\sqrt{7})^2 - (\sqrt{2})^2$

R: *a)* 45; *b)* 100; *c)* 2; *d)* 5

10. Calcula:

a) $(1 + \sqrt{2})^2$ *b)* $(3 - \sqrt{3})^2$

c) $(2\sqrt{5} + 1)^2$ *d)* $(4\sqrt{2} - 2\sqrt{3})^2$

11. En quins casos el resultat d'una potència de base 3 és més petit que 3? Justifica la teva resposta amb exemples.

12. Expressa com una sola potència:

a) $\sqrt{2} \cdot \sqrt[3]{2}$ *b)* $\sqrt[3]{5} : \sqrt[4]{5}$

c) $\sqrt[7]{a^2}$ *d)* $(\sqrt[4]{b^3})^2$

13. L'arrel quadrada de l'arrel cúbica d'un nombre positiu x té dos resultats possibles. Per què? Si un d'aquests és 2, quin és l'altre? Calcula x.

R: $x = 64$

14. Calcula:

a) $\sqrt{\dfrac{200}{450}}$ *b)* $\sqrt{\dfrac{3}{27}}$ *c)* $\sqrt{\dfrac{242}{338}}$

15. Escriu com una única arrel:

a) $10^{\frac{2}{3}} \cdot 10^{\frac{-1}{2}}$ *b)* $7^{\frac{3}{4}} : 7^{0,5}$

c) $\left(2^{\frac{2}{3}}\right)^{\frac{3}{5}}$ *d)* $2^{\frac{1}{3}} \cdot 3^{\frac{1}{3}}$

16. Indica quines de les igualtats següents no són certes. Per què?

a) $\sqrt{9 + 25} = 3 + 5$

b) $\sqrt{7 \cdot 6} = \sqrt{7} \cdot \sqrt{6}$

c) $\sqrt{a^2 + b^2} = a + b$

d) $\sqrt{5} = \dfrac{\sqrt{45}}{3}$

17. Expressa de la manera més senzilla possible el resultat de les operacions següents:

a) $\sqrt{7} + \sqrt{28} - \sqrt{63}$ *b)* $\sqrt{121} + \sqrt{169} - \sqrt{225}$

c) $\sqrt{a}\,\sqrt[3]{a^2}$ *d)* $\sqrt[4]{b^3} : \sqrt{b}$

18. Justifica aquestes igualtats:

a) $2\sqrt{3} = \sqrt{12}$ *b)* $5\sqrt{2} = \sqrt{50}$

c) $\dfrac{1}{2}\sqrt{3} = \sqrt{\dfrac{3}{4}}$ *d)* $a^2\sqrt[n]{a} = \sqrt[n]{a^{2n+1}}$

19. Racionalitza:

a) $\dfrac{20}{\sqrt{10}}$ *b)* $\dfrac{1}{\sqrt{7} - \sqrt{5}}$ *c)* $\dfrac{6 + \sqrt{6}}{6 - \sqrt{6}}$

20. Les solucions d'una inequació se situen a l'interval $[-5, 2)$, i les d'una altra inequació, a l'interval $[0, 4)$. Expressa mitjançant un interval les solucions comunes a totes dues inequacions. Ajuda't d'un gràfic.

2

Polinomis

Quan anomenem un nombre, expressem cadascun dels diferents ordres d'unitats que el componen:

$$432 \rightarrow \text{quatre cents trenta-dos} \rightarrow 4 \text{ centenes, } 3 \text{ desenes i } 2 \text{ unitats}$$

En el nostre sistema de numeració decimal, cada unitat d'un ordre conté 10 unitats de l'ordre immediatament inferior. Així:

1 desena = 10 unitats
1 centena = 10 desenes = 100 unitats, etc.

El nombre 432 el podem escriure:

$$432 = 400 + 30 + 2 = 4 \cdot 100 + 3 \cdot 10 + 2$$

o el que és el mateix:

$$432 = 4 \cdot 10^2 + 3 \cdot 10 + 2$$

En general, un nombre natural de quatre xifres *abcd* el podem expressar:

$$abcd \rightarrow a \cdot 10^3 + b \cdot 10^2 + c \cdot 10 + d$$

Si canviem l'ordre de les xifres, tenim un altre nombre diferent:

$$cabd \rightarrow c \cdot 10^3 + a \cdot 10^2 + b \cdot 10 + d$$

Aquests nombres els hem escrit utilitzant la descomposició polinòmica corresponent.

Observa que aquestes descomposicions són sumes de productes de cadascuna de les xifres del nombre per una potència de base 10, l'exponent de la qual és un nombre natural. La xifra de les unitats es pot considerar multiplicada per $10^0 = 1$.

Els nombres decimals també es poden escriure de manera semblant:

$$32{,}781 = 30 + 2 + \frac{7}{10} + \frac{8}{100} + \frac{1}{1\,000} =$$
$$= 3 \cdot 10 + 2 + 7 \cdot 10^{-1} + 8 \cdot 10^{-2} + 1 \cdot 10^{-3}$$

En aquesta descomposició, també hi figuren potències de base 10 l'exponent de les quals és un nombre enter negatiu.

L'expressió algèbrica $3x^2 + 4x + 2$ pot correspondre a la descomposició polinòmica d'un nombre, sempre que $x = 10$. El nombre l'obtindrem si calculem el valor numèric d'aquesta expressió per a $x = 10$:

$$3 \cdot 10^2 + 4 \cdot 10 + 2 = 342$$

Observa que les xifres del nombre són els coeficients de l'expressió algèbrica. Si $x = 5$, el valor numèric de l'expressió seria:

$$3 \cdot 5^2 + 4 \cdot 5 + 2 = 97$$

En aquest cas, els coeficients són les xifres del nombre expressat en base 5. És a dir, cada unitat d'un ordre conté 5 unitats de l'ordre immediatament inferior. Ho expressem així:

$$97 = 342_{(5}$$

1. Polinomis en una indeterminada

Les expressions algèbriques com ara $5x^2 + 3x - 1$, $\frac{1}{3}x^2 - 2x$ i $2x - 3$ són **polinomis.**

L'expressió algèbrica:

$$a_n x^n + a_{n-1}x^{n-1} + a_{n-2}x^{n-2} + \ldots + a_1 x + a_0$$

és un **polinomi** de grau n en la **indeterminada** x. On:

- n és un nombre natural.
- $a_n, a_{n-1}, a_{n-2} \ldots a_1$ i a_0 amb $a_n \neq 0$ són nombres reals que anomenem **coeficients** del polinomi.
- a_0 és el coeficient de grau zero o **terme independent.**

L'exponent n de la potència més gran de x que hi ha al polinomi s'anomena **grau** del polinomi. Així, $3x^5 - \pi x^3 - \frac{2}{7}$ és un polinomi de tres termes i de cinquè grau. Els coeficients són:

$a_5 = 3$ $a_4 = 0$ $a_3 = -\pi$

$a_2 = 0$ $a_1 = 0$ $a_0 = -\frac{2}{7}$

En general, per representar els polinomis hem d'utilitzar expressions del tipus $A(x)$, $B(x)$, $P(x)$...

És a dir, una lletra majúscula i, entre parèntesis, la indeterminada corresponent.

$$P(x) = 3x^5 - \pi x^3 - \frac{2}{7}$$

Hem d'escriure els polinomis ordenant en forma decreixent els exponents de la indeterminada. Si una de les potències no apareix, és que el seu coeficient és zero.

Cadascun dels termes d'un polinomi s'anomena **monomi.** Un polinomi format per dos monomis de grau diferent és un **binomi;** si són tres els monomis, un **trinomi,** i si en són més, genèricament s'anomena **polinomi.**

! Important

$2x^2 + 3x^2 = 5x^2$ és un monomi.

Hi ha moltes funcions que tenen com a expressió algèbrica un polinomi. Algunes ja les coneixes: la funció lineal i la funció afí, les expressions de les quals són polinomis de primer grau; i la funció quadràtica, que s'expressa mitjançant un polinomi de segon grau.

Per exemple:

Funció lineal: $f(x) = 3x$

Funció afí: $f(x) = -4x + 7$

Funció quadràtica: $f(x) = x^2 - 3x + 1$

Les expressions $\frac{1}{x} + 3$ i $\sqrt{x^3} + x + 1$ no són polinomis, perquè l'exponent de la indeterminada x no és sempre un nombre natural. Observa que en:

$$\frac{1}{x} = x^{-1} \quad \text{i} \quad \sqrt{x^3} = x^{\frac{3}{2}}$$

$n = -1$ i $n = \frac{3}{2}$ no són nombres naturals.

1.1 Valor numèric d'un polinomi

El **valor numèric** d'un polinomi $P(x)$ per a $x = a$, que representem per $P(a)$, és el nombre que resulta de substituir la indeterminada x pel nombre a i efectuar les operacions indicades a l'expressió del polinomi.

Considerem el polinomi $P(x) = 3x^3 - 2x^2 + x$ i calculem-ne el valor numèric per a $x = -2$, és a dir, $P(-2)$. Substituïm al polinomi la indeterminada x per -2:

$$P(-2) = 3 \cdot (-2)^3 - 2 \cdot (-2)^2 + (-2) = 3 \cdot (-8) - 2 \cdot 4 - 2 = -24 - 8 - 2 = -34$$

1.2 Identitat de polinomis

Dos polinomis de la mateixa indeterminada són **idèntics** si tenen iguals els coeficients del mateix grau.

Per tant, perquè dos polinomis siguin idèntics han de tenir el mateix grau i, en comparar d'un en un els termes amb el mateix grau, els seus coeficients han de coincidir.

Si dos polinomis són idèntics, tenen el mateix valor numèric per a qualsevol valor que donem a la indeterminada en l'un i en l'altre.

Els polinomis $P(x) = 3x^3 - 2x^2 + x$ i $Q(x) = \frac{12}{4}x^3 - 2x^2 + \frac{5}{5}x$ són idèntics, ja que tots dos són de tercer grau i:

$$a_3 = 3 = \frac{12}{4} \qquad a_2 = -2 \qquad a_1 = 1 = \frac{5}{5} \qquad a_0 = 0$$

Comprova que $Q(-2) = P(-2) = -34$.

Activitats

1. Indica el grau i els coeficients de cadascun d'aquests polinomis:

a) $A(x) = x^3 + 3x^2 - 2$

b) $B(x) = -x^4 + \sqrt{2}\,x^2 - \frac{1}{3}x$

c) $C(x) = 3x^2 - \frac{5}{4}x + \frac{8}{5}$

d) $D(x) = x^4 - x^3 + x^2 - x + 1$

2. Escriu un polinomi que sigui:

a) De tercer grau i amb dos termes.

b) De quart grau i amb cinc termes.

c) De segon grau i amb un terme.

d) Hi ha algun polinomi de tercer grau amb cinc termes? Per què?

3. Indica quines de les expressions algèbriques següents no són polinomis. Justifica les respostes.

a) $\frac{5}{x^2} + 1$ *b)* $\frac{x^2 + 1}{5}$

c) $x^3 + x^{-2} + x + 1$ *d)* $\sqrt{\frac{\sqrt{x^4}}{9}}$

e) $\frac{x^2 + x + 2}{x}$ *f)* $\frac{x^3}{3} + \frac{x^2}{2} + \frac{1}{x}$

4. Calcula, per a $x = -1$, el valor numèric del polinomi:

$$A(x) = -x^3 - x^2 + x - 1$$

5. Determina els coeficients a, b i c perquè els polinomis següents siguin idèntics:

$$B(x) = x^4 + x^2 + 1 \text{ i } C(x) = x^4 + ax^3 + bx^2 + cx + 1$$

2. Operacions amb polinomis

Estudiarem ara les operacions amb polinomis que tenen la mateixa indeterminada. En el cas de la suma, la resta i la multiplicació, el resultat és sempre un altre polinomi i, naturalment, la seva indeterminada és la mateixa que la dels polinomis amb què operem.

2.1 Suma

La **suma de dos polinomis** és un altre polinomi de grau igual o més petit que el més gran dels graus dels polinomis que sumem. Els seus termes s'esbrinen sumant els termes corresponents del mateix grau de cadascun d'aquests polinomis.

En la pràctica es poden col·locar en columna, de manera que en una mateixa columna hi hagi els termes del mateix grau, o **termes semblants.**

Calculem $A(x) + B(x)$ si $A(x) = \frac{3}{2}x^4 - 2x^3 + 3x - 5$ i $B(x) = x^3 - 3x^2 + 2x + 5$.

Els disposem en columna de la manera següent:

$$\begin{array}{lrrrrr} A(x) & = \frac{3}{2}x^4 & - 2x^3 & & + 3x & - 5 \\ B(x) & = & x^3 & - 3x^2 & + 2x & + 5 \\ \hline A(x) + B(x) & = \frac{3}{2}x^4 & - x^3 & - 3x^2 & + 5x & \end{array}$$

> **! Important**
>
> Cal deixar un espai buit si no hi ha el terme d'un grau determinat.

També es poden escriure els dos polinomis, l'un a continuació de l'altre, i reduir els termes semblants que hi hagi als dos sumands. Comprova que s'obté el mateix resultat.

Propietats

- **Commutativa:** $A(x) + B(x) = B(x) + A(x)$.
- **Associativa:** $A(x) + [B(x) + C(x)] = [A(x) + B(x)] + C(x)$.
- **Element neutre:** el polinomi que només consta del terme $a_0 = 0$ és l'element neutre de la suma de polinomis. Si el sumem a qualsevol altre polinomi, s'obté sempre aquest mateix polinomi. És el polinomi de grau zero i de terme independent zero, o això és, el polinomi en què tots els coeficients són nuls.
- **Element simètric:** l'element simètric de la suma de polinomis és el polinomi oposat, que s'obté en considerar els oposats de tots i cadascun dels seus termes. La suma d'un polinomi amb el seu oposat és igual al polinomi zero. L'oposat d'un polinomi $A(x)$ s'expressa $-A(x)$ i es verifica $A(x) + [-A(x)] = 0$.

2.2 Resta

La **resta de dos polinomis** dóna com a resultat un altre polinomi que s'obté sumant al polinomi minuend el polinomi oposat del subtrahend:

$$A(x) - B(x) = A(x) + [-B(x)]$$

Es tracta, en definitiva, d'efectuar la suma de dos polinomis tenint en compte que, per esbrinar l'oposat del subtrahend, n'hi ha prou a canviar el signe de cadascun dels seus termes. Vegem-ne un exemple: $A(x) = 3x^5 - 2x^3 + 4x^2 - x + 2$ i $B(x) = 2x^4 + x^3 - x^2 + 3x - 7$.

Els disposem en columna:

$$\begin{array}{lrrrrrr} A(x) & = 3x^5 & & - 2x^3 & + 4x^2 & - x & + 2 \\ -B(x) & = & - 2x^4 & - x^3 & + x^2 & - 3x & + 7 \\ \hline A(x) - B(x) & = 3x^5 & - 2x^4 & - 3x^3 & + 5x^2 & - 4x & + 9 \end{array}$$

2.3 Multiplicació

La **multiplicació de dos polinomis** és un altre polinomi de grau igual a la suma dels graus dels factors. El polinomi producte s'obté en multiplicar cada terme d'un factor per cadascun dels termes de l'altre. És a dir, s'hi ha d'aplicar successivament la propietat distributiva de la multiplicació respecte de la suma.

Cal tenir en compte que es multipliquen potències de la mateixa base i, per tant, el producte és una altra potència l'exponent de la qual és igual a la suma dels exponents dels factors.

El **producte d'un polinomi per un nombre real** s'obté en multiplicar cadascun dels termes del polinomi per aquest nombre. Per exemple:

$$\frac{-3}{2} \cdot (x^3 - 2x^2 + 3) = -\frac{3}{2}x^3 + 3x^2 - \frac{9}{2}$$

Fixa't en aquests exemples: $\frac{3}{5}x^3 \cdot 4x^2 = \frac{12}{5}x^5$

$$x^3\left(\frac{1}{2}x^2 - 5x + 3\right) = \frac{1}{2}x^5 - 5x^4 + 3x^3$$

Si $A(x) = x^4 + 5x^3 + 3x - 2$ i $B(x) = -x^2 + \frac{5}{2}x$, per calcular $A(x) \cdot B(x)$ és aconsellable ferho de la manera següent:

$$\begin{array}{rrrrrrrr}
A(x) = & & & x^4 & +5x^3 & & +3x & -2 \\
B(x) = & & & & & -x^2 & +\frac{5}{2}x & \\
\hline
 & & \frac{5}{2}x^5 & +\frac{25}{2}x^4 & & +\frac{15}{2}x^2 & -5x & \\
 & -x^6 & -5x^5 & & -3x^3 & +2x^2 & & \\
\hline
A(x) \cdot B(x) = & -x^6 & -\frac{5}{2}x^5 & +\frac{25}{2}x^4 & -3x^3 & +\frac{19}{2}x^2 & -5x &
\end{array}$$

Recorda

El grau del polinomi producte és la suma dels graus dels polinomis factors.

Observa que col·loquem en columna els termes semblants que obtenim en efectuar els productes parcials a fi i efecte de facilitar-ne la suma posterior. La disposició és del mateix tipus que la que utilitzem per multiplicar nombres naturals de dues xifres o més. Te'n recordes?

Propietats

- **Commutativa:** $A(x) \cdot B(x) = B(x) \cdot A(x)$.
- **Associativa:** $A(x) \cdot [B(x) \cdot C(x)] = [A(x) \cdot B(x)] \cdot C(x)$.
- **Element neutre:** el polinomi $U(x) = 1$ és l'element neutre de la multiplicació: $1 \cdot A(x) = A(x) \cdot 1 = A(x)$.
- **Distributiva respecte de la suma:** $A(x) \cdot [B(x) + C(x)] = A(x) \cdot B(x) + A(x) \cdot C(x)$.

La multiplicació no verifica l'existència d'element simètric, perquè la majoria de polinomis no tenen polinomi invers. Per exemple, l'invers de $\frac{5}{2}x^2$ hauria de ser $\frac{2}{5}x^{-2}$ per tal que $\frac{5}{2}x^2 \cdot \frac{2}{5}x^{-2} = 1$. Però $\frac{2}{5}x^{-2}$ no és un polinomi, ja que l'exponent -2 no és un nombre natural. En realitat, només els polinomis de grau zero, és a dir, els nombres, tenen invers.

2.4 Potenciació de polinomis

Per calcular el resultat de la potència $[A(x)]^n$, en què n és un nombre natural, multipliquem el polinomi $A(x)$ per si mateix tantes vegades com indica l'exponent:

$$[A(x)]^n = \underbrace{A(x) \cdot A(x) \cdot \ldots \cdot A(x)}_{n}$$

Per exemple:

$(2x - 3)^3 = (2x - 3)\ (2x - 3)\ (2x - 3) = (4x^2 - 12x + 9)\ (2x - 3) = 8x^3 - 36x^2 + 54x - 27$

Fixa't que el grau del polinomi $(2x - 3)^3$ és 3, que s'obté multiplicant el grau del polinomi $2x - 3$, que és 1, per l'exponent de la potència, que és 3.

En general, el grau de la potència d'un polinomi és igual al grau del polinomi multiplicat per l'exponent de la potència.

Activitats

6. Considera els polinomis $A(x) = x^3 - 3x^2 + 5x - \frac{3}{4}$, $B(x) = -x^3 + \frac{7}{2}x + 3$ i $C(x) = 2x^2 - 4x$.

Calcula:

a) $A(x) + B(x)$

b) $A(x) - B(x)$

c) $C(x) + B(x) + A(x)$

d) $B(x) - [A(x) - C(x)]$

e) $-x^2\ [B(x) - C(x)]$

f) $3A(x) - 5B(x) + \frac{1}{2}\,C(x)$

g) $B(x) \cdot C(x)$

h) $[C(x)]^3$

Contesta les qüestions següents i justifica les respostes:

i) Per què el grau del polinomi $A(x) + B(x)$ no és 3?

j) Quin és el grau del polinomi $-x^2\ [B(x) - C(x)]$?

k) Per què el grau del polinomi $[C(x)]^3$ és 6?

l) És cert que $B(x) - [A(x) - C(x)] = B(x) - A(x) + C(x)$?

7. Si $A(x) = 3x^3 - 2x^2 + 7$ i $B(x) = x^4 - 5x^3 + 2x$, determina:

a) El polinomi $C(x)$ que verifica $A(x) + C(x) = B(x)$.

b) El polinomi $D(x)$ que verifica $B(x) + D(x) = A(x)$.

c) La relació que hi ha entre els polinomis $C(x)$ i $D(x)$.

3. Divisió de polinomis

Considerem dos polinomis $P(x)$ i $D(x)$, de manera que el grau de $P(x)$ sigui més gran o igual que el grau de $D(x)$.

Efectuar la divisió $P(x) : D(x)$ consisteix a esbrinar dos polinomis $Q(x)$ i $R(x)$ que verifiquin la igualtat:

$$P(x) = D(x) \cdot Q(x) + R(x)$$

! Important

$P(x)$ és el polinomi **dividend.**
$D(x)$ és el polinomi **divisor.**
$Q(x)$ és el polinomi **quocient.**
$R(x)$ és el polinomi **residu.**

Deus haver observat que es tracta de la propietat fonamental de qualsevol divisió. Els polinomis $Q(x)$ i $R(x)$ han de complir:

$$\text{grau } Q(x) = \text{grau } P(x) - \text{grau } D(x)$$
$$\text{grau } R(x) < \text{grau } D(x)$$

> **! Important**
>
> Divisió de potències de la mateixa base:
>
> $x^m : x^n = x^{m-n}$

Comencem amb la **divisió de monomis**. Observa l'exemple:

$$2x^5 : 3x^2 = \frac{2}{3}x^3$$

El quocient és el monomi $Q(x) = \frac{2}{3}x^3$ i el residu, $R = 0$.

Ara bé, quan efectuem la **divisió de dos polinomis**, com calculem els polinomis quocient i residu? Vegem-ho.

Considerem, per exemple, els polinomis $P(x) = x^5 - 3x^3 + 6x^2 + 1$ i $D(x) = x^2 - x$. Abans de calcular $P(x) : D(x)$, hem de tenir en compte el següent:

- El grau del polinomi que resulta d'efectuar $D(x) \cdot Q(x) + R(x)$ ha de ser 5, el mateix que el de $P(x)$.
- El grau de $Q(x)$ ha de ser 3, ja que el de $D(x)$ és 2.
- El grau de $R(x)$ ha de ser més petit que el grau del divisor $D(x)$, que és 2.

D'acord amb les consideracions anteriors, podem escriure:

$$Q(x) = ax^3 + bx^2 + cx + d$$
$$R(x) = px + q$$

> **! Important**
>
> Si $R(x) = 0$, la divisió és exacta i es verifica:
>
> $P(x) = D(x) \cdot Q(x)$

Hem d'esbrinar el valor dels coeficients a, b, c, d, p i q perquè es compleixi la identitat $P(x) = D(x) \cdot Q(x) + R(x)$, que escrivim amb els polinomis corresponents:

$$x^5 - 3x^3 + 6x^2 + 1 = (x^2 - x)(ax^3 + bx^2 + cx + d) + px + q =$$
$$= ax^5 + bx^4 + cx^3 + dx^2 - ax^4 - bx^3 - cx^2 - dx + px + q$$
$$x^5 - 3x^3 + 6x^2 + 1 = ax^5 + (b - a)x^4 + (c - b)x^3 + (d - c)x^2 + (-d + p)x + q$$

Perquè els polinomis dels dos membres de la igualtat anterior siguin idèntics, cal que siguin iguals els termes respectius del mateix grau. Això implica que els coeficients corresponents als termes del mateix grau han de ser iguals. Una simple comparació d'aquests coeficients ens condueix fàcilment a la solució:

Coeficient del terme de grau 5	→	$1 = a$	→	$a = 1$
Coeficient del terme de grau 4	→	$0 = b - a$	→	$b = 1$
Coeficient del terme de grau 3	→	$-3 = c - b$	→	$c = -2$
Coeficient del terme de grau 2	→	$6 = d - c$	→	$d = 4$
Coeficient del terme de grau 1	→	$0 = -d + p$	→	$p = 4$
Coeficient del terme de grau 0	→	$1 = q$	→	$q = 1$

De manera ràpida pots obtenir tots els coeficients a partir del primer i anar substituint-los a les equacions successives.

Si substituïm aquests coeficients als polinomis que busquem, tenim:

$$Q(x) = x^3 + x^2 - 2x + 4$$
$$R(x) = 4x + 1$$

Comprova que es verifica la igualtat, és a dir:

$$(x^2 - x)(x^3 + x^2 - 2x + 4) + 4x + 1 = x^5 - 3x^3 + 6x^2 + 1$$

La divisió de polinomis també es pot fer col·locant els polinomis com si es tractés d'una divisió entre nombres naturals de més d'una xifra. Vegem-ho en un exemple.

Exemple 1

Calcula $P(x)$: $D(x)$, on $P(x) = 2x^5 - 3x + 1$ i $D(x) = 3x^2 - 6$.

Resolució

Disposem els polinomis d'aquesta manera:

$$2x^5 - 3x + 1 \quad \underline{|3x^2 - 6}$$

Si dividim el primer terme del dividend pel primer del divisor, $2x^5 : 3x^2 = \frac{2}{3}x^3$, obtindrem el primer quocient parcial. Després, hem de multiplicar aquest quocient parcial pel divisor i restar-ne el producte del dividend; i així, successivament, fins a obtenir un residu parcial el grau del qual sigui més petit que el del divisor. Observa:

$$\begin{array}{rrr|l}
2x^5 & & -3x+1 & 3x^2-6 \\ \cline{4-4}
-2x^5 & +4x^3 & & \frac{2}{3}x^3+\frac{4}{3}x \\ \hline
 & 4x^3 & -3x & \\
 & -4x^3 & +8x & \\ \hline
 & & 5x+1 &
\end{array}$$

El quocient obtingut és $\frac{2}{3}x^3 + \frac{4}{3}x$ i el residu és $5x + 1$. Observa que la divisió s'acaba quan el grau del residu és més petit que el grau del divisor.

Comprova que es verifica la igualtat:

$$(3x^2 - 6)\left(\frac{2}{3}x^3 + \frac{4}{3}x\right) + 5x + 1 = 2x^5 - 3x + 1$$

3.1 Regla de Ruffini

Si el divisor és un polinomi de primer grau del tipus $x - a$, la divisió es pot fer de manera més senzilla aplicant-hi una estratègia coneguda amb el nom de **regla de Ruffini**.

$$P(x) = x^4 + 3x^3 - 2x^2 + 3$$
$$D(x) = x + 2$$

Efectuem, en primer lloc, la divisió de la manera que acabem de veure:

$$\begin{array}{rrrrr|l}
x^4 & +3x^3 & -2x^2 & & +3 & x+2 \\ \cline{6-6}
-x^4 & -2x^3 & & & & x^3+x^2-4x+8 \\ \hline
 & x^3 & -2x^2 & & & \\
 & -x^3 & -2x^2 & & & \\ \hline
 & & -4x^2 & & & \\
 & & 4x^2 & +8x & & \\ \hline
 & & & 8x & +3 & \\
 & & & -8x & -16 & \\ \hline
 & & & & -13 &
\end{array}$$

El quocient de la divisió és $Q(x) = x^3 + x^2 - 4x + 8$ i el residu, $R = -13$.

Com era de preveure, el quocient de la divisió $P(x) : D(x)$ és un polinomi de grau 3 i el residu, un polinomi de grau zero, és a dir, un nombre real. Aquesta informació ja la coneixem abans de fer la divisió:

$$\text{grau } Q(x) = \text{grau } P(x) - \text{grau } D(x) = 4 - 1 = 3$$
$$\text{grau } R(x) < \text{grau } D(x) \rightarrow \text{grau } R(x) < 1 \rightarrow \text{grau } R(x) = 0$$

Per tant, si podem determinar els coeficients del polinomi quocient i el residu, tenim el problema resolt. Es pot fer de la manera següent:

- S'escriuen els coeficients del polinomi dividend.
- Es col·loca el terme independent del divisor canviat de signe o, el que és el mateix, el valor numèric de x que anul·la el divisor.

Coeficients de $P(x)$		1	3	−2	0	3
L'oposat del terme independent del divisor	−2		−2	−2	8	−16
		1	1	−4	8	−13
		Coeficients del quocient				Residu

El primer coeficient del quocient és igual que el del dividend.

Cadascun dels altres coeficients es calcula multiplicant l'anterior per −2 i sumant el producte amb el coeficient corresponent del dividend.

L'últim nombre obtingut és el residu de la divisió.

El quocient és el polinomi de tercer grau $x^3 + x^2 - 4x + 8$ i el residu, −13.

Comprova que es verifica la igualtat:

$$(x + 2)\,(x^3 + x^2 - 4x + 8) - 13 = x^4 + 3x^3 - 2x^2 + 3$$

Activitats

8. Fes la divisió $(3x^4 - x^3 + 1) : (x^2 + 1)$. Comprova que es verifica la propietat fonamental.

9. Efectua aquestes divisions. Aplica-hi la regla de Ruffini quan sigui possible.

a) $(6x^5 - 3x^4 + 2x + 1) : (-3x^3 + 2x + 4)$

b) $x^6 : (x^4 + x^2 - 2)$

c) $(2x^3 - x^2 + 3x) : (x - 1)$

d) $(x^4 - 1) : (x + 1)$

e) $x^3 : (x + 2)$

f) $(x^6 - 1) : (x^2 + 1)$

g) $\left(\frac{1}{2}x^2 - \frac{1}{3}x + \frac{1}{4}\right) : \left(x - \frac{1}{2}\right)$

10. En una divisió, el divisor és el polinomi $x^3 - 2x^2 + 3$, el quocient és $x^2 + 2x + 1$ i el residu és $-8x - 2$.

Quin és el grau del dividend? Pots calcular-lo? Fes-ho.

11. Determina els valors de a i b, de manera que, quan dividim $3x^4 - 12x^2 + ax + b$ per $x^3 - 2x^2 + 3$, el residu sigui $\frac{1}{2}$.

12. En una divisió exacta, el dividend és $x^5 - 1$ i el quocient, $x^4 + x^3 + x^2 + x + 1$. Calcula'n el divisor.

13. Determina el valor de k per tal que sigui exacta la divisió:

$$(2x^3 - x^2 + k) : (x + 2)$$

4. Teorema del residu

En les divisions d'un polinomi per binomis del tipus $x - a$, s'observa una coincidència. Vegem-la.

Considerem el polinomi $P(x) = 2x^3 + 5x^2 + 4x - 3$. En calculem el valor numèric per a $x = -2$.

$$P(-2) = 2 \cdot (-2)^3 + 5 \cdot (-2)^2 + 4 \cdot (-2) - 3 = -7$$

Dividim $P(x)$ per $x - (-2)$, és a dir, $P(x) : (x + 2)$. Podem fer-ho per la regla de Ruffini.

	2	5	4	−3
−2		−4	−2	−4
	2	1	2	−7

El quocient és $2x^2 + x + 2$ i el residu, −7.

No és casualitat que el residu sigui igual al valor numèric de $P(x)$ per a $x = -2$.

Efectivament, escrivim la igualtat que s'ha de verificar a partir dels resultats de la divisió anterior:

$$P(x) = 2x^3 + 5x^2 + 4x - 3 = (x + 2) \cdot (2x^2 + x + 2) - 7$$

En substituir x per −2 en aquesta igualtat s'obté:

$$P(-2) = (-2 + 2) \cdot [2(-2)^2 - 2 + 2] - 7 = 0 \cdot 8 - 7 = -7$$

El valor numèric del divisor és zero i, en multiplicar-lo pel valor numèric del quocient, dóna com a resultat zero. Així obtenim $P(-2) = -7$.

Aquesta propietat que acabem de veure es verifica en qualsevol divisió d'un polinomi $P(x)$ per $x - a$. És el **teorema del residu**.

> **! Important**
>
> $D(x) = x - a \rightarrow D(a) = 0$

> El **valor numèric** d'un polinomi $P(x)$ per a $x = a$ coincideix amb el residu de la divisió d'aquest polinomi per $x - a$.

Si dividim un polinomi $P(x)$ per $x - a$, obtenim un quocient $Q(x)$ el grau del qual és inferior en una unitat al de $P(x)$ i un residu R de grau zero, és a dir, numèric.

Podem escriure la igualtat:

$$P(x) = (x - a) \cdot Q(x) + R$$

Si calculem $P(a)$ en aquesta expressió, tenim:

$$P(a) = (a - a) \cdot Q(a) + R \Rightarrow P(a) = R, \text{ perquè } 0 \cdot Q(a) = 0.$$

Aquesta és la demostració del teorema del residu.

Aquest teorema es pot utilitzar per determinar el residu de la divisió de $P(x)$ per $x - a$, sense haver de fer aquesta divisió. N'hi ha prou a calcular el valor numèric de $P(x)$ per a $x = a$.

> **! Important**
>
> Cal que tinguem en compte que en el divisor $x - a$, a pot ser un nombre positiu o negatiu.
>
> Per exemple:
> $x - 3$, on $a = 3$
> $x + 3$, on $a = -3$

Exemple 2

Calcula el valor numèric del polinomi $P(x) = 2x^4 - 13x^3 - 21x^2 + 4x - 7$ per a $x = 8$.

Resolució

El teorema del residu ens diu que $P(8) = R$, és a dir, el residu de la divisió entre $P(x)$ i $x - 8$. Tenim dues opcions: calcular el valor numèric directament o fer la divisió per obtenir-ne el residu. Es tracta de veure quina és l'opció més senzilla de calcular.

- Esbrinem el valor numèric:

  $P(8) = 2 \cdot 8^4 - 13 \cdot 8^3 - 21 \cdot 8^2 + 4 \cdot 8 - 7 = 217$

  Els càlculs són força feixucs si no es disposa de calculadora.

- Dividim $P(x) : (x - 8)$.

  Podem fer-ho aplicant-hi la regla de Ruffini, perquè el divisor és del tipus $x - a$, amb $a = 8$.

	2	−13	−21	4	−7
8		16	24	24	224
	2	3	3	28	217

$\rightarrow R = 217$

  Els càlculs en aquest cas són més senzills.

Així doncs, és més còmode esbrinar el valor numèric del polinomi $P(x)$ per a $x = 8$ efectuant la divisió $P(x) : (x - 8)$, i obtenir així el residu $R = P(8) = 217$.

Activitats

14. Tria el mètode que consideris més convenient per esbrinar el valor numèric d'aquests polinomis per al valor que s'indica:

a) $-\dfrac{3}{2}x^4 - 5x^3 + 4x - 2$ per a $x = 12$.

b) $-x^6 + x^4 - \sqrt{2}\,x^3 - x^2$ per a $x = \sqrt{2}$.

c) $\dfrac{2}{5}x^3 + \dfrac{1}{5}x^2 + \dfrac{3}{5}x + 1$ per a $x = -5$.

R: *a)* −39 698; *b)* −10; *c)* −47

15. Calcula el residu de la divisió $(2x^3 - 3) : (x - 2)$. Fes-ho mitjançant els dos procediments que hem analitzat. Explica quin és el més ràpid.

R: $R = 13$

16. Determina el valor de k per tal que sigui exacta la divisió:

$$(x^3 - 3x^2 + 5x + k) : (x + 3)$$

R: $k = 69$

17. Esbrina el residu de la divisió $(x^9 + 1) : (x + 1)$. Pots obtenir-lo sense necessitat de fer la divisió.

5. Divisibilitat de polinomis

Fixa-t'hi

Aquesta divisió no es pot fer aplicant-hi la regla de Ruffini, ja que el divisor és un polinomi de segon grau.

Si en una divisió entre polinomis el residu és zero, la divisió és **exacta**.

Efectuem la divisió entre $P(x) = 2x^3 + 4x^2 - 3x - 6$ i $D(x) = 2x^2 - 3$:

$$\begin{array}{rrrr|l}
2x^3 & +4x^2 & -3x & -6 & 2x^2 - 3 \\
\cline{5-5}
-2x^3 & & +3x & & x + 2 \\
\cline{1-4}
 & 4x^2 & & -6 & \\
 & -4x^2 & & +6 & \\
\cline{2-4}
 & & & 0 &
\end{array}$$

Podem escriure la igualtat: $2x^3 + 4x^2 - 3x - 6 = (2x^2 - 3)\,(x + 2)$. Per tant:

- El polinomi $2x^3 + 4x^2 - 3x - 6$ és **múltiple** dels polinomis $2x^2 - 3$ i $x + 2$.
- Els polinomis $2x^2 - 3$ i $x + 2$ són **divisors** del polinomi $2x^3 + 4x^2 - 3x - 6$.

En general, si entre tres polinomis qualssevol es verifica que $A(x) = B(x) \cdot C(x)$, direm que:

- El polinomi $A(x)$ és múltiple de $B(x)$ i $C(x)$. També es diu que $A(x)$ és **divisible** per cadascun dels polinomis $B(x)$ i $C(x)$.
- Els polinomis $B(x)$ i $C(x)$ són divisors del polinomi $A(x)$.

Cal tenir en compte que el polinomi $U(x) = 1$ és sempre un divisor de qualsevol polinomi, ja que $P(x) = 1 \cdot P(x)$.

5.1 Criteri de divisibilitat d'un polinomi per $x - a$

Un polinomi $P(x)$ és divisible per $x - a$ si, i només si, $P(a) = 0$.

! Important

Dir que un polinomi és múltiple d'un altre o dir que és divisible per un altre són expressions equivalents i es poden utilitzar de manera indistinta.

El teorema del residu afirma que $P(a) = R$, on R és el residu de la divisió entre $P(x)$ i $x - a$.

Per tant, si en la igualtat $P(x) = (x - a)\,Q(x) + R$ es verifica que $R = 0$, la divisió és exacta i tenim: $P(x) = (x - a) \cdot Q(x)$.

En conseqüència, $P(x)$ és divisible per $x - a$ i també pel polinomi quocient $Q(x)$.

D'altra banda, si $P(a) = 0$, tenint en compte el mateix teorema, obtenim $R = 0$ i, per tant, el polinomi dividend $P(x)$ és múltiple de $x - a$.

Exemple 3

El polinomi $P(x) = x^5 - x$ és divisible per $x + 1$?

Resolució

Podríem fer la divisió per esbrinar si el residu és zero, però en aquest cas és més senzill calcular el valor numèric de $P(x)$ per a $x = -1$:

$$P(-1) = (-1)^5 - (-1) = -1 + 1 = 0$$

Aquest resultat ens permet assegurar que $P(x)$ és divisible per $x + 1$.

Activitats

18. Comprova que $P(x) = x^3 - 3x^2 - 6x + 8$ és divisible per $x + 2$. Expressa el polinomi $P(x)$ com a producte de dos polinomis.

19. Esbrina el valor de k perquè el polinomi $x^4 + k$ sigui divisible per $x + 1$.

R: $k = -1$

20. Un polinomi $P(x)$ només té els divisors 3, $x^2 - 1$ i $\frac{1}{3}x + \frac{2}{9}$. Esbrina $P(x)$.

21. Calcula k perquè el polinomi $x^3 - 3x^2 + k$ sigui múltiple de $x + 1$.

22. Indica si són certes o falses aquestes afirmacions:

a) $x^4 - 1$ és divisible per $x + 1$.

b) $x^5 - 1$ és múltiple de $x - 1$.

c) $x + 2$ és divisor de $x^3 + 8$.

d) $x^7 + 1$ és múltiple de $x + 1$.

e) $x + 3$ és divisor de $x^3 - 27$.

6. Arrels d'un polinomi

Considerem un polinomi $P(x)$. Diem que el nombre a és arrel de $P(x)$ si el valor numèric d'aquest polinomi per a $x = a$ és zero.

a és una **arrel** de $P(x)$ si, i només si, $P(a) = 0$.

Pel teorema del residu sabem que $P(a)$ és el residu de la divisió de $P(x)$ per $x - a$. Naturalment, si $R = 0$, $P(a) = 0$. Aquest nombre a verifica la definició que acabem de donar. És una arrel del polinomi $P(x)$.

Considerem el polinomi $P(x) = x^3 - 3x^2 - 6x + 8$. Vegem si 2 i −2 són arrels d'aquest polinomi. N'hem de calcular els valors numèrics respectius: $P(2) = -8$ i $P(-2) = 0$.

2 no és arrel del polinomi; en canvi, −2 sí que és una arrel de $P(x)$.

6.1 Càlcul de les arrels d'un polinomi

Determinar les arrels d'un polinomi és equivalent a resoldre l'equació $P(x) = 0$. És a dir, consisteix a esbrinar els valors numèrics que hem de donar a x per tal que es verifiqui l'equació.

Polinomis de primer grau i de segon

En aquests casos hem de resoldre equacions de primer grau o de segon. Vegem-ne un exemple de cada tipus.

Si $P(x) = -3x + 2$, $P(x) = 0 \rightarrow -3x + 2 = 0 \rightarrow x = \frac{2}{3}$.

$x = \frac{2}{3}$ és l'arrel de $P(x)$. Efectivament, $P\left(\frac{2}{3}\right) = -3\left(\frac{2}{3}\right) + 2 = 0$.

Si $P(x) = 4x^2 - 8x + 3$, $P(x) = 0 \rightarrow 4x^2 - 8x + 3 = 0$, una equació de segon grau que hem de resoldre:

$$x = \frac{8 \pm \sqrt{64 - 48}}{8} = \begin{cases} \frac{3}{2} \\ \frac{1}{2} \end{cases}$$ són les arrels de $P(x)$

Efectivament:

$$P\left(\frac{3}{2}\right) = 4 \cdot \left(\frac{3}{2}\right)^2 - 8 \cdot \frac{3}{2} + 3 = 0$$

$$P\left(\frac{1}{2}\right) = 4 \cdot \left(\frac{1}{2}\right)^2 - 8 \cdot \frac{1}{2} + 3 = 0$$

! Important

Les arrels del polinomi:

$$ax^2 + bx + c$$

es determinen resolent l'equació $ax^2 + bx + c = 0$:

$$x = \frac{-b \pm \sqrt{b^2 - 4ac}}{2a}$$

Les solucions de l'equació són les arrels del polinomi.

Polinomis de grau superior a 2

Considerem el cas en què $a_0 = 0$ i $P(x)$ és de tercer grau. Per exemple, $P(x) = x^3 - x^2 - 6x$. Es tracta de resoldre l'equació $x^3 - x^2 - 6x = 0$. És una equació de tercer grau que no podem resoldre directament. Fixa't, però, que podem extreure x com a factor comú:

$$x^3 - x^2 - 6x = 0 \rightarrow x(x^2 - x - 6) = 0 \begin{cases} x = 0 \\ x^2 - x - 6 = 0 \end{cases}$$

Recorda

Si un producte de dos factors és zero, almenys un dels dos factors és nul.

Hem transformat l'equació de tercer grau en dues equacions; l'una és $x = 0$, que ens proporciona directament una arrel, i l'altra és una equació de segon grau, les solucions de la qual, $x = 3$ i $x = -2$, també són arrels del polinomi.

Així doncs, les arrels del polinomi $P(x) = x^3 - x^2 - 6x$ són 0, 3 i -2.

Comprova que $P(0) = P(3) = P(-2) = 0$.

Considerem ara el polinomi $P(x) = x^3 - 2x^2 - 5x + 6$. Com en determinem les arrels? És a dir, com resolem l'equació $x^3 - 2x^3 - 5x + 6 = 0$? En aquest cas no podem extreure x com a factor comú, però sí que podem escriure l'equació de la manera següent:

$$x\,(x^2 - 2x - 5) = -6$$

Observa que és un producte del factor x per un polinomi de segon grau que ha de donar com a resultat -6. Això ho podem interpretar dient que si el polinomi té arrels enteres, aquestes han de ser necessàriament divisors de -6.

Els divisors de -6 són: ±1, ±2, ±3 i ±6.

Per esbrinar si un d'aquests nombres és arrel del polinomi, només cal que en calculem el valor numèric per a x igual a aquest nombre concret. Si el valor numèric del polinomi és zero, es tracta, en efecte, d'una arrel, i no ho és en cas contrari.

Provem amb $x = 1$:

$$P(1) = 1^3 - 2 \cdot 1^2 - 5 \cdot 1 + 6 = 0$$

Ja tenim una arrel, $x = 1$.

Podríem anar provant amb algun altre dels divisors restants per esbrinar les altres arrels. A la pràctica no és recomanable fer-ho així, ja que aquest camí només ens permetria determinar les arrels enteres, i el polinomi pot ser que tingui arrels no enteres.

Si $P(1) = 0$, pel teorema del residu, $P(x)$ és divisible per $x - 1$. $P(x)$ es podrà escriure com a producte de $x - 1$ pel quocient que s'obtingui en la divisió. Fem la divisió aplicant-hi la regla de Ruffini:

$$\begin{array}{c|cccc} & 1 & -2 & -5 & 6 \\ 1 & & 1 & -1 & -6 \\ \hline & 1 & -1 & -6 & \underline{|0} \end{array} \qquad Q(x) = x^2 - x - 6$$

Per tant, $P(x) = (x - 1) \cdot (x^2 - x - 6)$

$P(x) = 0 \rightarrow (x - 1) \cdot (x^2 - x - 6) = 0$
- $\rightarrow x - 1 = 0 \rightarrow x = 1$
- $\rightarrow x^2 - x - 6 = 0$, que és una equació de segon grau que hem de resoldre.

$$x = \frac{1 \pm \sqrt{1 + 24}}{2} = \frac{1 \pm 5}{2} = \begin{cases} -2 \\ 3 \end{cases}$$

En definitiva, les arrels del polinomi $P(x) = x^3 - 2x^2 - 5x + 6$ són $x_1 = 1$, $x_2 = -2$ i $x_3 = 3$.

Comprova que es verifica $P(1) = P(-2) = P(3) = 0$.

Observem que les arrels que hem obtingut són enteres i estan incloses entre els divisors de -6.

En general, per determinar les arrels de polinomis de grau superior a 3, es repeteix el procediment de tempteig que acabem d'exposar fins a arribar, si és possible, a una descomposició polinòmica que inclogui únicament diferents polinomis de primer grau i un de segon grau.

! Important

Les arrels enteres d'un polinomi, si existeixen, són divisors del seu terme independent.

Exemple 4

Determina les arrels del polinomi $P(x) = x^4 - 5x^2 + 4$.

Resolució

Si $P(x)$ té arrels enteres, aquestes arrels són divisors de 4. Provem si algun dels nombres ± 1, ± 2 i ± 4 són valors de a que verifiquen que $P(a) = 0$.

$P(1) = 0$, per tant, $P(x)$ és divisible per $x - 1$. Fem la divisió per determinar-ne el quocient.

	1	0	−5	0	4
1		1	1	−4	−4
	1	1	−4	−4	0

$Q_1(x) = x^3 + x^2 - 4x - 4$

$P(x) = (x - 1)(x^3 + x^2 - 4x - 4)$

$$(x - 1)(x^3 + x^2 - 4x - 4) = 0 \begin{cases} x - 1 = 0 \rightarrow x = 1 \\ x^3 + x^2 - 4x - 4 = 0 \end{cases}$$

Hem d'esbrinar ara les arrels d'aquest polinomi de tercer grau. Provem amb un altre divisor del terme independent:

$Q_1(-1) = 0$, per tant $Q_1(x)$ és divisible per $x + 1$.

	1	1	−4	4
−1		−1	0	−4
	1	0	−4	0

$Q_2(x) = x^2 - 4$

$Q_1(x) = x^3 + x^2 - 4x - 4 = (x + 1)(x^2 - 4)$

$$(x + 1)(x^2 - 4) = 0 \begin{cases} x + 1 = 0 \rightarrow x = -1 \\ x^2 - 4 = 0 \rightarrow x = \pm 2 \end{cases}$$

Hem obtingut les quatre arrels del polinomi $P(x)$: $x_1 = 1$, $x_2 = -1$, $x_3 = 2$ i $x_4 = -2$.

Comprova que el valor numèric de $P(x)$ per a cadascun d'aquests valors és zero.

L'equació $x^4 - 5x^2 + 4 = 0$ és biquadrada. Comprova que les seves solucions són, efectivament, les arrels de $P(x)$.

Activitats

23. Determina, si és possible, les arrels enteres d'aquests polinomis:

$A(x) = x^3 - 5x^2 + 6x$ $\quad$ $B(x) = 6x^3 + 7x^2 - 9x + 2$

$C(x) = 2x^3 + 2$ $\quad$ $D(x) = x^3 + 7x^2 + 6x$

$E(x) = x^3 + 2x^2 + x + 2$ $\quad$ $F(x) = x^4 + x^2 - 2$

24. Esbrina si $x = 3$ és una arrel del polinomi $P(x) = x^3 - 2x^2 - 9$.

25. Determina les arrels del polinomi $A(x) = (x^2 - 9)(2x - 1)$.

R: $x_1 = 3$; $x_2 = -3$; $x_3 = \dfrac{1}{2}$

26. Calcula les arrels del polinomi $P(x) = (x^2 - 4)(3x + 1)$.

R: $x_1 = 2$; $x_2 = -2$; $x_3 = -\dfrac{1}{3}$

27. El polinomi $B(x) = (x^2 + 4)(x - 1)$ només té una arrel real. Per què?

7. Factorització de polinomis

La factorització d'un polinomi s'aconsegueix quan és possible esbrinar altres polinomis, els **factors**, de manera que el seu producte sigui el polinomi donat.

Una primera factorització la podem escriure quan constatem que un polinomi $P(x)$ és divisible per $x - a$. En aquest cas, $P(x) = (x - a)\,Q(x)$. Tenim el polinomi descompost en dos factors, el divisor $x - a$ i el polinomi quocient $Q(x)$. Recorda que a també és una arrel del polinomi $P(x)$, ja que $P(a) = 0$.

Ara estudiarem les diferents estratègies que podem utilitzar per factoritzar un polinomi.

7.1 Extreure factor comú

Si en cadascun dels termes d'un polinomi hi ha un factor comú i l'extraiem, el polinomi donat queda descompost en un producte de dos factors.

Observa: $P(x) = 3x^3 - 6x^2 + 27x = 3x\,(x^2 - 2x + 9)$

El polinomi $P(x)$ s'ha descompost en dos factors: $3x$ i $x^2 - 2x + 9$.

7.2 Identificar igualtats notables

Per exemple: $A(x) = 25x^4 + 30x^2 + 9$

Analitzem cada terme: $25x^4 = (5x^2)^2$, $9 = 3^2$ i $30x^2 = 2 \cdot 5x^2 \cdot 3$. Per tant,

$$A(x) = 25x^4 + 30x^2 + 9 = (5x^2 + 3)^2 = (5x^2 + 3)(5x^2 + 3)$$

De manera semblant, podem deduir:

$$B(x) = x^4 - x^3 + \frac{x^2}{4} = x^2\left(x^2 - x + \frac{1}{4}\right) = x^2\left(x - \frac{1}{2}\right)^2 = x^2\left(x - \frac{1}{2}\right)\left(x - \frac{1}{2}\right)$$

Podem fer el mateix amb el polinomi següent:

$$C(x) = 2x^2 - 1 = (\sqrt{2}\,x + 1)(\sqrt{2}\,x - 1)$$

! Important

$a^2 + 2ab + b^2 = (a + b)^2$

$a^2 - 2ab + b^2 = (a - b)^2$

$(a + b)(a - b) = a^2 - b^2$

7.3 Determinar arrels del polinomi

Ja hem vist que, si a és arrel d'un polinomi, aquest és divisible per $x - a$. Per tant, el polinomi es pot escriure com un producte de dos factors.

-2 és una arrel del polinomi $P(x) = x^3 + 2x^2 + x + 2$, ja que $P(-2) = 0$.

Dividim $P(x)$ entre $x + 2$ per esbrinar el quocient, és a dir, l'altre factor.

$$\begin{array}{r|rrrr} & 1 & 2 & 1 & 2 \\ -2 & & -2 & 0 & -2 \\ \hline & 1 & 0 & 1 & \underline{|0} \end{array} \quad Q(x) = x^2 + 1$$

La factorització de $P(x)$ és: $P(x) = x^3 + 2x^2 + x + 2 = (x + 2)(x^2 + 1)$.

El quocient obtingut pot tenir més arrels, per la qual cosa hauríem de continuar el procés. En l'exemple anterior, $x^2 + 1$ no té cap arrel real, ja que l'equació $x^2 + 1 = 0$ no té solucions reals.

La combinació adequada d'aquestes estratègies ens permetrà, en cada cas, obtenir factoritzacions de polinomis. Ho veurem als exemples següents.

! Important

Si $x = a$ és una arrel del polinomi $P(x)$, $x - a$ és un factor de la descomposició factorial de $P(x)$.

! Important

Les arrels de cadascun dels polinomis factors també són arrels del polinomi producte.

> **! Important**
>
> $(x - 1)^2 = (x - 1)(x - 1)$
>
> Es diu que el polinomi té l'arrel $x = 1$ dues vegades o que $x = 1$ és una **arrel doble**.
>
> $(x - 1)^3 = (x - 1)(x - 1)(x - 1)$ indica que l'arrel $x = 1$ és **triple**.

Exemple 5

Factoritza el polinomi $A(x) = 6x^3 - 20x^2 + 6x$.

Resolució

Podem extreure factor comú? Efectivament, $2x$ és el factor comú:

$$6x^3 - 20x^2 + 6x = 2x\,(3x^2 - 10x + 3)$$

El segon factor és un polinomi de segon grau, i en podem esbrinar les arrels resolent l'equació $3x^2 - 10x + 3 = 0$:

$$x = \frac{10 \pm \sqrt{100 - 36}}{6} = \frac{10 \pm 8}{6} = \begin{cases} 3 \\ \dfrac{1}{3} \end{cases}$$

$x = 3$ és una arrel entera del polinomi: $3x^2 - 10x + 3$. Això vol dir que aquest polinomi és divisible per $x - 3$:

$$\begin{array}{r|rrr} & 3 & -10 & 3 \\ 3 & & 9 & -3 \\ \hline & 3 & -1 & \boxed{0} \end{array} \quad Q(x) = 3x - 1$$

Així, $3x^2 - 10x + 3 = (x - 3)(3x - 1)$ i el polinomi $A(x)$ queda factoritzat:

$$A(x) = 6x^3 - 20x^2 + 6x = 2x(x - 3)(3x - 1)$$

Observa que el polinomi de tercer grau s'ha descompost en tres polinomis factors, tots de primer grau.

Les arrels del polinomi $A(x)$ són $x = 0$, $x = 3$ i $x = \frac{1}{3}$.

Cadascun d'aquests nombres és arrel d'un dels factors i, per tant, és arrel del polinomi producte $A(x)$.

> **! Important**
>
> $ax^2 + bx + c = a(x - x_1)(x - x_2)$, en què x_1 i x_2 són les solucions de l'equació $ax^2 + bx + c = 0$.

Una última consideració: el polinomi $3x^2 - 10x + 3$ es podria escriure directament com $(x - 3)\left(x - \frac{1}{3}\right)$? No exactament. Seria necessari multiplicar aquest producte pel coeficient de x^2, en aquest cas 3. Així:

$$3x^2 - 10x + 3 = 3(x - 1)\left(x - \frac{1}{3}\right)$$

Compara aquesta descomposició amb la que hem obtingut abans i veuràs que coincideixen. Fent-ho d'aquesta manera, ens estalviem l'última divisió.

Activitats

28. Factoritza el polinomi:

$$P(x) = x^3 - x^2 - 8x + 12$$

Esbrina una arrel entera entre els divisors del terme independent. Determina'n totes les arrels.

29. Factoritza aquests polinomis:

a) $x^4 - 1$ *b)* $x^5 + x^4 - x - 1$

c) $x^4 + 4x^3 + 4x^2$ *d)* $9x^2 + 30x + 25$

e) $\frac{x^2}{9} - 9$ *f)* $x^4 - 3x^3 - 3x^2 + 11x - 6$

30. Esbrina les arrels d'aquests polinomis mitjançant la seva factorització:

a) $x^3 + 3x^2 - 13x - 15$ *b)* $2x^4 + 6x^3 - 8x$

c) $3x^2 + 3x + \frac{3}{4}$ *d)* $x^3 + 3x^2 - 4x$

e) $x^4 + x^3 - 2x^2$ *f)* $x^4 - 3x^3 - 3x^2 + 11x - 6$

R: *a)* −1, 3, −5; *b)* 0, 1, −2 (doble); *c)* $-\frac{1}{2}$ (doble); *d)* 0, −4, 1; *e)* 0 (doble), −2, 1; *f)* 1 (doble), 3, −2

31. Les arrels d'un polinomi de segon grau són 2 i $-\frac{1}{3}$ i el coeficient de x^2 és 6. Quin és aquest polinomi?

8. Màxim comú divisor i mínim comú múltiple de polinomis

A l'apartat anterior hem estudiat la manera de factoritzar polinomis, és a dir, descompondre un polinomi en producte de factors. Sempre que sigui possible, intentarem que aquests factors siguin de primer grau o de grau zero. Si hi ha factors iguals, els agruparem en forma de la potència corresponent.

Considerem aquests polinomis ja factoritzats:

$$A(x) = 2\,(x-1)^2(x+3)(x+2)$$
$$B(x) = (x-1)^3(x+2)$$

El **màxim comú divisor** (m. c. d.) de dos polinomis o més és el polinomi de grau més gran que és divisor de tots.

Un cop hem factoritzat tots els polinomis, l'm. c. d. s'obté multiplicant els factors comuns amb l'exponent més petit. Així: m. c. d. $[A(x), B(x)] = (x-1)^2(x+2)$.

El **mínim comú múltiple** (m. c. m.) de dos polinomis o més és el polinomi de grau més petit que és múltiple de tots.

L'm. c. m. s'obté multiplicant els factors comuns i no comuns amb l'exponent més gran. D'aquesta manera: m. c. m. $[A(x), B(x)] = 2(x-1)^3(x+3)(x+2)$

Observa que les arrels del polinomi m. c. d. també són arrels dels polinomis $A(x)$ i $B(x)$. L'm. c. m. té totes les arrels dels dos polinomis. Les propietats de l'm. c. d. i de l'm. c. m. de dos polinomis o més són equivalents a les dels nombres naturals. Per exemple, si dos polinomis no tenen cap divisor en comú, el seu m. c. d. és el polinomi $U(x) = 1$ i el seu m. c. m., el producte dels dos polinomis.

Exemple 6

Calcula l'm. c. d. i l'm. c. m. dels polinomis:

$A(x) = x^3 - 4x$, $B(x) = x^3 - 2x^2 + x - 2$ i $C(x) = x^2 - 4x + 4$

Resolució

$A(x) = x^3 - 4x = x(x^2 - 4) = x(x+2)(x-2)$. Hem extret factor comú i hem descompost la diferència de quadrats en suma per diferència.

$B(x) = x^3 - 2x^2 + x - 2$ és un polinomi de tercer grau. Si té una arrel entera, aquesta serà un divisor de 2. Els divisors de 2 són ± 1 i ± 2. Provem:

$B(1) = 2 \rightarrow$ 1 no és arrel.

$B(-1) = -6 \rightarrow -1$ no és arrel.

$B(2) = 0 \rightarrow$ 2 és una arrel.

$B(x)$ és divisible per $x - 2$.

Fem-ne la divisió:

	1	−2	1	−2
2		2	0	2
	1	0	1	0

El quocient és $x^2 + 1$.

$$B(x) = x^3 - 2x^2 + x - 2 = (x-2)\,(x^2+1)$$

Aquest quocient, $x^2 + 1$, no té cap arrel real, ja que el seu valor numèric no pot ser mai zero. Malgrat que és un polinomi de segon grau, no es pot descompondre en factors.

$$C(x) = x^2 - 4x + 4 = (x-2)^2$$

Ja tenim factoritzats els tres polinomis:

$$\text{m. c. d. } [A(x), B(x), C(x)] = x - 2$$
$$\text{m. c. m. } [A(x), B(x), C(x)] = x(x-2)^2(x+2)(x^2+1)$$

Activitats

32. Calcula l'm. c. d. i l'm. c. m. dels polinomis:

a) $P(x) = x^2 - 9$ i $R(x) = x^2 - 6x + 9$

b) $P(x) = x^2 - 1$ i $R(x) = 3x^2 - 6x + 3$

c) $A(x) = 3x^4 - 3$ i $B(x) = 3x^2 - 3$

d) $A(x) = x^2 - 2x - 3$, $B(x) = x^3 + 2x^2 + x$ i $C(x) = x^3 - 8x^2 + 21x - 18$

33. Esbrina l'm. c. d. i l'm. c. m. de $S(x) = (x - 2)^2$ i $T(x) = x^2 - 4$.

Comprova que el producte dels dos polinomis que acabes d'esbrinar és igual al producte dels polinomis $S(x)$ i $T(x)$.

34. L'm. c. d. de dos polinomis $A(x)$ i $B(x)$ és 1. Quin és el seu m. c. m.?

9. Fraccions algèbriques

La divisió indicada entre dos polinomis, $A(x)$ i $B(x)$, es pot expressar mitjançant una fracció en què el dividend és el numerador i el divisor, el denominador. Evidentment, aquest últim ha de ser diferent de zero.

L'expressió $\frac{A(x)}{B(x)}$ és una **fracció algèbrica** amb $A(x)$ i $B(x)$ polinomis i $B(x) \neq 0$.

! Important

Sembla lògic pensar que el tractament d'aquestes fraccions i el de les fraccions numèriques ha de ser semblant.

Exemples de fraccions algèbriques:

$$\frac{x^2 - 9}{2x - 6} \qquad \frac{4x^2 - 2x + 3}{5x^4 - 3x^2 - 4} \qquad \frac{x^4}{x^3 - x^2 + x} \qquad \frac{x^2 - 1}{x^2 - 3x + 2}$$

9.1 Fraccions equivalents

El criteri d'equivalència entre fraccions numèriques es pot traslladar a les fraccions algèbriques.

Dues fraccions $\frac{A(x)}{B(x)}$ i $\frac{C(x)}{D(x)}$ **són equivalents** si $A(x) \cdot D(x) = B(x) \cdot C(x)$.

Les fraccions $\frac{x^2 - 1}{x^2 - 3x + 2}$ i $\frac{x + 1}{x - 2}$ són equivalents. Efectivament:

$$(x^2 - 1)(x - 2) = x^3 - 2x^2 - x + 2$$
$$(x^2 - 3x + 2)(x + 1) = x^3 - 2x^2 - x + 2$$

! Important

$\frac{a}{b} = \frac{c}{d}$ si $a \cdot d = b \cdot c$

amb b i d diferents de 0.

Per tant, $(x^2 - 1)(x - 2) = (x^2 - 3x + 2)(x + 1)$, és a dir, les dues fraccions verifiquen la condició d'equivalència. Així doncs, podem escriure la igualtat:

$$\frac{x^2 - 1}{x^2 - 3x + 2} = \frac{x + 1}{x - 2}$$

El **valor numèric** de dues fraccions algèbriques equivalents per a un valor determinat de x és el mateix.

Observa:

Per exemple, per a $x = 3 \rightarrow \frac{3^2 - 1}{3^2 - 3 \cdot 3 + 2} = \frac{8}{2} = 4$ i $\frac{3+1}{3-2} = \frac{4}{1} = 4.$

De tota manera, no sempre podem esbrinar el valor numèric d'una fracció algèbrica. Si el valor numèric del polinomi denominador és zero, no podem dividir per zero i, per tant, la fracció no té valor numèric.

D'altra banda, si el denominador és zero per a un valor $x = a$, sabem que aquest polinomi és divisible per $x - a$ i es pot factoritzar.

El polinomi denominador $x^2 - 3x + 2$ s'anul·la per a $x = 1$: és divisible per $x - 1$ i, si fem la divisió, obtenim com a quocient $x - 2$. Per tant,

$$x^2 - 3x + 2 = (x - 1)(x - 2)$$

Podem factoritzar el polinomi numerador? Com pots observar, es tracta d'una diferència de quadrats i, per tant,

$$x^2 - 1 = (x + 1)(x - 1)$$

Si substituïm els polinomis numerador i denominador per les factoritzacions respectives, tenim:

$$\frac{x^2 - 1}{x^2 - 3x + 2} = \frac{(x + 1)(x - 1)}{(x - 1)(x - 2)} = \frac{x + 1}{x - 2}$$

L'última igualtat prové de simplificar la fracció, ja que el numerador i el denominador tenen un factor comú, $x - 1$ o, el que és el mateix, hem dividit numerador i denominador pel seu m. c. d., el factor $x - 1$.

Si dividim els polinomis numerador i denominador d'una fracció algèbrica pel seu m. c. d., la fracció que s'obté és **irreductible.**

! Important

$\frac{a}{b}$ és irreductible si m. c. d. $(a, b) = 1$

Per obtenir fraccions algèbriques irreductibles, hem de factoritzar els polinomis numerador i denominador, esbrinar-ne l'm. c. d. i dividir el numerador i el denominador per aquest m. c. d. Naturalment, la fracció obtinguda d'aquesta manera és equivalent a la fracció donada.

Activitats

35. Determina si els parells de fraccions següents són equivalents:

a) $\frac{x^2 - 25}{x^2 + 7x + 10}$ i $\frac{x - 5}{x + 2}$

b) $\frac{1}{x + 1}$ i $\frac{x - 1}{x^2 + 2}$

36. Considera la fracció $\frac{P(x)}{Q(x)}$. Indica quines d'aquestes fraccions són equivalents a la fracció donada:

a) $\frac{4P(x)}{4Q(x)}$ *b)* $\frac{10P(x)}{5Q(x)}$

c) $\frac{3 + P(x)}{3 + Q(x)}$ *d)* $\frac{[P(x)]^2}{[Q(x)]^2}$

37. Indica per a quins valors de x no té valor numèric la fracció algèbrica:

$$\frac{2x + 7}{2x^2 - x - 1}$$

R: $x_1 = 1;\ x_2 = -\frac{1}{2}$

38. Simplifica aquestes fraccions algèbriques:

a) $\frac{x^2 - 7x + 10}{2x^2 - 50}$ *b)* $\frac{x^3 - 1}{x^2 - 3x + 2}$

c) $\frac{x^3 - 5x + 4}{x^3 - 3x^2 + 3x - 1}$ *d)* $\frac{x^4 - 16}{x^3 + 2x^2 + 4x + 8}$

e) $\frac{3x^2 - 5x + 2}{4x^2 - 4}$ *f)* $\frac{2x^2 - 4x + 2}{x^2 - 1}$

10. Operacions amb fraccions algèbriques

10.1 Suma i resta

La **suma** o la **resta** de dues fraccions algèbriques o més amb el mateix denominador és una altra fracció algèbrica que té el mateix denominador i que té per numerador la suma o la resta dels numeradors.

Generalment, les fraccions que haurem de sumar o restar no tenen el mateix denominador. En aquests casos, cal buscar fraccions equivalents a les donades que tinguin el mateix denominador i, a continuació, sumar-les o restar-les.

Posem-ne un exemple:

$$\frac{x}{2x-2}+\frac{3x-1}{x^2-1}-\frac{x+5}{x^2-2x+1}$$

Esbrinem l'm. c. m. $[(2x-2), (x^2-1), (x^2-2x+1)]$:

$$2x-2=2(x-1)$$
$$x^2-1=(x+1)(x-1)$$
$$x^2-2x+1=(x-1)^2$$

Recorda

$$\frac{a}{b}=\frac{ak}{bk} \text{ per a } b\neq 0 \text{ i } k\neq 0$$

m. c. m. $[(2x-2), (x^2-1), (x^2-2x+1)]=2(x-1)^2(x+1)$. Aquest és el denominador comú:

$$\frac{x}{2x-2}=\frac{x(x-1)(x+1)}{2(x-1)^2(x+1)}=\frac{x^3-x}{2(x-1)^2(x+1)}$$
$$\frac{3x-1}{x^2-1}=\frac{2(3x-1)(x-1)}{2(x-1)^2(x+1)}=\frac{6x^2-8x+2}{2(x-1)^2(x+1)}$$
$$\frac{x+5}{x^2-2x+1}=\frac{2(x+5)(x+1)}{2(x-1)^2(x+1)}=\frac{2x^2+12x+10}{2(x-1)^2(x+1)}$$

Observa com hem obtingut els numeradors.

El càlcul que hem proposat queda de la manera següent:

$$\frac{x}{2x-2}+\frac{3x-1}{x^2-1}-\frac{x+5}{x^2-2x+1}=$$
$$=\frac{x^3-x}{2(x-1)^2(x+1)}+\frac{6x^2-8x+2}{2(x-1)^2(x+1)}-\frac{2x^2+12x+10}{2(x-1)^2(x+1)}=$$
$$=\frac{x^3-x+6x^2-8x+2-(2x^2+12x+10)}{2(x-1)^2(x+1)}=\frac{x^3+4x^2-21x-8}{2x^3-2x^2-2\,x+2}$$

10.2 Multiplicació i divisió

La **multiplicació** de dues fraccions algèbriques dóna com a resultat una altra fracció algèbrica que té per numerador el producte dels numeradors dels factors i per denominador, el producte dels denominadors.

! Important

$$\frac{a}{b}\cdot\frac{c}{d}=\frac{a\cdot c}{b\cdot d}$$
$$\frac{a}{b}:\frac{c}{d}=\frac{a}{b}\cdot\frac{d}{c}$$

El **quocient** de dues fraccions algèbriques s'obté multiplicant la fracció dividend per la inversa del divisor.

Totes les fraccions algèbriques amb denominador no nul tenen inversa.

El resultat que s'obtingui en aquestes operacions és una fracció algèbrica que haurem de simplificar sempre que sigui possible. És aconsellable factoritzar els termes de les dues fraccions, deixar indicades les multiplicacions i simplificar abans d'efectuar-les.

Observa aquest exemple:

$$\frac{x^2 - x}{x^2 - 4} \cdot \frac{x^2 + 5x + 6}{x^2 - 2x + 1} = \frac{x(x-1)}{(x+2)(x-2)} \cdot \frac{(x+2)(x+3)}{(x-1)^2} =$$
$$= \frac{x(x+3)}{(x-2)(x-1)} = \frac{x^2 + 3x}{x^2 - 3x + 2}$$

Hem factoritzat els polinomis numerador i denominador i, en observar que tenen factors comuns, hem dut a terme la simplificació corresponent. Finalment, hem efectuat la multiplicació dels factors no simplificats.

Per dividir dues fraccions algèbriques procedirem de manera similar, ja que en realitat es tracta de fer una multiplicació.

$$\frac{x^2 + 6x + 8}{x^2 - 1} : \frac{3x + 6}{x + 1} = \frac{x^2 + 6x + 8}{x^2 - 1} \cdot \frac{x + 1}{3x + 6} =$$
$$= \frac{(x+2)(x+4)}{(x+1)(x-1)} \cdot \frac{x+1}{3(x+2)} = \frac{x+4}{3(x-1)} = \frac{x+4}{3x-3}$$

Les operacions amb fraccions algèbriques verifiquen les mateixes propietats que les operacions amb fraccions numèriques.

Amb les fraccions algèbriques també es poden efectuar operacions combinades que no requereixen una atenció especial. Sempre hem de tenir en compte la importància de la simplificació quan donem els resultats.

Activitats

39. Calcula:

a) $\frac{2x - 1}{2x + 4} + \frac{1}{x^2 - 4} - \frac{3 - x}{x - 2}$ *b)* $\frac{1 - x^2}{x^2 - x} \cdot \frac{3x}{x - 1}$

40. Donades les fraccions:

$A = \frac{1}{x + 5}$, $B = \frac{x^2 - 25}{x + 3}$ i $C = \frac{x^2 + 4x + 3}{x + 5}$

calcula:

a) $(A \cdot B) \cdot C$ *b)* $(A + C) \cdot B$ *c)* $3A : C$

41. Quina fracció hem de sumar a $\frac{2x - 1}{x + 4}$ per obtenir la fracció zero?

42. Per quina fracció hem de multiplicar la fracció $\frac{3x}{x + 3}$ per obtenir el polinomi de grau zero i de coeficient 1, és a dir, $U(x) = 1$?

43. Calcula:

a) $\frac{3}{x^2 - 1} + \frac{5x}{x + 1} - \frac{2x}{x - 1}$ *b)* $\frac{x^2 - 4}{3x} : \frac{x^2 - 4x + 4}{x + 2}$

c) $2 - \frac{3x}{x + 1}$ *d)* $\frac{x^2 + 3}{x^2 + 1} - 5$

44. Quina condició ha de verificar una fracció algèbrica per tal que sigui equivalent a un polinomi?

45. Comprova que el resultat d'aquesta multiplicació és 1:

$$\frac{x^2 - 4}{x^2 - 1} \cdot \frac{x + 1}{x + 2} \cdot \frac{x - 1}{x - 2}$$

46. Per quina fracció algèbrica cal multiplicar $\frac{2x + 1}{x^2 - 4}$ per obtenir $\frac{1}{2x^2 - 5x + 2}$?

11. El binomi de Newton

En un dels apartats anteriors hem calculat potències d'exponent natural d'un polinomi. Lògicament, el càlcul de la potència es limita a la realització de multiplicacions successives del polinomi per si mateix.

Ens interessarem ara per les potències d'exponent natural dels polinomis que estan constituïts per dos termes, és a dir, dels binomis. En concret, ens plantejarem el càlcul de les potències del tipus $(x + a)^m$, en què a representa un nombre real i m un nombre natural. Si féssim les multiplicacions corresponents, per exemple per a $1 \leq m \leq 4$, arribaríem als resultats següents:

$$(x + a)^1 = x + a$$

$$(x + a)^2 = x^2 + 2ax + a^2$$

$$(x + a)^3 = x^3 + 3ax^2 + 3a^2x + a^3$$

$$(x + a)^4 = x^4 + 4ax^3 + 6a^2x^2 + 4a^3x + a^4$$

En tots els casos, es pot observar una regularitat en la variació dels exponents dels termes del resultat de la potència: mentre que els exponents del primer terme x figuren en ordre consecutiu decreixent, des de m fins a 0, els exponents del segon terme ho fan en ordre consecutiu creixent, des de 0 fins a m.

D'altra banda, si n'escrivim els coeficients d'aquesta manera:

$$\begin{array}{lccccccccc}
(x+a)^1 \rightarrow & & & & 1 & & 1 & & & \\
 & & & & \searrow & \swarrow & & & & \\
(x+a)^2 \rightarrow & & & 1 & & 2 & & 1 & & \\
 & & & \searrow & \swarrow & \searrow & \swarrow & & & \\
(x+a)^3 \rightarrow & & 1 & & 3 & & 3 & & 1 & \\
 & & \searrow & \swarrow & \searrow & \swarrow & \searrow & \swarrow & & \\
(x+a)^4 \rightarrow & 1 & & 4 & & 6 & & 4 & & 1
\end{array}$$

! Important

Les regularitats descrites ens permeten escriure la igualtat:

$$(x + a)^5 = x^5 + 5ax^4 + 10a^2x^3 + 10a^3x^2 + 5a^4x + a^5$$

podem comprovar que també es verifiquen unes altres regularitats: si ens fixem en les fletxes, podem constatar que cadascun dels coeficients de les diferents files es pot obtenir sumant els dos que té per damunt seu a la fila superior, llevat, naturalment, dels dos coeficients dels extrems de cada fila que sempre són iguals a 1. Els nombres naturals obtinguts d'aquesta manera s'anomenen **nombres combinatoris**.

11.1 Nombres combinatoris

El nombre de combinacions de m elements agrupats de n en n es calcula mitjançant l'expressió:

$$C_{m,\,n} = \frac{V_{m,\,n}}{P_n} = \frac{m(m-1)(m-2)\ldots(m-n+1)}{n!}$$

Si multipliquem el numerador i el denominador de l'últim terme de la igualtat per $(m - n)!$, obtenim una igualtat nova:

$$C_{m,\,n} = \frac{m!}{n!\,(m-n)!}$$

El segon membre d'aquesta igualtat es representa en la forma $\binom{m}{n}$, es llegeix m sobre n i es coneix amb el nom de **nombre combinatori.**

Per tant, $\binom{m}{n} = \dfrac{m!}{n!(m-n)!}$

Així, per exemple, $\binom{7}{3} = \dfrac{7!}{3!\,4!} = 35$

El cas particular del nombre combinatori en què $n = m$ representaria el nombre de combinacions de m elements agrupats de m en m. Evidentment, en aquest cas només hi ha una combinació possible, amb la qual cosa es verifica que $\binom{m}{m} = 1$.

D'altra banda, $\binom{m}{m} = \dfrac{m!}{m!\,0!}$, per tant, $\dfrac{m!}{m!\,0!} = 1 \rightarrow 0! = 1$.

És a dir, a l'expressió 0! hem d'assignar-hi el valor 1. En conseqüència, també es verifica:

$$\binom{m}{0} = \frac{m!}{0!\,m!} = 1$$

Escrivint en fila els nombres combinatoris possibles que tenen el mateix valor de m, amb $1 \leq m \leq 4$, i calculant-ne els resultats, obtenim:

$$\binom{1}{0} = 1 \qquad \binom{1}{1} = 1$$

$$\binom{2}{0} = 1 \qquad \binom{2}{1} = 2 \qquad \binom{2}{2} = 1$$

$$\binom{3}{0} = 1 \qquad \binom{3}{1} = 3 \qquad \binom{3}{2} = 3 \qquad \binom{3}{3} = 1$$

$$\binom{4}{0} = 1 \qquad \binom{4}{1} = 4 \qquad \binom{4}{2} = 6 \qquad \binom{4}{3} = 4 \qquad \binom{4}{4} = 1$$

Pots observar que els nombres naturals que resulten en cada fila són, efectivament, els coeficients de les successives quatre primeres potències del binomi $x + a$:

$m = 1 \rightarrow$ 1 1

$m = 2 \rightarrow$ 1 2 1

$m = 3 \rightarrow$ 1 3 3 1

$m = 4 \rightarrow$ 1 4 6 4 1

> **Recorda**
>
> $m! = m(m-1)(m-2) \ldots 3 \cdot 2 \cdot 1$

> **! Important**
>
> Aquesta mena de triangle numèric que formen els nombres combinatoris es coneix amb el nom de **triangle de Pascal** o **de Tartaglia.**

11.2 Fórmula del binomi de Newton

El que acabem d'analitzar en aquest apartat ens permet escriure una expressió per calcular de manera directa el resultat de qualsevol potència d'exponent natural d'un binomi:

$$(x+a)^m = \binom{m}{0}x^m + \binom{m}{1}x^{m-1}a + \binom{m}{2}x^{m-2}a^2 + \ldots + \binom{m}{m-1}x\,a^{m-1} + \binom{m}{m}a^m$$

Aquesta expressió es coneix amb el nom de **fórmula del binomi de Newton** i es pot aplicar, fins i tot, en el cas del càlcul de potències d'exponent natural de la suma de dos termes que no siguin monomis.

> **! Important**
>
> Observa que el desenvolupament de la fórmula del binomi de Newton està format per $m + 1$ sumands i que, en cadascun, la suma dels exponents dels dos termes del binomi és sempre igual a m.

Vegem-ne l'aplicació en un parell de casos concrets:

$$(x-3)^4 = \binom{4}{0}x^4 + \binom{4}{1}x^3(-3) + \binom{4}{2}x^2(-3)^2 + \binom{4}{3}x(-3)^3 + \binom{4}{4}(-3)^4 =$$

$$= x^4 + 4x^3(-3) + 6x^2 \cdot 9 + 4x(-27) + 81 = x^4 - 12x^3 + 54x^2 - 108x + 81$$

$$(x^2+2)^3 = \binom{3}{0}(x^2)^3 + \binom{3}{1}(x^2)^2 \cdot 2 + \binom{3}{2}x^2 \cdot 2^2 + \binom{3}{3} \cdot 2^3 = x^6 + 6x^4 + 12x^2 + 8$$

Exemple 7

Calcula en el desenvolupament de la potència $(2x^2 - 1)^{20}$:

a) El terme de grau 14.

b) El coeficient del terme central.

c) El terme de grau més gran.

d) El sisè terme.

Resolució

a) Per aconseguir el terme de grau 14 caldrà que l'exponent del primer terme del binomi sigui 7; per tant:

$$\binom{20}{13}(2x^2)^7(-1)^{13} = 77\,520 \cdot 128\,x^{14}(-1) = -9\,922\,560\,x^{14}$$

b) El terme central és el que té els exponents dels dos termes del binomi iguals:

$\binom{20}{10}(2x^2)^{10}(-1)^{10} = 184\,756 \cdot 1\,024\,x^{20} = 189\,190\,144\,x^{20}$; el seu coeficient és 189190144.

c) El terme de grau més gran és el primer terme del desenvolupament:

$$\binom{20}{0}(2x^2)^{20} = 1\,048\,576\,x^{40}$$

d) Tenint en compte que el valor de n del nombre combinatori que acompanya cada terme del desenvolupament és una unitat menys que el lloc que ocupa cada terme, tenim que el sisè terme és:

$$\binom{20}{5}(2x^2)^{15}(-1)^5 = 15\,504 \cdot 32\,768\,x^{30}(-1) = -508\,035\,072\,x^{30}$$

Activitats

47. Calcula els nombres combinatoris següents:

$$\binom{6}{2} \quad \binom{10}{0} \quad \binom{80}{5} \quad \binom{15}{7} \quad \binom{15}{8}$$

48. Simplifica aquestes fraccions:

a) $\dfrac{10!}{2!\,8!}$ *b)* $\dfrac{15!}{3!\,12!}$ *c)* $\dfrac{50!}{2!\,48!}$ *d)* $\dfrac{1\,000!}{3!\,997!}$

49. Desenvolupa les potències següents:

a) $(x-2)^5$ *b)* $(3x+2)^6$

50. Calcula el quart terme del desenvolupament de $(x-1)^{12}$

51. Donat el polinomi $C(x) = 2x^2 - 4x$, calcula $[C(x)]^3$.

52. Desenvolupa aquestes potències:

a) $\left(2x + \dfrac{1}{2}\right)^7$ *b)* $(3 - x^3)^4$

53. Calcula en el desenvolupament de la potència $(2x+3)^{30}$:

a) El terme de grau 21.

b) El terme central.

c) El coeficient del terme de grau més gran.

d) El dissetè terme.

54. Emprant el binomi de Newton, calcula la potència $(3\sqrt{2} - \sqrt{3})^8$.

55. Desenvolupa la potència $(-a - b)^5$.

Punt final

Tornem a parlar de la regla de Ruffini

En el desenvolupament de la unitat hem indicat que la regla de Ruffini únicament és aplicable a les divisions entre polinomis en què el polinomi divisor és del tipus $x - a$. Tot seguit veurem que el camp d'aplicació d'aquesta regla, que agilitza considerablement el procés de la divisió, es pot ampliar una mica més.

En concret, es pot fer extensiva a totes les divisions entre polinomis els divisors de les quals siguin polinomis de primer grau del tipus $mx + n$, en què $m \neq 0$ i $n \neq 0$. Només caldrà que tinguem en compte una de les propietats de la divisió.

Considerem la divisió $(x^2 - 4x + 5) : (2x - 1)$. En principi, el divisor no és un binomi del tipus $x - a$ i, per tant, la regla de Ruffini no s'hi pot aplicar.

$$\begin{array}{rrr|l}
x^2 & -\ 4x & +\ 5 & 2x - 1 \\
\cline{4-4}
-x^2 & +\ \frac{1}{2}x & & \frac{1}{2}x - \frac{7}{4} \\
\hline
 & -\frac{7}{2}x & +\ 5 & \\
 & \frac{7}{2}x & -\ \frac{7}{4} & \\
\hline
 & & \frac{13}{4} &
\end{array}$$

El quocient de la divisió és $Q(x) = \frac{1}{2}x - \frac{7}{4}$ i el residu, $R = \frac{13}{4}$.

Observa que, quan dividim per 2 o, el que és el mateix, quan multipliquem per $\frac{1}{2}$ els polinomis dividend i divisor, la divisió es transforma en $\left(\frac{1}{2}x^2 - 2x + \frac{5}{2}\right) : \left(x - \frac{1}{2}\right)$, el divisor de la qual ja és del tipus $x - a$. Apliquem a aquesta nova divisió la regla de Ruffini:

$$\begin{array}{c|ccc}
 & \frac{1}{2} & -2 & \frac{5}{2} \\
\frac{1}{2} & & \frac{1}{4} & -\frac{7}{8} \\
\hline
 & \frac{1}{2} & -\frac{7}{4} & \boxed{\frac{13}{8}}
\end{array}$$

El quocient d'aquesta divisió és $Q(x) = \frac{1}{2}x - \frac{7}{4}$ i el residu, $R = \frac{13}{8}$.

Si comparem aquest resultat amb el que hem obtingut anteriorment, veiem que el quocient és el mateix, però el residu és exactament la meitat del que hauríem d'haver obtingut. Així doncs, el veritable residu de la divisió que hem proposat inicialment és $R = 2 \cdot \frac{13}{8} = \frac{13}{4}$.

Què és el que succeeix? Quan en una divisió multipliquem el dividend i el divisor per un nombre real no nul, el quocient no es modifica, però el residu queda multiplicat per aquest nombre. Efectivament, considerem la divisió $P(x) : (mx + n)$, en què $m \neq 0$ i $n \neq 0$. Si anomenem $Q(x)$ el quocient i R, el residu, es verifica:

$P(x) = Q(x) \cdot (mx + n) + R$

Quan multipliquem per $\frac{1}{m}$ els dos membres d'aquesta igualtat, obtenim:

$$\frac{1}{m} P(x) = Q(x) \cdot \left(x + \frac{n}{m}\right) + \frac{R}{m}$$

igualtat que correspon a la divisió $\frac{1}{m} P(x) : \left(x + \frac{m}{n}\right)$, el quocient de la qual és $Q(x)$ i el residu, $\frac{R}{m}$.

Activitats finals

1. Expressa en forma de polinomi ordenat en potències decreixents de x els resultats d'aquestes operacions:

a) $4(x-2)\left(x+\dfrac{1}{3}\right)$

b) $(x-\sqrt{2})^2\,x^2$

c) $\dfrac{1}{x}\cdot\dfrac{3x^3-x^2}{1-3x}$

d) $-x^3(1-x)^2$

2. Considera els polinomis:

$$A(x)=x^2-2x-3 \text{ i } B(x)=(x+1)(x-3)$$

Calcula'n el valor numèric per a $x=1$ i $x=-2$. Poden ser iguals aquests dos polinomis? Raona la teva resposta i comprova-ho.

3. Escriu dos polinomis de tercer grau la suma dels quals sigui un polinomi de segon grau.

4. Esbrina el polinomi que sumat a $P(x)=x^4-3x^2+5x$ dóna com a resultat el polinomi $R(x)=x^3-1$.

5. Calcula a, b i c per tal que es verifiqui la igualtat:

$$(x^3-2x+a)(bx+c)=3x^4+2x^3-6x^2-x+2$$

R: $a=1$; $b=3$; $c=2$

6. La potència de polinomis es defineix com a productes repetits de la base tantes vegades com indica l'exponent. $(3x^2-2)^5$ és un polinomi. De quin grau? Quin és el coeficient que acompanya el terme de grau més gran? Quin és el terme independent?

7. Si $A(x)=3x^2-\dfrac{1}{2}x+2$, $B(x)=2x+3$ i $C(x)=x^3-3$, calcula:

a) $B(x)\cdot 3A(x)-C(x)$

b) $3B(x)\cdot A(x)-2C(x)$

c) $C(x)-2B(x)-\dfrac{3}{2}A(x)$

d) $[C(x)-3A(x)]\cdot B(x)$

8. Hi ha algun polinomi que multiplicat per $x-4$ doni com a resultat el polinomi $2x^2-5x-12$?

Si la resposta és afirmativa, quin és?

9. Donat el polinomi $A(x)=2x^3-x^2-4x-1$, determina, si n'hi ha, un altre polinomi $C(x)$ tal que el quocient de la divisió $A(x):C(x)$ sigui $2x+3$ i el residu, -4.

10. Esbrina el dividend d'una divisió en què el quocient és $3x^2-2x+1$; el divisor, $2x^2+x$ i el residu, $x+1$.

11. Donats els polinomis $P(x)=2x^4-x^3+3x^2+2x-5$ i $Q(x)=x^2-x+1$, calcula el quocient i el residu de la divisió $P(x):Q(x)$,

a) Aplicant la propietat fonamental de la divisió.

b) Fent-ne la divisió.

12. Calcula m per tal que la divisió següent sigui exacta:

$$(x^4+x^3-2x^2-x-7m):(x^2+x-1)$$

R: $m=-\dfrac{1}{7}$

13. Efectua aquestes divisions. Aplica la regla de Ruffini sempre que sigui possible.

a) $(x^3-3x^2+2x):(2x-1)$

b) $x^5:(x^2-1)$

c) $(x^4-2x^2+1):(x+2)$

d) $(x^6+x^3-x+1):(x-1)$

14. Efectua la divisió entre els polinomis:

$$P(x)=-x^3+2x^2-4x+6 \text{ i } Q(x)=x+1$$

de dues maneres diferents i compara'n els resultats obtinguts.

15. Calcula un possible valor enter de k per tal que el polinomi $x+k$ sigui divisor del polinomi $x^4-2x^3+x^2-3x+3$. Expressa aquest darrer polinomi com a producte de dos polinomis.

16. Esbrina si el polinomi $6x^2-6x-12$ és divisible per $2x-4$. Pots donar la resposta sense fer la divisió?

17. Determina el valor de k per tal que el residu de la divisió $(x^4-3x^2+kx-3):(x-2)$ sigui -3.

18. Dels nombres enters 1, −1, 2, −2, 4 i −4, quins són arrels del polinomi $A(x)=x^3-3x^2-6x+8$?

Quins no ho són?

19. Esbrina, en cada cas, el valor o els valors de m que fan que la divisió:

$$(x^3-mx^2+x-m):(x+1)$$

a) Sigui exacta.

b) Tingui residu 4.

c) No tingui residu −2.

d) El residu sigui positiu.

20. Sense fer la divisió, indica i justifica si les divisions següents són exactes o no:

a) $(5x^3 - 2x + 3) : (x + 1)$

b) $(x^4 - x^3 - 2x^2 + x - 2) : (x - 2)$

c) $(x^3 - 2x^2 - x + 6) : (x + 2)$

d) $(2x^2 - x - 3) : (x - 1)$

21. Quines són les arrels enteres del polinomi $x^8 - 1$? Raona la resposta.

Té alguna arrel entera el polinomi $x^8 + 1$? Per què?

22. Factoritza els polinomis següents:

a) $A(x) = 3x^3 - 75x$

b) $B(x) = 3x^3 + 18x^2 + 27x$

c) $C(x) = 2x^4 - 12x^3 + 18x^2$

d) $D(x) = \frac{1}{4}x^2 - 3x + 9$

23. Comprova que el polinomi $x^4 + x^3 + x^2 + x + 1$ no té cap arrel entera. És possible factoritzar-lo? Justifica la resposta.

24. Indica les arrels dels polinomis següents:

a) $A(x) = 4x^2 - 16$

b) $B(x) = (2x + 6)(x - 2)(x^2 + 1)$

c) $C(x) = (3x - 1)(x^2 + 6x + 9)$

d) $D(x) = (x^2 - 3x + 2)(x + 1)$

25. Determina l'm. c. d. i l'm. c. m. dels polinomis:

$A(x) = 2x^5 + 6x^4 - 8x^2$

$B(x) = x^3 - x$

$C(x) = x^4 - x^3 - x^2 + x$

26. Calcula:

$$\frac{1-x}{1+x} + \frac{x+1}{1-x} - \frac{x^2+1}{x^2-1}$$

27. Donades les fraccions següents:

$$P = \frac{x-2}{x^2+6x+9} \text{ i } Q = \frac{x+3}{x^2-4}$$

calcula:

a) $P \cdot Q$

b) $P : Q$

c) $Q : P$

28. Calcula el màxim comú divisor i el mínim comú múltiple dels polinomis $P(x) = x^3 - 6x^2 + 8x$ i $Q(x) = x^4 - 4x^3 + 4x^2$. I utilitza'ls per:

a) Simplificar les expressions algèbriques $\frac{P(x)}{Q(x)}$ i $\frac{Q(x)}{P(x)}$.

b) Calcular $\frac{3}{P(x)} + \frac{2x+1}{Q(x)}$.

29. Simplifica les expressions algèbriques següents:

a) $\frac{x^3 - 9x}{x^3 + 5x^2 + 6x}$ *b)* $\frac{4 - x^2}{x^2 + 2x - 8}$

c) $\frac{3x^2}{x^4 + 2x^2}$ *d)* $\frac{x^2 + 2x + 1}{2x^2 - 2}$

30. Calcula:

a) $\frac{2x-1}{2x^2} + \frac{1-x}{6x} - \frac{x+2}{3x^3}$ *b)* $\frac{x^2-1}{4x^2} \cdot \frac{2x}{x+1}$

c) $\frac{4-x^2}{x^3-x} : \frac{x+2}{3x^2-3}$ *d)* $\frac{x}{x+1} \cdot \frac{2x+2}{3x^2} - \frac{5}{6x}$

31. Comprova les igualtats següents:

a) $\binom{7}{0} + \binom{7}{1} + \binom{7}{2} + \ldots + \binom{7}{7} = 2^7$

b) $\binom{8}{5} + \binom{8}{6} = \binom{9}{6}$

c) $\binom{15}{2} = \binom{15}{13}$

32. Calcula les potències utilitzant el binomi de Newton:

a) $(2x - x^3)^8$ *b)* $(3x^2 + x)^6$

c) $(4 - x)^5$ *d)* $(\sqrt{3}x + \sqrt{2})^3$

33. En el desenvolupament de la potència $(2x^2 + 1)^{36}$, determina:

a) El terme central.

b) El coeficient del terme de grau 24.

c) El terme de grau més gran.

d) El 29è terme.

34. Determina el valor de k de la potència $(2x^2 + k)^6$ si el coeficient del terme central és 160.

35. Calcula les potències:

a) $(x^2 + x + 1)^3$

b) $(2x^3 - x^2 + x - 3)^2$

3

Funcions

De segur que més d'una vegada has sentit expressions com aquestes:

- L'import de la factura mensual de l'aigua està en funció dels metres cúbics que n'hem gastat.
- El consum de carburant d'un cotxe depèn de la velocitat a què es condueixi.
- El preu del bitllet d'autobús interurbà està en funció de la distància a què estigui el lloc de destinació.
- Els interessos que produeix un capital determinat en un compte a termini depenen del rèdit que estableix l'entitat financera.

Totes aquestes frases ens parlen d'una dependència entre magnituds, i és en aquest sentit que s'utilitza el concepte matemàtic de funció. Aquest concepte és fonamental, no només en matemàtiques, sinó en qualsevol dels diversos àmbits científics.

Les funcions s'utilitzen com a models matemàtics que permeten interpretar millor molts fenòmens. Es tracta d'elaborar aquests models, que moltes vegades són simplificacions de fenòmens naturals o socials més complexos, de manera que ens permetin fer prediccions que, posteriorment, són confirmades o desmentides pels fets. D'aquesta manera, podem saber si el model proposat és fiable o no.

Com ja saps, una funció relaciona dues magnituds, de manera que a cada valor d'una correspon un únic valor de l'altra.

No n'hi ha prou de conèixer que una magnitud depèn d'una altra per determinar una funció, sinó que cal saber quin valor de la primera correspon a cada valor de la segona. Per tant, per expressar la funció que relaciona dues magnituds, hem de conèixer la llei o regla que associa a cada valor d'una el valor corresponent de l'altra.

Aquesta regla pot expressar-se de diferents maneres. Per exemple, si coneixem el gràfic del consum de carburant d'un cotxe en funció de la velocitat (Fig. 3.1), disposarem de prou informació per extreure conclusions sobre el comportament de les magnituds consum i velocitat per a aquest vehicle en concret.

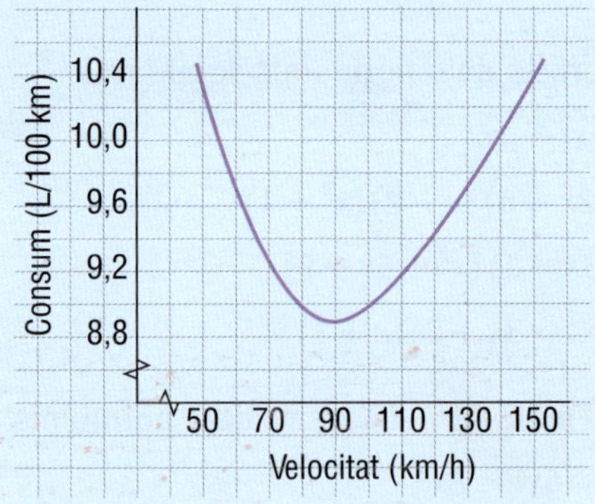

Fig. 3.1

1. Concepte de funció

La factura de la llum és bimensual. Consta d'una quantitat fixa (facturació de la potència contractada, equips de mesura i impost sobre l'electricitat) i d'una quantitat variable (facturació de l'energia consumida). El preu del kWh és de 0,08 € i, per a una potència contractada de 4,4 kW, la quantitat fixa és de 16,53 €. Naturalment, a l'import total cal afegir-hi un 21 % corresponent a l'IVA.

És evident que l'import total de cadascuna d'aquestes factures depèn del nombre de kWh d'energia elèctrica consumits. La informació que ens proporciona l'enunciat permet establir quin és el valor de l'import que correspon a un valor de l'energia determinat. A més, si tenim en compte que a cada valor de l'energia correspon un únic import, podem afirmar que la relació entre les dues magnituds és una funció.

Per exemple, per a un consum bimensual de 150 kWh, l'import de la factura sense IVA seria:

$$16{,}53 + 0{,}08 \cdot 150 = 28{,}53 \text{ €}$$

En general, si representem amb n el nombre de kWh gastats i amb i l'import en euros, es verifica:

$$i = 16{,}53 + 0{,}08\, n$$

Aquesta igualtat que relaciona les dues variables es coneix com l'**expressió algèbrica** de la funció. Com és lògic, posa de manifest que l'import i de la factura depèn del nombre n de kWh que s'han gastat. Per tant, i és la **variable dependent** i n, la **variable independent.**

! Important

Recorda que les dues magnituds que relaciona una funció reben el nom de **variables.**

Si donem a n valors arbitraris, podem elaborar una **taula de valors** de la funció. Fixa't en la Taula 3.1:

n (kWh)	150	400	625	875	1 050	1 200
i (€)	28,53	48,53	66,53	86,53	100,53	112,53

Taula 3.1

Finalment, si representem els parells de valors (n, i) de la taula anterior en uns eixos de coordenades, obtindrem la **gràfica** de la funció (Fig. 3.2). En aquest cas, es tracta d'una semirecta.

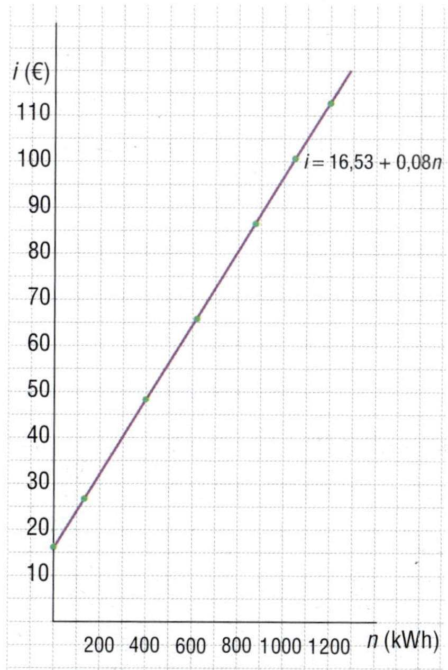

Fig. 3.2

La relació de dependència entre dues variables s'anomena **funció** si, per a cada valor real de la variable independent, existeix un únic valor real de la variable dependent.

Aquesta relació entre les variables dependent i independent es pot establir a partir de les formes següents:

- **Un text:** descriu la funció amb paraules.
- **Una expressió algèbrica:** formalitza la relació mitjançant una fórmula matemàtica. Permet esbrinar qualsevol valor d'una de les variables a partir del valor de l'altra. Hi ha, però, funcions que no es poden expressar de manera algèbrica.
- **Una taula de valors:** proporciona alguns parells de valors que es corresponen amb la funció.
- **Una gràfica:** dóna una visió qualitativa, ràpida i global del comportament de les dues variables.

Generalment, es representa amb y la variable dependent i amb x, la independent. Diem que y és **funció real de variable real** x, o que y **depèn** de x, si a cada valor real de x li correspon un únic valor real de y, i ho escrivim $y = f(x)$.

La relació $y = f(x)$, expressió algèbrica de la funció, indica que la variable y depèn de la variable x de manera no especificada. Posa de manifest que y és la **imatge** de x, o que x és la **antiimatge** de y.

Cal que tinguem en compte que cada valor de x té una sola imatge, però és possible que hi hagi valors de y que tinguin més d'una antiimatge.

Per exemple, l'expressió algèbrica de la funció que a cada nombre real fa correspondre el seu quadrat és $f(x) = x^2$. Es tracta d'una funció, ja que el quadrat de qualsevol nombre real és únic, però, com ja saps, dos nombres reals oposats tenen el mateix quadrat. Pots observar-ho a la gràfica d'aquesta funció (Fig. 3.3).

! Important

A la funció $y = x^2$, cada nombre real x té una sola imatge real. En canvi, cada nombre real $y > 0$ té dues antiimatges reals $x = \pm\sqrt{y}$. Observa que el nombre real $y = 0$ té una única antiimatge, $x = 0$, i que els nombres reals $y < 0$ no tenen antiimatge.

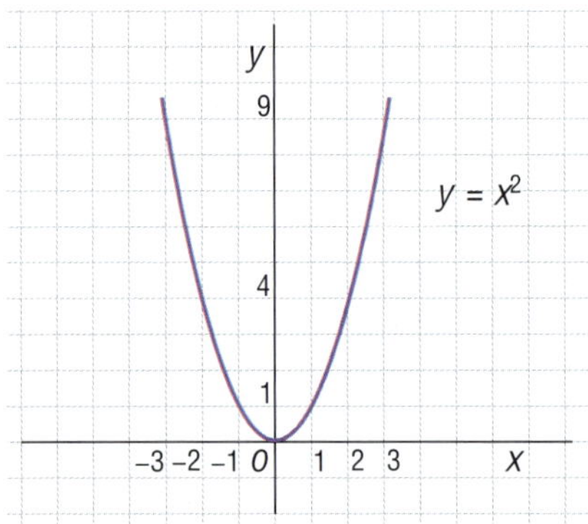

Fig. 3.3

Activitats

1. Representant amb x la variable independent i amb $f(x)$ la variable dependent, escriu l'expressió algèbrica de la funció que fa correspondre:

a) A la longitud del costat d'un quadrat, la mesura del perímetre.

b) Al diàmetre d'una circumferència, l'àrea del cercle que limita.

c) A una quantitat de diners invertida al 5 % d'interès durant 4 anys, els interessos que produeix.

d) A un rectangle de 16 cm de perímetre, la mesura de la superfície.

e) A l'àrea d'un quadrat, la longitud del costat.

2. L'expressió algèbrica de la funció $i = f(n)$ de la factura de la llum sense IVA de l'exemple és

$$i = 16{,}53 + 0{,}08\ n$$

Determina l'expressió algèbrica d'aquesta funció tenint en compte l'IVA. Quin és l'import si hi ha un consum energètic de 350 kWh? Si l'import de la factura puja 65,57 €, quants kWh s'han gastat?

3. L'expressió algèbrica d'una funció és $f(x) = x^2 - 6x + 8$. Esbrina les imatges de -1, 0 i 3 i les antiimatges de -4, -1 i 0.

4. Si considerem la funció $f(x) = \frac{3}{x}$, hi ha algun nombre real que no tingui imatge? Justifica la resposta.

5. Una de les gràfiques de la Figura 3.4 no correspon a una funció. Indica quina és i raona la resposta.

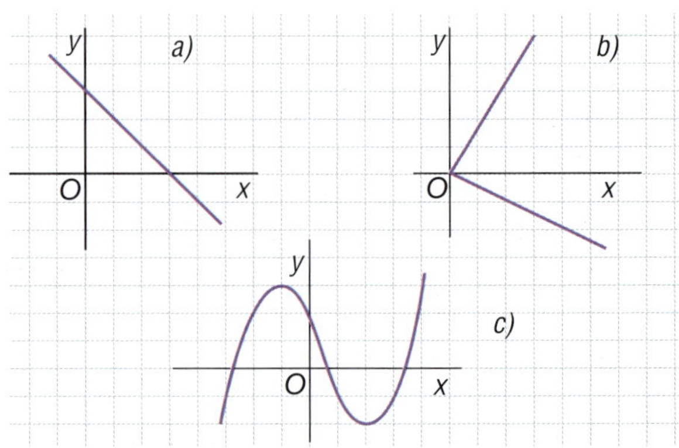

Fig. 3.4

2. Domini i recorregut d'una funció

El conjunt de tots els valors reals de la variable independent que tenen per imatge un nombre real constitueix el **domini** o **camp d'existència** de la funció i el representem amb D_f.

Tots els valors de la variable independent que pertanyen al domini tenen una imatge i només una, condició necessària per tal que f sigui funció.

El conjunt de totes les imatges reals de la funció és el **recorregut** o **rang** de la funció. L'expressem mitjançant R_f.

El domini es refereix als valors de la variable independent x, mentre que el recorregut fa referència als de la variable dependent y.

Ara analitzarem la manera de determinar el domini d'algunes funcions de les quals coneixem les expressions algèbriques. Les representarem gràficament i, a partir de la gràfica, en deduirem el recorregut.

- $f(x) = 2x - 3$

  Observa que la imatge corresponent a qualsevol nombre real és sempre un altre nombre real. Per tant, el domini d'aquesta funció està constituït per tots els nombres reals: $D_f = \mathbb{R}$.

  En aquest cas, la representació gràfica de la funció (Fig. 3.5) és una línia recta. També és cert que tots el nombres reals tenen antiimatge. Per tant, el recorregut de la funció està format per tots els nombres reals: $R_f = \mathbb{R}$.

- $f(x) = x^2 - 4$

  Com en el cas anterior, $D_f = \mathbb{R}$. En canvi, a la gràfica de la funció (Fig. 3.6) podem observar que els nombres reals més petits que -4 no tenen antiimatge. El recorregut d'aquesta funció està format per tots els nombres reals més grans o iguals que -4: $R_f = [-4, +\infty)$.

- $f(x) = \dfrac{4}{x}$

  En aquest cas, tenen imatge tots els nombres reals, excepte $x = 0$. Com ja saps, la divisió per zero no és possible. Per tant, $x = 0$ no pertany al domini d'aquesta funció. Ho expressarem de la manera següent: $D_f = \mathbb{R} - \{0\}$.

  La gràfica de la funció (Fig. 3.7) ens indica que tampoc no existeix l'antiimatge de zero. El recorregut d'aquesta funció coincideix amb el seu domini: $R_f = \mathbb{R} - \{0\}$.

- $f(x) = 16,53 + 0,08x$

  Es tracta d'una funció semblant a la primera que hem analitzat. La gràfica corresponent és una línia recta i, per tant, el seu domini i el seu recorregut el formen tots el nombres reals.

  Observa que l'expressió algèbrica d'aquesta funció és idèntica a la de la funció obtinguda a l'exemple de la factura de la llum: $i = f(n) = 16,53 + 0,08n$.

  Si ens centrem en aquest exemple, és evident que ni el domini ni el recorregut d'aquesta funció són tots els nombres reals. El consum n de kWh no pot ser negatiu i l'import $i = f(n)$ de la factura sense IVA no pot ser inferior a 16,53 €. Per tant, les magnituds que relacionen la funció i les condicions que estableix la companyia elèctrica en restringeixen el domini i el recorregut. En el gràfic de la Figura 3.8, una semirecta, pots observar que el domini de la funció el formen tots els nombres reals més grans o iguals que zero, i el recorregut, tots el nombres reals més grans o iguals que 16,53: $D_f = [0, +\infty]$ i $R_f = [16,53, +\infty]$.

En general, quan una funció està determinada per una regla i no s'estableix cap restricció per a la funció, hem d'entendre que el seu domini és el conjunt numèric més ampli en què podem aplicar aquesta regla. Quan la funció és el model que representa algun fenomen, el domini està condicionat pel significat de la variable independent. En aquest cas, hem de pensar en el context en què està definida la funció a l'hora de determinar-ne el domini.

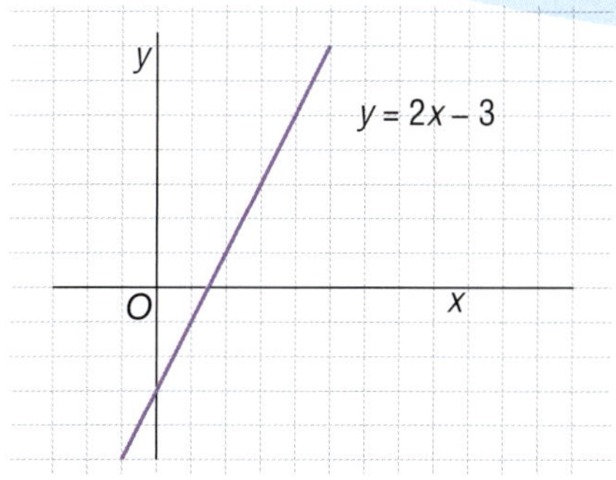

Fig. 3.5

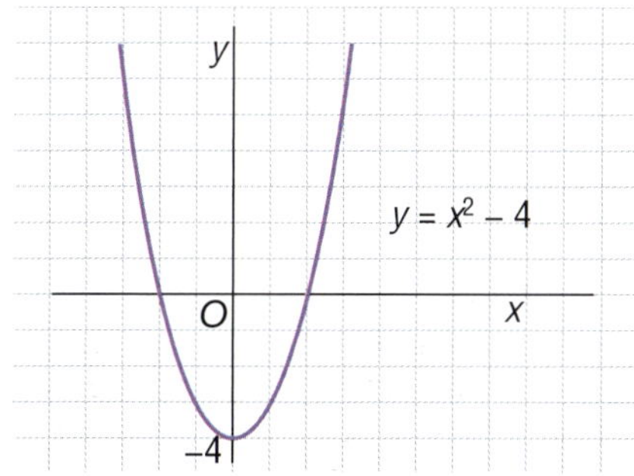

Fig. 3.6

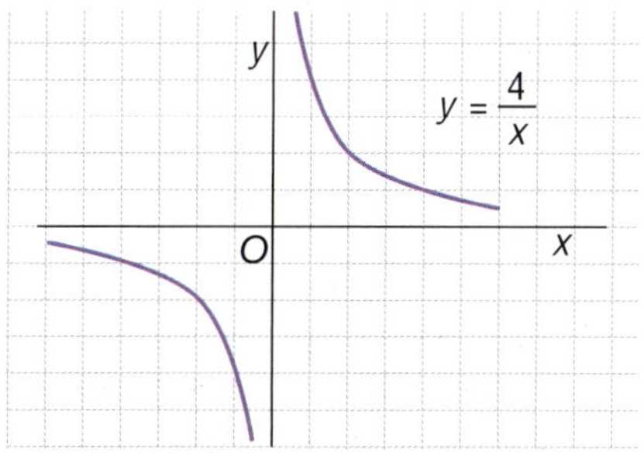

Fig. 3.7

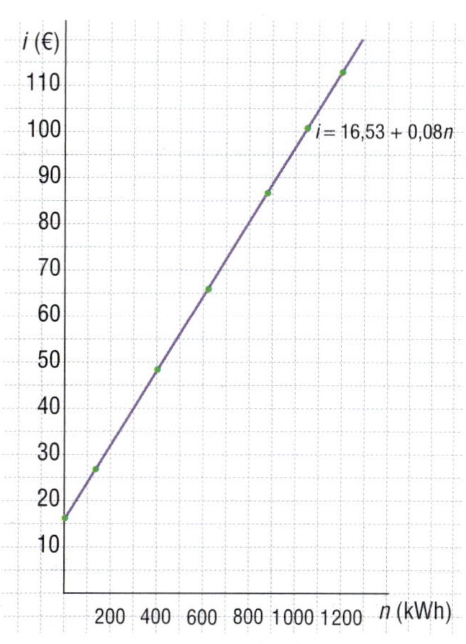

Fig. 3.8

Exemple 1

Quina és l'expressió algèbrica de la funció que estableix l'àrea y d'un rectangle de perímetre 8 cm en funció de la mesura x d'una de les seves dimensions? Determina el domini i el recorregut d'aquesta funció.

Resolució

Si representem amb h la mesura de l'altra dimensió del rectangle, es verifica:

$$2x + 2h = 8 \rightarrow x + h = 4 \rightarrow h = 4 - x$$

On x i h s'expressen en centímetres.

Per tant, l'àrea y en centímetres quadrats del rectangle s'expressa així:

$$y = x\,h = x(4 - x) = 4x - x^2$$

L'expressió algèbrica de la funció que ens demanen és $f(x) = 4x - x^2$. Tenint en compte les restriccions de tipus geomètric implícites en l'enunciat –és impossible que el valor de x iguali o superi els 4 cm–, veurem que la representació gràfica de la funció és la de la Figura 3.9.

Observa que, per a $x = 0$ ($h = 4$) i per a $x = 4$ ($h = 0$), l'àrea del rectangle és zero, perquè en realitat no existiria cap rectangle. A més, la gràfica de la figura permet afirmar que, per a $x = 2$ ($h = 2$), obtindríem el rectangle d'àrea més gran possible, 4 cm^2.

En definitiva, el domini de la funció $f(x) = 4x - x^2$ està format, en aquest cas, per tots els nombres reals que pertanyen a l'interval (0, 4), i el recorregut, pels que pertanyen a l'interval (0, 4].

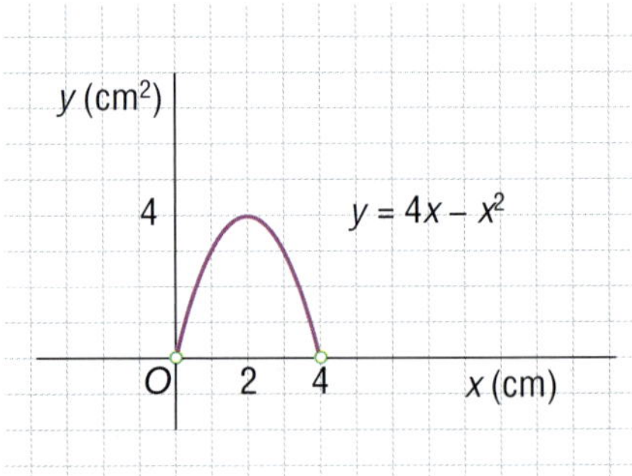

Fig. 3.9

Activitats

6. Determina el domini d'aquestes funcions:

a) $f(x) = 6 - 2x$ *b)* $g(x) = x^2 - 5x + 6$

c) $h(x) = \dfrac{1}{x - 2}$ *d)* $i(x) = \dfrac{-2}{x + 1}$

7. Indica el domini i el recorregut de les funcions que hi ha representades a la Figura 3.10.

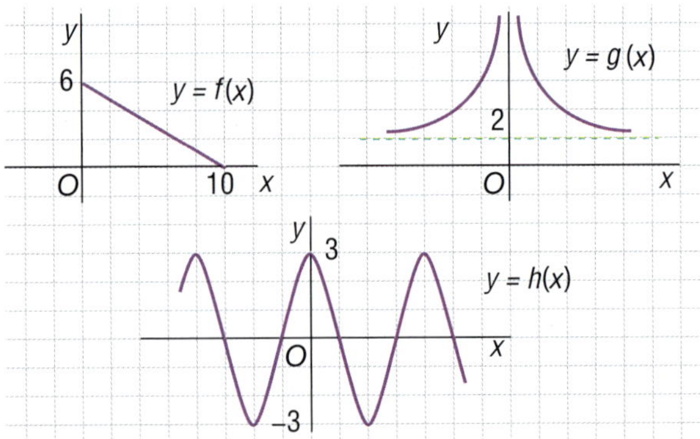

Fig. 3.10

8. Un dipòsit conté 72 L d'aigua i disposa d'un desguàs capaç de buidar-lo a raó de 8 L/min. Esbrina l'expressió algèbrica de la funció que permet calcular la quantitat d'aigua que queda al dipòsit en funció del temps que ha transcorregut des que s'obre el desguàs. Representa-la gràficament i estableix-ne el domini i el recorregut.

9. L'expressió algèbrica d'una funció és:

$$f(x) = \frac{x - 4}{x + a}$$

Esbrina el valor de a sabent que $f(x)$ està definida per a qualsevol nombre real $x \neq 3$.

10. Sabem que el domini d'una funció, que té com a expressió algebraica $f(x) = 10 - 2x$, és $D_f = [0, 5]$.

a) Representa-la gràficament.

b) Indica'n el recorregut.

3. Operacions amb funcions

A partir de dues funcions o més podem obtenir-ne de noves, utilitzant les operacions suma, producte, quocient i composició de funcions. Ara farem l'estudi d'aquestes operacions a partir de l'expressió algèbrica de les diverses funcions amb què operem.

En qualsevol cas, tenint en compte que treballem amb funcions reals de variable real, les operacions amb funcions generalitzen, en certa manera, les operacions amb nombres reals, així com les seves propietats.

3.1 Funció suma

Donades dues funcions f i g, es defineix la funció $f + g$ d'aquesta manera:

$$(f + g)(x) = f(x) + g(x)$$

Aquesta expressió significa que les imatges de la **funció suma** s'obtenen sumant, per a cada valor de x, les imatges corresponents a cadascuna de les dues funcions que se sumen.

Si $f(x) = x$ i $g(x) = \frac{2}{x}$, l'expressió algèbrica de la funció $f + g$ s'obté sumant les expressions algèbriques de les funcions f i g:

$$(f + g)(x) = f(x) + g(x) = x + \frac{2}{x} = \frac{x^2 + 2}{x}$$

L'expressió algèbrica de la funció $f + g$ que hem obtingut permet determinar quin és el seu domini: tots els nombres reals tals que $x \neq 0$. És lògic que sigui així, ja que $x = 0$ tampoc no pertany al domini de la funció g. Naturalment, per tal que existeixi la imatge de la funció $f + g$ prèviament han d'existir les imatges de f i de g.

! Important

Si considerem, per exemple, $x = 2$, tenim que:

$$f(2) = 2,\ g(2) = 1 \text{ i } (f + g)(2) = 3$$

Efectivament, es compleix que:

$$(f + g)(2) = f(2) + g(2)$$

3.2 Funció producte

Donades dues funcions f i g, la funció producte $f \cdot g$ es defineix com:

$$(f \cdot g)(x) = f(x) \cdot g(x)$$

Les imatges de la **funció producte** s'obtenen en multiplicar, per a cada valor de x, les imatges corresponents a cadascuna de les dues funcions que es multipliquen.

Si $f(x) = 3x$ i $g(x) = \frac{2}{x - 3}$, tindrem:

$$(f \cdot g)(x) = f(x) \cdot g(x) = 3x \cdot \frac{2}{x - 3} = \frac{6x}{x - 3}$$

Observa que el domini de la funció $f \cdot g$ està format per tots el nombres reals tals que $x \neq 3$. El valor $x = 3$ anul·la el denominador de l'expressió algèbrica de la funció g i no existeix $g(3)$. Per tant, tampoc no pot existir $(f \cdot g)(3)$.

! Important

Si $f(x) = k \in \mathbb{R}$,

$$(f \cdot g)(x) = f(x) \cdot g(x) = k \cdot g(x)$$

3.3 Funció quocient

Donades les funcions *f* i *g*, es defineix la funció quocient $\frac{f}{g}$ així:

$$\left(\frac{f}{g}\right)(x) = \frac{f(x)}{g(x)},\ g(x) \neq 0$$

Les imatges de la **funció quocient** s'obtenen dividint, per a cada valor de *x*, les imatges corresponents a cadascuna de les dues funcions que es divideixen, sempre que $g(x) \neq 0$.

Si $f(x) = x - 5$ i $g(x) = 2x + 8$, l'expressió algèbrica de la funció $\frac{f}{g}$ és:

$$\left(\frac{f}{g}\right)(x) = \frac{f(x)}{g(x)} = \frac{x-5}{2x+8}$$

El domini d'aquesta nova funció està constituït per tots el nombres reals, excepte $x = -4$. En aquest cas, existeixen $f(-4)$ i $g(-4)$, però no existeix $\left(\frac{f}{g}\right)(-4)$. Això és així perquè $g(-4) = 0$.

3.4 Funció composta

Una operació entre funcions completament diferent de les anteriors és la composició de funcions. Es representa mitjançant el símbol $\circ$.

Donades les funcions *f* i *g*, es defineix la **funció composta $g \circ f$** (es llegeix *f* composta amb *g*) com a: $(g \circ f)(x) = g[f(x)]$

Observa que només cal substituir la variable *x* de la funció *g* per $f(x)$. Anàlogament, es defineix $f \circ g$ (es llegeix *g* composta amb *f*) de la manera següent:

$$(f \circ g)(x) = f[g(x)]$$

En aquest cas se substitueix la variable *x* de la funció *f* per $g(x)$.

La primera funció que s'aplica és la que se situa més a prop de la variable *x*, i també és la primera que es llegeix. Per aquest motiu, la composició de funcions es llegeix a l'inrevés de com s'escriu. Amb el següent esquema gràfic d'ambdues composicions ho entendràs millor:

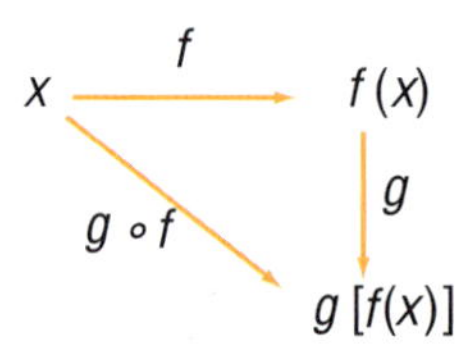

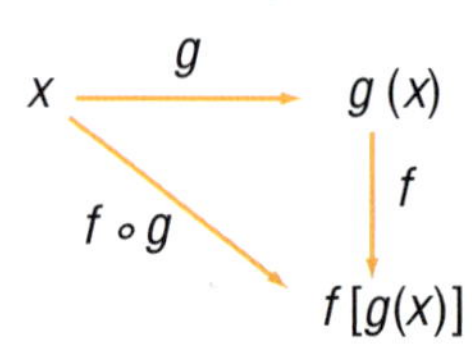

Tot seguit establirem diverses composicions amb les funcions $f(x) = x^2$ i $g(x) = 3x + 2$:

a) $(g \circ f)(x) = g[f(x)] = g(x^2) = 3x^2 + 2$
b) $(f \circ g)(x) = f[g(x)] = f(3x + 2) = (3x + 2)^2 = 9x^2 + 12x + 4$
c) $(f \circ f)(x) = f[f(x)] = f(x^2) = (x^2)^2 = x^4$
d) $(g \circ g)(x) = g[g(x)] = g(3x + 2) = 3(3x + 2) + 2 = 9x + 8$

Observa que totes les funcions anteriors estan definides per a qualsevol nombre real: el seu domini és, per tant, el conjunt dels nombres reals.

! Important

Com pots observar:

$$(g \circ f)(x) \neq (f \circ g)(x)$$

La composició de funcions no verifica la propietat commutativa.

Activitats

11. Sabent que $f(a) = \frac{1}{2}$ i $g(a) = \frac{2}{3}$, esbrina els valors de $(f+g)(a)$, $(f \cdot g)(a)$, $\left(\frac{f}{g}\right)(a)$ i $\left(\frac{g}{f}\right)(a)$.

12. Donades les funcions $f(x) = x^2 - 9$ i $g(x) = x - 5$, determina l'expressió algèbrica de les funcions $(f+g)(x)$, $(f \cdot g)(x)$, $\left(\frac{f}{g}\right)(x)$ i $\left(\frac{g}{f}\right)(x)$. Indica el domini de cadascuna.

13. Donades les funcions $f(x) = 2x - 4$ i $g(x) = x + 2$, per a quin valor de x no existeix la funció $\frac{f}{g}$? I la funció $\frac{g}{f}$? Raona les respostes.

14. L'element simètric de la funció $f(x)$ en el producte de funcions és la funció $\left(\frac{1}{f}\right)(x) = \frac{1}{f(x)}$, $f(x) \neq 0$; es verifica que $f(x) \cdot \left(\frac{1}{f}\right)(x) = 1$. Quina és l'expressió algèbrica i el domini de la funció $\left(\frac{1}{f}\right)(x)$ si $f(x) = x^2 + 4$?

15. La funció f fa correspondre a cada nombre real el seu quadrat, i la funció g fa correspondre a cada nombre real diferent de zero el seu invers. Esbrina $(g \circ f)(3)$ i $(f \circ g)(3)$.

16. Estableix l'expressió algèbrica de les funcions $g \circ f$ i $f \circ g$ si $f(x) = x - 5$ i $g(x) = 2x^2 - 3$.

4. Funció inversa d'una funció

La **funció inversa** d'una funció f és la funció f^{-1} que verifica:

$$(f \circ f^{-1})(x) = (f^{-1} \circ f)(x) = x$$

La funció f^{-1} assigna a cada valor de la variable y un valor de la variable x, de manera que la variable independent de f passa a ser la variable dependent de f^{-1}, i a l'inrevés. Ho representem en un esquema:

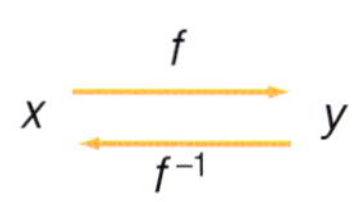

Naturalment, per tal que f^{-1} sigui una funció, cal que cada valor de y tingui una imatge x i només una. Aquesta condició no es verifica sempre, ja que hi ha funcions f que fan correspondre la mateixa imatge y a valors diferents de x. Per tant, no totes les funcions tenen funció inversa.

Per exemple, si considerem la funció $f(x) = x^2$ es verifica:

$$f(x_0) = f(-x_0) = x_0^2 \rightarrow f^{-1}(x_0^2) = x_0 \text{ i } f^{-1}(x_0^2) = -x_0$$

Per tant, f^{-1} no és una funció. No existeix la funció inversa de $f(x) = x^2$. Pots comprovar-ho a les gràfiques de f i f^{-1} de la Figura 3.11.

! Important

Atenció!

$$f^{-1} \neq \frac{1}{f}$$

! Important

Tal com es defineix la funció inversa, observa que, per exemple, si $f(3) = 6$, $f^{-1}(6) = 3$.

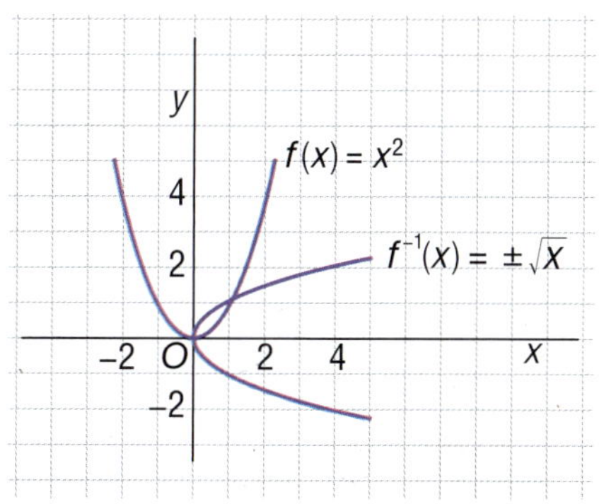

Fig. 3.11

De quina manera es determina, quan existeix, la funció inversa d'una funció? La funció $f(x) = 2x + 4$ té inversa, ja que no és possible esbrinar dos nombres reals x_1 i x_2 diferents tals que $f(x_1) = f(x_2)$. Pots observar-ho a la gràfica de la funció, representada a la Figura 3.12.

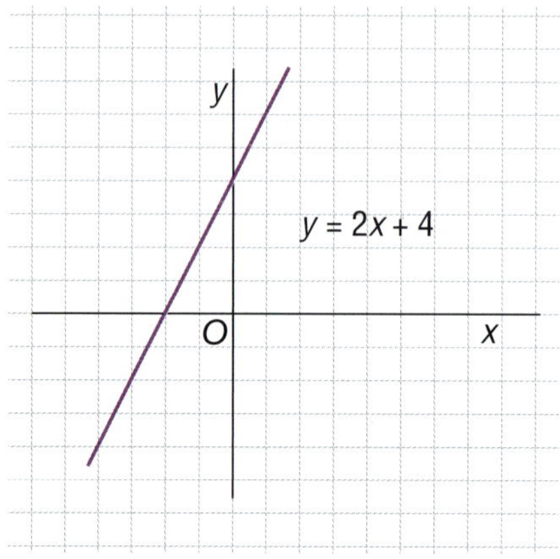

Fig. 3.12

Els passos que hem de seguir per esbrinar la funció inversa d'aquesta funció, i de qualsevol altra, són els següents:

1. Expressar la variable y en funció de la variable x.

$$y = 2x + 4$$

2. Aïllar la variable x de la igualtat anterior a fi i efecte d'esbrinar l'expressió de x en funció de y:

$$2x = y - 4 \rightarrow x = \frac{1}{2}y - 2$$

D'aquesta manera obtenim $x = f^{-1}(y) \rightarrow f^{-1}(y) = \frac{1}{2}y - 2$.

3. Intercanviar el paper de les dues variables, ja que qualsevol funció s'expressa sempre a partir de la variable x:

$$f^{-1}(x) = \frac{1}{2}x - 2$$

La funció inversa de $f(x) = 2x + 4$ és $f^{-1}(x) = \frac{1}{2}x - 2$.

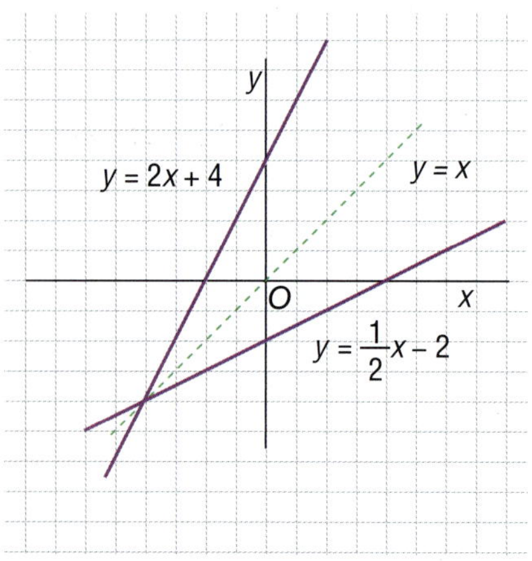

Fig. 3.13

És aconsellable comprovar que la funció f^{-1} obtinguda és, en efecte, la funció inversa de f. Per això, ambdues funcions han de verificar la definició:

$$(f \circ f^{-1})(x) = f[f^{-1}(x)] = f\left(\frac{1}{2}x - 2\right) = 2\left(\frac{1}{2}x - 2\right) + 4 = x - 4 + 4 = x$$

$$(f^{-1} \circ f)(x) = f^{-1}[f(x)] = f^{-1}(2x + 4) = \frac{1}{2}(2x + 4) - 2 = x + 2 - 2 = x$$

Si representem en uns eixos de coordenades les gràfiques de les funcions f i f^{-1} (Fig. 3.13), observem que aquestes gràfiques són simètriques respecte de la bisectriu del primer i del tercer quadrants, la recta d'equació $y = x$. Aquesta propietat geomètrica es compleix sempre per a dues funcions que són inverses l'una de l'altra.

Activitats

17. A partir de la gràfica de la funció $f(x) = x^2 - 6x$ de la Figura 3.14, raona l'existència, o no, de la funció inversa de f.

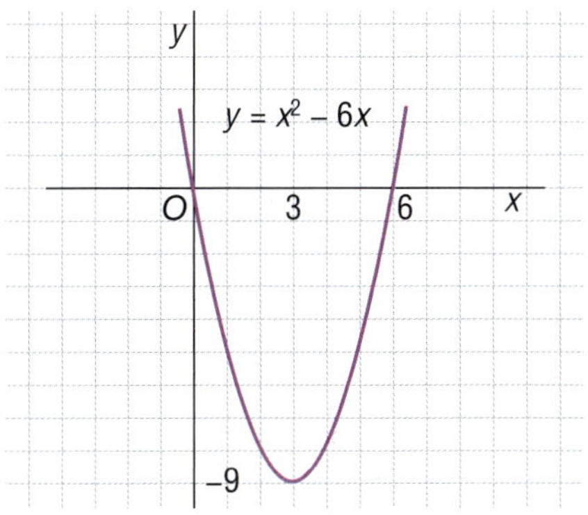

Fig. 3.14

18. Elabora una taula de valors per a la funció $f(x) = x^3$ i fes-ne la representació gràfica. Existeix la funció inversa d'aquesta funció? Si la resposta és afirmativa, esbrina'n l'expressió algèbrica.

19. Té inversa la funció $f(x) = x^4$? Per què?

20. Determina la funció inversa de la funció: $f(x) = 3x + 6$. Representa gràficament les funcions f i f^{-1} i comprova que són simètriques respecte de la recta $y = x$.

21. Comprova que la funció inversa de la funció $f(x) = \frac{1}{x}$ és aquesta mateixa funció.

22. Hem comprovat que la funció $f(x) = x^2$ no té inversa. Malgrat tot, segons el fenomen a què s'apliqui, és possible que la tingui. És el que succeeix, per exemple, en el cas que x representi la longitud del costat d'un quadrat i $f(x)$, la mesura de la seva superfície. Intenta justificar aquesta afirmació.

23. Suposem que establir una trucada telefònica costa 0,8 € i que, a partir d'aquest moment, el preu és de 0,4 € per minut. Escriu l'expressió de la funció que ens proporciona l'import $f(x)$ en euros de la trucada en funció de la durada x en minuts. Quina és l'expressió algèbrica de la funció f^{-1}? Què indica aquesta funció?

5. Característiques generals de la gràfica d'una funció

Ja hem indicat que una funció es pot expressar de moltes maneres. Una és la gràfica, que no exigeix necessàriament conèixer-ne l'expressió algèbrica.

En realitat, la representació gràfica proporciona una informació més ràpida que l'expressió algèbrica, i amb el registre de la gràfica d'una funció en un paper, a la pantalla de l'ordinador o de la calculadora moltes vegades n'hi ha prou per tenir la informació descriptiva del fenomen que s'estudia.

- Per enregistrar la pressió atmosfèrica de l'aire de manera contínua, les estacions meteorològiques utilitzen un instrument anomenat *barògraf*.

  La gràfica de la funció $P = f(t)$ (Fig. 3.15) expressa la dependència entre la pressió atmosfèrica P i el temps t. Per al meteoròleg és més important observar les variacions de la pressió atmosfèrica al llarg d'un dia que conèixer-ne el valor en un instant determinat. Sense cap mena de dubte, aquesta observació és més senzilla a partir de la gràfica que a partir de l'expressió matemàtica de la funció.

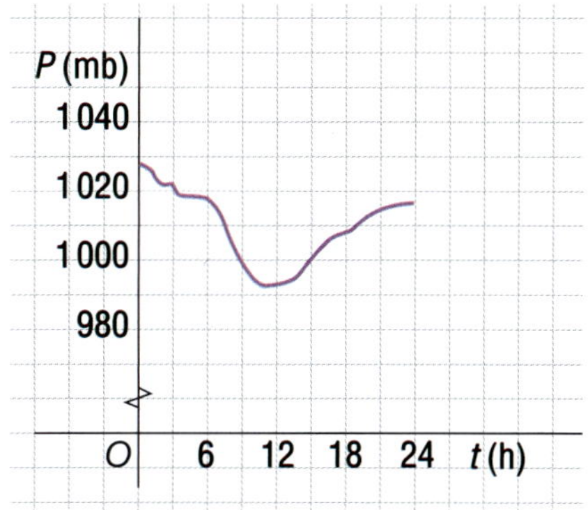

Fig. 3.15

- La gràfica d'un sismògraf (Fig. 3.16) enregistra els moviments de l'escorça terrestre, en quin moment s'han produït i, fins i tot, permet descriure quina ha estat la intensitat del fenomen.

Fig. 3.16

- La gràfica d'un electrocardiograma (Fig. 3.17) mostra al metge les possibles anomalies del cor d'un pacient.

Per tant, és important interpretar correctament la gràfica d'una funció i deduir-ne les propietats que s'hi poden observar.

A continuació estudiarem algunes de les característiques generals més importants de la gràfica d'una funció.

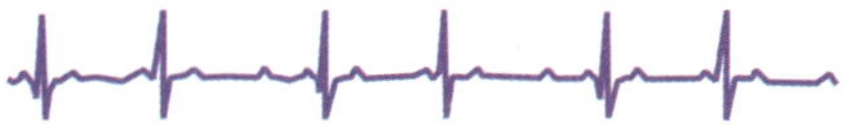

Fig. 3.17

5.1 Continuïtat

> **! Important**
>
> Quan una funció no és contínua en $x = a$, es diu que és **discontínua**.

Tot i que aquest concepte l'estudiarem amb detall el proper curs, des d'un punt de vista intuïtiu podem afirmar que una funció és **contínua** si la seva gràfica es pot dibuixar amb un sol traç, és a dir, sense aixecar el llapis del paper.

A la Figura 3.18 hem dibuixat la gràfica de tres funcions. La funció f és contínua en tot $\mathbb{R}$; la funció g és contínua en tot $\mathbb{R}$, excepte en $x = 0$, on no està definida, i la funció h, malgrat que està definida per a qualsevol valor real, no és contínua en $x = -1$ ni en $x = 2$.

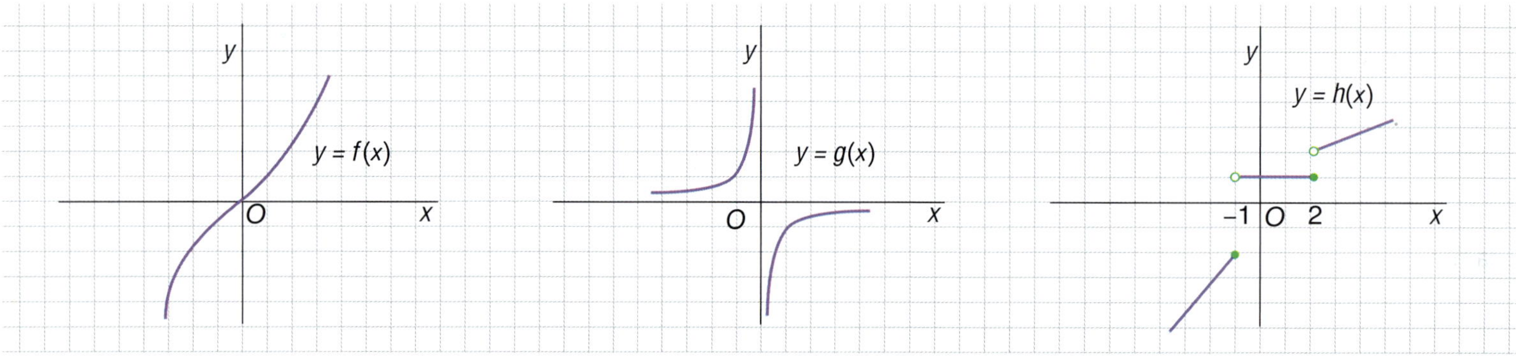

Fig. 3.18

5.2 Punts d'intersecció amb els eixos

> **! Important**
>
> La gràfica d'una funció pot tallar l'eix de les abscisses en més d'un punt, en un punt o en cap. En canvi, l'eix de les ordenades només pot tallar-lo, com a màxim, en un punt.

Com el seu nom indica, són els punts en què la gràfica de la funció talla els eixos de coordenades.

La gràfica de la funció f de la Figura 3.19 talla l'eix OX en els punts (2, 0) i (4, 0) i l'eix OY, en el punt (0, 8). La gràfica de la funció g de la mateixa figura no té cap punt d'intersecció amb els eixos de coordenades.

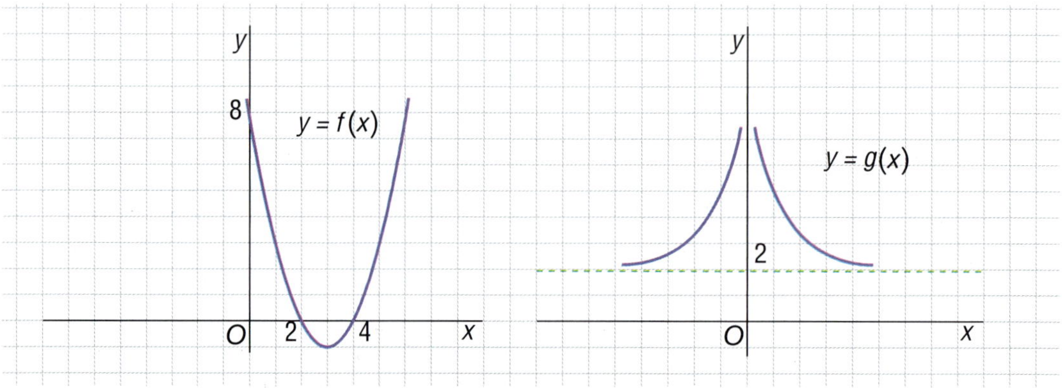

Fig. 3.19

Si es coneix l'expressió algèbrica $y = f(x)$ de la funció, és molt senzill determinar-ne els punts d'intersecció amb els eixos.

- **Eix d'abscisses:** els valors de x s'esbrinen fent $y = 0$ en l'expressió $y = f(x)$, és a dir, resolent l'equació $f(x) = 0$. Si aquesta equació no té solució, la gràfica de la funció f no talla l'eix OX.
- **Eix d'ordenades:** el valor de y es determina calculant $f(0)$. Si $x = 0$ no pertany al domini de la funció f, la seva gràfica no talla l'eix OY.

Determinem ara els punts d'intersecció de la gràfica de la funció $f(x) = -x^2 + 4$ amb els eixos.

- Eix OX: $y = 0 \rightarrow f(x) = 0 \rightarrow -x^2 + 4 = 0 \rightarrow x_1 = -2, x_2 = 2 \rightarrow (-2, 0)$ i $(2, 0)$
- Eix OY: $x = 0 \rightarrow f(0) = 4 \rightarrow (0, 4)$

Pots comprovar-ho observant la gràfica d'aquesta funció, representada a la Figura 3.20.

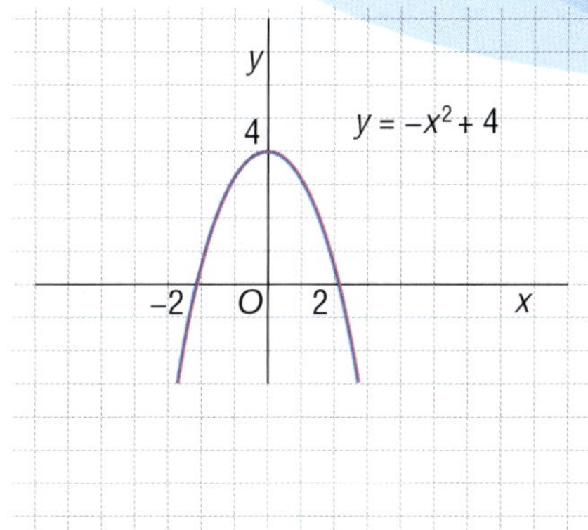

Fig. 3.20

5.3 Signe

En els intervals en què una funció és positiva, és a dir $f(x) > 0$, la seva gràfica està per sobre de l'eix OX. On és negativa, $f(x) < 0$, la gràfica se situa per sota de l'eix OX.

La funció f representada a la gràfica de la Figura 3.21 és positiva per a $x < x_1$ i $x > x_2$. És negativa per a $x_1 < x < x_2$.

Observa que $f(x_1) = f(x_2) = 0$. Si f és contínua, com en aquest cas, els valors de x tals que $f(x) = 0$ delimiten els intervals en què la funció canvia de signe.

Una funció no contínua pot canviar de signe en els punts de discontinuïtat. Per exemple, la gràfica de la funció $f(x) = \dfrac{4}{x+2}$ (Fig. 3.22) canvia de signe en $x = -2$.

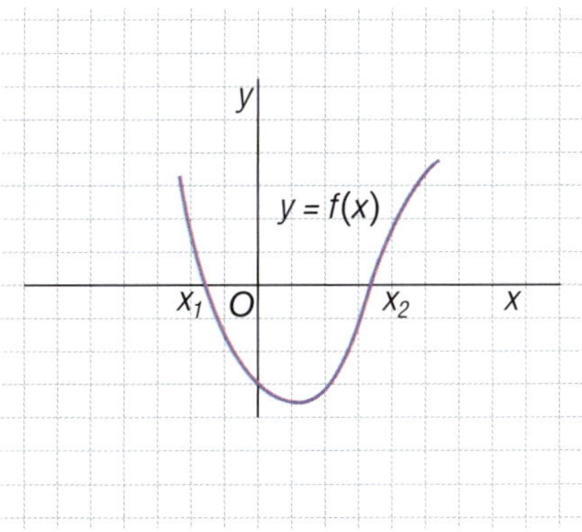

Fig. 3.21

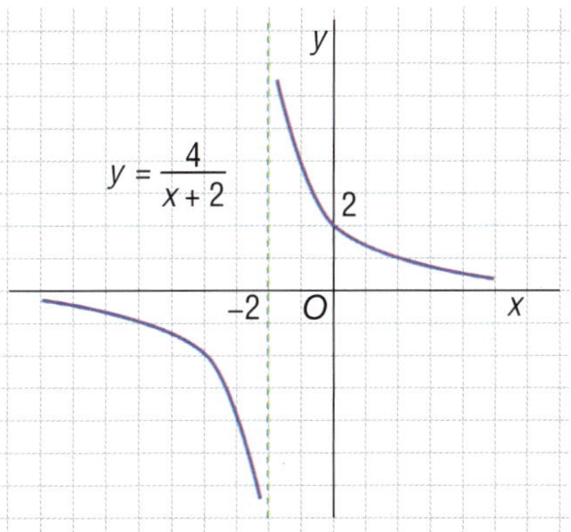

Fig. 3.22

5.4 Creixement i decreixement. Màxims i mínims

Una funció $y = f(x)$ és **creixent** en un interval si per a qualsevol parell de nombres reals x_1 i x_2 que pertanyen a aquest interval, tals que $x_1 < x_2$, es verifica que $f(x_1) < f(x_2)$. En cas que es compleixi $f(x_1) > f(x_2)$, la funció és **decreixent** en l'interval considerat.

En els intervals en què la funció és creixent, les variables x i y tenen el mateix tipus de variació: un augment de x comporta un augment de y i, a l'inrevés, una disminució de x provoca una disminució de y. En els intervals en què una funció és decreixent succeeix el contrari: quan augmenta x disminueix y, i quan disminueix x augmenta y.

A la Figura 3.23 hem representat la gràfica d'una funció f. Observa que els **intervals de creixement i decreixement** d'aquesta funció són:

$(-\infty, x_1) \rightarrow$ funció decreixent $\quad (x_1, x_2) \rightarrow$ funció creixent $\quad (x_2, +\infty) \rightarrow$ funció decreixent

En $x = x_1$ acaba un interval de decreixement i en comença un altre de creixement. En altres paraules, la gràfica passa de ser decreixent a ser creixent de manera contínua. En el punt $(x_1, f(x_1))$ la funció presenta un **mínim relatiu.**

> **! Important**
>
> Les funcions contínues que són sempre creixents o sempre decreixents no tenen ni màxims ni mínims.

En $x = x_2$ la gràfica de la funció passa de creixent a decreixent de manera contínua. La funció presenta un **màxim relatiu** en el punt $(x_2, f(x_2))$.

La funció g de la Figura 3.24 presenta un màxim en el punt $(x_1, g(x_1))$ i un mínim en $(x_2, g(x_2))$. En aquest cas parlem de **màxims i mínims absoluts,** perquè $g(x_1) > g(x)$ i $g(x_2) < g(x)$ per a tot valor de x que pertany al domini de g.

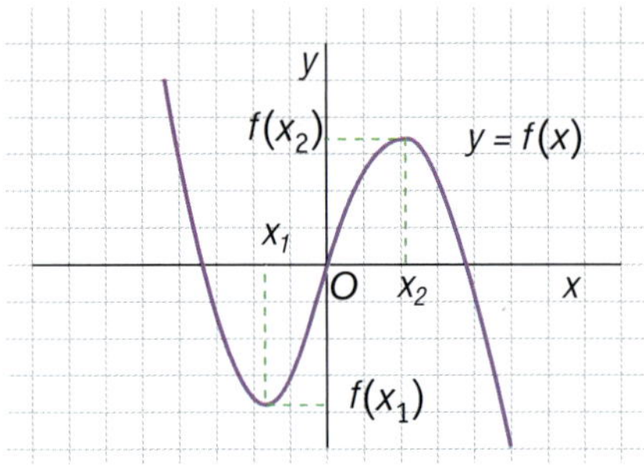

Fig. 3.23

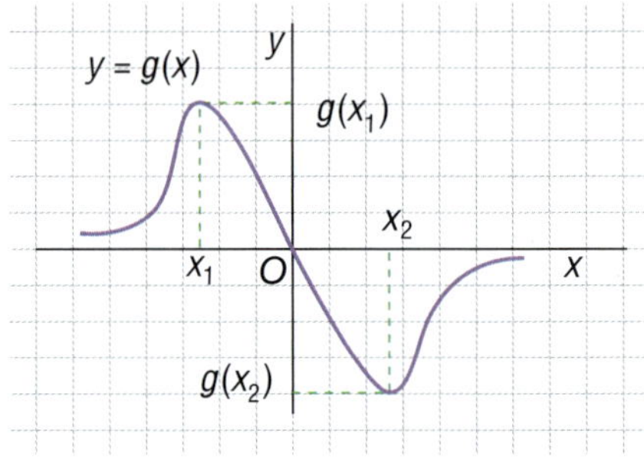

Fig. 3.24

5.5 Periodicitat

Observa amb atenció la gràfica de la funció f de la Figura 3.25. Té la particularitat que els valors que pren la funció es van repetint per a intervals de la mateixa amplitud T de la variable independent x, on $T = x_1 - 0 = x_2 - x_1 = x_3 - x_2 \ldots$

Les funcions que presenten aquest tipus de comportament reben el nom de funcions **periòdiques** i el nombre real T es coneix com a **període** de la funció.

Per tant, perquè una funció $y = f(x)$ sigui periòdica, ha d'existir un nombre real $T \neq 0$ tal que $f(x + T) = f(x)$ per a qualsevol x que pertanyi al domini de la funció f (Fig. 3.26).

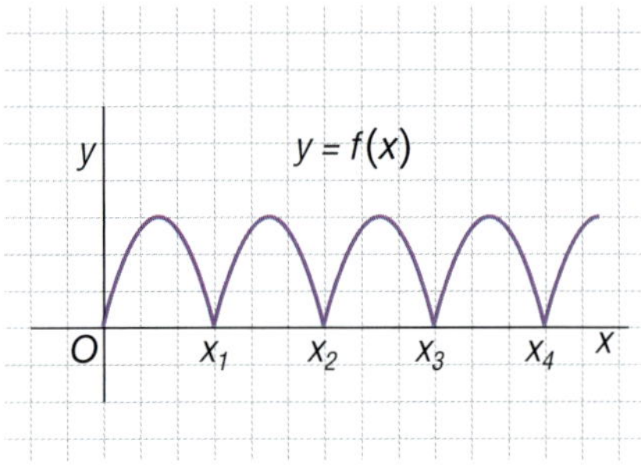

Fig. 3.25

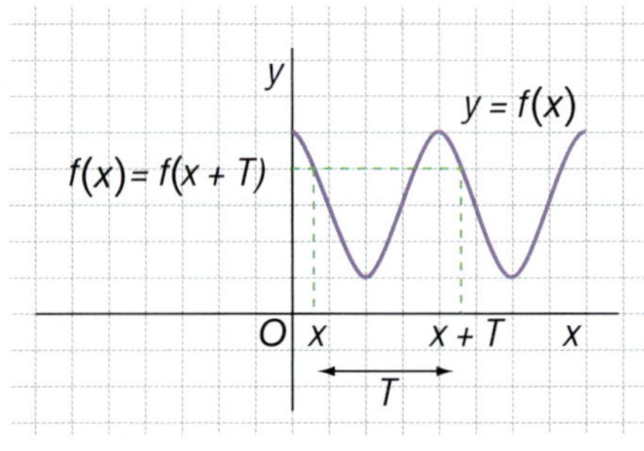

Fig. 3.26

> **! Important**
>
> Entre els fenòmens essencialment periòdics podem esmentar: el moviment del pèndol d'un rellotge de paret; les ones sísmiques, les de so, les lluminoses...; el corrent altern; els batecs del cor; la vibració d'una corda de guitarra, de violí o de piano quan la polsem; el moviment d'una roda que gira a velocitat constant, etc.

La periodicitat és una propietat molt especial i hi ha molt poques funcions que la tinguin. No obstant això, hi ha una gran diversitat de fenòmens de la natura que tenen un comportament periòdic. Per exemple, la gràfica de l'electrocardiograma de la Figura 3.27 mostra el funcionament periòdic del cor. Precisament, la ruptura d'aquesta periodicitat posa de manifest algun tipus d'anomalia en la freqüència de batec d'aquest múscul.

Fig. 3.27

Activitats

24. Dibuixa de manera aproximada la gràfica d'una funció f que compleixi les condicions següents:

- Que el domini i el recorregut siguin tots els nombres reals.
- Que presenti un màxim relatiu en el punt (–2, 4) i un mínim relatiu en el punt (3, –5).

a) En quants punts talla la gràfica de la funció l'eix d'abscisses?

b) I el d'ordenades?

c) Indica els intervals de creixement i decreixement de la funció.

25. Assenyala els punts de discontinuïtat de les funcions representades a la Figura 3.28.

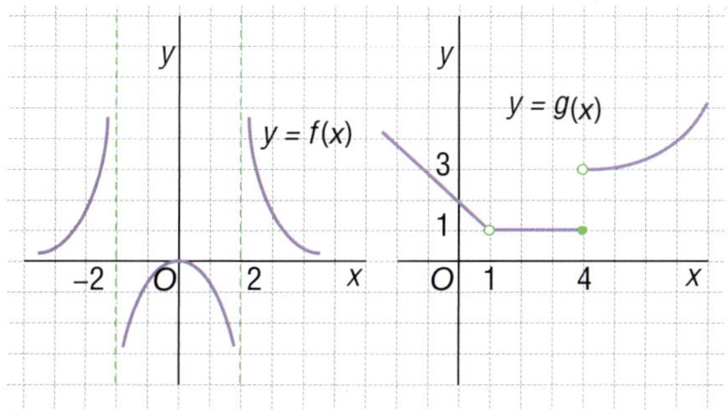

Fig. 3.28

26. Donades les funcions $f(x) = 5x - 10$ i $g(x) = x^2 + 4x + 5$, esbrina els punts d'intersecció de cadascuna amb els eixos de coordenades.

27. La Figura 3.29 representa la gràfica d'una funció $y = f(x)$ a l'interval (0, 3]. Dibuixa la gràfica aproximada d'aquesta funció a l'interval (–3, 3] sabent que és periòdica de període 3.

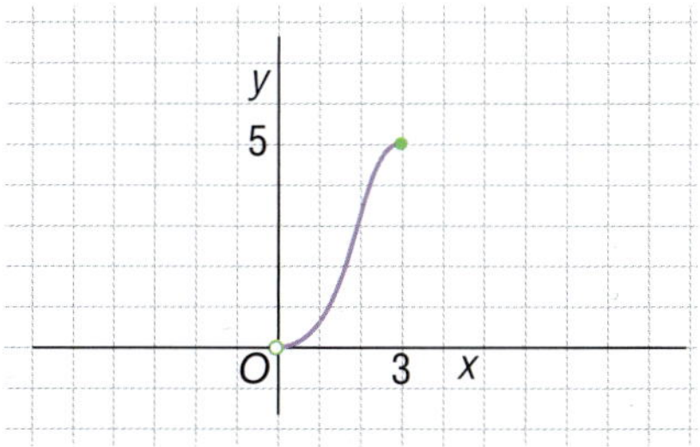

Fig. 3.29

28. A la Figura 3.30 hem representat la gràfica de la funció que ens proporciona l'altura y a què arriba una pilota llançada des de terra verticalment cap amunt al buit amb una certa velocitat inicial. Naturalment, aquesta altura és funció del temps t transcorregut des de l'instant del llançament, $y = f(t)$.

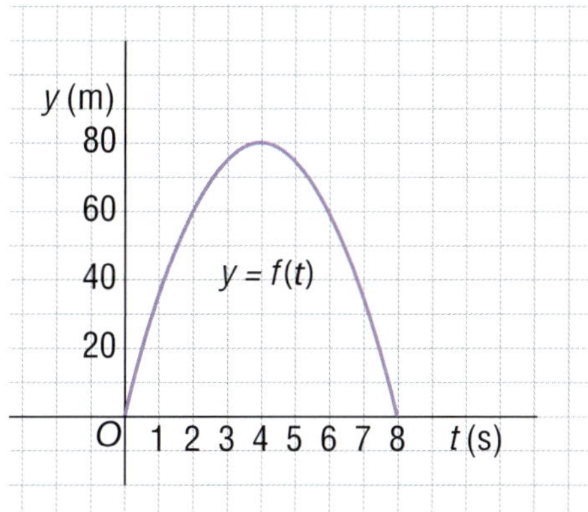

Fig. 3.30

a) Indica el domini i el recorregut d'aquesta funció.

b) Quina és l'altura màxima a què arriba la pilota? Quanta estona triga a assolir-la?

c) Al cap de 4,5 s d'haver sigut llançada, segueix una trajectòria ascendent o descendent?

d) Quant triga a tornar al punt de partida?

29. Imagina que la pilota de l'activitat anterior no perd energia al moment de l'impacte amb el terra i surt rebotada amb la mateixa velocitat amb què s'ha llançat inicialment.

Suposant que aquesta situació es repeteixi cada vegada que la pilota rebota:

a) Dibuixa la gràfica de la funció $y = f(t)$ que correspon a l'instant en què la pilota topa amb el terra per tercera vegada.

b) És una funció periòdica?

c) Si la resposta anterior és afirmativa, quin és el valor del període?

6. Funcions lineals

> **! Important**
>
> Les funcions $f(x) = mx$ serveixen com a model per representar la relació que hi ha entre dues magnituds directament proporcionals.
>
> $m = \frac{f(x)}{x}$ és la constant de proporcionalitat.

> **! Important**
>
> El domini de totes les funcions lineals és el conjut dels nombres reals. Per a qualsevol $x \in \mathbb{R}$, sempre existeix $f(x)$.

> **Recorda**
>
> Recorda que una recta està determinada si se'n coneixen dos punts.

Una part important de les funcions que es presenten a la pràctica poden expressar-se mitjançant una fórmula algèbrica. Sense cap mena de dubte, és la millor manera de determinar una funció, ja que així se'n poden estudiar les propietats amb mètodes matemàtics rigorosos i exactes.

L'estudi i la representació gràfica de funcions s'explicaran detalladament el proper curs. En aquesta unitat, recordarem les característiques fonamentals d'algunes funcions que segurament ja coneixes d'altres cursos i que, malgrat que són senzilles d'estudiar, poden utilitzar-se com a model de molts fenòmens reals. Començarem per les funcions lineals.

Estrictament parlant, una funció afí presenta la forma $f(x) = mx + n$. Si $n = 0$, es transforma en $f(x) = mx$ i aleshores s'anomena funció lineal.

En general, s'acostumen a anomenar **funcions lineals** les funcions l'expressió algèbrica de les quals té la forma $f(x) = mx + n$, en què m i n són nombres reals.

La representació gràfica de qualsevol funció lineal és una recta; m és el **pendent** de la recta i el seu valor en determina la inclinació respecte de l'eix de les abscisses; n és l'**ordenada a l'origen**, valor que pren la funció per a $x = 0$, $f(0) = n$.

A la Figura 3.31 hem representat diverses funcions lineals:

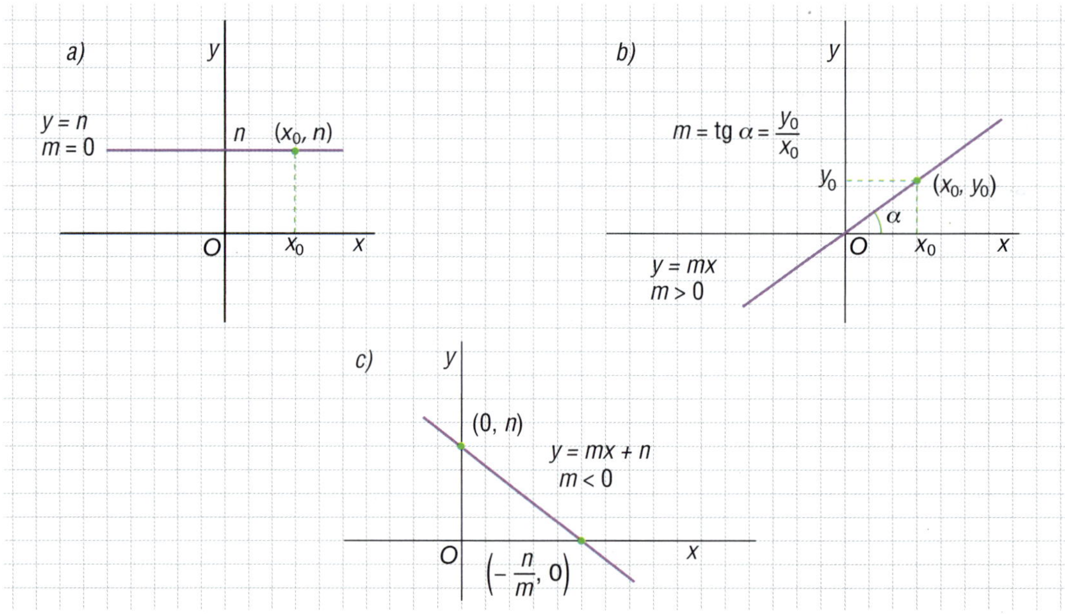

Fig. 3.31

a) Si $m = 0$, la funció es redueix a $f(x) = n$. És una **funció constant**, ja que el valor $f(x)$ és el mateix per a qualsevol valor de x. La seva gràfica és una recta paral·lela a l'eix de les abscisses.

b) Si $n = 0$, s'obté $f(x) = mx$. La seva gràfica és una recta que passa per l'origen. Es tracta d'una funció creixent per a $m > 0$ i decreixent per a $m < 0$.

c) Si $m \neq 0$ i $n \neq 0$, la gràfica és una recta que no passa per l'origen, talla l'eix de les ordenades en el punt $(0, n)$. Com en el cas que hem vist abans, la funció és creixent per a $m > 0$ i decreixent per a $m < 0$.

Per representar gràficament una funció lineal, n'hi ha prou a determinar-ne dos punts qualssevol. Com que el punt $(0, n)$ sempre pertany a la gràfica de la funció, només cal que esbrinem $f(x_0)$ per a qualsevol $x_0 \neq 0$.

A la Figura 3.32 hem representat gràficament la funció $f(x) = -2x + 3$. És una recta que passa pels punts (0, 3) i (3, −3), perquè $f(0) = 3$ i $f(3) = -2 \cdot 3 + 3 = -3$.

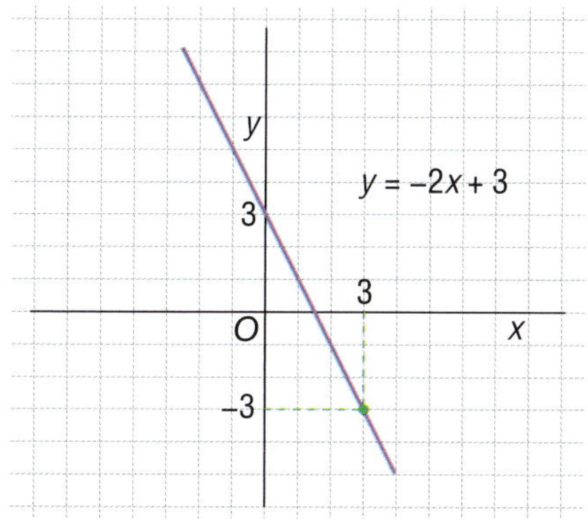

Fig. 3.32

Una funció $f(x) = mx + n$ també es pot escriure en la forma $y = mx + n$. Observa que es pot considerar com una equació de primer grau amb dues incògnites, x i y. La representació gràfica de totes les solucions d'aquesta equació en un sistema de coordenades cartesianes és una recta que coincideix amb la gràfica de la funció. Per aquest motiu també es diu que $y = mx + n$ és l'**equació d'una recta.**

- Quina és l'expressió algèbrica de la funció lineal la gràfica de la qual passa pels punts (−2, 1) i (3, 6)?

Aquesta qüestió també pot plantejar-se d'una altra manera: quina és l'equació de la recta que passa pels punts (−2, 1) i (3, 6)?

En l'expressió d'una funció lineal hi ha dos paràmetres, m i n. Així doncs, són necessàries dues condicions per determinar-la. A la pràctica n'hi ha prou de conèixer, com en el nostre cas, dos punts qualssevol de la recta.

Ho resoldrem utilitzant dos procediments diferents:

a) Els punts (−2, 1) i (3, 6) pertanyen a la gràfica de la funció. Per tant, les seves coordenades han de verificar l'expressió $y = mx + n$. Es compleixen simultàniament aquestes equacions:

$$\left.\begin{aligned} 1 &= -2m + n \\ 6 &= 3m + n \end{aligned}\right\}$$

La solució del sistema és $m = 1$, $n = 3$.

L'expressió algèbrica de la funció lineal que ens demanen és $f(x) = x + 3$. També podem dir que l'equació de la recta que passa per aquests dos punts és $y = x + 3$.

b) L'equació de la recta que passa pels punts (x_1, y_1) i (x_2, y_2) és $y - y_1 = m\,(x - x_1)$, on $m = \dfrac{y_2 - y_1}{x_2 - x_1}$ és el pendent.

En el nostre cas, $m = \dfrac{6 - 1}{3 - (-2)} = 1$, per tant:

$$y - 1 = x - (-2) \rightarrow y - 1 = x + 2 \rightarrow y = x + 3$$

Com pots observar, ambdós procediments ens condueixen al mateix resultat.

Recorda

Per resoldre un sistema de dues equacions amb dues incògnites, pots utilitzar qualsevol dels tres mètodes: reducció, substitució i igualació.

A la Figura 3.33 hem representat gràficament la recta corresponent a la funció lineal $f(x) = x + 3$.

Per saber si existeix algun valor de x per al qual dues funcions lineals prenen el mateix valor, només cal que ens plantegem la resolució del sistema de dues equacions amb dues incògnites que s'obté a partir de les expressions algèbriques respectives d'aquestes funcions. Es tracta, en definitiva, de determinar, en cas que existeixi, el punt d'intersecció de les rectes que les representen.

Les gràfiques de les funcions lineals $f(x) = x - 3$ i $g(x) = 2x - 2$ es tallen en el punt $(-1, -4)$ (Fig. 3. 34). Aquesta és la solució del sistema:

$$\left.\begin{aligned} y &= x - 3 \\ y &= 2x - 2 \end{aligned}\right\} \rightarrow x = -1,\ y = -4$$

> **! Important**
>
> Les rectes d'equacions
>
> $y = mx + n$ i $y = m'x + n'$
>
> no es tallen si són paral·leles. Això succeeix quan tenen el mateix pendent, $m = m'$.

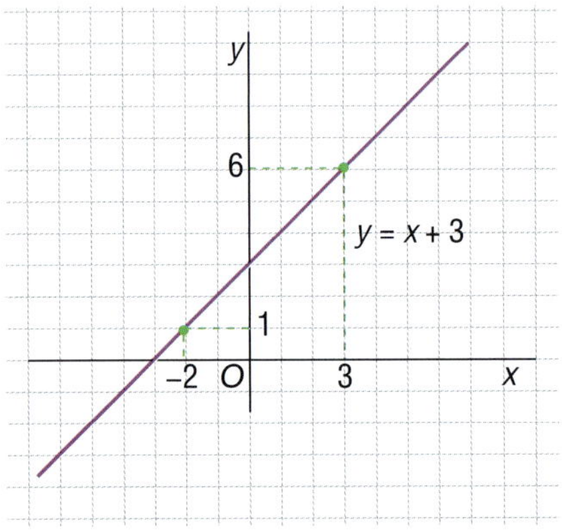

Fig. 3.33

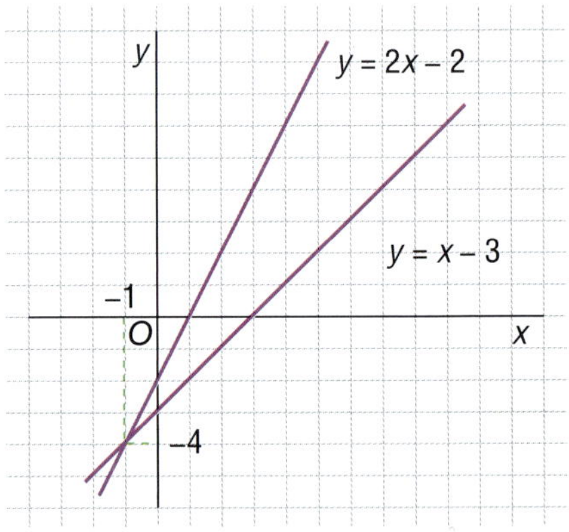

Fig. 3.34

Activitats

30. Representa gràficament les funcions següents:

a) $f(x) = -x + 5$

b) $g(x) = 4x - 2$

c) $h(x) = 3$

d) $i(x) = x$

31. Determina l'equació de la recta que passa pels punts $A(-4, 3)$ i $B(5, 2)$.

32. Les rectes que representen les funcions lineals $f(x) = -2x + 5$ i $g(x) = mx + n$ són paral·leles. Esbrina el valor de m i n. Hi ha més d'una solució?

33. Quin és el recorregut d'una funció lineal? No oblidis que és possible que m sigui zero.

34. Esbrina el punt d'intersecció de les rectes $y = -x + 3$ i $y = 2x - 6$. Comprova gràficament el resultat que obtinguis.

35. Una empresa de lloguer de cotxes ofereix dues opcions si contractem un model determinat:

Contracte *A:* 48,08 € per dia i quilometratge il·limitat.

Contracte *B:* 12,02 € per dia i 0,09 € per quilòmetre.

Un turista vol fer un viatge de cinc dies, però no sap quants quilòmetres ha de recórrer.

a) Determina quin dels dos contractes li resulta més avantatjós en funció dels quilòmetres recorreguts. Indica els intervals en què es produeix cada situació.

b) Calcula per a quin quilometratge els dos contractes són igual d'econòmics.

c) Elabora una representació gràfica i comprova geomètricament els resultats obtinguts. Digues en quin punt es tallen les gràfiques de les dues funcions.

7. Interpolació lineal

- La pressió atmosfèrica varia amb l'altitud respecte del nivell del mar. Concretament, a mesura que l'altitud augmenta, la pressió atmosfèrica disminueix.

  La Taula 3.2 ens indica els valors de la pressió atmosfèrica a nivell del mar i a una altitud de 3 000 metres.

  Quin valor podem estimar per a la pressió atmosfèrica en un punt situat a 1 000 metres d'altitud?

h (m)	0	3 000
P (mmHg)	760	523

Taula 3.2

Si representem gràficament els valors de la Taula 3.2, obtenim dos punts (Fig. 3.35). Ens diuen que la pressió atmosfèrica disminueix amb l'altitud, però no ens expliquen com es produeix aquesta disminució, és a dir, no podem dibuixar la gràfica de la funció $P = f(h)$ que correspon a l'interval [0, 3 000] perquè no sabem de quina funció es tracta.

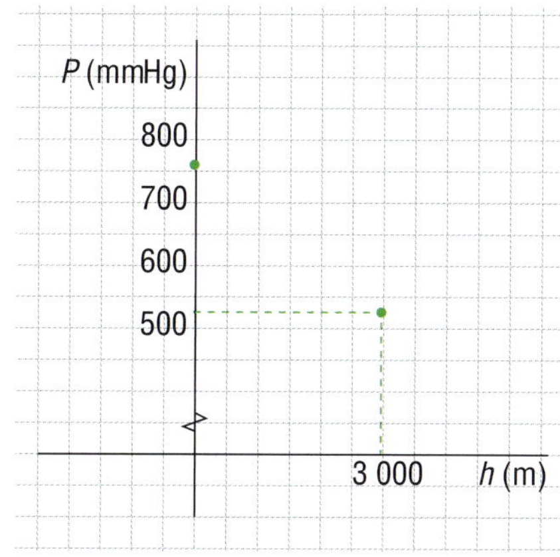

Fig. 3.35

Per resoldre situacions d'aquesta mena s'utilitza un procediment conegut amb el nom d'**interpolació lineal.** Si suposem que la pressió disminueix linealment amb l'altitud, la funció $P = f(h)$ ha de ser lineal i la seva expressió algèbrica ha de ser del tipus $f(h) = mh + n$ o, això és, $P = mh + n$.

Així, estem en condicions d'esbrinar l'expressió algèbrica d'aquesta funció, ja que coneixem les coordenades de dos dels seus punts: (0, 760) i (3 000, 523).

Per esbrinar m i n, resolem el sistema:

$$\left.\begin{aligned} 760 &= m \cdot 0 + n \\ 523 &= m \cdot 3\,000 + n \end{aligned}\right\}$$

La solució és $m = -\dfrac{79}{1\,000}$ i $n = 760$.

Per tant, l'equació de la funció que hem considerat és:

$$f(h) = -\frac{79}{1\,000}h + 760$$

Si la disminució de la pressió atmosfèrica amb l'altitud fos lineal, el valor d'aquesta pressió a 1 000 m seria de:

$$f(1\,000) = -\frac{79}{1\,000} \cdot 1\,000 + 760 = 681 \rightarrow P = 681 \text{ mmHg}$$

El més probable és que aquesta disminució no sigui lineal i, per tant, que el valor que hem esbrinat no sigui l'exacte. Per aquest motiu, el problema ens demana una **estimació** del valor de la pressió atmosfèrica a 1 000 m d'altitud.

Si observem la Figura 3.36, podem fer-nos una idea gràfica de l'error que cometem quan unim els dos punts mitjançant un traç rectilini, en lloc de fer-ho amb un traç curvilini. Observa que, en aquest cas, l'error que cometem és per excés.

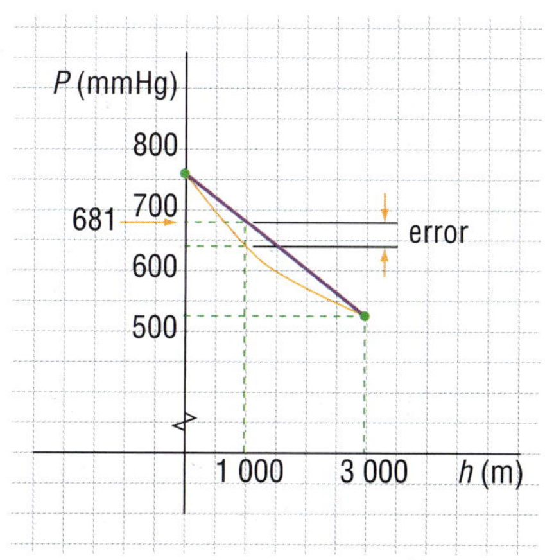

Fig. 3.36

En general, si a partir d'una taula o una gràfica ens donen dos parells de valors, (x_1, y_1) i (x_2, y_2), corresponents a dues magnituds x i y que depenen l'una de l'altra, podem estimar mitjançant la interpolació lineal el valor y_0 corresponent a un valor $x_0 \in (x_1, x_2)$. N'hi ha prou a determinar l'expressió algèbrica de la funció lineal $f(x) = mx + n$ la gràfica de la qual passa pels punts de coordenades (x_1, y_1) i (x_2, y_2) i esbrinar $f(x_0)$.

Exemple 2

En una habitació en què hi ha una temperatura de 20 °C hem retirat del foc mig litre d'aigua bullent. Mesurem la temperatura de l'aigua al cap de 10, 30 i 50 minuts, i obtenim les dades de la Taula 3.3.

Temps (min)	10	30	50
Temperatura (°C)	85	50	36

Taula 3.3

a) Estima, per interpolació lineal, la temperatura de l'aigua al cap de 25 i 35 minuts d'haver-la retirat del foc.

b) Amb les dades que tenim, podem plantejar-nos una estimació de la temperatura de l'aigua quan hagin transcorregut 80 minuts?

Resolució

a) Observa que es verifica $10 < 25 < 30$. Per tant, la funció que ens determina la variació lineal de la temperatura T de l'aigua en funció del temps t transcorregut hem d'esbrinar-la per a l'interval [10, 30], és a dir, a partir dels parells de valors (10, 85) i (30, 50).

Si la representem com a $f(t) = mt + n$, es verifiquen alhora aquestes igualtats:

$$\left.\begin{aligned} 85 &= 10m + n \\ 50 &= 30m + n \end{aligned}\right\}$$

La solució d'aquest sistema és $m = -\frac{7}{4}$ i $n = \frac{205}{2}$.

La funció lineal d'interpolació és $f(t) = -\frac{7}{4}t + \frac{205}{2}$.

Per tant:

$$f(25) = -\frac{7}{4} \cdot 25 + \frac{205}{2} = 58{,}75 \rightarrow T = 58{,}75\ °\text{C}$$

Podem estimar que, al cap de de 25 minuts, la temperatura de l'aigua s'apropa a 59 °C.

Repetim el procés per a $t = 35$ min. En aquest cas, $30 < 35 < 50$, de manera que hem d'esbrinar la funció lineal d'interpolació, que representem ara per $g(t) = m't + n'$, a partir dels parells de valors (30, 50) i (50, 36).

Si procedim com en el cas anterior, obtenim:

$$g(t) = -\frac{7}{10}t + 71 \rightarrow g(35) = 46{,}5 \rightarrow T = 46{,}5\ °\text{C}$$

Al cap de 35 minuts, la temperatura de l'aigua és aproximadament de 46 °C.

b) Com que el 80 no està inclòs en l'interval de temps [10, 50], hem d'estimar la temperatura de l'aigua al cap de 80 minuts per **extrapolació.**

Hem de suposar que a partir dels 50 minuts la temperatura segueix disminuint linealment amb el temps, de la mateixa manera que ho fa entre els 30 i els 50 minuts.

Amb aquestes consideracions, obtenim $g(80) = 15 \longrightarrow T = 15\,°C$.

Evidentment, l'estimació obtinguda no és possible. Si tenim en compte que la temperatura de l'habitació és de 20 °C, la temperatura de l'aigua ha de tendir a estabilitzar-se al voltant de 20 °C, sense arribar a temperatures més baixes.

Segurament, si l'extrapolació la duem a terme, per exemple, per a un temps de 55 minuts, no gaire allunyat de 50, obtindrem una temperatura molt més propera a la real. Així, $g(55) = 32{,}5 \longrightarrow T = 32{,}5\ ^\circ C$.

A la Figura 3.37 hem traçat una representació gràfica aproximada de la situació que planteja aquest exemple.

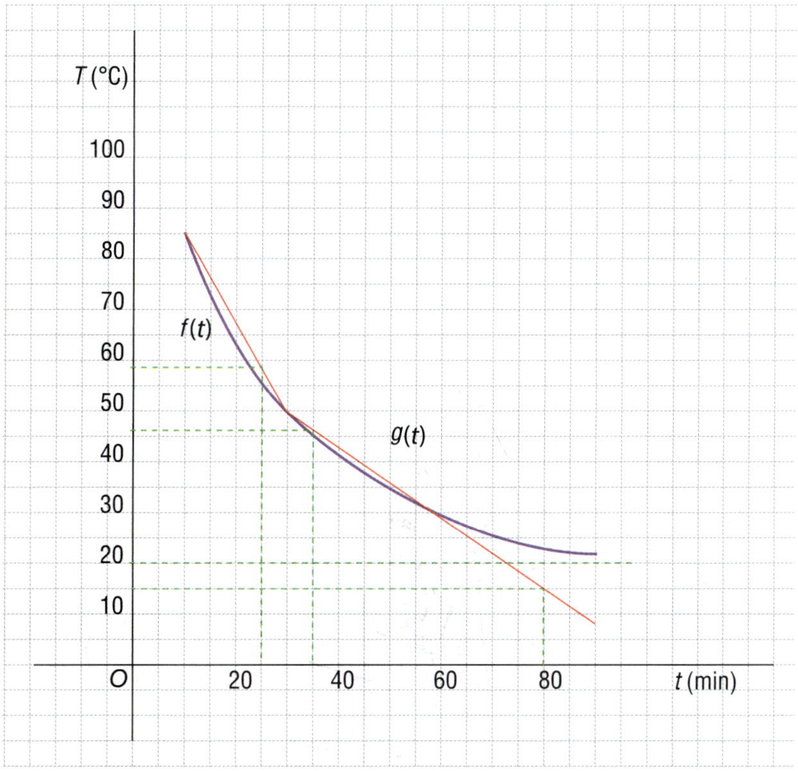

Fig. 3.37

És important analitzar la validesa dels resultats obtinguts a partir d'interpolacions o extrapolacions i tenir sempre en compte totes les condicions en què es produeix el fenomen que s'estudia. Per regla general, les estimacions per extrapolació són menys fiables que les que s'obtenen per interpolació.

La interpolació lineal també s'utilitza en funcions amb expressions algèbriques complexes. Com a conseqüència de la dificultat dels càlculs que se'n deriven, els seus valors es recullen en taules. Els valors intermedis que no es recullen a les taules s'estimen per interpolació lineal.

Activitats

36. Determina l'expressió algèbrica de la funció d'interpolació lineal $y = f(x)$ corresponent als parells de valors (3, 5) i (1, 2). Esbrina:

a) $f(2{,}5)$

b) $f(1{,}5)$

37. Un municipi tenia 2 540 habitants l'any 2004 i 3 260 l'any 2014.

a) Utilitza la interpolació lineal per estimar quants habitants tenia el municipi l'any 2010.

b) En quin any va arribar previsiblement a 3 000 habitants?

38. La Taula 3.4 mostra la depreciació del preu d'un cotxe amb el temps.

Temps (anys)	2	5	10
Preu (€)	13 500	6 900	2 250

Taula 3.4

Mitjançant les interpolacions lineals corresponents, estima el preu d'aquest cotxe quan hagin transcorregut des de la seva adquisició:

a) 4 anys *b)* 7 anys

8. Funcions quadràtiques

Les **funcions quadràtiques** són les funcions amb una expressió algèbrica general del tipus $f(x) = ax^2 + bx + c$, on a, b i c són nombres reals i $a \neq 0$.

La funció quadràtica $f(x) = ax^2 + bx + c$ també es pot relacionar amb una equació de segon grau amb dues incògnites. La representació gràfica de totes les solucions en el pla cartesià és una paràbola que coincideix amb la gràfica de la funció. Per aquest motiu es diu que $y = ax^2 + bx + c$ és l'**equació d'una paràbola.**

Quan representem gràficament una funció quadràtica, determinem en primer lloc el vèrtex de la paràbola. Recorda que si representem per (x_v, y_v) les seves coordenades, es verifica:

$$x_v = \frac{-b}{2a} \qquad y_v = f(x_v) = ax_v^2 + bx_v + c$$

Conegut el vèrtex, podem construir una taula de valors de la funció. Si tenim en compte que la recta que passa pel vèrtex i és paral·lela a l'eix d'ordenades és l'eix de simetria de la corba, ens podem estalviar feina, ja que per a qualsevol valor h real es verifica que $f(x_v - h) = f(x_v + h)$ (Fig. 3.38).

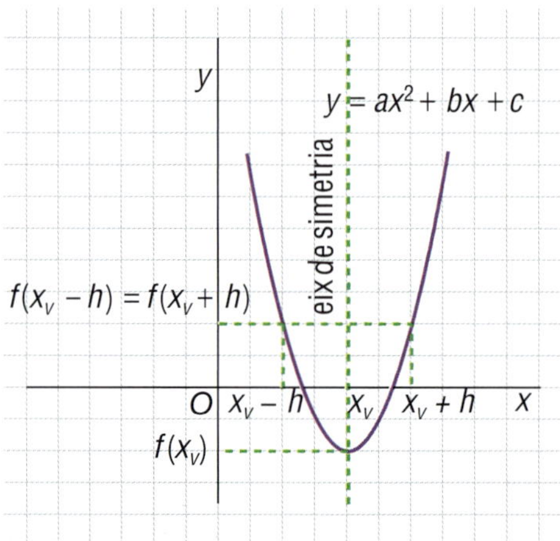

Fig. 3.38

! Important

Les funcions lineals i les quadràtiques són funcions polinòmiques. L'expressió algèbrica de les primeres és un polinomi de primer grau i la de les segones, un polinomi de segon grau.

! Important

El domini de qualsevol funció f quadràtica és $D_f = \mathbb{R}$.

- Representem gràficament les funcions $f(x) = x^2 - 6x + 8$ i $g(x) = -x^2 + 4x$.

Les coordenades del vèrtex de la paràbola que correspon a la funció f són les següents:

$$x_v = \frac{6}{2} = 3,\ y_v = f(x_v) = 9 - 18 + 8 = -1$$

I les que corresponen a la funció g són aquestes:

$$x_v = \frac{-4}{-2} = 2,\ y_v = g(x_v) = -4 + 8 = 4$$

Construïm una taula de valors per a cada funció (taules 3.5 i 3.6). Observa l'estratègia que hem seguit per assignar valors arbitraris a la variable independent.

x	0	1	2	**3**	4	5	6
f(x)	8	3	0	**−1**	0	3	8

Taula 3.5

x	−1	0	1	**2**	3	4	5
g(x)	−5	0	3	**4**	3	0	−5

Taula 3.6

Evidentment, l'escàs nombre de punts que coneixem no ens permet representar amb detall cadascuna de les paràboles. De tota manera, si els unim mitjançant un traç curvilini suau, podem obtenir-ne una representació força aproximada (Fig. 3.40).

Observa que la funció f presenta un mínim absolut en el punt (3, −1), vèrtex de la paràbola. Per a $x < 3$, la funció és decreixent, i per a $x > 3$, és creixent.

La funció g presenta un màxim absolut en el punt (2, 4), vèrtex de la paràbola. Per a $x < 2$, la funció és creixent, i és decreixent per a $x > 2$.

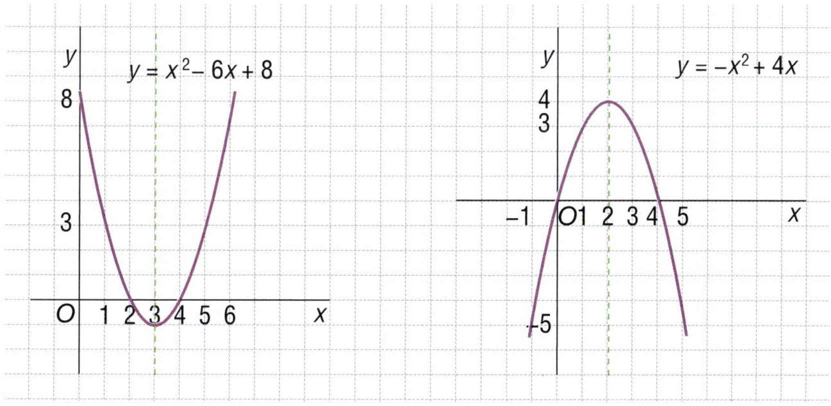

Fig. 3.40

L'expressió algèbrica d'una funció quadràtica té tres paràmetres: a, b i c. Per tant, necessitem tres condicions per tal de determinar-los. A la pràctica, només cal conèixer tres punts qualssevol de la paràbola.

! Important

Si $a > 0$, la paràbola s'obre cap amunt i, en canvi, si $a < 0$, s'obre cap avall.

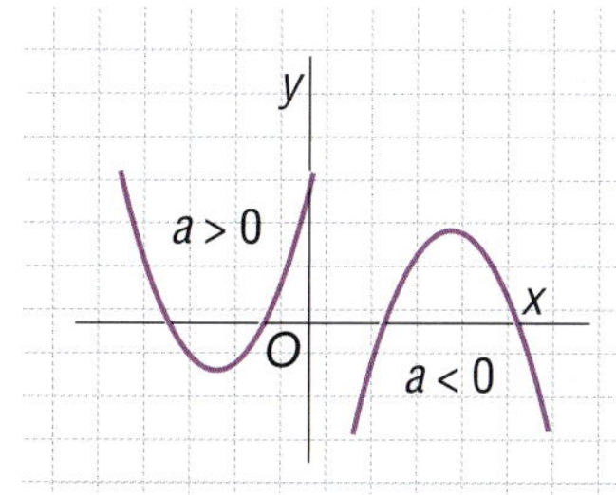

Fig. 3.39

! Important

Una paràbola pot tallar l'eix OX en dos punts, en un punt o en cap. En el primer cas, l'equació $ax^2 + bx + c = 0$ té dues solucions reals diferents, $x_1 \neq x_2$; en el segon, una solució real doble $x_1 = x_2$, i en el tercer, no té solucions reals. Qualsevol paràbola talla l'eix OY en el punt $(0, c)$.

! Important

Si $a > 0$, el vèrtex de la paràbola és un mínim absolut de la funció i si $a < 0$, és un màxim absolut.

! Important

Donats tres punts no alineats, sempre és possible dibuixar una paràbola que els contingui.

- Quina és l'equació de la paràbola que passa pels punts $A(0, 4)$, $B(2, 6)$ i $C(-1, 9)$?

Si imposem la condició que les coordenades de cadascun d'aquests punts han de verificar l'equació de la paràbola $y = ax^2 + bx + c$, tenim un sistema de tres equacions que tenen per incògnites els paràmetres *a*, *b* i *c* que busquem.

$$\left.\begin{array}{ll} \text{– Punt } A\text{:} & 4 = c \\ \text{– Punt } B\text{:} & 6 = 4a + 2b + c \\ \text{– Punt } C\text{:} & 9 = a - b + c \end{array}\right\}$$

La solució del sistema és $a = 2$, $b = -3$ i $c = 4$. L'equació de la paràbola que passa pels punts *A*, *B* i *C* és $y = 2x^2 - 3x + 4$.

Activitats

39. Representa gràficament les funcions:

a) $f(x) = x^2 - 4$ *b)* $g(x) = -x^2 + 2$

c) $h(x) = x^2 - 6x + 9$ *d)* $i(x) = x - x^2$

e) $j(x) = 8 - 2x^2$ *f)* $k(x) = \frac{1}{2}x^2 + 2$

40. Donada la funció $f(x) = (2 - x)^2$, determina'n:

a) El domini i el recorregut.

b) Els intervals de creixement i de decreixement.

c) El màxim o el mínim absoluts.

d) Els punts d'intersecció amb els eixos de coordenades.

41. Expressa el recorregut de qualsevol funció quadràtica segons el signe de *a*.

42. Esbrina l'equació de la paràbola que passa pels punts $A(2, 0)$, $B(0, -2)$ i $C(5, 3)$. Comenta el resultat obtingut.

43. Determina el valor de *c* per tal que la gràfica de la funció $f(x) = x^2 - 10x + c$ talli l'eix de les abscisses en un únic punt. Comprova que aquest punt coincideix amb el vèrtex de la paràbola.

44. Dos mòbils descriuen la mateixa trajectòria rectilínia. Inicien el moviment al mateix temps i la seva posició respecte d'un punt de referència comú és donada, en funció del temps, per les expressions $f(t) = t^2$ i $g(t) = 48 - 2t^2$, en què $f(t)$ i $g(t)$ s'expressen en metres i *t*, en segons.

a) Quina és la distància que separa els dos mòbils a l'instant $t = 0$?

b) Quant trigaran a trobar-se?

c) On es trobaran?

Comprova que els resultats que has obtingut són correctes representant gràficament les dues funcions en uns mateixos eixos de coordenades cartesianes.

9. Funcions de proporcionalitat inversa

Són les funcions l'expressió general de les quals és del tipus $f(x) = \frac{k}{x}$, en què $k \in \mathbb{R}$ i $k \neq 0$.

Observa que aquestes funcions no estan definides per a $x = 0$, ja que la divisió entre zero no és possible. Per tant, el domini de les funcions de proporcionalitat inversa està constituït per tots els nombres reals, llevat del zero. Ho expressem així: $D_f = \mathbb{R} - \{0\}$.

Com a conseqüència, la funció no és contínua en $x = 0$. A més, quan passem de valors negatius de *x* pròxims a zero a valors positius també pròxims a zero, la funció canvia bruscament de signe i de valor.

Per exemple, la funció $f(x) = \frac{10}{x}$ verifica: $f(-0{,}001) = -10\,000$ i $f(0{,}001) = 10\,000$.

Prop de $x = 0$, un augment de 2 mil·lèsimes en el valor de la variable independent provoca un augment de 20 000 unitats en el valor de la funció.

D'altra banda, no existeix cap nombre real *x* per al qual el quocient $\frac{k}{x}$ doni zero, és a dir, el nombre real zero no té antiimatge. Per tant, aquest nombre no pertany al recorregut de la funció, que expressem com a $R_f = \mathbb{R} - \{0\}$.

! Important

Les funcions $f(x) = \frac{k}{x}$ serveixen de model per establir la relació que hi ha entre dues magnituds inversament proporcionals. Per aquest motiu se les anomena *funcions de proporcionalitat inversa*.

Tot plegat ho pots observar a les gràfiques de les funcions $f(x) = \frac{6}{x}$ i $g(x) = -\frac{4}{x}$ que hem representat a la Figura 3.41. Prèviament, hem construït una taula de valors per a cada funció (Taules 3.7 i 3.8).

x	−6	−3	−2	−1	1	2	3	6
f(x)	−1	−2	−3	−6	6	3	2	1

Taula 3.7

x	−8	−4	−2	−1	$-\frac{1}{2}$	$\frac{1}{2}$	1	2	4	8
g(x)	$\frac{1}{2}$	1	2	4	8	−8	−4	−2	1	$-\frac{1}{2}$

Taula 3.8

Com en el cas de les paràboles, n'hem unit els punts mitjançant un traç curvilini suau. Les corbes que s'obtenen en representar gràficament funcions de proporcionalitat inversa s'anomenen **hipèrboles equilàteres.**

Observa que la funció f és decreixent per a tot valor de x del seu domini. En canvi, la funció g és creixent.

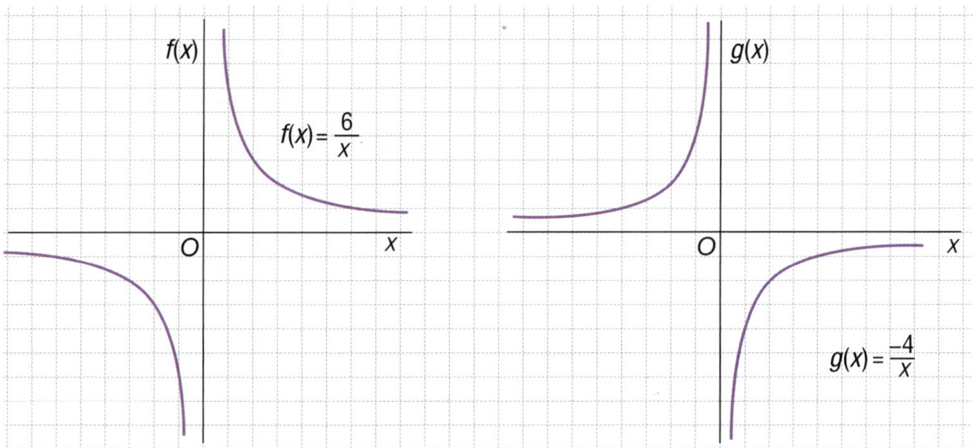

Fig. 3.41

Activitats

45. Representa gràficament aquestes funcions:

a) $f(x) = -\frac{10}{x}$

b) $g(x) = \frac{8}{x}$

46. La gràfica d'una funció de proporcionalitat inversa conté el punt (2, −3). A partir d'aquesta informació, determina el valor de k.

47. Les funcions f i g de la Figura 3.41 tenen diferent comportament pel que fa referència a creixement i decreixement. Per què es produeix aquesta diferència? Pots establir un criteri general per al creixement o el decreixement d'aquest tipus de funcions?

48. Escriu l'expressió algèbrica $y = f(x)$ de la funció que relaciona les longituds dels costats x i y d'un rectangle d'àrea 16 cm^2. Representa gràficament aquesta funció i indica'n el domini i el recorregut.

10. Funcions definides a trossos

L'expressió algèbrica d'una funció no sempre es defineix d'una única manera. Quan una funció s'escriu amb més d'una expressió algèbrica es diu que està **definida a trossos.**

La funció $f(x)$ definida d'aquesta manera n'és un exemple:

$$f(x) = \begin{cases} x - 3 & \text{si } x \leq 3 \\ 2x & \text{si } x > 3 \end{cases}$$

Per esbrinar la imatge de valors de x més petits o iguals que 3, hem d'utilitzar l'expressió $f(x) = x - 3$, mentre que per a valors de x més grans que 3, l'expressió que hem de fer servir és $f(x) = 2x$.

Les dues expressions corresponen a funcions lineals. Per tant, la gràfica de la funció està constituïda per dues semirectes de pendent diferent.

Per a $x = 3$, $f(x) = 0$ i per a valors de x més grans que 3, però cada vegada més propers a 3, els valors de la funció s'acosten cada cop més a 6. D'altra banda, per exemple, $f(0) = -3$ i $f(5) = 10$.

Amb aquestes dades podem representar gràficament la funció f (Fig. 3.42).

! Important

Observa que

$f(3{,}1) = 6{,}2$

$f(3{,}01) = 6{,}02$

$f(3{,}001) = 6{,}002...$

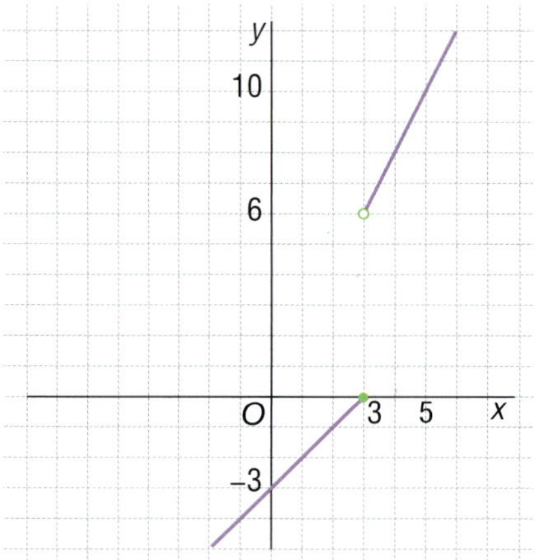

Fig. 3.42

Es tracta d'una funció el domini de la qual està format per tots el nombres reals i que té per recorregut els nombres reals que verifiquen una d'aquestes dues condicions: són més petits o iguals que 0 o bé més grans que 6.

A més, la funció és sempre creixent i presenta una discontinuïtat en $x = 3$. Podem dir, per entendre'ns, que aquesta discontinuïtat és causada pel fet que les dues semirectes que formen la gràfica no tenen el mateix punt d'origen.

Activitats

49. La funció valor absolut, que s'expressa $f(x) = |x|$, es defineix:

$$f(x) = \begin{cases} -x & \text{si } x < 0 \\ x & \text{si } x \geq 0 \end{cases}$$

a) Determina $f(2)$, $f\left(-\frac{1}{2}\right)$ i $f(0)$.

b) Representa-la gràficament i indica'n el domini i el recorregut.

c) Per a quins valors de x és creixent? I decreixent?

d) Es tracta d'una funció contínua?

50. Una companyia subministradora d'aigua cobra a 0,18 €/m³ els primers 20 m³ consumits i a 0,30 €/m³ la resta de l'aigua consumida.

a) Quant paga una família que consumeix 35 m³ d'aigua?

b) Quant li costa el metre cúbic d'aigua, a aquesta família?

c) Determina l'expressió algèbrica de la funció $f(x)$ que permet calcular l'import de l'aigua, segons el consum x en metres cúbics.

d) Dibuixa la gràfica de $f(x)$.

Punt final

La funció part entera

La funció part entera d'un nombre real es pot definir de la manera següent: a tot nombre real x correspon $f(x) = n$, on n és el nombre enter més gran que verifica $n \leq x$.

La seva expressió algèbrica és la d'una funció definida a trossos:

$$f(x) = \begin{cases} \dots \\ -3 & \text{si } -3 \leq x < -2 \\ -2 & \text{si } -2 \leq x < -1 \\ -1 & \text{si } -1 \leq x < 0 \\ 0 & \text{si } 0 \leq x < 1 \\ 1 & \text{si } 1 \leq x < 2 \\ 2 & \text{si } 2 \leq x < 3 \\ 3 & \text{si } 3 \leq x < 4 \\ \dots \\ 43 & \text{si } 43 \leq x < 44 \\ \dots \end{cases}$$

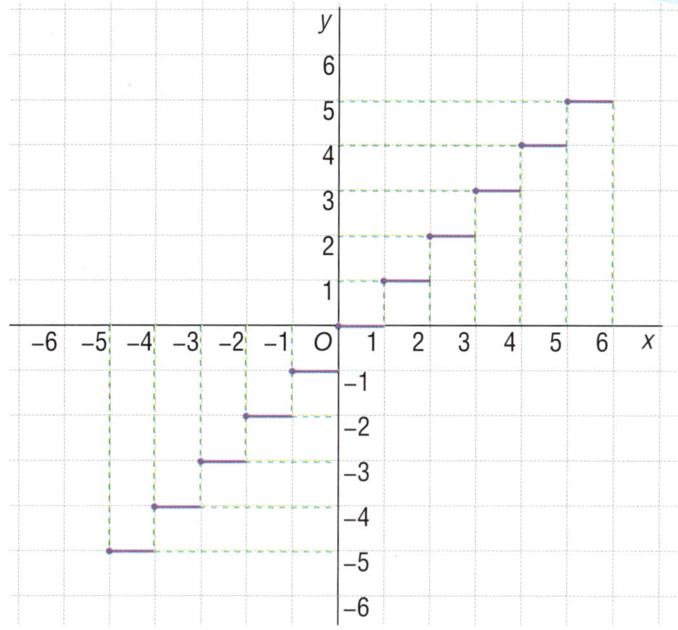

Fig. 3.43

Podem esbrinar fàcilment la imatge de qualsevol nombre real. Per exemple:

$$f(-\sqrt{8}) = -3 \qquad f\left(-\frac{7}{4}\right) = -2 \qquad f(-0{,}3) = -1$$

$$f\left(\frac{1}{2}\right) = 0 \qquad f(1{,}\widehat{9}) = 2 \qquad f(\pi) = 3$$

$$f(7) = 7 \qquad f\left(\sqrt{327}\right) = 18$$

També es pot definir la funció part entera d'un nombre real x de la manera següent:

$$f(x) = n, \text{ amb } n \in \mathbb{Z} \text{ i } x \in [n,\ n+1)$$

Podem dibuixar-ne la gràfica a partir de l'expressió algèbrica (Fig. 3.43).

El domini de la funció és: $D_f = \mathbb{R}$.

Recorda que el recorregut d'una funció és, per definició, el conjunt dels valors de la variable y que són imatge, com a mínim, d'un valor de x. A partir de la gràfica pots observar que el recorregut de la funció part entera és $R_f = \mathbb{Z}$.

Qualsevol nombre enter n és imatge de tots els nombres reals que pertanyen a l'interval $[n, n + 1)$. És a dir, qualsevol nombre enter n té infinites antiimatges. Per tant, la funció part entera no té funció inversa, ja que en $f^{-1}(x)$ succeiria que a cada valor $x \in \mathbb{Z}$ correspondria més d'una imatge, i perquè sigui funció cada valor del domini ha de tenir una imatge i només una.

Hi ha diferents situacions reals que es poden relacionar amb aquest tipus de funcions, per exemple: *el preu del franqueig d'una carta depèn del pes en grams.* Hi ha una taula on s'indica el preu en intervals de pes. Si representem gràficament els valors de la taula en uns eixos de coordenades, obtenim la gràfica d'una funció definida a trossos.

Aquest exemple i d'altres podrien ser un model real d'allò que representen aquestes funcions.

Activitats finals

1. El manual d'usuari d'un refrigerador inclou un gràfic que indica el consum diari d'energia elèctrica en funció de la temperatura interior, que es controla mitjançant un termòstat (suposant que la temperatura de la cuina es mantingui al voltant de 20 °C) (Fig. 3.44).

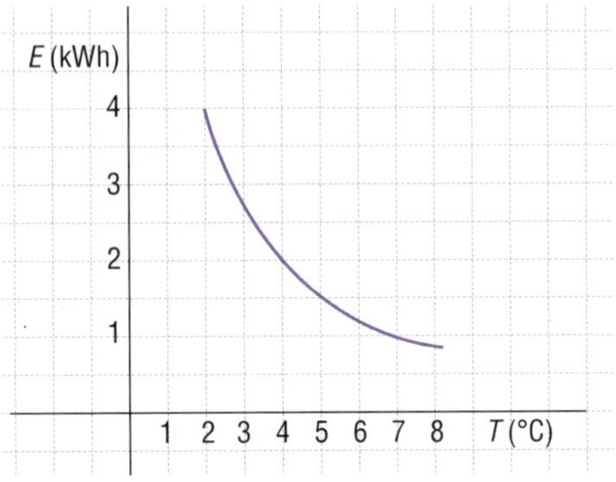

Fig. 3.44

a) Quin és el consum a 5 °C?

b) A quina temperatura es gasten 2,5 kWh per dia?

c) Per a quines temperatures el consum diari és inferior a 2 kWh?

d) Indica el domini i el recorregut d'aquesta funció.

R: *a)* 1,5 kWh; *b)* $\simeq 3$ °C; *c)* T°C > 4 °C;

d) $D = [2, 8)$; $R \simeq (1, 4]$

2. Estableix el domini d'aquestes funcions:

a) $f(x) = \dfrac{2}{x+6}$ *b)* $g(x) = x^2 + 5$

c) $h(x) = \dfrac{3}{x^2 - 16}$ *d)* $i(x) = 1 - 5x$

3. Determina l'expressió algèbrica de la funció que ens dóna el costat d'un quadrat a partir de la seva àrea. Elabora una taula de valors de la funció, fes-ne la representació gràfica aproximada i indica si és creixent o decreixent.

4. A la gràfica (Fig. 3.45) s'indica la dosi diària d'un medicament en funció del pes del pacient.

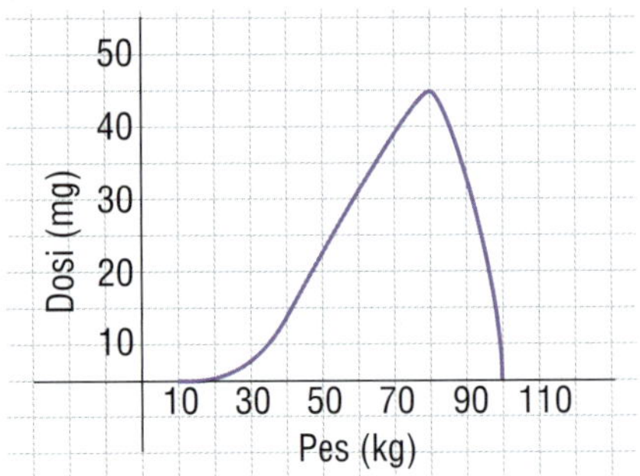

Fig. 3.45

a) Quina és la dosi màxima?

b) Indica els intervals de creixement i de decreixement de la funció.

c) Per a quins pacients està contraindicat el medicament?

5. Donades les funcions $f(x) = 4x - 2$ i $g(x) = x^2 - 5$, determina l'expressió algèbrica de les funcions $(f \circ g)(x)$, $(g \circ f)(x)$ i $f^{-1}(x)$.

6. En una ciutat, la quantitat de sofre que hi ha a l'atmosfera, expressada en parts per milió (ppm), evoluciona en els darrers anys segons la funció $f(t) = 2{,}1 - 0{,}2t + 0{,}03t^2$, en què t és el temps expressat en anys. Determina la contaminació per sofre al moment actual ($t = 0$) i els anys que han de passar per tal que es torni a arribar a aquest mateix valor.

R: 2,1 ppm; 6 anys i 8 mesos

7. Esbrina els punts d'intersecció amb els eixos de coordenades de les gràfiques de les funcions $f(x) = 3x + 12$, $g(x) = (x - 2)(x + 3)$ i $h(x) = \dfrac{-2}{x}$.

Comprova-ho gràficament.

8. Escriu l'expressió algèbrica de la funció que relaciona l'import d'una trucada telefònica amb la durada, suposant que la quota d'establiment de trucada sigui de 0,75 € i, a partir d'aquest moment, la tarifa sigui de 0,39 € per minut. Quin és l'import d'una trucada de 5 minuts? Quant duraria una trucada l'import de la qual fos de 5,05 €?

R: 2,70 €; 11 minuts

9. El punt $P(a, 3)$ pertany a la recta que passa pels punts $Q(1, -4)$ i $R(5, 2)$. Calcula el valor de a.

R: $a = \dfrac{17}{3}$

10. Amb 100 m de tanca es vol delimitar un terreny rectangular, un dels costats del qual representem per x. Escriu l'expressió de l'àrea A del camp en funció de x. Estableix, a partir de la gràfica, el domini i el recorregut d'aquesta funció i indica per a quin valor de x serà màxima l'àrea del camp.

11. Dibuixa una gràfica d'una funció contínua que verifiqui les condicions següents:

- Que talli els eixos de coordenades en els punts (−4, 0), (0, 0) i (3, 0).
- Que presenti un màxim relatiu en el punt (−2, 3) i un mínim relatiu en el punt $\left(\frac{3}{2}, -2\right)$.

Determina els intervals de creixement i de decreixement d'aquesta funció.

12. La tarifa d'un aparcament és d'1,50 € la primera hora o fracció i d'1,20 € per a cadascuna de les hores (o fraccions d'hora) següents, fins un màxim de 14,72 € per dia. Dibuixa la gràfica de la funció preu-temps.

13. El rendiment en percentage d'un generador solar depèn de la temperatura segons una funció quadràtica. Determina l'expressió algèbrica d'aquesta funció, sabent que el rendiment és màxim a 40 °C i nul a 10 °C i a 70 °C. Quin és el rendiment màxim d'aquest generador?

14. Esbrina l'expressió algèbrica d'una funció quadràtica sabent que la paràbola que la representa gràficament talla l'eix d'ordenades en el punt (0, 9) i té el vèrtex en el punt (3, 0).

15. En una ciutat, les equacions de l'oferta (*f*) i de la demanda (*g*) d'un article el preu del qual és de *x* € són donades per:

$f(x) = -450 + 9x$ i $g(x) = 1\,350 - 6x$

S'anomena *punt d'equilibri* el valor de *x* per al qual es verifica la igualtat $f = g$, coneguda com a llei de l'oferta i la demanda. Determina gràficament i analítica el punt d'equilibri al qual tendeix el mercat en el cas de l'article estudiat.

16. Representa gràficament la funció següent:

$$f(x) = \begin{cases} -x + 3 & \text{si } x < 0 \\ 3 + 2x & \text{si } x \geq 0 \end{cases}$$

a) Indica'n el domini i el recorregut.

b) Estableix-ne els intervals de creixement i de decreixement.

c) Es tracta d'una funció contínua?

d) Esbrina l'antiimatge o les antiimatges de 9.

17. Determina els punts d'intersecció de les gràfiques de les funcions $f(x) = x^2$ i $g(x) = 5x - 4$. Resol el problema analíticament i gràfica.

18. En un institut es van fer 1 500 fotocòpies en els cinc primers dies lectius d'un mes, i 5 400 en el decurs dels vint restants. Utilitza la interpolació lineal per estimar el nombre de fotocòpies fetes a l'institut quan havien transcorregut els dotze primers dies lectius d'aquell mes.

R: 3 390 fotocòpies

19. Es calcula que el nombre d'habitants d'una comunitat urbana variarà durant els pròxims vint anys d'acord amb aquesta funció:

$$h(x) = 200\,000 + \frac{50\,000}{x}$$

on *x* expressa el temps en anys.

a) Pots determinar el nombre d'habitants que té aquesta comunitat actualment? Per què?

b) Quants habitants tindrà quan finalitzi el període de validesa de la relació expressada a la funció?

R: *a)* no; *b)* 202 500 habitants

20. Dibuixa en l'interval [0, 9] la gràfica d'una funció periòdica el període de la qual sigui 3.

21. La cotització de les accions d'una empresa va seguir, aproximadament, aquesta evolució durant l'any 2014:

$$f(t) = 342 + 39t - 3t^2$$

on *t* és el temps expressat en mesos ($0 \leq t \leq 12$).

a) Dibuixa la gràfica aproximada d'aquesta funció.

b) En quin mes es va arribar a la màxima cotització?

c) Calcula el percentatge de benefici que hauria obtingut un accionista que hagués comprat accions d'aquesta empresa al moment de mínima cotització i les hagués venut al de màxima.

22. Un cotxe triga 4 hores a recórrer un trajecte determinat a una velocitat mitjana de 25 km/h.

a) Quant trigaria a recórrer el mateix trajecte si la seva velocitat mitjana fos de 60 km/h?

b) Representant amb *x* el temps en hores utilitzat a recórrer el trajecte, i amb *y* la velocitat mitjana del cotxe en quilòmetres per hora, escriu l'equació de la funció $y = f(x)$.

23. Considera les funcions $f(x) = 3x + 9$ i $g(x) = x^2 - 1$.

a) Quins valors de *x* no pertanyen al domini de la funció $\left(\frac{f}{g}\right)(x)$?

b) I al de la funció $\left(\frac{g}{f}\right)(x)$?

R: *a)* $x = 1$; $x = -1$; *b)* $x = -3$

4

Progressions i successions

Els nombres naturals van ser caracteritzats per Giuseppe Peano (1858-1932), matemàtic italià que va enunciar els axiomes següents:

a) 1 és el primer nombre del conjunt. Per tant, no el precedeix cap altre nombre.

b) Cada nombre en té un altre que el segueix, que s'obté quan hi sumem 1.

Aquest conjunt se simbolitza amb la lletra $\mathbb{N}$.

Analitzem detingudament una característica dels nombres naturals.

Si considerem un subconjunt de $\mathbb{N}$ format per nombres consecutius, podem esbrinar-ne fàcilment la suma. Per exemple, per esbrinar la suma dels cent primers nombres naturals, n'hi ha prou a observar que:

$$1 + 100 = 2 + 99 = 3 + 98 = \dots = 101$$

La suma del primer i de l'últim d'aquests nombres és igual a la del segon i el penúltim, a la del tercer i l'avantpenúltim, etc.

Si tenim en compte que hi ha 50 sumes d'aquestes característiques, la suma dels cent primers nombres naturals és $101 \cdot 50 = 5\,050$.

Aquest procediment és aplicable per calcular totes les sumes en què, un cop ordenats els sumands, cadascun es pot obtenir sumant un mateix nombre al que el precedeix. En el cas dels nombres naturals consecutius, el nombre que sumem és 1.

1, 3, 5, 7..., 97, 99 són els cinquanta primers nombres senars ordenats del més petit al més gran. Cadascun s'obté sumant 2 a l'anterior. Per esbrinar-ne la suma, només cal que tinguem en compte que:

$$1 + 99 = 3 + 97 = 5 + 95 = \dots = 100$$

Podem formar 25 sumes d'aquest tipus. Per tant, la suma dels cinquanta primers nombres senars és $100 \cdot 25 = 2\,500$.

Els conjunts ordenats de nombres que tenen un primer element i que compleixen que cadascun dels diversos termes s'obté en sumar un mateix nombre al que el precedeix, s'anomenen *progressions aritmètiques*. Així, els nombres naturals, els nombres senars, els múltiples d'un nombre... són exemples de progressions aritmètiques.

La diferència entre dos termes consecutius d'una progressió aritmètica és constant. Habitualment, es representa amb la lletra d i s'anomena *diferència* de la progressió.

Si suposem que el primer terme de la progressió és 1, els seus termes es poden expressar:

$$1,\ 1 + d,\ 1 + 2d,\ 1 + 3d \dots$$
$$\dots\ 1 + (n - 2)d,\ 1 + (n - 1)d,\ 1 + nd$$

Com pots comprovar es verifica que:

$$1 + 1 + nd = 1 + d + 1 + (n - 1)d =$$
$$= 1 + 2d + 1 + (n - 2)d = \dots = 2 + nd$$

que posa de manifest la propietat que hem utilitzat per calcular les sumes anteriors.

1. Successions

Una **successió** numèrica és una llista de nombres que es corresponen amb el conjunt de nombres naturals. Per posar de manifest aquesta correspondència, els diferents elements d'una successió es representen mitjançant una lletra amb el subíndex corresponent al lloc que ocupen: a_1, a_2... a_n. Són precisament els subíndexs els que indiquen la correspondència amb els nombres naturals. Hi ha un primer element a_1; cada element en té un que el segueix i, per tant, no hi ha un últim element.

$$1, \frac{1}{2}, \frac{1}{3}, \frac{1}{4}, \frac{1}{5}, \frac{1}{6}, \ldots \text{ és una successió en què:}$$

$$a_1 = 1, a_2 = \frac{1}{2}, a_3 = \frac{1}{3} \ldots a_6 = \frac{1}{6} \ldots a_n = \frac{1}{n}, a_{n+1} = \frac{1}{n+1} \ldots$$

Podem descriure aquesta successió dient que a cada nombre natural correspon el seu invers, que no és natural, llevat de a_1.

> **! Important**
>
> a_1 és el primer terme.
>
> a_2 és el segon terme.
>
> a_n és el terme enèsim.
>
> a_{n-1} indica el terme anterior a a_n.
>
> a_{n+1} indica el terme següent a a_n.

1.1 Terme general

El valor d'un terme d'una successió depèn del lloc que hi ocupa. Aquesta dependència fa que una successió sigui, en realitat, una funció en què la variable independent és un nombre natural i la variable dependent, un nombre real. És a dir, una funció tal que a cada nombre natural fa correspondre un nombre real. Com qualsevol funció, es pot expressar de maneres diferents, tal com hem estudiat a la unitat dedicada a les funcions.

L'exemple anterior correspon a la successió $a_n = \frac{1}{n}$. Aquesta és l'expressió del seu terme general. Per a cada valor de n, la variable independent, tindrem un valor de a_n, la variable dependent. Utilitzem l'expressió $a_n = f(n)$ amb $n \in \mathbb{N}$.

> L'expressió d'un terme qualsevol d'una successió en funció del lloc que ocupa es coneix com l'expressió del **terme general de la successió** i permet calcular-ne qualsevol terme.

El conjunt dels termes d'una successió de terme general a_n es representa habitualment mitjançant la notació $\{a_n\}$.

Com succeeix amb les funcions, no és possible obtenir l'expressió del terme general de totes les successions. Vegem-ne un exemple.

Considerem els diversos polígons regulars que podem inscriure en una circumferència de radi 1 dm. Les seves àrees formen una successió:

Àrea del triangle: $A_3 = 3\frac{\sqrt{3}}{4}$ dm^2 = 1,299 dm^2

Àrea del quadrat: A_4 = 2 dm^2

[...]

Àrea de l'octàgon: A_8 = 2,828 dm^2

[...]

Àrea del polígon regular de 48 costats: A_{48} = 3,113 dm^2

Hem expressat els resultats no enters de les àrees aproximant-los fins a les mil·lèsimes.

No és possible esbrinar l'expressió del terme general d'aquesta successió i, no obstant això, estem en condicions de calcular-ne qualsevol terme.

> **! Important**
>
> L'àrea d'un polígon regular es pot calcular a partir de les àrees dels triangles isòsceles iguals en què es pot descompondre. L'àrea de cadascun d'aquests triangles es pot obtenir resolent un senzill problema de trigonometria.

Podem establir una successió a partir de les àrees dels diversos quadrats que es poden construir a partir d'un quadrat d'1 dm de costat, de manera que cadascun dels successius tingui els vèrtexs situats en els punts mitjans dels costats del quadrat anterior (Fig. 4.1). Observa que l'àrea de cada quadrat és la meitat de l'àrea de l'anterior. La successió de les àrees és: $1, \frac{1}{2}, \frac{1}{4}, \frac{1}{8}, \frac{1}{16}, \frac{1}{32}, \ldots$

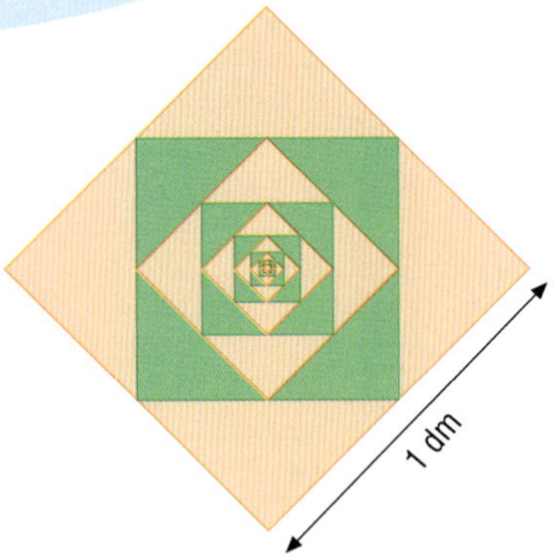

Fig. 4.1

En aquesta successió, el terme general de la qual representem mitjançant b_n, s'observa que el denominador de cada terme és una potència de base 2. Així:

$$b_4 = \frac{1}{8} = \frac{1}{2^3}, \quad b_5 = \frac{1}{16} = \frac{1}{2^4}$$

El terme general es pot deduir fàcilment: $b_n = \frac{1}{2^{n-1}}$

Podem, doncs, calcular qualsevol terme de la successió sense necessitat de conèixer-ne l'anterior. Per exemple, $b_{30} = \frac{1}{2^{29}}$.

Si el terme general d'una successió fos $b_n = \frac{2n}{n^2+1}$, tindríem:

$$b_1 = 1 \qquad b_2 = \frac{4}{5} \;\ldots\; b_{100} = \frac{200}{10001}$$

1.2 Representació gràfica

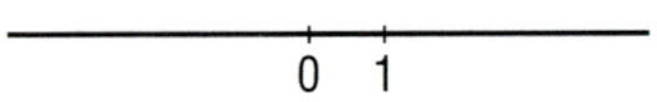

Fig. 4.2

Els termes d'una successió són nombres reals. Com a tals, es poden representar en la recta real (Fig. 4.2).

Així, la successió dels nombres parells es representa en els diferents punts de la recta que els corresponen (Fig. 4.3). Sabem que els termes d'aquesta successió estan situats a la dreta del zero, però, evidentment, no els podem representar-hi tots.

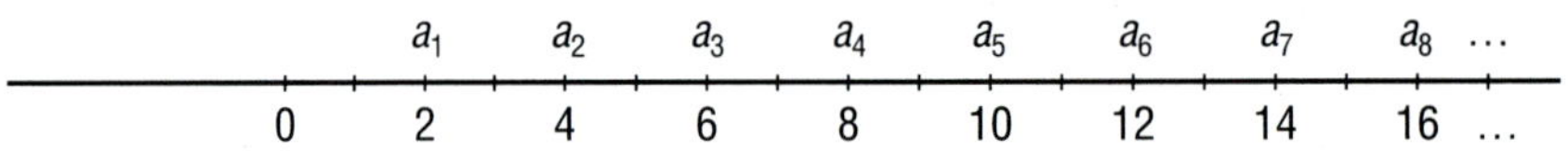

Fig. 4.3

La successió de les àrees dels quadrats estaria representada a l'interval (0, 1], ja que el primer terme és 1 i els següents, tots més petits que 1, se situen a la seva esquerra, però sense arribar mai a ser zero (Fig. 4.4).

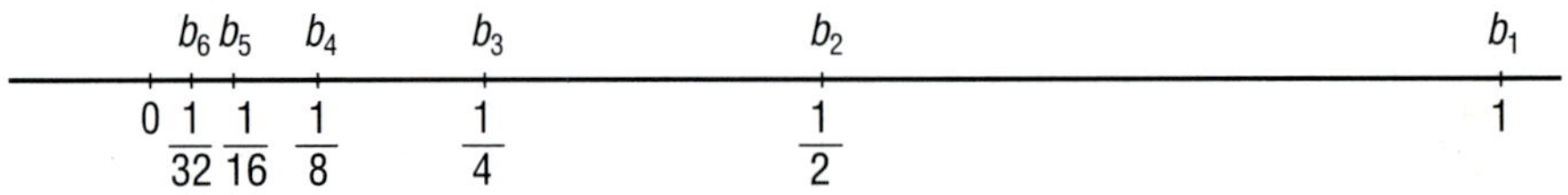

Fig. 4.4

Els termes de la successió de terme general $a_n = (-1)^n \frac{n}{n+1}$ alternen els signes + i −, segons que ocupin un lloc parell o senar. Això fa que els punts de la recta que els representen estiguin situats alternativament a la dreta i a l'esquerra del zero i es vagin apropant a 1 i a −1, respectivament (Fig. 4.5).

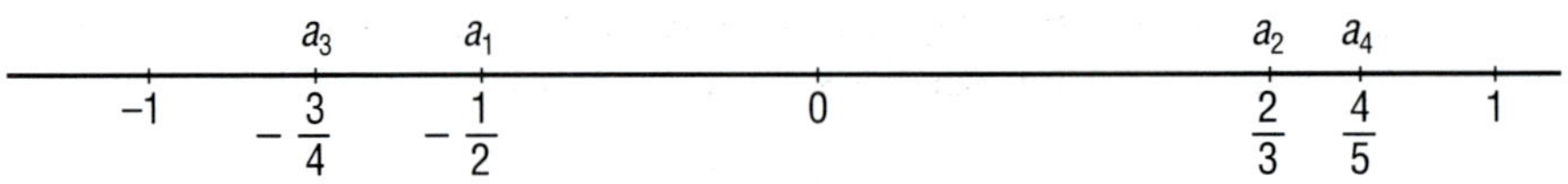

Fig. 4.5

Activitats

1. Intenta deduir l'expressió del terme general de cadascuna d'aquestes successions:

a) $\frac{1}{2}, \frac{1}{4}, \frac{1}{6}, \frac{1}{8}, \frac{1}{10}...$

b) $2, \frac{3}{2}, \frac{4}{3}, \frac{5}{4}, \frac{6}{5}...$

c) 1, 4, 9, 16, 25, 36...

d) −2, 4, −8, 16, −32, 64, −128...

2. $a_n = \frac{n^2}{n+1}$ és l'expressió del terme general d'una successió. Calcula els termes a_7 i a_{100}. Determina l'expressió del terme a_{n-1} en funció de n.

R: $a_7 = \frac{49}{8}$; $a_{100} = \frac{10\,000}{101}$; $a_{n-1} = \frac{(n-1)^2}{n}$

3. Suposem que l'expressió del terme general d'una successió és $a_n = 3n + 2$.

a) Escriu-ne els cinc primers termes.

b) Quin lloc ocupa en aquesta successió el nombre 47?

R: *a)* 5, 8, 11, 14, 17; *b)* el quinzè.

4. El terme general d'una successió és: $a_n = \frac{n+1}{n}$. Calcula els termes a_{100} i a_{1000}.

R: $a_{100} = 1{,}01$; $a_{1000} = 1{,}001$

5. Representa a la recta real els deu primers termes de la successió $a_n = \frac{2n}{n+1}$.

2. Successions monòtones

Podem classificar una successió comparant-ne els termes, és a dir, els nombres reals que la componen.

- Una successió és **creixent** si $a_{n+1} > a_n$ per a qualsevol valor de n.
- Una successió és **decreixent** si $a_{n+1} < a_n$ per a qualsevol valor de n.
- Les successions que són creixents o decreixents s'anomenen **monòtones.**

Per saber si una successió és creixent o decreixent és necessari utilitzar els criteris de comparació numèrica:

$a_{n+1} > a_n$ si $a_{n+1} - a_n > 0$ per a qualsevol $n \in \mathbb{N} \Rightarrow$ la successió és creixent.

$a_{n+1} < a_n$ si $a_{n+1} - a_n < 0$ per a qualsevol $n \in \mathbb{N} \Rightarrow$ la successió és decreixent.

Hi ha successions en què no és possible establir aquestes comparacions. Per exemple, la successió de terme general $a_n = \frac{(-1)^n}{n}$, els primers termes de la qual són:

$$-1, \frac{1}{2}, -\frac{1}{3}, \frac{1}{4}, -\frac{1}{5}...$$

Tenint en compte que tot nombre negatiu és sempre més petit que qualsevol nombre positiu, si comparem dos termes consecutius de la successió no obtenim sempre el mateix resultat.

Així, per exemple: $a_1 < a_2$; $a_2 > a_3$; $a_3 < a_4$; ... és una successió **oscil·lant.**

! Important

La successió dels múltiples de 3, de terme general $a_n = 3n$, és creixent.

La successió dels inversos dels nombres naturals, de terme general $b_n = \frac{1}{n}$, és decreixent.

2.1 Fites

Si tots els termes d'una successió són més grans o iguals que un nombre real k, és a dir, $a_n \geq k$, per a tot valor de n, direm que k és una **fita inferior** de la successió o, el que és el mateix, que la successió està **fitada inferiorment.** Naturalment, qualsevol nombre real més petit que k també és una fita inferior de la successió.

En la successió dels múltiples de 3, tots els termes són més grans o iguals que 3. Per tant, 3 és una fita inferior d'aquesta successió.

Si tots els termes d'una successió són més petits o iguals que un nombre real k, és a dir, $b_n \leq k$, per a tot valor de n, direm que k és una **fita superior** de la successió o, el que és el mateix, que la successió està **fitada superiorment.** Qualsevol nombre real més gran que k també és una fita superior de la successió.

Els termes de la successió de les àrees dels quadrats que hem vist anteriorment, de terme general $a_n = \frac{1}{2^{n-1}}$, són més petits o iguals que 1.

Per tant, qualsevol nombre real k tal que $k \geq 1$ és una fita superior de la successió. D'altra banda, el fet que tots els termes d'aquesta successió siguin positius, ens permet afirmar que qualsevol nombre real k tal que $k \leq 0$ és una fita inferior.

Com pots comprovar, la successió de múltiples de 3 no està fitada superiorment. Així, si consideréssim $k = 1000$ com a fita superior, només hauríem de tenir en compte, per exemple, el terme $a_{340} = 1020 > 1000$. En realitat, per gran que sigui el valor de k que considerem, sempre podrem esbrinar termes de la successió més grans.

! Important

Quan una successió està fitada superiorment i inferiorment, es diu, simplement, que està **fitada.**

Exemple 1

Estudia la monotonia de la successió següent:

$$a_n = n^2 - 4n + 5$$

Resolució

Comparem dos termes consecutius a_n i a_{n+1} utilitzant-hi el criteri de la resta.

$$a_{n+1} = (n+1)^2 - 4(n+1) + 5 = n^2 - 2n + 2$$

$$a_{n+1} - a_n = n^2 - 2n + 2 - (n^2 - 4n + 5) = 2n - 3$$

La inequació:

$$2n - 3 > 0$$

té per solució $n > \frac{3}{2}$. Això significa que els termes de la successió creixen, però ho fan per a $n \geq 2$.

Efectivament:

$$a_1 = 2,\ a_2 = 1,\ a_3 = 2,\ a_4 = 5,\ a_5 = 10\ldots$$

Per tant, la successió $a_n = n^2 - 4n + 5$ és creixent per a $n \geq 2$, amb la qual cosa no és monòtona creixent.

Activitats

6. Estudia la monotonia de les successions següents:

a) $a_n = \dfrac{1}{n^2}$ *b)* $b_n = n^3$

c) $c_n = \dfrac{n-1}{n}$ *d)* $d_n = \dfrac{n^2}{n+2}$

e) $p_n = n^2 - n^3$ *f)* $f_n = 2n - 25$

7. Determina, si existeixen, les fites superior i inferior de cadascuna de les successions de l'activitat anterior.

8. Escriu el terme general de la successió dels múltiples de 5. El nombre 6 000 és una fita superior d'aquesta successió? Raona la resposta. Està fitada inferiorment, aquesta successió?

3. Progressions aritmètiques i progressions geomètriques

Com deus haver pogut comprovar, no sempre és fàcil esbrinar el terme general d'una successió, si és que existeix. No obstant això, hi ha dos tipus de successions, les progressions aritmètiques i les progressions geomètriques, el terme general de les quals és fàcil de determinar.

3.1 Progressions aritmètiques

En la successió dels nombres imparells: 1, 3, 5, 7, 9..., cada terme s'obté en sumar 2 a l'anterior. Per tant, es verifica que $a_n - a_{n-1} = 2$ per a qualsevol valor de n.

Les successions que es formen d'acord amb aquest criteri s'anomenen *progressions aritmètiques.*

Una **progressió aritmètica** és una successió en què cada terme s'obté sumant a l'anterior una quantitat constant, que es coneix amb el nom de **diferència** de la progressió i s'expressa mitjançant la lletra ***d***.

! Important

Dos termes a_h i a_k d'una progressió aritmètica verifiquen:

$$a_h = a_k + (h - k)d$$

Obtenir l'expressió del terme general d'una progressió aritmètica en funció del primer terme i de la diferència és senzill:

$$a_1,\ a_2 = a_1 + d,\ a_3 = a_2 + d = a_1 + 2d,\ a_4 = a_3 + d = a_1 + 3d,\ \ldots,\ a_n = a_1 + (n-1)\,d$$

Així, per exemple, el terme que ocupa el lloc dissetè en la successió dels nombres imparells, en què $a_1 = 1$ i $d = 2$, és: $a_{17} = 1 + (17 - 1) \cdot 2 = 1 + 32 = 33$.

En escriure un nombre determinat n de termes d'una progressió aritmètica:

$$a_1,\ a_2,\ a_3,\ \ldots,\ a_{n-2},\ a_{n-1},\ a_n$$

es pot comprovar que es verifica la propietat següent: $a_1 + a_n = a_2 + a_{n-1} = a_3 + a_{n-2} \ldots$

! Important

Fixa't que en la progressió aritmètica 5, 8, 11, 14, 17, 20 es compleix:

$$5 + 20 = 8 + 17 = 11 + 14$$

Aquesta propietat permet deduir una expressió que possibilita el càlcul de la suma S_n dels n termes de la progressió:

$$S_n = a_1 + a_2 + a_3 + \ldots + a_{n-2} + a_{n-1} + a_n \ \rightarrow\ S_n = a_n + a_{n-1} + a_{n-2} + \ldots + a_3 + a_2 + a_1$$

Si sumem membre a membre aquestes dues igualtats, n'obtenim una de nova:

$$2S_n = (a_1 + a_n) + (a_2 + a_{n-1}) + (a_3 + a_{n-2}) + \ldots + (a_{n-2} + a_3) + (a_{n-1} + a_2) + (a_n + a_1)$$

Observa que es tracta de sumar n sumands tots iguals a $a_1 + a_n$.

Per tant:

$$2S_n = n(a_1 + a_n) \rightarrow S_n = \frac{n(a_1 + a_n)}{2}$$

Així, la suma dels disset primers nombres imparells és: $S_{17} = \dfrac{17 \cdot (1 + 33)}{2} = 289.$

3.2 Progressions geomètriques

En la successió de les àrees dels quadrats que hem vist a la Figura 4.1, cada terme s'obté en multiplicar l'anterior per $\frac{1}{2}$, és a dir, $a_n = \frac{1}{2} \cdot a_{n-1}$. Per tant, es verifica que $\dfrac{a_n}{a_{n-1}} = \dfrac{1}{2}$.

Les successions que poden formar-se així s'anomenen *progressions geomètriques.*

> **! Important**
>
> El quocient constant $\dfrac{a_n}{a_{n-1}} = r$ de tota progressió geomètrica s'anomena **raó de la progressió.**

Una **progressió geomètrica** és una successió en què cada terme s'obté multiplicant l'anterior per una quantitat constant, que es coneix amb el nom de **raó** de la progressió.

Si representem amb r la raó d'una progressió geomètrica, es verifica que $a_n = a_{n-1} r$ i podem obtenir l'expressió de a_n en funció del primer terme a_1 i de la raó r. Així,

$$a_2 = a_1\, r,\ a_3 = a_2\, r = a_1\, rr = a_1\, r^2,\ a_4 = a_3\, r = a_1\, r^3 \ldots\ a_n = a_1\, r^{n-1}$$

és l'expressió del **terme general** d'una progressió geomètrica.

> **! Important**
>
> Dos termes a_h i a_k d'una progressió geomètrica verifiquen
>
> $$a_h = a_k r^{h-k}$$

3.3 Tipus de progressions geomètriques

Les progressions geomètriques són un cas particular de successions. N'hi ha de diferents tipus, segons el valor de la raó:

- Si $r > 1$, la progressió és una successió creixent.
- Si $0 < r < 1$, la progressió és una successió decreixent.
- Si $r = 1$, la progressió és una successió constant. Tots els termes són iguals.
- Si $r < 0$, els termes de la progressió alternen els signes positiu i negatiu. La successió és oscil·lant.

3.4 Producte de *n* termes d'una progressió geomètrica

> **! Important**
>
> La progressió geomètrica 1, 2, 4, 8, 16, 32, 64 té set termes. Pots comprovar que:
>
> $$1 \cdot 64 = 2 \cdot 32 = 4 \cdot 16 = 8^2$$

En qualsevol progressió geomètrica amb un nombre parell de termes, es verifica que el producte dels extrems és igual al producte dels termes equidistants d'aquests extrems. Així doncs: $a_1 \cdot a_n = a_2 \cdot a_{n-1} = a_3 \cdot a_{n-2} \ldots$

Si la progressió té un nombre senar de termes, el terme central a_c verifica: $a_c^2 = a_1 \cdot a_n$

Aquesta propietat permet establir una expressió per esbrinar fàcilment el producte de n termes d'una progressió geomètrica:

$$P_n = a_1 \cdot a_2 \cdot a_3 \ldots\ a_{n-1} \cdot a_n$$

Aquesta igualtat també es pot expressar així:

$$P_n = a_n \cdot a_{n-1} \cdot a_{n-2} \ldots\ a_2 \cdot a_1$$

Quan multipliquem membre a membre les dues igualtats i agrupem dos a dos els termes dels segons membres situats l'un damunt de l'altre, tenim:

$$P_n^2 = (a_1 \cdot a_n)(a_2 \cdot a_{n-1})(a_3 \cdot a_{n-2}) \ldots (a_{n-1} \cdot a_2)(a_n \cdot a_1)$$

Observa que el producte dels n factors entre parèntesi és constant i igual a $a_1 \cdot a_n$. Per tant:

$$P_n^2 = (a_1 \cdot a_n)^n \quad \rightarrow P_n = \sqrt{(a_1 \cdot a_n)^n}$$

3.5 Suma de *n* termes d'una progressió geomètrica

La finalitat és establir una expressió que ens permeti calcular la suma de n termes d'una progressió geomètrica de manera senzilla:

$$S_n = a_1 + a_2 + a_3 + \ldots + a_{n-1} + a_n$$

Si multipliquem cada membre d'aquesta igualtat per $r \neq 1$, tenim:

$$S_n \cdot r = a_2 + a_3 + a_4 + \ldots + a_n + a_n \cdot r$$

Quan restem a l'última igualtat l'anterior, obtenim:

$$S_n \cdot r - S_n = a_n \cdot r - a_1 \rightarrow S_n(r-1) = a_n \cdot r - a_1 \rightarrow S_n = \frac{a_n \cdot r - a_1}{r-1}$$

I si tenim en compte que $a_n = a_1 \cdot r^{n-1}$ i extraiem com a factor comú a_1, resulta:

$$S_n = \frac{a_1(r^n - 1)}{r-1}, \text{ o bé, } S_n = \frac{a_1(1-r^n)}{1-r}$$

! Important

Aquesta expressió no s'hi pot aplicar si $r = 1$. En aquest cas, es tracta d'una successió constant i la suma dels n termes l'obtenim multiplicant el terme constant per n.

Exemple 2

Considera la successió 6, 3, $\frac{3}{2}, \frac{3}{4} \ldots$

Comprova que es tracta d'una progressió geomètrica i calcula:

a) El novè terme.

b) El producte dels nou primers termes.

c) La suma dels deu primers termes.

Resolució

La successió és una progressió geomètrica de raó $\frac{1}{2}$, ja que:

$$\frac{3}{6} = \frac{3}{2} : 3 = \frac{3}{4} : \frac{3}{2} = \ldots = \frac{1}{2}$$

Per tant, $a_1 = 6$ i $r = \frac{1}{2}$.

a) Per calcular a_9 apliquem l'expressió del terme general:

$$a_n = a_1 r^{n-1} \rightarrow a_9 = 6\left(\frac{1}{2}\right)^8 = \frac{3}{128}$$

b) Esbrinem P_9 amb l'expressió del producte, $P_n = \sqrt{(a_1 \cdot a_n)^n}$:

$$P_9 = \sqrt{\left(\frac{6 \cdot 3}{128}\right)^9} = \frac{3^9}{2^{27}}$$

c) Utilitzem l'expressió $S_n = \dfrac{a_1(1-r^n)}{1-r}$ per calcular S_{10}:

$$S_{10} = \frac{6 \cdot \left(1 - \frac{1}{2^{10}}\right)}{\frac{1}{2}} = \frac{3\,069}{256}$$

Activitats

9. Escriu els nou primers termes d'una progressió aritmètica en què $a_1 = -4$ i $d = 2$. Calcula'n la suma.

R: –4, –2, 0, 2, 4, 6, 8, 10, 12; $S_9 = 36$

10. El tercer terme d'una progressió aritmètica és 9 i el cinquè, 17. Determina la diferència de la progressió i el valor del primer dels seus termes.

R: $d = 4$; $a_1 = 1$

11. Esbrina la suma dels trenta primers termes de la progressió aritmètica el primer terme de la qual és 50 i la diferència, –2.

R: 630

12. Indica si les successions següents són progressions aritmètiques. En cas que ho siguin digues quina és la diferència i, si escau, esbrina'n el terme general.

a) $a_n = 3n + 1$ *b)* 1, 11, 21, 31...

c) $a_n = 2^n$ *d)* 7/3, 8/3, 3, 10/3...

e) $a_n = n\sqrt{3}$ *f)* Els vint primers múltiples de 5.

R: *a)* $d = 3$; *b)* $d = 10$; $a_n = 10n - 9$; *c)* $d = 2$; *d)* $d = 1/3$, $a_n = \frac{1}{3}n + 2$; *e)* $d = \sqrt{3}$; *f)* $d = 5$, $a_n = 5n$

13. En una progressió aritmètica se sap que $a_{21} = 87$ i $d = 4$. Calcula'n a_1 i S_{21}.

R: $a_1 = 7$; $S_{21} = 987$

14. Quina és la diferència d'una progressió aritmètica en què $a_1 = 3$ i $a_{14} = 42$? Calcula la suma dels catorze primers termes d'aquesta progressió.

R: $d = 3$; $S_{14} = 315$

15. En una progressió geomètrica es coneix $a_1 = \frac{1}{3}$ i $r = 3$. Esbrina'n els termes cinquè i dotzè.

R: $a_5 = 27$, $a_{12} = 59\,049$

16. Estableix l'expressió del terme general i esbrina la raó de la progressió geomètrica en què $a_1 = 3$ i $a_{11} = 81$.

17. Considera els quadrats de la Figura 4.1. Esbrina si la successió de les àrees i la dels perímetres són progressions geomètriques. En cas afirmatiu, calcula'n les raons.

18. Esbrina el producte de les sis primeres potències naturals de base 2.

R: $P_6 = 2\,097\,152$

19. En una botiga rebaixen els articles successivament el 10 % cada setmana. Quin serà d'aquí a cinc setmanes el cost d'un article pel qual hauríem de pagar 330,56 € aquesta setmana?

R: 195,19 €

20. Calcula la suma de les deu primeres potències naturals de base 10.

R: $S_{10} = 11\,111\,111\,110$

21. Calcula la suma $\frac{1}{4} + \frac{1}{2} + 1 + 2 + \ldots + 2^{10}$.

R: $S_{10} = 2\,047{,}75$

22. Determina tres nombres en progressió geomètrica tals que la seva suma sigui 42 i el seu producte, 512.

4. Límit d'una successió

Tot seguit, estudiarem la tendència que presenten els termes de diferents successions quan considerem valors de n suficientment grans.

Determinem alguns termes de la successió $b_n = \frac{1}{2^{n-1}}$ amb l'ajut de la calculadora.

$b_{10} = 0{,}001\,953\,125$

$b_{20} = 0{,}000\,001\,907\,34 = 1{,}907\,34 \cdot 10^{-6}$

$b_{50} = 0{,}000\,000\,000\,000\,001\,776\,35 = 1{,}776\,35 \cdot 10^{-15}$

$b_{110} = 1{,}540\,74 \cdot 10^{-35}$

$b_{125} = 4{,}7 \cdot 10^{-38}$ indica que aquest terme té 37 zeros abans de la primera xifra decimal no nul·la. Es tracta, per tant, d'un nombre molt proper a zero.

! Important

Amb les tecles x^y i $1/x$ s'obtenen els valors dels diferents termes. El resultat es mostra a la pantalla expressat en notació científica.

Com que es tracta d'una successió decreixent i amb tots els termes positius, el valor d'aquests termes s'aproxima a zero a mesura que anem avançant en la successió.

Aquesta tendència o comportament que presenten els termes d'aquesta successió s'expressa de la manera següent:

$\{b_n\} \to 0$, i es llegeix com «**la successió tendeix a zero**», o també, $\lim b_n = 0$

$\lim\left(\frac{1}{2}\right)^{n-1} = 0$, i es llegeix «**el límit de la successió és igual a 0**».

Que el límit d'aquesta successió sigui zero significa que, com més avançats siguin els termes que es considerin, els seus valors s'aproparan cada cop més a zero.

Observa que es tracta d'una successió decreixent i que està fitada inferiorment. Té límit zero, valor que és més gran o igual que totes les fites inferiors.

Considerem la successió $a_n = \frac{2n^2}{n^2+1}$ i calculem-ne alguns dels termes:

$a_{10} = 1{,}98 \qquad a_{100} = 1{,}9998 \qquad a_{1\,000} = 1{,}999\,998 \qquad a_{5\,000} = 1{,}999\,999\,98$

Si considerem valors de n cada cop més grans, observem que aquests termes es van apropant a 2. Podem dir que el límit de la successió a_n és 2.

$$\lim \frac{2n^2}{n^2+1} = 2$$

Aquesta successió és creixent, però està fitada superiorment. Precisament, 2 és una fita superior i, en concret, la més petita d'aquestes fites.

Si diem que el límit d'aquesta successió és 2, el que afirmem és que la diferència entre 2, el valor del límit, i qualsevol terme de la successió pot arribar a ser tan petita com es vulgui. Per aconseguir-ho, només cal considerar valors de n suficientment grans.

Per exemple, si considerem $a_{15} = 1{,}991\,150\,442$, la diferència entre el valor del límit i el d'aquest terme és $2 - 1{,}991\,150\,442 = 0{,}008\,849\,558$.

Com que es tracta d'una successió creixent, aquesta diferència anirà disminuint a mesura que considerem termes més avançats i, per tant, podrà arribar a ser tan petita com nosaltres vulguem.

A partir d'aquestes dades podem afirmar que:

El nombre l és el **límit d'una successió $\{a_n\}$** si el valor absolut de la diferència entre un terme suficientment avançat de la successió i l és tan petit com es vulgui. És a dir: $\lim a_n = l$ si la diferència $|a_n - l|$ és molt petita per a n suficientment gran.

La successió de l'exemple és monòtona creixent i té límit. Aquest límit és més gran que tots i cadascun del termes de la successió. Es verifica que $a_n - l < 0$ per a qualsevol valor de n.

! Important

El límit de la successió de les àrees dels polígons regulars inscrits en una circumferència de radi 1 dm és l'àrea del cercle (Fig. 4.6).

$\{a_n\} \to \pi$

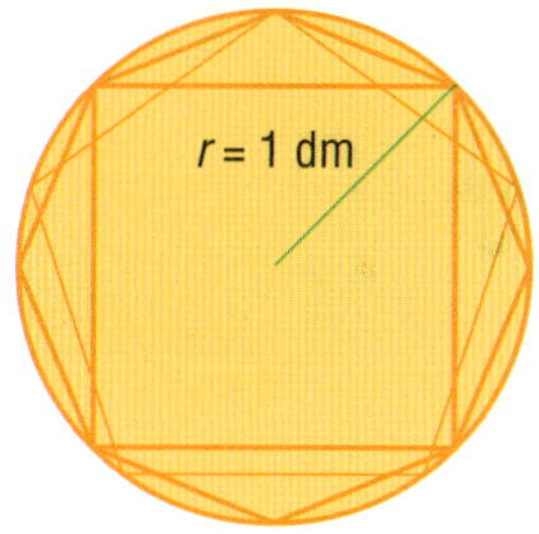

Fig. 4.6

En cas que la successió fos monòtona decreixent i també tingués límit, aquest seria més petit que tots i cadascun dels termes de la successió. Aleshores, $a_n - l > 0$ per a qualsevol valor de n.

Per poder treballar sempre amb nombres positius, en la definició de límit figura el valor absolut de la diferència. Ja saps que es verifica:

$$|a_n - l| = |l - a_n|$$

4.1 Límits que no són numèrics

La tendència que presenta la successió dels nombres parells, de terme general $a_n = 2n$, no es pot expressar mitjançant un nombre. És una successió creixent i que no està fitada superiorment. Els termes de la successió són cada vegada més grans.

$$a_{5\,000} = 10\,000 \qquad a_{9\,999} = 19\,998, \text{ etc.}$$

! Important

∞ és un símbol, no és cap nombre.

En aquests casos, diem que la successió tendeix a més infinit i ho expressem així:

$$\lim 2n = +\infty$$

Una cosa semblant succeeix amb els termes de la successió $b_n = -2n^2$. Calculem-ne alguns termes avançats:

$$b_{1\,000} = -2\,000\,000 \qquad b_{10\,500} = -220\,500\,000$$

Cada terme és més petit que l'anterior. Es tracta d'una successió decreixent que no té fita inferior. En aquest cas diem que la successió té límit menys infinit i ho expressem de la manera següent:

$$\lim (-2n^2) = -\infty$$

Calculem ara termes avançats de la successió $c_n = (-1)^n \dfrac{n}{n+1}$ de la mateixa manera que hem fet en els casos anteriors:

$$c_{90} = 0{,}989\,01 \qquad c_{91} = -0{,}989\,13 \qquad c_{2\,001} = -0{,}999\,5 \qquad c_{3\,006} = 0{,}999\,667$$

! Important

Una successió no pot tenir 2 límits numèrics. El límit és únic.

Podem observar que, a conseqüència del factor $(-1)^n$, els termes parells són positius i els senars, negatius. Mentre que els parells s'acosten a 1, els senars tendeixen a –1. La successió és oscil·lant i no té límit, ja que els seus termes s'acosten a dos valors diferents.

No obstant això, la successió de terme general $\dfrac{(-1)^n}{n}$ també és oscil·lant, però sí que té límit. Comprova-ho i indica'n el valor.

Conclusions

- Tota successió creixent i fitada superiorment té límit. Aquest límit és, precisament, la més petita de les fites superiors.
- Tota successió decreixent i fitada inferiorment té límit. Aquest límit és la més gran de les fites inferiors.
- Tota successió creixent no fitada superiorment té límit més infinit.
- Tota successió decreixent no fitada inferiorment té límit menys infinit.
- Les successions oscil·lants poden tenir límit o no tenir-ne.
- Una successió és **convergent** si té com a límit un nombre real. Si una successió té límit $+\infty$ o $-\infty$, s'anomena **divergent.**

Activitats

23. Calcula termes avançats d'aquestes successions per poder-ne establir el límit en cada cas:

a) $a_n = \frac{1}{n^2}$ *b)* $b_n = \frac{n}{n+8}$

c) $c_n = \frac{n^2-1}{n^2+1}$ *d)* $d_n = \frac{100}{n}$

e) $e_n = n^2 - 100$ *f)* $f_n = -n^3 + 100$

g) $g_n = n^2 - 50n + 125$ *h)* $h_n = \frac{2n^2-1}{n^2}$

24. Classifica les successions anteriors en convergents i divergents.

25. Esbrina els cinc primers termes de la successió següent: $a_n = (-2)^{n+1}$.

R: 4, −8, 16, −32, 64

26. Escriu el terme general de dues successions divergents de límit $-\infty$.

27. Calcula els termes que ocupen les posicions 100 i 1 000 en les successions de terme general:

a) $a_n = \frac{n+10}{n}$

b) $b_n = \frac{n^2+100}{n+10}$

5. Operacions amb successions

5.1 Successió suma

Considerem aquestes successions:

$$\{a_n\}: 2, \frac{3}{2}, \frac{4}{3}, \frac{5}{4} \ldots \frac{n+1}{n} \ldots \qquad \{b_n\}: 3, \frac{5}{2}, \frac{7}{3}, \frac{9}{4} \ldots \frac{2n+1}{n} \ldots$$

Els termes de la successió suma d'aquestes dues successions s'obtenen sumant els termes que ocupen el mateix lloc en cadascuna. Així, podem expressar:

$$\{a_n + b_n\}: 5, 4, \frac{11}{3}, \frac{7}{2} \ldots \frac{n+1}{n} + \frac{2n+1}{n} \ldots$$

D'aquesta manera, el terme general de la successió suma s'obté a partir de la suma dels termes generals de les dues successions:

$$a_n + b_n = \frac{n+1}{n} + \frac{2n+1}{n} = \frac{3n+2}{n}$$

5.2 Successió producte

Si multipliquem els termes que ocupen el mateix lloc en dues successions, n'obtenim la successió producte. Considerant les dues successions anteriors, tenim:

$$\{a_n \cdot b_n\}: 6, \frac{15}{4}, \frac{28}{9}, \frac{45}{16} \ldots \frac{n+1}{n} \cdot \frac{2n+1}{n} \ldots$$

El terme general s'obté en multiplicar els termes generals respectius:

$$a_n \cdot b_n = \frac{n+1}{n} \cdot \frac{2n+1}{n} = \frac{2n^2+3n+1}{n^2}$$

De la mateixa manera, podem definir la resta, la divisió i també la potència de dues successions.

! Important

- La successió quocient $\{a_n : b_n\}$ només es pot definir si $b_n \neq 0$ per a qualsevol $n \in \mathbb{N}$.
- En la successió potència $\{(a_n)^{b_n}\}$, les successions a_n i b_n no poden anul·lar-se alhora.

Hem de tenir en compte que, quan efectuem operacions amb les expressions dels termes generals de dues successions, el que fem en realitat és operar amb funcions de variable *n*, un nombre natural. Per tant, són vàlides les consideracions establertes anteriorment per a les operacions amb funcions de variable real. Els nombres naturals constitueixen una part dels nombres reals i, per tant, les operacions amb els termes generals de successions són un cas particular de les operacions amb funcions que ja coneixes.

Activitats

28. Considera les successions següents:

$\{a_n\}: 1, 4, 9, 16, 25...$ i $\{b_n\}: 1, \frac{1}{2}, \frac{1}{3}, \frac{1}{4}, \frac{1}{5}...$

a) Esbrina el terme general de a_n i el de b_n.

b) Determina els cinc primers termes i el terme general de cadascuna de les successions següents:

$$\{a_n + b_n\} \quad \{a_n - b_n\} \quad \{a_n \cdot b_n\} \quad \{nb_n\} \quad \left\{\frac{a_n}{b_n}\right\} \quad \{b_n - a_n\}$$

29. Escriu els deu primers termes de la successió $\{a_n\}^n$, en què $a_n = \frac{n+1}{n}$.

6. Límits de successions convergents

Considerem les successions $a_n = \frac{2n+1}{n}$ i $b_n = \frac{3n+1}{n}$. Per esbrinar el límit de cadascuna, hem de calcular alguns dels seus termes:

$$\{a_n\}: 3;\ 2{,}5;\ 2{,}\widehat{3};\ 2{,}25;\ ...;\ 2{,}00001...$$
$$\{b_n\}: 4;\ 3{,}5;\ 3{,}\widehat{3};\ 3{,}25;\ ...;\ 3{,}00001...$$

! Important

Si a_n és el terme general d'una successió convergent, el valor del seu límit s'expressa habitualment amb la lletra *a*:

$$\lim a_n = a$$

Comprovem que som davant de dues successions decreixents i fitades inferiorment. Són, per tant, successions convergents i podem escriure:

$$\lim a_n = 2 \qquad \lim b_n = 3$$

Quin és el límit de $\{a_n + b_n\}$?

El terme general és: $a_n + b_n = \frac{2n+1}{n} + \frac{3n+1}{n} = \frac{5n+2}{n}$

Calculem-ne alguns dels termes: $\{a_n + b_n\}$: 7; 6; $5{,}\widehat{6}$; 5,5...5,00002

Es tracta d'una successió convergent, el límit de la qual és 5. Podem escriure:

$$\lim\{a_n + b_n\} = 5 = 2 + 3$$

De manera semblant, podem obtenir el límit de la successió diferència:

$$\lim\{a_n - b_n\} = 2 - 3 = -1$$

Quin és el límit de $\{a_n \cdot b_n\}$? Determinem-ne l'expressió del terme general:

$$a_n \cdot b_n = \frac{2n+1}{n} \cdot \frac{3n+1}{n} = \frac{6n^2+5n+1}{n^2}$$

Esbrinem alguns dels seus termes: $\{a_n \cdot b_n\}$: 12; 8,75; $7{,}\widehat{7}$; 7,31; ...; 6,005001

És una successió convergent, el límit de la qual és 6. Podem escriure:

$$\lim\{a_n \cdot b_n\} = 6 = 2 \cdot 3$$

Anàlogament, podem obtenir: lim $\{a_n : b_n\} = 2 : 3 = \frac{2}{3}$ i lim $\{ka_n\} = 2k$, per a qualsevol valor de $k \in \mathbb{R}$.

Generalitzant els resultats anteriors:

> Si $\lim\{a_n\} = a$ i $\lim\{b_n\} = b$, es verifica:
>
> - $\lim\{a_n + b_n\} = a + b$. El límit de la suma és la suma de límits.
> - $\lim\{a_n - b_n\} = a - b$. El límit de la diferència és la diferència de límits.
> - $\lim\{a_n \cdot b_n\} = a \cdot b$. El límit del producte és el producte de límits.
> - $\lim\left\{\frac{a_n}{b_n}\right\} = \frac{a}{b}$ si $b \neq 0$. El límit del quocient és el quocient dels límits, excepte quan $\lim b_n = 0$.

6.1 Límits i progressions geomètriques

En les progressions geomètriques en què $0 < r < 1$, els termes successius prenen valors que cada cop s'apropen més a zero. Si a_n és el terme general d'una d'aquestes progressions, es verifica que $\lim a_n = 0$.

En la successió de les àrees dels quadrats de la Figura 4.1, $b_n = \left(\frac{1}{2}\right)^{n-1}$.

Som davant d'una progressió geomètrica decreixent en què $b = 1$ i $r = \frac{1}{2}$.

Si en calculem alguns dels termes:

$$b_{10} = \left(\frac{1}{2}\right)^9 = 0{,}00119531250\ldots \qquad b_{20} = \left(\frac{1}{2}\right)^{19} = 0{,}0000019073\ldots$$

podem comprovar que, efectivament, la successió té com a límit zero.

En l'expressió de la suma de n termes d'una progressió geomètrica:

$$S_n = \frac{a_1(1 - r^n)}{1 - r}$$

r^n tendeix a zero quan $0 < r < 1$ i el nombre de termes n és il·limitat. Per tant, en aquest cas, la suma dels infinits termes de la progressió s'expressa de la manera següent:

$$S_n = \frac{a_1}{1 - r}$$

Aquesta expressió ens permet calcular la suma dels termes d'una progressió geomètrica il·limitada decreixent.

La suma de les àrees de tots el quadrats de la Figura 4.1 és:

$$S_n = \frac{1}{1 - \frac{1}{2}} = 2\ \text{dm}^2$$

Acabem de sumar infinits sumands!

Si tenim en compte que qualsevol nombre decimal periòdic es pot expressar com la suma dels infinits termes d'una progressió geomètrica en què $0 < r < 1$, l'expressió anterior ens permet determinar de manera senzilla la fracció generatriu que correspon al nombre decimal.

! Important

Recorda que la fracció generatriu f de $0,\widehat{27}$ també es pot determinar d'aquesta manera:

$$f = 0,\widehat{27} \rightarrow 100f = 27,\widehat{27}$$

Quan restem membre a membre ambdues igualtats, tenim que:

$$99f = 27 \rightarrow f = \frac{27}{99} = \frac{3}{11}$$

Així, per exemple, el nombre decimal periòdic pur $0,\widehat{27}$ es pot expressar:

$$0,\widehat{27} = 0,27 + 0,0027 + 0,000027 \ldots$$

Es tracta d'esbrinar la suma d'una progressió geomètrica il·limitada en què:

$$a_1 = 0,27 = \frac{27}{100} \text{ i } r = 0,01 = \frac{1}{100}$$

Per tant,

$$S = \frac{a_1}{1-r} = \frac{\frac{27}{100}}{1-\frac{1}{100}} = \frac{\frac{27}{100}}{\frac{99}{100}} = \frac{27}{99} = \frac{3}{11}$$

$\frac{3}{11}$ és, doncs, la fracció generatriu del nombre decimal $0,\widehat{27}$.

6.2 Casos especials

Aquest tipus de casos es presenten quan hem de calcular el límit del quocient de dues successions tals que la successió denominador o divisor té com a límit zero.

Considerem les successions de termes generals següents:

$$a_n = \frac{n+1}{n} \text{ i } b_n = \frac{1}{n}$$

Calculem termes avançats de cadascuna per observar-ne les tendències:

$$a_n = \frac{n+1}{n} \rightarrow a_{100} = 1,01 \qquad a_{1\,000} = 1,001 \qquad a_{3\,500} = 1,0002857$$

$$b_n = \frac{1}{n} \rightarrow b_{100} = 0,01 \qquad b_{1\,000} = 0,001 \qquad b_{3\,500} = 0,0002857$$

Podem afirmar que $\lim a_n = 1$ i $\lim b_n = 0$. Som davant d'un cas especial, si el que volem és determinar el límit de la successió $\frac{a_n}{b_n}$. Calculem el terme general d'aquesta successió quocient:

$$\frac{a_n}{b_n} = \frac{n+1}{n} : \frac{1}{n} = n+1$$

Es tracta d'una successió creixent i no fitada superiorment. Així doncs, $\lim \frac{a_n}{b_n} = +\infty$, ja que $\{a_n\}$ és una successió convergent i $\lim b_n = 0$.

Si $\lim a_n = 0$ i $\lim b_n = 0$, el límit de la successió $\frac{a_n}{b_n}$ no està determinat, ja que l'expressió $\frac{0}{0}$ pot prendre qualsevol valor.

! Important

L'expressió $\frac{0}{0}$ es considera una indeterminació.

Per tal d'establir-ne el límit, hem d'estudiar amb detall cada situació d'aquest tipus que se'ns presenti. Com podem fer-ho? Simplificant, si és possible, l'expressió del terme general de la successió $\frac{a_n}{b_n}$, fins a obtenir una nova expressió equivalent de la qual puguem calcular-ne el límit, o bé observant la seva tendència per a valors de n prou grans.

Observa com es calcula un d'aquests límits: $a_n = \frac{1}{n}$ i $b_n = \frac{1}{n^2}$

$\lim a_n = 0$ i $\lim b_n = 0 \longrightarrow \lim (a_n : b_n) = \lim\left(\frac{1}{n} : \frac{1}{n^2}\right) = \lim n = +\infty \rightarrow \lim (a_n : b_n) = +\infty$

En resum:

Si $\left.\begin{array}{l}\lim a_n = a\\ \lim b_n = 0\end{array}\right\} \longrightarrow \lim \frac{a_n}{b_n} = \pm\infty$ hem d'estudiar el signe en cada cas.

Si $\left.\begin{array}{l}\lim a_n = 0\\ \lim b_n = 0\end{array}\right\} \longrightarrow \lim \frac{a_n}{b_n}$ no està determinat.

Activitats

30. Calcula el límit de cadascuna de les successions següents:

a) $a_n = \frac{2n+1}{n} + \frac{n}{n+1}$

b) $b_n = \frac{1}{n^2} : \frac{1}{n}$

c) $c_n = \frac{1}{n^2} - \frac{1}{n}$

d) $d_n = 5 : \frac{1}{n}$

R: *a)* 3; *b)* 0; *c)* 0; *d)* $+\infty$

31. Calcula la suma dels perímetres dels quadrats de la Figura 4.1.

R: $S = 13{,}65$ dm

32. La suma dels termes d'una progressió geomètrica il·limitada de raó $\frac{1}{3}$ és 6. Esbrina'n el primer terme.

R: $a_1 = 4$

33. Determina la fracció generatriu dels nombres decimals següents: $0,\widehat{2}$, $4,\widehat{16}$, $3,1\widehat{56}$.

34. Escriu els termes generals de dues successions convergents el límit de les quals sigui zero. Calcula el límit de les dues possibles successions quocient.

35. Donades $a_n = \frac{5\,000}{n}$ i $b_n = \frac{n + 5\,000}{n+1}$, calcula:

$$\lim \frac{a_n}{b_n} \text{ i } \lim \frac{b_n}{a_n}$$

R: 0; $+\infty$

7. Límits de successions divergents

Considerem dues successions divergents que anomenem $\{a_n\}$ i $\{b_n\}$. Suposem que:

$$\lim a_n = +\infty \text{ i } \lim b_n = +\infty$$

Sembla raonable pensar que es verifica:

$\lim \{a_n + b_n\} = +\infty$

$\lim \{ka_n\} = +\infty$, si $k > 0$

$\lim \{a_n \cdot b_n\} = +\infty$

! Important

$(+\infty) + (+\infty) = +\infty$

$k(+\infty) = \pm\infty$ ↗ Positiu si $k > 0$ ↘ Negatiu si $k < 0$

$(+\infty) \cdot (+\infty) = +\infty$

Es poden presentar dificultats per calcular els límits de les successions diferència i quocient de dues successions divergents. Vegem-ne alguns exemples:

- **Cas 1:** $\lim a_n = \lim (n+3) = +\infty$ i $\lim b_n = \lim (n+1) = +\infty$

  La successió $a_n - b_n = (n+3) - (n+1) = 2$ és una successió constant. Per tant, $\lim (a_n - b_n) = 2$

> **Recorda**
>
> $\lim \frac{1}{n} = 0$

- **Cas 2:** $\lim a_n = \lim 2n = +\infty$ i $\lim b_n = \lim (n+1) = +\infty$

  $$a_n - b_n = 2n - (n+1) = n - 1 \text{ i } \lim (a_n - b_n) = \lim (n-1) = +\infty$$

- **Cas 3:** $\lim a_n = \lim n^2 = +\infty$ i $\lim b_n = \lim n^3 = +\infty$

  $a_n - b_n = n^2 - n^3 = n^3\left(\frac{1}{n} - 1\right)$, hem extret com a factor comú la potència de n d'exponent més gran. Som davant del producte de dues successions els límits de les quals són: $\lim n^3 = +\infty$ i $\lim\left(\frac{1}{n} - 1\right) = -1$.

  Per tant, podem escriure:

  $$\lim (a_n - b_n) = \lim (n^2 - n^3) = \lim\left[n^3\left(\frac{1}{n} - 1\right)\right] = +\infty \cdot (-1) = -\infty$$

> **! Important**
>
> Les expressions $\infty - \infty$ i $\frac{\infty}{\infty}$ no són numèriques. Indiquen una indeterminació.

- **Cas 4:** $\lim a_n = \lim 2n = +\infty$ i $\lim b_n = \lim (n+1) = +\infty$

  $\frac{a_n}{b_n} = \frac{2n}{n+1}$. Calculem-ne uns quants termes:

  $$\left\{\frac{a_n}{b_n}\right\} : 1, \frac{4}{3}, \frac{3}{2} \cdots \frac{2\,000}{1\,001} \cdots \frac{2\,000\,000}{1\,000\,001} \cdots$$

  Podem afirmar que el límit d'aquesta successió és 2:

  $$\lim \frac{a_n}{b_n} = \lim \frac{2n}{n+1} = 2$$

> **Conclusions**
>
> Si a_n i b_n són dues successions divergents, el límit de la successió quocient no està determinat, i el de la successió diferència pot no estar-ho. Hem d'estudiar la successió que resulta en cada cas, tal com hem fet als exemples anteriors.

Activitats

36. Comprova que les successions $a_n = n^2 + 1$ i $b_n = 35n$ són successions divergents.

Calcula el límit de cadascuna de les successions següents:

$\{a_n + b_n\}$ $\{a_n \cdot b_n\}$ $\{a_n - b_n\}$

$\{a_n : b_n\}$ $\{b_n - a_n\}$ $\{b_n : a_n\}$

R: $+\infty$; $+\infty$; $+\infty$; $+\infty$; $-\infty$; 0

37. Calcula el límit d'aquestes successions: $a_n = \frac{n}{50}$ i $b_n = \frac{-5n^2}{n+1}$. Són divergents? Calcula el límit de cadascuna de les successions següents:

$\{a_n + b_n\}$ $\{a_n \cdot b_n\}$ $\{a_n - b_n\}$

$\{a_n : b_n\}$ $\{b_n - a_n\}$ $\{b_n : a_n\}$

R: $-\infty$; $-\infty$; $+\infty$; $-\frac{1}{250}$; $-\infty$; -250

8. Càlcul de límits

Tot seguit, analitzarem algunes de les estratègies per calcular límits dels tipus de successions que es presenten amb més freqüència.

8.1 Límits de polinomis

Si l'expressió del terme general d'una successió és un polinomi en n, significa que els seus termes s'obtenen a partir d'una suma de productes de potències de n per nombres reals. Cadascun dels termes en n és equivalent a una successió divergent. De fet, el terme de grau més gran que té el polinomi és el que determina la tendència de la successió. El límit de la successió polinòmica serà $+\infty$ o $-\infty$, coincidint amb el del límit del terme de grau més gran del polinomi. Per exemple:

$$\lim\,(3n^2 - 500n) = \lim\, 3n^2 = +\infty$$

$$\lim\,(n^4 - 2n^5 - 45n^2) = \lim\,(-2n^5) = -\infty$$

Vegem-ne altres exemples:

$$\lim\,(-n^2 + 100n + 10\,000) = -\infty \qquad \lim\, 3n = +\infty$$

$$\lim\,(-n^3 + n^4) = +\infty \qquad \lim\,(n + 5) = +\infty$$

> **! Important**
>
> El límit d'una successió que té per terme general un polinomi, sempre és $+\infty$ o $-\infty$. El signe coincideix amb el del coeficient del terme de grau més gran.

8.2 Límits de fraccions algèbriques

Si l'expressió del terme general és una fracció algèbrica que té per numerador una constant i per denominador un polinomi de grau més gran que zero, el límit és zero. Així:

$$\lim \frac{1}{n} = 0 \qquad \lim \frac{165}{n^2+1} = 0 \qquad \lim \frac{-120}{n^3+12n^2-45} = 0$$

Si l'expressió del terme general és el quocient de dos polinomis, som davant d'un cas d'indeterminació del tipus $\pm\frac{\infty}{\infty}$.

Estudiarem la manera de calcular el límit en cadascuna de les situacions que es poden presentar, tenint en compte que el numerador i el denominador de la fracció algèbrica són polinomis en n, el límit dels quals ja sabem esbrinar:

a) $\lim \dfrac{2n^2+1}{n^3+3n^2-2n} = \lim \dfrac{2n^2}{n^3} = \lim \dfrac{2}{n} = 0$

b) $\lim \dfrac{-5n^4+3n^2-5}{n^2+5n-3} = \lim \dfrac{-5n^4}{n^2} = \lim\,(-5n^2) = -\infty$

c) $\lim \dfrac{5n^5+4n^3-12n^2-6}{-3n^5-3n^2+n} = \lim \dfrac{5n^5}{-3n^5} = -\dfrac{5}{3}$

Als tres exemples que acabem de veure, es posa de manifest que el límit de la successió que té per terme general una fracció algèbrica depèn de la relació que hi ha entre els graus dels polinomis numerador i denominador:

- Si el grau del numerador és més petit que el del denominador, el límit de la successió és zero.

! Important

$$\lim \frac{an^k}{bn^h} = \begin{cases} 0 & \text{si } k < h \\ \pm\infty & \text{si } k > h \\ \frac{a}{b} & \text{si } k = h \end{cases}$$

- En cas que el grau del numerador sigui més gran que el del denominador, el límit de la successió és $+\infty$ o $-\infty$.
- Quan el numerador i el denominador tenen el mateix grau, el límit de la successió és numèric i igual al quocient entre els coeficients dels dos termes de grau més gran.

8.3 Límits de diferències

El límit de la diferència de dues successions divergents, amb la mateixa tendència a $+\infty$ o a $-\infty$, és un cas d'indeterminació. Compte! No es pot interpretar que $\infty - \infty$ sigui zero perquè no restem dos nombres. En cada cas, haurem d'estudiar la manera de resoldre aquesta indeterminació, sigui efectuant l'operació entre les expressions algèbriques de les dues successions, sigui utilitzant algunes propietats de les fraccions.

Vegem-ne alguns exemples concrets:

- $\lim\left(\frac{n^2+1}{2n} - \frac{n^2}{4}\right)$. Es tracta de la diferència de dues successions divergents, ambdues amb límit $+\infty$. N'efectuarem la resta per obtenir una nova fracció algèbrica el límit de la qual ja sabem calcular: $\lim\left(\frac{n^2+1}{2n} - \frac{n^2}{4}\right) = \lim \frac{2n^2+2-n^3}{4n} = -\infty$
- $\lim\left(\sqrt{n+1} - \sqrt{n-1}\right)$. Com pots veure, són dues successions divergents amb límit $+\infty$. En aquest cas, no podem fer la diferència entre les arrels quadrades de les seves expressions algèbriques. La indeterminació es pot resoldre multiplicant i dividint per l'expressió conjugada:

$$\lim\left(\sqrt{n+1} - \sqrt{n-1}\right) = \lim \frac{\left(\sqrt{n+1} - \sqrt{n-1}\right)\left(\sqrt{n+1} + \sqrt{n-1}\right)}{\sqrt{n+1} + \sqrt{n-1}} =$$

$$= \lim \frac{n+1-(n-1)}{\sqrt{n+1} + \sqrt{n-1}} = \lim \frac{2}{\sqrt{n+1} + \sqrt{n-1}} = 0$$

! Important

$\lim \sqrt{n} = +\infty$

$\lim\left(\sqrt{n+1} + \sqrt{n-1}\right) = +\infty$

8.4 Límits de potències

Plantejarem diversos casos:

- Base numèrica $k > 0$ i exponent una successió a_n.

  Si $\lim a_n = a \rightarrow \lim k^{a_n} = k^a$

  Si $\lim a_n = +\infty$, haurem de considerar el valor de la base k, basant-nos en l'esquema següent:

  $$\text{Si } \lim a_n = +\infty \rightarrow \begin{cases} \lim k^{a_n} = +\infty & \text{si } k > 1 \\ \lim k^{a_n} = 0 & \text{si } 0 < k < 1 \end{cases}$$

- Si tant la base com l'exponent són successions convergents, se'n calculen els límits separadament i s'efectua la potència corresponent. Per exemple:

  $$\lim\left(\frac{3n+1}{n}\right)^{\frac{2n-5}{n}} = 3^2 = 9 \text{ , ja que } \lim \frac{3n+1}{n} = 3 \text{ i } \lim \frac{2n-5}{n} = 2.$$

Les estratègies de càlculs de límits que acabem de veure ens permetran arribar amb èxit al resultat final, llevat dels casos que ens condueixin a expressions del tipus 1^∞. Es tracta d'un nou tipus d'indeterminació que haurem de resoldre en cada situació concreta. Tot seguit resoldrem algunes d'aquestes indeterminacions.

! Important

Exemples

$\lim 2^n = +\infty, \lim\left(\frac{1}{2}\right)^n = 0$

$\lim\left(\frac{1}{3}\right)^{-n} = \lim 3^n = +\infty$

$\lim 3^{-n} = \lim\left(\frac{1}{3}\right)^n = 0$

Activitats

38. Calcula el límit de cadascuna de les successions següents:

a) $a_n = n^2 - n - n^3$ *b)* $b_n = \dfrac{1+\sqrt{n}}{n}$

c) $c_n = 100 + \dfrac{1}{n}$ *d)* $d_n = \dfrac{2n}{-3n+5}$

e) $e_n = \dfrac{800}{2n^3}$ *f)* $f_n = \dfrac{-n+1}{n^2}$

R: *a)* $-\infty$; *b)* 0; *c)* 100; *d)* $\dfrac{-2}{3}$; *e)* 0; *f)* 0

39. Esbrina, si existeixen, els límits següents:

a) $\lim \dfrac{n^3}{2n+1}$ *b)* $\lim 2^n$

c) $\lim (-1)^n$ *d)* $\lim \left(\dfrac{1}{3}\right)^{5n}$

e) $\lim \left(\dfrac{2n-2}{n+3}\right)^{\frac{n}{n+1}}$ *f)* $\lim \left(\dfrac{n}{n+5}\right)^{\frac{1}{n}}$

R: *a)* $+\infty$; *b)* $+\infty$; *c)* no existeix; *d)* 0; *e)* 2; *f)* 1

40. Calcula els límits següents:

a) $\lim \dfrac{0{,}2^n}{n}$ *b)* $\lim \dfrac{3n^3 - n^2 + 1}{-2n^3 + n^2 + n + 1}$

c) $\lim \dfrac{2^n}{3^n}$ *d)* $\lim \dfrac{n+1}{\sqrt{n+10}}$

e) $\lim \left(\dfrac{n^2}{n+5} - \dfrac{n}{100}\right)$ *f)* $\lim (4n - \sqrt{n-1})$

R: *a)* 0; *b)* $\dfrac{-3}{2}$; *c)* 0; *d)* $+\infty$; *e)* $+\infty$; *f)* $+\infty$

41. Calcula:

a) $\lim \dfrac{(2n-1)(4n-3)}{(n+1)(5n-4)}$ *b)* $\lim \left(\dfrac{2n+3}{n+5}\right)^{\frac{3n}{n+1}}$

c) $\lim \left(\dfrac{3n}{5} - \dfrac{n^2+1}{n+2}\right)$ *d)* $\lim \left(\dfrac{5n+1}{n+5}\right)^{n+3}$

e) $\lim \dfrac{n+100}{\sqrt{n^2+2}}$ *f)* $\lim \dfrac{n^2 - n^3 - n^4}{n^4 + n^3 + n^2 + 1}$

R: *a)* $\dfrac{8}{5}$; *b)* 8; *c)* $-\infty$; *d)* $+\infty$; *e)* 1; *f)* -1

9. El nombre e

Considerem la successió següent: $a_n = \left(1 + \dfrac{1}{n}\right)^n$. Com pots observar, es tracta d'una potència en què tant la base com l'exponent són successions. Calculem-ne els límits separadament:

$$\lim \left(1 + \frac{1}{n}\right) = 1 \quad \text{i} \quad \lim n = +\infty$$

En principi, sembla lògic pensar que el límit d'aquesta successió hagi de ser 1. No obstant això, quan en calculem termes avançats es comprova que no és així:

$a_1 = 2$ $a_2 = 2{,}25$ $a_3 = 2{,}37$ $a_4 = 2{,}441$ $a_5 = 2{,}488\,32$

$a_{100\,000} = 2{,}718\,268$ $a_{1\,000\,000} = 2{,}718\,280\,469$ $a_{1\,000\,000\,000} = 2{,}718\,281\,827$

Efectivament, veiem que el límit d'aquesta successió no és 1.

El càlcul dels termes de la successió anterior posa de manifest que es tracta d'una successió creixent i fitada superiorment. A més, aquests termes es van acostant a un valor proper a 2,718 282, ja que en els termes que ocupen els llocs un milió i mil milions, per exemple, es repeteixen les sis primeres xifres. Admetrem que: $\lim \left(1 + \dfrac{1}{n}\right)^n = 2{,}718\,28\ldots$

El resultat d'aquest límit és un nombre irracional que té nom propi: es coneix amb el nom de **nombre e.**

$$\lim \left(1 + \frac{1}{n}\right)^n = e$$

La tecla e^x de la calculadora dóna com a resultat, per a $x = 1$, $e = 2{,}718\,281\,827$, que no és més que una aproximació al seu valor exacte.

! Important

$\lim \left(1 + \dfrac{1}{n}\right)^n$ és una indeterminació del tipus 1^∞.

9.1 Càlcul de límits amb el nombre e

Les successions que tenen com a límit una expressió indeterminada del tipus 1^∞ es resolen amb l'ajut del nombre e.

En general, si $\lim a_n = \infty$, es verifica que: $\lim\left(1+\dfrac{1}{a_n}\right)^{a_n} = e$.

Per exemple: $\lim\left(1+\dfrac{1}{3n}\right)^{3n} = e$.

En alguns casos, és necessari efectuar operacions prèvies per tal d'aconseguir que l'expressió del terme general de la successió que ens donen adopti aquesta forma. Calculem, per exemple: $\lim\left(\dfrac{n+2}{n+1}\right)^{2n}$, un límit indeterminat del tipus 1^∞.

Hem de fer operacions per identificar la successió a_n. Utilitzem un artifici de càlcul; sumem i restem 1 al terme general de la successió que defineix la base d'aquesta potència:

$$\left(\frac{n+2}{n+1}\right)^{2n} = \left(1+\frac{n+2}{n+1}-1\right)^{2n} = \left(1+\frac{1}{n+1}\right)^{2n}$$

Ara, necessitem que en l'exponent figuri l'expressió de la successió de terme general $n+1$. Per això, multipliquem i dividim el seu exponent $2n$ per $n+1$ i reordenem l'expressió obtinguda per fer evident la presència del terme $n+1$ en el primer dels exponents:

$$\left(1+\frac{1}{n+1}\right)^{2n} = \left(1+\frac{1}{n+1}\right)^{\frac{2n(n+1)}{n+1}} = \left[\left(1+\frac{1}{n+1}\right)^{n+1}\right]^{\frac{2n}{n+1}}$$

Tenim que: $\lim\left(1+\dfrac{1}{n+1}\right)^{n+1} = e$ i $\lim\dfrac{2n}{n+1} = 2$

Per tant, $\lim\left(\dfrac{n+2}{n+1}\right)^{2n} = \lim\left[\left(1+\dfrac{1}{n+1}\right)^{n+1}\right]^{\frac{2n}{n+1}} = e^2$

De manera semblant, podem calcular

$$\lim\left(5-\frac{4n+1}{n+3}\right)^{n}$$

Transformem el terme general de la successió de la base:

$$5-\frac{4n+1}{n+3} = 1+4-\frac{4n+1}{n+3} = 1+\frac{11}{n+3}$$

Cal que en l'exponent tinguem la successió inversa de la successió $\dfrac{11}{n+3}$:

$$\left(5-\frac{4n+1}{n+3}\right)^{n} = \left(1+\frac{11}{n+3}\right)^{\frac{n(n+3)}{11}\cdot\frac{11}{n+3}} = \left[\left(1+\frac{11}{n+3}\right)^{\frac{n+3}{11}}\right]^{\frac{11n}{n+3}}$$

$$\lim\left(1+\frac{11}{n+3}\right)^{\frac{n+3}{11}} = e \quad \text{i} \quad \lim\frac{11n}{n+3} = 11$$

En conseqüència:

$$\lim\left(5-\frac{4n+1}{n+3}\right)^{n} = e^{11}$$

! Important

$\lim\,(1+b_n)^{\frac{1}{b_n}} = e$ si $\lim b_n = 0$.

! Important

El nombre e sorgeix quan resolem indeterminacions del tipus 1^∞.

Activitats

42. Calcula $\lim\left(1-\dfrac{1}{n}\right)^{n}$.

Tingues en compte que:

$1-\dfrac{1}{n} = 1+\dfrac{-1}{n}$

R: $\dfrac{1}{e}$

43. Determina els límits següents:

a) $\lim\left(\dfrac{n+2}{n+1}\right)^{n}$ *b)* $\lim\left(2-\dfrac{n+3}{n+1}\right)^{3n}$

c) $\lim\left(1+\dfrac{1}{2n}\right)^{3n+1}$ *d)* $\lim\left(4-\dfrac{3n}{n+5}\right)^{n^2}$

R: *a)* e; *b)* $\dfrac{1}{e^6}$; *c)* $e^{\frac{3}{2}}$; *d)* $+\infty$

Punt final

Les progressions aritmètiques i geomètriques

Les expressions que relacionen els termes de les progressions aritmètiques i els de les geomètriques presenten algunes semblances que és interessant tenir en compte, perquè et poden ajudar a recordar-les i a diferenciar-les. A la Taula 4.1 pots observar les diferents fórmules i operacions que intervenen en cada cas.

Es diu que la potència és una operació un grau superior al producte, i que aquest és un grau superior a la suma. El mateix succeeix entre l'arrel quadrada, la divisió per 2 i la resta. Com pots comprovar, les operacions que hi ha a les fórmules de les progressions geomètriques són un grau superior a les que hi ha a les progressions aritmètiques.

Progressions aritmètiques	Progressions geomètriques
$a_n = a_1 + (n-1)d$	$a_n = a_1 r^{n-1}$
$d = a_n - a_{n-1}$	$r = a_n : a_{n-1}$
$S_n = \dfrac{n \cdot (a_1 + a_n)}{2}$	$P_n = \sqrt{(a_1 \cdot a_n)^n}$
Suma	Producte
Resta	Divisió
Producte	Potència
Divisió per 2	Arrel quadrada

Taula 4.1

La inducció

Un dels procediments que fa servir indirectament l'infinit en una demostració és la inducció. Pel que sembla, aquest mètode va ser utilitzat per primera vegada pel matemàtic, físic i filòsof francès Blaise Pascal (1623-1662).

Imaginem una formació de soldadets de plom: si un cau, tots els que el segueixen també cauran. De manera semblant, hi ha propietats que es verifiquen per a un nombre natural determinat i per a tots els que el segueixen.

El procediment en què es basa la inducció és comprovar, en primer lloc, que una propietat o igualtat determinada es verifica per a un nombre natural concret. Suposa que la igualtat és certa per a un nombre natural n qualsevol i, a partir d'aquesta hipòtesi, esbrina si també es verifica per a $n + 1$, el següent de n.

Utilitzarem la inducció per demostrar que la suma dels n primers nombres senars és n^2, és a dir, que es verifica:

$$1 + 3 + 5 + \ldots + 2n - 1 = n^2$$

La igualtat és certa per a $n = 1$, ja que $1 = 1^2$. Suposem que es verifica per a n i esbrinem si també es verifica per a $n + 1$.

Efectivament:

$$1 + 3 + 5 + \ldots + 2n - 1 + [2(n + 1) - 1] =$$
$$= 1 + 3 + 5 + \ldots + 2n - 1 + (2n + 1)$$

Si tenim en compte que $1 + 3 + 5 + \ldots + 2n - 1 = n^2$, la suma anterior es pot expressar de la manera següent:

$$1 + 3 + 5 + \ldots + 2n - 1 + (2n + 1) = n^2 + 2n + 1 = (n + 1)^2$$

És a dir, la suma dels $n + 1$ primers nombres senars és $(n + 1)^2$.

En definitiva, la igualtat és certa per a qualsevol valor de n. Pots comprovar-ho.

Les demostracions per inducció només són aplicables quan es tracta de nombres naturals.

Activitats finals

1. Cadascuna de les qüestions següents fa referència a progressions aritmètiques:

a) $a_3 = 15$, $a_7 = 27$. Calcula d i S_8.

b) $d = 4$, $a_5 = 9$. Determina a_n i a_{10}.

c) $a_1 = 4$, $S_4 = 46$. Calcula d i a_6.

d) $a_n = 3 - 2n$. Determina S_7.

2. En una progressió geomètrica, $a_2 = 3^{-\frac{1}{2}}$ i $a_6 = 3^{\frac{3}{2}}$. Calcula a_{10} i a_{13}.

R: $a_{10} = 3^{\frac{7}{2}}$; $a_{13} = 3^5$

3. El primer terme d'una progressió geomètrica és –5 i el cinquè, –125. Esbrina'n la raó i indica si es tracta d'una successió decreixent o oscil·lant.

4. Determina el terme central d'una progressió geomètrica d'onze termes sabent que $P_{11} = 1$.

R: $a_c = 1$

5. Cadascuna de les qüestions següents fa referència a progressions geomètriques:

a) $a_2 = 2$, $a_5 = \frac{1}{4}$. Calcula r, S_6 i S.

b) $r = 3$, $a_3 = 9$. Determina a_n, a_7 i P_7.

c) $a_1 = -6$, $r = \frac{2}{3}$. Calcula S_4 i S.

d) $a_n = (-2)^{n-1}$. Determina S_5 i P_5.

6. Dedueix una expressió que permeti calcular aquesta suma: $1 + r + r^2 + \ldots + r^n$.

7. Sabent que $1 + 2 + 2^2 + \ldots + 2^n = 2\,047$, indica el valor de n utilitzant l'expressió que has obtingut a l'activitat anterior.

R: $n = 10$

8. Calcula la suma dels vint primers nombres múltiples de 3, i la suma i el producte de les sis primeres potències de 3.

9. Interpola quatre termes entre els nombres 10 i 45, de manera que formin una progressió aritmètica. I tres termes entre 1792 i 7 per tal que formin una progressió geomètrica.

10. La suma dels termes de tres nombres naturals és 35, i el seu producte, 1 000. Esbrina aquests nombres sabent que són tres termes consecutius d'una progressió geomètrica.

R: 5, 10 i 20.

11. La suma dels termes d'una progressió geomètrica il·limitada decreixent és 10 i la diferència entre el primer i el segon terme és $\frac{5}{2}$. Determina'n el primer terme i la raó.

R: $a_1 = 5$; $r = \frac{1}{2}$

12. Si les mesures en centímetres dels costats d'un triangle rectangle estan en progressió aritmètica de diferència 3, calcula el perímetre i l'àrea del triangle.

13. Utilitzant la suma il·limitada dels termes d'una progressió geomètrica, determina la fracció generatriu dels nombres decimals periòdics: $2,\overset{\frown}{5}$ i $0,1\overset{\frown}{2}$.

14. Fa molts anys, un negociant va proposar a un ramader el tracte següent: «Li venc aquest cavall amb la condició que em pagui un cèntim pel primer clau de la seva ferradura, dos cèntims pel segon clau, quatre pel tercer i així successivament, fins a arribar al clau número 32, que és l'últim». A quin preu pretenia vendre-li el cavall?

R: més de 4 mil milions de cèntims

15. La successió 1, 1, 2, 3, 5, 8, 13, 21, 34... és la successió de Fibonacci. Aquesta successió té una regla recurrent que permet, a partir d'un cert valor de n, determinar-ne qualsevol terme si es coneixen els anteriors. Escriu-ne cinc termes més i indica la recurrència enunciada.

16. La Maria i el Jordi arriben a un acord: durant vint dies, la Maria donarà al Jordi 10 € el primer dia, 20 € el segon, 30 € el tercer i així successivament. A canvi, el Jordi donarà a la Maria 1 € el primer dia, 2 € el segon, 4 € el tercer... Qui en surt guanyant?

17. Dibuixa triangles equilàters successius a partir dels punts mitjans del triangle equilàter immediatament anterior. Si el primer triangle mesura 1 cm de costat, comprova que la seva àrea és $\frac{\sqrt{3}}{4}$ cm^2. Calcula els termes a_2, a_4 i a_7 de la successió de les àrees. Pots escriure l'expressió del terme general a_n d'aquesta successió? Té límit la successió d'aquestes àrees? Quin és?

18. Esbrina quines de les successions següents són progressions, indica'n el tipus. Determina el terme general de cada successió, i calcula'n el límit:

a) 2, 0, −2, −4, ...

b) 9, 16, 25, 36, ...

c) −1, 3, −9, 27, ...

d) $\frac{2}{3}, \frac{4}{5}, \frac{6}{7}, \frac{8}{9} \ldots$

e) $\frac{1}{2}, 1, \frac{3}{2}, 2 \ldots$

f) $\frac{3}{4}, \frac{3}{8}, \frac{3}{16}, \frac{3}{32} \ldots$

19. Esbrina si aquesta afirmació és certa:

«2 és una fita inferior de la successió $a_n = \frac{2n-1}{2}$».

Quin és el límit d'aquesta successió?

20. Considera la successió de terme general $a_n = (\sqrt{3})^n$. Té fites inferiors aquesta successió? A partir de quin terme tots el que el segueixen són més grans que 81? Té fita superior aquesta successió?

21. Classifica les successions següents, segons la monotonia, les fites i el límit:

a) $\frac{2}{3}, \frac{3}{4}, \frac{4}{5}, \frac{5}{6} \ldots$

b) $a_n = \frac{2n}{3n+2}$

c) $\frac{3}{2}, \frac{5}{6}, \frac{7}{10}, \frac{9}{14} \ldots$

d) $a_n = \frac{n^2}{2n+1}$

22. Calcula els límits següents:

a) $\lim [(3n-5)(2-3n)]$

b) $\lim\left(\frac{5}{n} - \sqrt{n}\right)$

c) $\lim \frac{\sqrt{4n^2+n}}{2n+3}$

d) $\lim\left(\frac{n^2}{n+1} - \frac{n}{2}\right)$

e) $\lim \frac{n-n^3}{n^2+5}$

f) $\lim \frac{3n^3+n^2}{3-n^3}$

R: *a)* $-\infty$; *b)* $-\infty$; *c)* 1; *d)* $+\infty$; *e)* $-\infty$; *f)* −3

23. Calcula el valor de k en cada cas:

a) $\lim \frac{n^2+3n-5}{3-kn^2} = -3$

b) $\lim \frac{-kn}{3n+2} = -\frac{1}{3}$

c) $\lim \frac{1+kn^2}{2n^2+3} = 1$

d) $\lim \frac{kn-1}{5n+2} = \frac{1}{2}$

e) $\lim \frac{kn^2+3}{2-n^2} = 2$

f) $\lim \frac{2n}{\sqrt{kn^2+1}} = \frac{\sqrt{2}}{2}$

24. Determina aquests límits:

a) $\lim\left(\frac{1}{5}\right)^{5n}$

b) $\lim \frac{n^3-3n^2+1}{n^5-2n}$

c) $\lim \frac{n+1}{\sqrt{n}}$

d) $\lim \frac{\sqrt{5}n^3+3n^2}{\sqrt{n^3}+5n+1}$

e) $\lim(\sqrt{3n} - \sqrt{n})$

f) $\lim 300^{-n}$

R: *a)* 0; *b)* 0; *c)* $+\infty$; *d)* $+\infty$; *e)* $+\infty$; *f)* 0

25. El límit d'una successió, el terme general de la qual és una fracció algèbrica, és 1. Explica la relació que hi ha entre els graus dels polinomis numerador i denominador, i entre els coeficients dels termes que determinen aquests graus.

26. Calcula els límits següents:

a) $\lim \sqrt{\frac{4n^2+1}{9n^2-2}}$

b) $\lim \frac{2-n^{-1}}{n^{-2}+4}$

c) $\lim(\sqrt{n^2+2n+3} - n)$

d) $\lim(\sqrt{2n^2+n+2} - \sqrt{2n^2-1})$

e) $\lim(3n^2 - \sqrt{3n^4-2})$

f) $\lim(\sqrt{3n+2} - \sqrt{3n})$

g) $\lim\left(2 - \frac{n+1}{n}\right)^{-2n}$

h) $\lim\left(\frac{n^2+5}{2n^2+1}\right)^{5n}$

i) $\lim\left(\frac{3n}{n+1} - 2\right)^{n-1}$

j) $\lim\left(\frac{3n+2}{n+1}\right)^{1-n}$

5

FUNCIONS EXPONENCIAL I LOGARÍTMICA

A quin nombre hem d'elevar 2 per obtenir 32?

La solució és molt senzilla. Tenint en compte que $2^5 = 32$, la resposta és 5.

Hi ha alguna potència de base 3 el resultat de la qual sigui $\frac{1}{9}$?

Doncs sí: $\frac{1}{9} = \frac{1}{3^2} = \left(\frac{1}{3}\right)^2 = 3^{-2}$. L'exponent de la potència que ens demanen és −2.

Ho posarem més difícil. Volem determinar l'exponent a què hem d'elevar 27 per obtenir 81, és a dir, el valor de x que verifica $27^x = 81$.

Observa que tant 27 com 81 es poden expressar com una potència de base 3:

$$27 = 3^3 \text{ i } 81 = 3^4, \text{ d'on}$$
$$(3^3)^x = 3^4 \rightarrow 3^{3x} = 3^4 \rightarrow 3x = 4 \rightarrow x = \frac{4}{3}$$

Fem-ne la comprovació:

$$27^{\frac{4}{3}} = \sqrt[3]{27^4} = (\sqrt[3]{27})^4 = \left(\sqrt[3]{3^3}\right)^4 = 3^4 = 81$$

Per obtenir aquests resultats no hem necessitat la calculadora. A continuació veurem altres exemples de potències en què sí que haurem d'utilitzar-la.

- $12^7 \rightarrow 12$ [x^y] 7 [=] 35 831 808 $\rightarrow 12^7 = 35\,831\,808$
- $23{,}45^{2,7} \rightarrow 23{,}45$ [x^y] 2,7 [=] 5 004,788
  $23{,}45^{2,7} = 5\,004{,}788$

  Com que $2{,}7 = \frac{27}{10}$, aquest resultat és una aproximació al valor de $\sqrt[10]{23{,}45^{27}}$.
- $78^{\frac{1}{4}}$ ↗ $\sqrt[4]{78} = \sqrt{\sqrt{78}} = \sqrt{8{,}8317609} = 2{,}9718279$
  ↘ $78^{0,25} \rightarrow 78$ [x^y] 0,25 [=] 2,9718279
- $4{,}5^x = 62{,}36$

  Amb la tecla [x^y] podem calcular successives i cada cop millors aproximacions al valor de l'exponent que ens demanen. Vegem-ho:

$$4{,}5^2 = 20{,}25 \text{ i } 4{,}5^3 = 91{,}125$$
$$4{,}5^2 < 4{,}5^x < 4{,}5^3 \rightarrow 2 < x < 3$$
$$4{,}5^{2,7} = 58{,}032\,835 \text{ i } 4{,}5^{2,8} = 67{,}452\,032$$
$$4{,}5^{2,7} < 4{,}5^x < 4{,}5^{2,8} \rightarrow 2{,}7 < x < 2{,}8$$

El resultat de $4{,}5^{2,7}$ és més proper a 62,36 que el resultat de $4{,}5^{2,8}$. Així doncs, considerem $x \simeq 2{,}7$, que és l'aproximació per defecte fins a les dècimes.

$$4{,}5^{2,74} = 61{,}631\,436 \text{ i } 4{,}5^{2,75} = 62{,}565\,427$$
$$4{,}5^{2,74} < 4{,}5^x < 4{,}5^{2,75} \rightarrow 2{,}74 < x < 2{,}75$$

Ara considerarem $x \simeq 2{,}75$, perquè $4{,}5^{2,75}$ és més proper a 62,36 que $4{,}5^{2,74}$. És una aproximació per excés fins a les centèsimes.

Podríem continuar així fins a obtenir una aproximació tan bona com volguéssim.

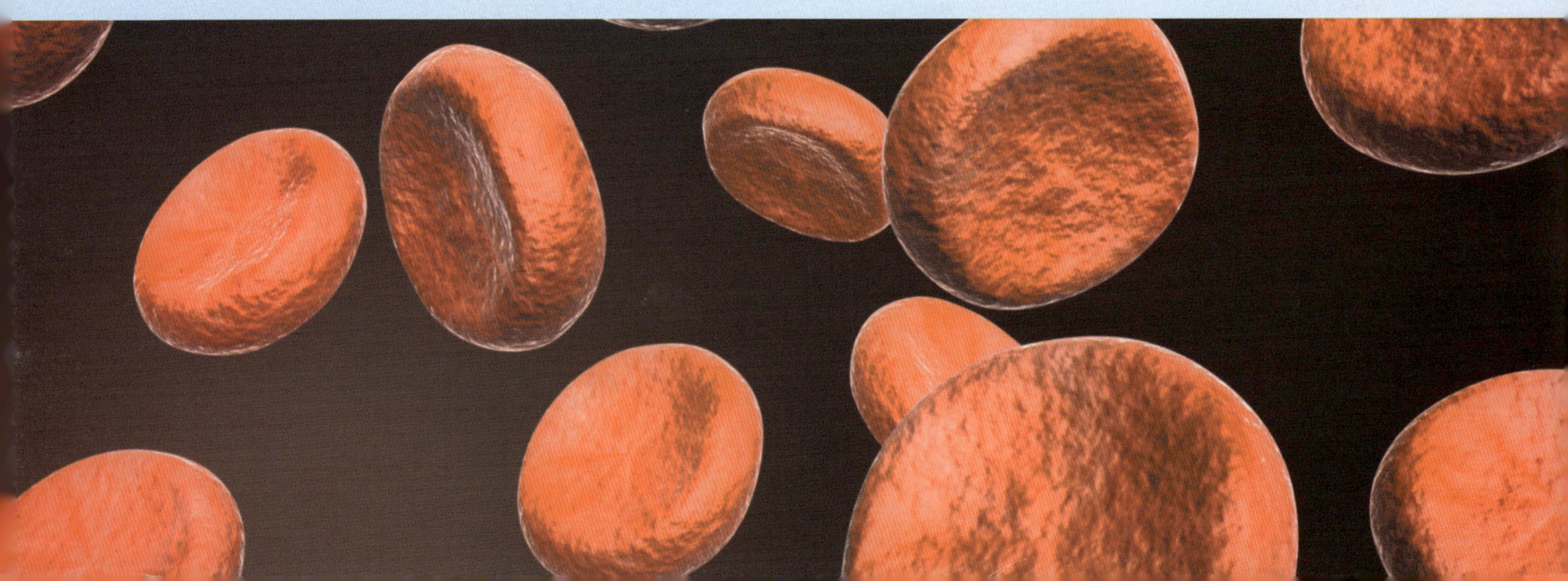

1. Potències d'exponent real

Donats un nombre real positiu a i un nombre natural n, definim $a^n = a \cdot a \overset{(n)}{\ldots} a$, amb les propietats següents:

a) $a^n \cdot a^m = a^{n+m}$

b) $(a^n)^m = a^{n\,m}$

c) Si $a > 1$ i $n < m$, aleshores $a^n < a^m$.

Si $0 < a < 1$ i $n < m$, aleshores $a^n > a^m$.

d) $(a \cdot b)^n = a^n \cdot b^n$, on b és un nombre real positiu.

Aquesta definició pot ampliar-se als nombres enters si afegim:

$$a^0 = 1$$

$$a^{-n} = \left(\frac{1}{a}\right)^n \text{ per a } n \text{ natural}$$

Si $a \in \mathbb{R}^+$ i $n \in \mathbb{N}$, sabem que hi ha un únic nombre real positiu b tal que $b^n = a$, per això escrivim $b = \sqrt[n]{a}$.

Per la propietat *b)* tenim $\left(a^{\frac{n}{m}}\right)^m = a^{\frac{n}{m}\cdot m} = a^n \rightarrow a^{\frac{n}{m}} = \sqrt[m]{a^n}$, que és una potència d'exponent racional.

Quan $\frac{n}{m}$ és un nombre natural o un nombre enter, ens trobem en un dels casos anteriors.

Farem un pas més en l'ampliació del concepte de potència, considerant la possibilitat que l'exponent sigui un nombre real no racional. Té algun sentit l'expressió 2^π? La resposta és afirmativa, ja que si $\pi = 3{,}1415\ldots$, les potències següents, que tenen com a exponents nombres racionals, constitueixen una aproximació al nombre 2^π:

$$2^3 = 8 \qquad 2^{3,1} = 2^{\frac{31}{10}} = 8{,}574\,187\,7$$

$$2^{3,14} = 2^{\frac{157}{50}} = 8{,}815\,240\,9 \qquad 2^{3,141} = 2^{\frac{3\,141}{1\,000}} = 8{,}213\,533$$

$$2^{3,141\,5} = 2^{\frac{6\,283}{2\,000}} = 8{,}824\,411\,1$$

A partir del concepte de successió i d'algunes propietats de les potències, podem definir les **potències d'exponent irracional**. Sigui a un nombre real positiu i p un nombre irracional, també positiu. Podem pensar en les successives aproximacions decimals per defecte o per excés del nombre irracional p.

Sigui $\{p_1, p_2, p_3, \ldots, p_n, \ldots\}$ una successió creixent de nombres racionals positius amb límit p. Considerem la successió $\{a^{p_1}, a^{p_2}, a^{p_3}, a^{p_4}, \ldots, a^{p_n}\ldots\}$ que és creixent per a $a > 1$ i decreixent per a $0 < a < 1$. A més, la successió de potències està fitada i, per tant, té límit, que és $\lim(a^{p_n}) = a^p$.

Per exemple, 2^π és el límit de la successió $2^3, 2^{3,1}, 2^{3,14}, 2^{3,141}, 2^{3,141\,5}, 2^{3,141\,59}\ldots$

Si p és negatiu, es defineix: $a^p = \left(\frac{1}{a}\right)^{-p}$, en què $-p$ és positiu. Per exemple, $3^{-e} = \left(\frac{1}{3}\right)^e$.

Les potències d'exponent irracional definides d'aquesta manera verifiquen les mateixes propietats que les potències d'exponent racional.

El fet de poder calcular les potències d'exponent irracional mitjançant aproximacions de potències racionals justifica l'existència de potències d'exponent real.

Recorda

La tecla de la calculadora que ens permet calcular el resultat de qualsevol potència és $\boxed{x^y}$.

Activitats

1. Calcula les potències d'exponent racional següents:

a) $\left(\frac{2}{3}\right)^{-\frac{3}{4}}$ *b)* $3{,}2^{4,5}$ *c)* $7^{-0,3}$ *d)* $10^{\frac{2}{5}}$ *e)* $e^{-\frac{1}{8}}$.

R: *a)* 1,355 403; *b)* 187,574–98; *c)* 0,557 789 8; *d)* 2,511 886 4; *e)* 0,882 496 9

2. Escriu i calcula els sis primers termes d'una successió que tingui per límit $4^{\sqrt{3}}$.

R: 4; 10,556063; 11,004335; 11,034887; 11,034887; 11,035652

3. Repeteix l'activitat anterior per a $3^{-\pi}$.

R: $0{,}\widehat{037}$; 0,0331036; 0,0317569; 0,0317221; 0,0317046; 0,0317015

4. Esbrina les cinc primeres aproximacions per defecte d'aquestes potències:

a) 2^e

b) $3^{\sqrt{2}}$

c) $\left(\frac{5}{4}\right)^{\pi}$

2. La funció exponencial

Definim la funció $f(x) = a^x$ per a $a \in \mathbb{R}^+$, $a \neq 1$ i $x \in \mathbb{R}$, i l'anomenem **funció exponencial de base a.**

La funció exponencial s'expressa mitjançant una potència la base de la qual és una constant positiva i diferent d'1, i l'exponent és la variable independent.

Com que la variable x pot prendre qualsevol valor real, el domini de la funció exponencial de base a és el conjunt de tots els nombres reals.

Dibuixem en uns mateixos eixos de coordenades diferents funcions exponencials. Per exemple, $f(x) = 2^x$, $g(x) = 3^x$ i $h(x) = \left(\frac{1}{2}\right)^x = 2^{-x}$ (Fig. 5.1).

Per esbrinar els diferents punts de cadascuna de les gràfiques, hem d'elaborar una taula de valors (taula 5.1).

! Important

Per a $a = 1$, la funció $f(x) = 1^x$ és la funció constant 1:

$$f(x) = 1^x = 1$$

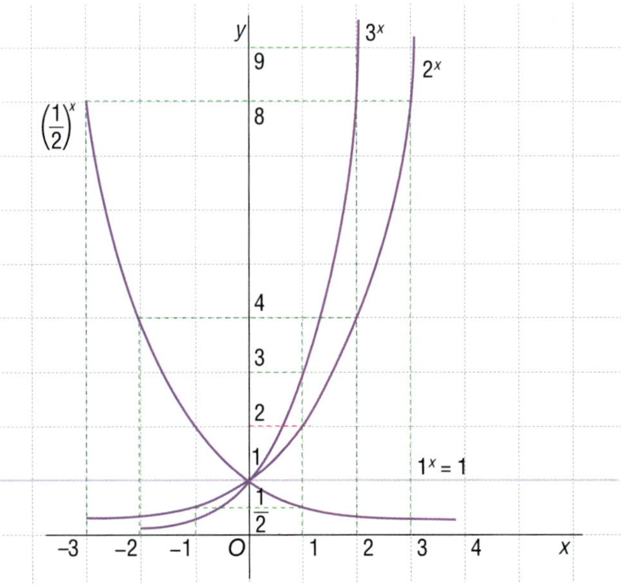

Fig. 5.1

x	2^x	3^x	$\left(\frac{1}{2}\right)^x$
–2	$\frac{1}{4}$	$\frac{1}{9}$	4
–1,5	0,3535533	0,19245	2,8284271
–1	$\frac{1}{2}$	$\frac{1}{3}$	2
0	1	1	1
1	2	3	$\frac{1}{2}$
$\sqrt{2}$	2,6651441	4,7288044	0,3752142
2	4	9	$\frac{1}{4}$

Taula 5.1

2.1 Propietats

Algunes de les propietats de la funció exponencial són idèntiques a les de les potències d'exponent racional; d'altres es dedueixen a partir de la definició i les restants es poden obtenir fàcilment a partir de les gràfiques que hem dibuixat:

a) $D_f = \mathbb{R}$.

b) La funció exponencial de base a és contínua en tot el seu domini.

c) $a^x > 0$, $\forall x \in \mathbb{R}$. El recorregut de la funció exponencial de base a és el conjunt dels nombres reals positius.

- Si $a > 1$, aleshores $a^x > 1$ si x és positiu i $0 < a^x < 1$ si x és negatiu.
- Si $0 < a < 1$, aleshores $0 < a^x < 1$ si x és positiu i $a^x > 1$ si x és negatiu.

Com que $a^x \neq 0$, la gràfica de la funció $f(x) = a^x$ no talla l'eix de les abscisses.

d) $a^x \cdot a^z = a^{x+z}$, $\dfrac{a^x}{a^z} = a^{x-z}$, $\forall x, z \in \mathbb{R}$.

e) $(a^x)^z = a^{xz}$, $\forall x, z \in \mathbb{R}$.

f) $(a \cdot b)^x = a^x \cdot b^x$, $\left(\dfrac{a}{b}\right)^x = \dfrac{a^x}{b^x}$, $\forall x \in \mathbb{R}$, $\forall a, b \in \mathbb{R}^+$.

g) A partir de la propietat de l'apartat *d)* deduïm $a^{-x} \cdot a^x = a^{-x+x} = a^0 = 1$, és a dir:

$$a^{-x} = \frac{1}{a^x} = \left(\frac{1}{a}\right)^x, \forall x \in \mathbb{R}$$

h) Si $a^h = 1 \Leftrightarrow h = 0$. Les gràfiques de totes les funcions exponencials passen pel punt (0, 1).

i) Si $a^x = a^z$, aleshores $x = z$. En efecte:

$$\left.\begin{aligned} a^x = a^z \longrightarrow a^x \cdot a^{-x} = a^z \cdot a^{-x} = a^{z-x} \\ a^x \cdot a^{-x} = 1 \end{aligned}\right\} \longrightarrow a^{z-x} = 1, \text{ per la propietat de l'apartat } h)\text{: } z - x = 0 \longrightarrow z = x$$

j) Si $a > 1$, la funció exponencial de base a és creixent. Si $x < z \longleftrightarrow a^x < a^z$ (Fig. 5.2 *a*).

Si $0 < a < 1$, la funció exponencial de base a és decreixent. Si $x < z \longleftrightarrow a^x > a^z$ (Fig. 5.2 *b*).

! Important

El símbol $\forall$ es llegeix *per a qualsevol*.

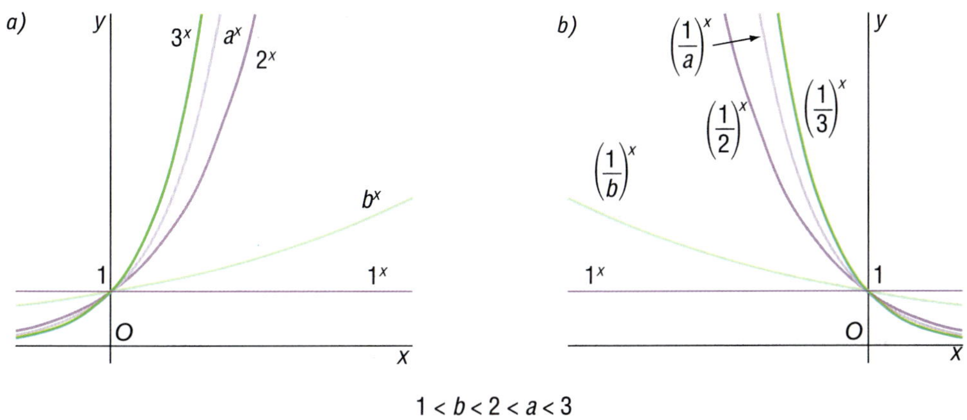

Fig. 5.2

k) Les gràfiques de les funcions exponencials $f(x) = a^x$ i $g(x) = \left(\frac{1}{a}\right)^x$ són simètriques respecte de l'eix d'ordenades (Fig. 5.3).

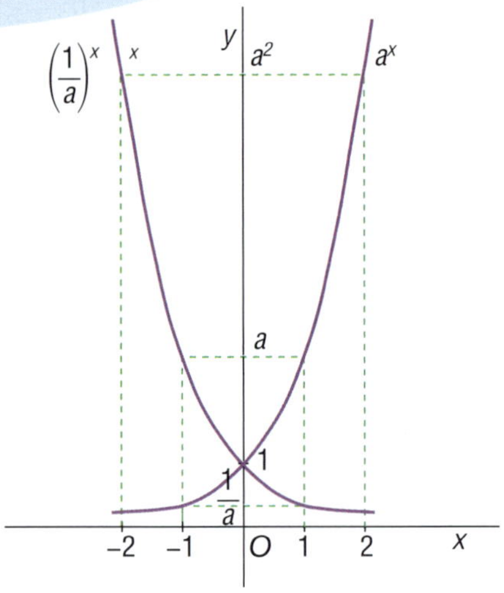

Fig. 5.3

l) Si $a > 1$
- Per a $x < 0$, els valors de la funció s'apropen a zero a mesura que disminueix el valor de x.
- Per a $x > 0$, els valors de la funció són cada cop més grans a mesura que augmenta el valor de x.

Si $0 < a < 1$
- Per a $x < 0$, els valors de la funció són cada cop més grans a mesura que disminueix el valor de x.
- Per a $x > 0$, els valors de la funció s'apropen a zero a mesura que augmenta el valor de x.

m) Si $a > b > 0$, aleshores $a^x > b^x \; \forall \, x \in \mathbb{R}^+$ i $a^x < b^x \; \forall \, x \in \mathbb{R}^-$.

n) $\forall \, y \in \mathbb{R}^+$, $\exists \, x \in \mathbb{R}$ tal que $a^x = y$. És a dir, qualsevol imatge y té una única antiimatge x.

! Important

El símbol ∃ es llegeix *existeix.*

Una de les funcions exponencials més utilitzada en matemàtiques i en l'àmbit de la ciència i la tècnica és la funció exponencial de base e. Per aquest motiu, les calculadores incorporen al teclat la funció e^x.

Aquesta funció és tan important en el context de les matemàtiques que, quan es parla de la funció exponencial sense especificar-ne la base, se sobreentén que es tracta de la funció $f(x) = e^x$.

Una altra funció exponencial que tenen les calculadores és la funció 10^x, perquè 10 és la base del nostre sistema de numeració.

Activitats

5. Representa de manera gràfica les funcions exponencials $f(x) = e^x$ i $g(x) = e^{-x}$.

6. A partir de la gràfica $y = 2^x$, dibuixa, fent les translacions necessàries, les gràfiques següents:

a) $y = 2^{x-1}$ *b)* $y = 2^x + 1$ *c)* $y = 2^{x+1} - 1$

7. Determina les antiimatges de $\frac{1}{16}$; 0,125; 512 i $\sqrt[5]{8}$ en la funció $f(x) = 2^x$. Has d'expressar cadascun d'aquests nombres com una potència de base 2.

R: -4; -3; 9; $\frac{3}{5}$

8. Comprova que es verifiquen les propietats dels apartats *j), k), l)* i *m)* amb les funcions exponencials següents:

$f(x) = 2^x$, $g(x) = 3^x$, $h(x) = \left(\frac{1}{2}\right)^x$ i $p(x) = \left(\frac{1}{3}\right)^x$

9. La gràfica de la funció $f(x) = a^x$ passa pel punt $\left(-1, \frac{1}{5}\right)$. Determina el valor de a.

R: $a = 5$

10. Quan es defineix la funció exponencial de base a, per quin motiu s'imposa la condició que aquesta base sigui positiva?

3. Equacions exponencials

La propietat de l'apartat *n)* de la funció exponencial estableix que sempre podem esbrinar l'exponent de la funció exponencial si coneixem la base i el resultat de la potència. Es tracta, per tant, de resoldre equacions en què la incògnita figura a l'exponent. Aquests tipus d'equacions s'anomenen **equacions exponencials.**

Hi ha diferents mètodes per resoldre aquestes equacions. És difícil establir procediments generals perquè, en realitat, l'estratègia que cal seguir depèn de l'equació que s'hagi de resoldre. Evidentment, sigui quin sigui el mètode escollit, haurem de tenir sempre en compte les propietats de la funció exponencial.

Vegem-ne alguns exemples:

- $5^x = 625 \rightarrow 5^x = 5^4$. Per la propietat de l'apartat *i)*, $x = 4$.
- $8^{2x+3} = 4^{\frac{x}{3}}$. Les dues bases es poden expressar com a potències d'un mateix nombre, 2 en el nostre cas: $(2^3)^{2x+3} = (2^2)^{\frac{x}{3}}$. Si hi apliquem la propietat de l'apartat *e)*, tindrem:

$$2^{6x+9} = 2^{\frac{2x}{3}} \rightarrow 6x + 9 = \frac{2x}{3} \rightarrow x = -\frac{27}{16}$$

- $3^{x-1} + 3^x + 3^{x+1} = 39$. Per la propietat de l'apartat *d)* podem escriure l'equació:

$$\frac{3^x}{3} + 3^x + 3 \cdot 3^x = 39$$

  Multipliquem per 3 els dos membres: $3^x + 3 \cdot 3^x + 9 \cdot 3^x = 117$. Extraiem factor comú 3^x:
  $(1 + 3 + 9) \cdot 3^x = 117 \rightarrow 13 \cdot 3^x = 117 \rightarrow 3^x = \frac{117}{13} = 9 \rightarrow 3^x = 3^2 \rightarrow x = 2$

  Comprova que el resultat és correcte en l'equació inicial.

- $4^x - 6 \cdot 2^{x+1} + 32 = 0$. Tenint en compte que $4^x = (2^2)^x = (2^x)^2$ i $2^{x+1} = 2 \cdot 2^x$:

$$(2^x)^2 - 6 \cdot 2 \cdot 2^x + 32 = 0 \rightarrow (2^x)^2 - 12 \cdot 2^x + 32 = 0$$

  Si fem el canvi $2^x = t$, tenim $t^2 - 12t + 32 = 0$.

  Si resolem l'equació de segon grau, obtenim $t_1 = 8$ i $t_2 = 4$ i, per tant:

$$2^x = 8 = 2^3 \rightarrow x_1 = 3 \text{ i } 2^x = 4 = 2^2 \rightarrow x_2 = 2$$

En les equacions exponencials que acabem de resoldre sempre hem obtingut una solució racional. En alguns casos, la solució de l'equació exponencial serà una aproximació a la solució exacta, ja que es tractarà d'un nombre irracional. Per esbrinar les aproximacions successives a la solució, hem d'utilitzar la tecla x^y de la calculadora.

- $2^x = 23$. No hi ha cap nombre racional que verifiqui aquesta igualtat, ja que no podem expressar el nombre 23 com una potència de base 2. Per la propietat de l'apartat *n)* sabem que aquesta equació té una solució real. Hem d'esbrinar una aproximació al valor d'aquesta solució:

$$2^4 = 16;\ 2^5 = 32. \text{ Com que } 16 < 23 < 32, \text{ aleshores, } 4 < x < 5.$$

$$2^{4,5} = 22{,}627\,417;\ 2^{4,6} = 24{,}251\,465. \text{ Per tant, } 4{,}5 < x < 4{,}6.$$

La solució $x = 4{,}5$ és una aproximació per **defecte.** La solució $x = 4{,}6$ és una aproximació per **excés.** La primera és més aproximada que la segona perquè la potència que en resulta s'apropa més a 23. Tenim una primera aproximació que podem millorar:

$$2^{4,52} = 22{,}943\,284;\ 2^{4,53} = 23{,}102\,867, \text{ d'on } 4{,}52 < x < 4{,}53 \rightarrow x \simeq 4{,}52$$

Seguint el mateix procediment, podrem aproximar-nos a la solució irracional de l'equació plantejada tant com vulguem.

Activitats

11. Resol aquestes equacions exponencials:

a) $2^x \cdot 2^{x-1} \cdot 2^{x+1} = 64$ *b)* $7^{3x-2} = \sqrt{7^{x-1}}$ *c)* $1 + 3 + 9 + 27 + ... + 3^x = 364$

d) $11^{x^2-3x+2} = 1$ *e)* $\left(\frac{1}{16}\right)^{-x+3} = 32^{3x-2}$ *f)* $9^x - 4 \cdot 3^x + 3 = 0$

g) $5^{x+1} + 5^{x-2} + 5^x = \frac{151}{25}$ *h)* $a^{x^2-2x+4} = \frac{a^{11}}{a^8}$

R: *a)* $x = 2$; *b)* $x = \frac{3}{5}$; *c)* $x = 5$; *d)* $x_1 = 2$, $x_2 = 1$; *e)* $x = -\frac{2}{11}$; *f)* $x_1 = 1$, $x_2 = 0$; *g)* $x = 0$; *h)* $x = 1$

12. Calcula, aproximant-la fins a les centèsimes, la solució de cadascuna d'aquestes equacions:

a) $3^x = 17$

b) $5^x = 0{,}8$

c) $\left(\frac{1}{2}\right)^x = 7$

R: *a)* $x \simeq 2{,}58$; *b)* $x \simeq -0{,}14$; *c)* $x \simeq -2{,}81$

4. La funció logarítmica

Suposem que a sigui un nombre real positiu i diferent d'1. Si $x \in \mathbb{R}^+$, podem plantejar-nos si existeix $y \in \mathbb{R}^+$ tal que $a^y = x$. Per la propietat de l'apartat *n)* de la funció exponencial, sabem que sempre existeix un únic nombre real y que verifica aquesta condició.

La funció inversa de la funció exponencial de base a. Aquesta funció s'anomena **funció logarítmica de base *a***, de manera que el nombre y tal que $a^y = x$ rep el nom de **logaritme**, de base a, del nombre x. S'expressa $\log_a x = y, \forall x \in \mathbb{R}^+$.

! Important

El domini de la funció exponencial de base a és el recorregut de la funció logarítmica de base a; el recorregut de la funció exponencial de base a és el domini de la funció logarítmica en base a.

Recorda

$(f^{-1} \circ f)(x) = (f \circ f^{-1})(x) = x$

Tingues en compte que les expressions $a^y = x$ i $\log_a x = y$ són equivalents.

Com que les funcions exponencial i logarítmica són inverses, podem escriure:

$$f(x) = a^x, \quad f^{-1}(x) = \log_a x$$

D'on tenim:

$$(f^{-1} \circ f)(x) = f^{-1}[f(x)] = f^{-1}(a^x) = \log_a a^x = x$$

$$(f \circ f^{-1})(x) = f[f^{-1}(x)] = f(\log_a x) = a^{\log_a x} = x$$

$$\log_a a^x = x, \ \forall x \in \mathbb{R}; \ a^{\log_a x} = x, \ \forall x \in \mathbb{R}^+$$

Com hem assenyalat, la funció e^x és de gran interès en matemàtiques; el mateix succeix amb la seva inversa, que s'expressa $\ln x$ en comptes de $\log_e x$, i es llegeix **logaritme natural** o **neperià** de x, en honor del matemàtic escocès John Napier (1550-1617), que va dedicar les seves investigacions als logaritmes.

La notació de la funció logarítmica de base 10 o **funció logarítmica** decimal també se simplifica, i s'escriu $\log x$ en comptes de $\log_{10} x$.

Les calculadores científiques porten incorporades ambdues funcions: [ln] i [log]; i com a funcions inverses de les anteriors, les funcions exponencials corresponents: [e^x] i [10^x].

La igualtat $\log_a a^x = x$, que hem deduït anteriorment, ens permet calcular alguns logaritmes de manera immediata. Per exemple:

$$\log_2 8 = \log_2 2^3 = 3 \qquad \log_3 \frac{1}{81} = \log_3 3^{-4} = -4$$

$$\log_7 \sqrt[9]{7^5} = \log_7 7^{\frac{5}{9}} = \frac{5}{9} \qquad \ln\left(\frac{1}{e}\right)^{-3} = \ln e^3 = 3$$

$$\log 1000000 = \log 10^6 = 6$$

És important tenir sempre present que calcular un logaritme és equivalent a determinar l'exponent d'una potència quan en coneixem la base i el resultat. Naturalment, és un procés senzill sempre que el nombre del qual hàgim de calcular el logaritme sigui una potència d'exponent racional de la base logarítmica amb què treballem. Observa que és el cas de tots els exemples anteriors.

Com pots suposar, aquesta condició no es compleix sempre. Per exemple, si hem d'esbrinar el valor de $\log_3 5$, no podem respondre de manera immediata, ja que, en realitat, ens demanen la solució de l'equació $3^x = 5$, que no és un nombre racional.

Sabem que les gràfiques de dues funcions que són inverses entre si són simètriques respecte de la bisectriu del primer i del tercer quadrants. A partir de les gràfiques de les funcions exponencials $f(x) = 2^x$, $g(x) = 3^x$ i $h(x) = \left(\frac{1}{2}\right)^x$ dibuixades anteriorment, podem representar les gràfiques de les funcions logarítmiques (Fig. 5.4):

$$f^{-1}(x) = \log_2 x,\ g^{-1}(x) = \log_3 x \text{ i } h^{-1}(x) = \log_{\frac{1}{2}} x$$

! Important

Nomes existeixen logaritmes de nombres reals positius. Tanmateix, la funció logarítmica pot prendre qualsevol valor real.

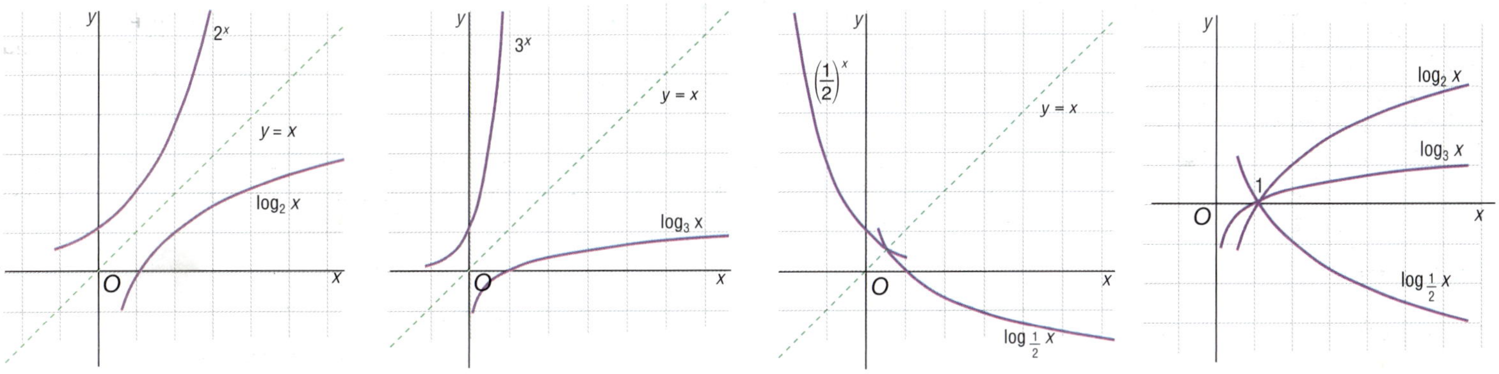

Fig. 5.4

En general, conegudes les gràfiques de les funcions:

$$f(x) = a^x$$

$$g(x) = \left(\frac{1}{a}\right)^x$$

podem dibuixar les gràfiques corresponents de les funcions inverses respectives (Fig. 5.5):

$$f^{-1}(x) = \log_a x$$

$$g^{-1}(x) = \log_{\frac{1}{a}} x$$

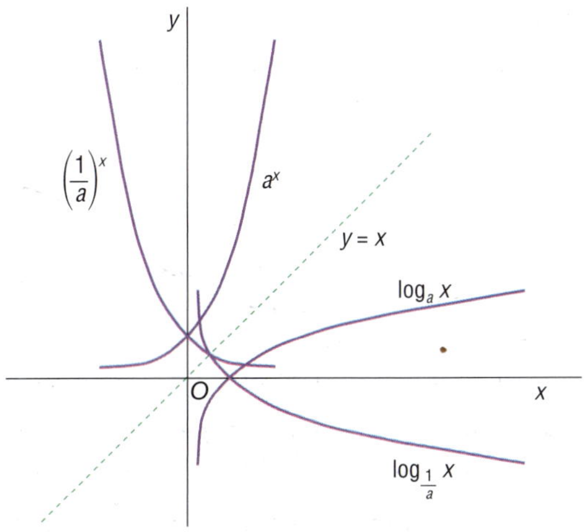

Fig. 5.5

$a = (3^2)^x$

3^{2x}

4.1 Propietats

Algunes de les propietats que esmentarem a continuació es poden obtenir fàcilment a partir de les gràfiques dibuixades. D'altres es dedueixen a partir de la definició de logaritme i les restants, a partir de les igualtats $\log_a a^x = x$ i $a^{\log_a x} = x$.

a) $D_f = \mathbb{R}^+$.

b) El recorregut de la funció logarítmica de base a és el conjunt dels nombres reals.

c) La funció logarítmica de base a és contínua en tot el seu domini.

d) Les gràfiques de les funcions $f(x) = \log_a x$ i $g(x) = \log_{\frac{1}{a}} x$ són simètriques respecte de l'eix de les abscisses (Fig. 5.6).

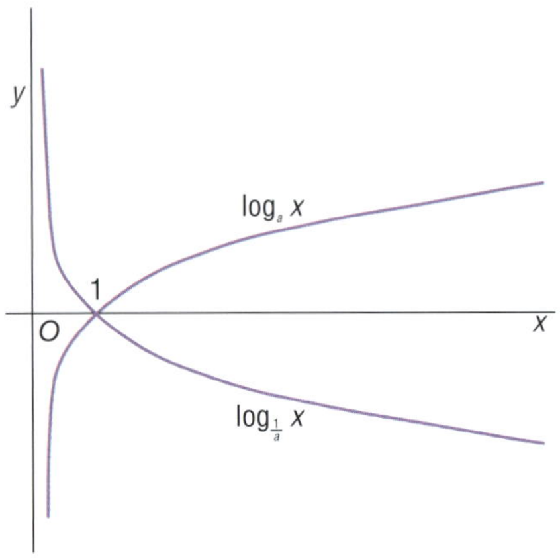

Fig. 5.6

e) $\log_a a = 1$, $\log_a 1 = 0$, $\forall\ a \in \mathbb{R}^+$, $a \neq 1$. La segona igualtat indica que les gràfiques de totes les funcions logarítmiques passen pel punt (1, 0) (Fig. 5.6).

f) A partir de $a^{\log_a (x\,z)} = x\,z = a^{\log_a x}\, a^{\log_a z} = a^{\log_a x + \log_a z}$ tenim que:

$$\log_a (x\,z) = \log_a x + \log_a z$$

El logaritme d'un producte és la suma dels logaritmes dels factors.

g) Com que: $a^{\log_a x^p} = x^p = (a^{\log_a x})^p = a^{p \log_a x}$, per això:

$$\log_a x^p = p \log_a x$$

El logaritme d'una potència és el producte de l'exponent pel logaritme de la base.

Anàlogament, tenim:

$$\log_a \sqrt[n]{x} = \log_a x^{\frac{1}{n}} = \frac{1}{n} \log_a x = \frac{\log_a x}{n}$$

El logaritme d'una arrel és el logaritme del radicand dividit per l'índex de l'arrel.

h) Aplicant-hi les propietats *f)* i *g)*:

$$\log_a \frac{x}{z} = \log_a (x\,z^{-1}) = \log_a x + \log_a z^{-1} = \log_a x + (-1) \log_a z = \log_a x - \log_a z$$

El logaritme d'un quocient és el logaritme del dividend menys el logaritme del divisor.

Les tres últimes propietats ens permeten observar que els logaritmes transformen els productes en sumes; els quocients, en restes; les potències, en productes i les arrels, en divisions. Van ser precisament aquestes transformacions les que van despertar l'interès per l'estudi dels logaritmes, ja que en faciliten molt el càlcul.

Al principi, els càlculs complexos s'efectuaven utilitzant taules de logaritmes decimals. Des que l'ús de les calculadores es va generalitzar, aquestes taules van quedar obsoletes i avui dia ja no es fan servir.

En aquests exemples pots veure l'aplicació d'aquestes propietats.

Exemple 1

Desenvolupa, aplicant logaritmes decimals, l'expressió $m = \dfrac{\sqrt[3]{a^2\, b\, c^{-1}}}{d^5}$.

Resolució

$$\log m = \log \frac{\sqrt[3]{a^2\, b\, c^{-1}}}{d^5} = \log \sqrt[3]{a^2\, b\, c^{-1}} - \log d^5 =$$

$$= \frac{\log (a^2\, b\, c^{-1})}{3} - \log d^5 = \frac{\log a^2 + \log b + \log c^{-1}}{3} - \log d^5 =$$

$$= \frac{2 \log a + \log b + (-1) \log c}{3} - 5 \log d = \frac{2 \log a + \log b - \log c}{3} - 5 \log d$$

Exemple 2

L'expressió $\ln p = 3 \ln a + \ln b + 2 \ln c - \frac{4 \ln d}{5}$ prové d'haver aplicat logaritmes neperians a una certa igualtat. De quina igualtat es tracta?

Resolució

$$\ln p = 3 \ln a + \ln b + 2 \ln c - \frac{4 \ln d}{5} = \ln a^3 + \ln b + \ln c^2 - \ln \sqrt[5]{d^4} =$$

$$= \ln (a^3\, b\, c^2) - \ln \sqrt[5]{d^4} = \ln \frac{a^3\, b\, c^2}{\sqrt[5]{d^4}} \rightarrow p = \frac{a^3\, b\, c^2}{\sqrt[5]{d^4}}$$

Seguim estudiant altres propietats de les funcions logarítmiques.

i) Si $a > 1$, la funció logarítmica en base a és creixent.

Si $x < z \rightarrow \log_a x < \log_a z$ (Fig. 5.7 *a*).

En canvi, si $0 < a < 1$, la funció logarítmica de base a és decreixent.

Si $x < z \rightarrow \log_a x > \log_a z$ (Fig. 5.7 *b*).

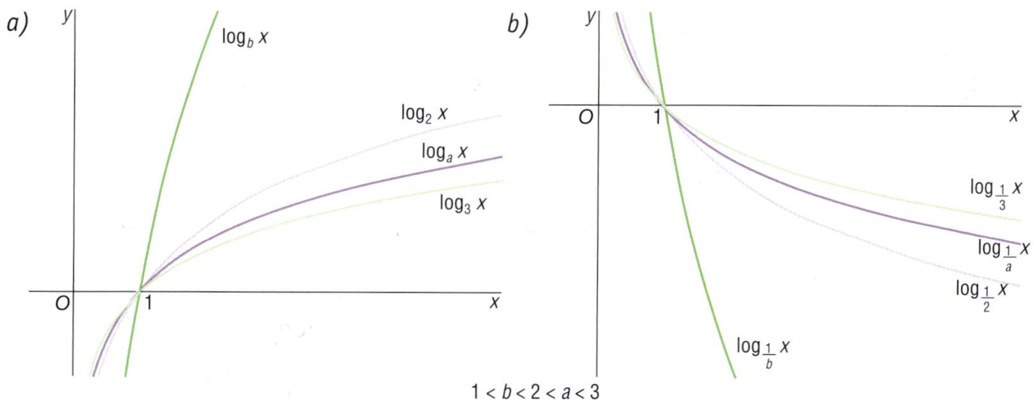

Fig. 5.7

j) Si $a > 1 \rightarrow$ Quan x augmenta, els valors de la funció també augmenten.

Si $0 < a < 1$ → Quan x s'apropa a zero, els valors de la funció augmenten.
→ Quan x augmenta, els valors negatius de la funció van disminuint.

k) Si $1 < a < b$ o $0 < a < b < 1$ → $\log_a x > \log_b x$ quan $x > 1$.
→ $\log_a x < \log_b x$ quan $0 < x < 1$.

Si $0 < a < 1 < b$ → $\log_a x < \log_b x$ quan $x > 1$.
→ $\log_a x > \log_b x$ quan $0 < x < 1$.

Les propietats dels apartats *i)*, *j)* i *k)* es poden interpretar fàcilment a partir de les gràfiques dibuixades.

l) Considerem la igualtat $b^x = m$, que és equivalent a $x = \log_b m$.

Si prenem logaritmes de base a a cada membre de la primera igualtat, tenim:

$$\log_a b^x = \log_a m \rightarrow x \log_a b = \log_a m \rightarrow x = \frac{\log_a m}{\log_a b}$$

D'on obtenim:

$$\log_b m = \frac{\log_a m}{\log_a b},$$ que és la **fórmula del canvi de base**.

Aquesta expressió ens permet calcular el logaritme d'un nombre real positiu en qualsevol base. Comprovem-ho en el cas de $\log_3 5$, que, com hem comentat anteriorment, no és immediat. Segons la propietat de l'apartat *l)* i amb l'ajut de la calculadora, podem obtenir una aproximació amb tantes xifres decimals com càpiguen a la pantalla:

$$\log_3 5 = \frac{\log 5}{\log 3} = \frac{0{,}698\ 97}{0{,}477\ 121\ 2} = 1{,}464\ 973\ 5 \longrightarrow 3^{1{,}464\ 973\ 5} = 5$$

Una de les equacions exponencials que hem resolt abans era $2^x = 23$. Recorda que hem obtingut una aproximació al valor de la seva solució utilitzant la tecla x^y de la calculadora. El concepte de logaritme i la fórmula del canvi de base ens permeten resoldre aquesta mateixa equació més de pressa i amb millor aproximació:

$$2^x = 23 \longrightarrow x = \log_2 23 = \frac{\log 23}{\log 2} = \frac{1{,}361\,727\,8}{0{,}301\,03} = 4{,}523\,561\,8$$

! Important

La calculadora científica també ens permet utilitzar els logaritmes neperians. Es verifica:

$$\log_b m = \frac{\log m}{\log b} = \frac{\ln m}{\ln b}$$

Activitats

13. Elabora una taula de valors i dibuixa les gràfiques d'aquestes funcions:

a) $f(x) = \ln x$ *b)* $g(x) = \log_{\frac{1}{4}} x$

14. Utilitzant les funcions logarítmiques de base 2, 3, $\frac{1}{2}$ i $\frac{1}{3}$, comprova les propietats dels apartats *i)*, *j)* i *k)* de la funció logarítmica.

15. A partir de la gràfica $y = \log_2 x$, dibuixa, aplicant-hi les translacions corresponents, les gràfiques:

a) $y = \log_2 (x + 1)$ *b)* $y = \log_2 x - 1$

16. Demostra les igualtats:

$$\log_a b = -\log_a \frac{1}{b} = -\log_{\frac{1}{a}} b$$

17. Esbrina, sense utilitzar la calculadora, els logaritmes següents:

a) $\log_7 49$ *b)* $\log_3 729$ *c)* $\log_9 \frac{1}{9}$

d) $\log_{11} \sqrt[3]{121}$ *e)* $\log_{234} 1$ *f)* $\log_{\frac{1}{3}} 27$

g) $\log_{\frac{1}{5}} 125$ *h)* $\log_{\frac{1}{6}} \sqrt[7]{216}$ *i)* $\log_{225} 15$

R: *a)* 2; *b)* 6; *c)* −1; *d)* $\frac{2}{3}$; *e)* 0; *f)* −3; *g)* −3; *h)* $-\frac{3}{7}$; *i)* $\frac{1}{2}$

18. Calcula x en cadascuna d'aquestes igualtats:

a) $\log_3 x = -1$ *b)* $\log_x \frac{1}{25} = -2$

c) $\log_x 6^3 = -3$ *d)* $\log x = \frac{1}{2}$

e) $\ln x = -\frac{2}{3}$ *f)* $\log_{\sqrt{7}} x = -2$

R: *a)* $x = \frac{1}{3}$; *b)* $x = 5$; *c)* $x = \frac{1}{6}$; *d)* $x = \sqrt{10}$; *e)* $x = e^{-\frac{2}{3}}$; *f)* $x = \frac{1}{7}$

19. Si $\log 3 = m$, escriu en funció de m:

a) $\log 8\,100$ *b)* $\log \sqrt{3\,000}$ *c)* $\log \sqrt[7]{0{,}27}$

d) $\log \frac{1}{729}$ *e)* $\log \left(\frac{1}{2{,}43}\right)^6$ *f)* $\log \frac{0{,}9}{7{,}29}$

g) $\log 0{,}3$ *h)* $\log 0{,}\widehat{3}$ *i)* $\log \frac{10}{81}$

20. *a)* Desenvolupa l'expressió següent aplicant logaritmes neperians als dos membres de la igualtat:

$$p = \frac{(a^2\, b^{-3}\, c)^{\frac{1}{3}}}{d^5\, m^{-2}}$$

b) Escriu sense logaritmes decimals:

$$\log p = \frac{5}{2}\,(3 \log a - 2 \log b + \log c - 7 \log d)$$

21. Expressa la relació que hi ha entre log 2 i ln 2.

22. Utilitza la calculadora per esbrinar $\log_{5,2} 12{,}45$; $\log_{13} 87$; $\log_{0,3} 0{,}675$; $\ln \pi$; $\log e$.

23. Quina relació hi ha entre $\log_a b$ i $\log_b a$?

24. Donats els nombres $\sqrt{21}$; $\frac{1}{3}$; 2; 0,2 i 12^3, ordena del més petit al més gran:

a) Els seus logaritmes de base 7.

b) Els seus logaritmes de base $\frac{1}{3}$.

25. Per què $\log_1 x$ no és una funció?

26. Dues de les quatre expressions següents són equivalents. Indica quines són i demostra-ho.

a) $\ln (a \cdot b) + \ln (a \cdot c)$ *b)* $\ln (a \cdot b) \ln (a \cdot c)$

c) $\ln (a \cdot b + a \cdot c)$ *d)* $\ln a + \ln (b + c)$

5. Equacions logarítmiques

Les equacions en què les incògnites van precedides d'un logaritme s'anomenen **equacions logarítmiques.**

En general, per resoldre-les cal arribar a una igualtat entre logaritmes de la mateixa base, escriure la igualtat equivalent sense logaritmes i resoldre l'equació que en resulta. Finalment, cal esbrinar si les solucions esbrinades verifiquen les equacions inicials. Naturalment, cal rebutjar les solucions que no les verifiquin.

Vegem-ne algun exemple:

- $2 \log x - \log (x - 16) = 2$. Si hi apliquem les propietats dels logaritmes, tindrem:

$$\log \frac{x^2}{x - 16} = \log 10^2$$

D'aquesta expressió podem deduir:

$$\frac{x^2}{x - 16} = 100 \longrightarrow x^2 - 100x + 1\,600 = 0 \longrightarrow x_1 = 20,\ x_2 = 80$$

Les dues solucions són vàlides perquè ambdues verifiquen l'equació inicial.

- $\log_2 x + \log_2 (x - 2) = 3$. A partir de les propietats dels logaritmes:

$$\log_2 [x(x - 2)] = \log_2 2^3$$

D'on:

$$x(x - 2) = 8 \longrightarrow x^2 - 2x - 8 = 0 \longrightarrow x_1 = 4,\ x_2 = -2$$

Quan substituïm $x = -2$ a l'equació inicial resulta $\log_2 (-2)$, que no existeix. Per tant, l'única solució de l'equació plantejada és $x = 4$.

- De manera semblant, es poden resoldre **sistemes d'equacions logarítmiques**:

$$\left.\begin{aligned} \log x + 2 \log y = 4 \\ \log x - \log y = 1 \end{aligned}\right\}$$

Per resoldre aquest sistema, podem seguir dos camins:

a) El considerem com un sistema de dues equacions amb dues incògnites, $\log x$ i $\log y$. Hi apliquem el mètode de reducció i n'obtenim:

$$3 \log x = 6 \longrightarrow \log x = 2 \longrightarrow x = 100$$

Substituïm el valor de x en una de les dues equacions:

$$\log y = 1 \longrightarrow y = 10$$

b) Si apliquem les propietats dels logaritmes a cada equació, resulta:

$$\left.\begin{aligned} \log (x \cdot y^2) = \log 10^4 \longrightarrow x \cdot y^2 = 10\,000 \\ \log \frac{x}{y} = \log 10 \longrightarrow \frac{x}{y} = 10 \longrightarrow x = 10y \end{aligned}\right\}$$

Substituint a la primera equació:

$$10y^3 = 10\,000 \longrightarrow y^3 = 1\,000 \longrightarrow y = 10$$

Llavors obtenim:

$$x = 10y = 10 \cdot 10 = 100 \longrightarrow x = 100$$

Si ho substituïm a les equacions inicials, comprovem que $x = 100$ i $y = 10$ són, en efecte, la solució del sistema plantejat.

- $\left.\begin{array}{l} x + y = 65 \\ \log x + \log y = 3 \end{array}\right\}$

  En aquest cas, forçosament hem de buscar una equació equivalent a la segona en què no hi hagi logaritmes. Observa que aplicar logaritmes en la primera de les dues equacions no ens porta enlloc.

  $$\log x + \log y = 3 \rightarrow \log (x \cdot y) = \log 10^3 \rightarrow \left.\begin{array}{l} x \cdot y = 1\,000 \\ x + y = 65 \end{array}\right\}$$

  Per substitució obtenim dues solucions: $x_1 = 40$ i $y_1 = 25$ o $x_2 = 25$ i $y_2 = 40$.

  Comprova que ambdues solucions són vàlides.

> **! Important**
>
> $\log_a (x + y) \neq \log_a x + \log_a y$

- Algunes equacions exponencials es poden resoldre amb l'ajuda dels logaritmes. De fet, ja n'hi hem resolt una anteriorment. Vegem-ne un altre exemple:

  $$3^{2x} = 12 \rightarrow 2x = \log_3 12 = \frac{\log 12}{\log 3} = \frac{1{,}079\,181\,2}{0{,}477\,121\,2} = 2{,}261\,859\,4$$

  Per tant:

  $$x = \frac{2{,}261\,859\,4}{2} = 1{,}130\,929\,7$$

Activitats

27. Determina la solució de les equacions logarítmiques següents:

a) $\log_2 x^2 - \log_2 \left(x - \frac{3}{4}\right) = 2$

b) $2[1 - \log (2x + 3)] = 4 \log \sqrt{5x - 3}$

c) $\dfrac{\log 2 + \log (11 - x^2)}{\log (5 - x)} = 2$

R: *a)* $x_1 = 3$; $x_2 = 1$; *b)* $x = 1$; *c)* $x_1 = 3$; $x_2 = \frac{1}{3}$

28. Resol aquests sistemes:

a) $\left.\begin{array}{r} \log x + \log y = 2 \\ x - y = 15 \end{array}\right\}$

b) $\left.\begin{array}{r} 2 \log y - 3 \log x = 1 \\ \log x + \log y = 3 \end{array}\right\}$

Soluciona el sistema *b)* de dues maneres diferents.

R: *a)* $x = 20$; $y = 5$; *b)* $x = 10$; $y = 100$

29. Aplicant logaritmes, resol l'equació exponencial $5^{3x-1} = 17$.

R: $x = 0{,}920\,124\,8$

6. Aplicacions de les funcions exponencial i logarítmica

A partir de les funcions exponencial i logarítmica es poden resoldre molts problemes. Tot seguit en veurem alguns exemples.

- Considerem que un bacteri es divideix cada 30 segons en dos bacteris nous, cadascun dels quals es torna a dividir, cada 30 segons, en dos més, i així successivament; és a dir, que la població de bacteris es dobla cada 30 segons, sempre que les condicions del cultiu bacteriològic no es modifiquin. Quants bacteris hi haurà en el cultiu al cap de 5 minuts?

  La funció $b(t) = 2^{\frac{t}{30}}$, en què t és el temps en segons, ens dóna el nombre de bacteris que hi ha en cada moment. Tenint en compte que 5 minuts són 300 segons, al cap de 5 minuts hi haurà $b(300) = 2^{10} = 1\,024$ bacteris en el cultiu.

  Quant de temps ha de transcórrer perquè hi hagi 4 096 bacteris?

  La resposta s'obté resolent l'equació:

  $$2^{\frac{t}{30}} = 4\,096 \rightarrow 2^{\frac{t}{30}} = 2^{12} \rightarrow \frac{t}{30} = 12$$

  D'on $t = 30 \cdot 12 = 360$; $t = 360$ s $= 6$ min.

- Una dada de gran interès és la **taxa de creixement de la població** d'un país determinat. Com ja saps, s'expressa en tant per cent.

Es calcula que, al final d'aquest any, Egipte tindrà 87 milions d'habitants. Al mateix temps, en els últims anys s'ha observat que la població d'aquest país ha crescut amb una taxa interanual del 1,8 %. Suposant que aquesta taxa es mantingui en els propers anys, quants habitants tindrà Egipte d'aquí a deu anys?

D'aquí a un any:

$$87 + 87 \cdot \frac{1{,}8}{100} = 87 + 87 \cdot 0{,}018 = 87\,(1 + 0{,}018) = 87 \cdot 1{,}018 = 88{,}566$$

Egipte tindra 88 566 000 habitants aproximadament.

D'aqui a dos anys:

$$88,566 + 88,566 \cdot \frac{1,8}{100} = 888,566 + 88,566 \cdot 0,018 =$$

$$= 88,566(1 + 0,018) = 88,566 \cdot 1,018 = 87 \cdot 1,018 \cdot 1,018 = 87 \cdot 1,018^2 =$$

$$87 \cdot 1,03\ 6324 = 90,160\ 188 \rightarrow 90\ 160\ 188 \text{ habitants}$$

Per saber els habitants que tindra d'aqui a tres anys, n'hi ha prou a calcular:

$$87 \cdot 1{,}018^3 = 87 \cdot 1{,}005\,497\,783\,2 = 91\,783\,071 \text{ habitants}$$

Per tant, d'aqui a deu anys, Egipte tindra: $87 \cdot 1{,}018^{10}$ 103 991 306 habitants.

I d'aquí a t anys? Generalitzant el procés que hem seguit, s'arriba a l'expressió: $87 \cdot 1{,}018^t$.

La funció que expressa la dependència entre el nombre d'habitants i el temps t transcorregut en anys és:

$$h(t) = h_0\,(1 + r)^t$$

en què h_0 és el nombre inicial d'habitants (nombre d'habitants per a $t = 0$) i r, el tant per u anual de variació de la població.

> **! Important**
>
> Si la població disminueix, la taxa de variació serà negativa. En conseqüencia, l'expressió serà:
>
> $$h(t) = h_0\,(1 - r)^t$$

Si reprenem el problema, quants anys han de transcórrer perquè Egipte tingui 200 milions d'habitants?

$$200 = 87 \cdot 1,018^t \rightarrow 1,018^t = \frac{200}{87} = 2,298\ 850$$

$$t = \log_{1,018} 2,298\ 850 = \frac{\log 2,298\ 850}{\log 1,018} =$$

$$= \frac{0,361\ 510}{0,007\ 747} = 46,660\ 389 \rightarrow t \simeq 46,66 \text{ anys}$$

- Un problema semblant a l'anterior és el de l'**interès compost,** el tipus d'interès amb què treballen les entitats bancàries.

Si dipositem 3 500 € en un banc a un interès compost del 4 % anual, quants anys hauran de transcórrer perquè es converteixin en 10 000 €?

L'expressió que hem d'aplicar en aquest cas és:

$$C_t = C_0(1 + r)^t$$

En aquesta expressió C_0 és el capital inicial; r, el tant per u d'interès anual, i t, el temps de l'operació en anys.

A partir de l'enunciat del problema podem escriure la igualtat següent:

$$10\,000 = 3\,500 \cdot 1{,}04^t, \text{ d'on } 1{,}04^t = \frac{10\,000}{3\,500} = 2{,}857\,142\,9$$

I, per tant:

$$t = \log_{1,04} 2{,}857\,142\,9 = \frac{\log 2{,}857\,142\,9}{\log 1{,}04} = \frac{0{,}455\,931\,9}{0{,}017\,033\,3} = 26{,}767\,03 \rightarrow t \simeq 26{,}77 \text{ anys}$$

I si dipositem els 3 500 € a un interès compost anual del 4,5 %, quin serà el nostre capital d'aquí a cinc anys?

$$C_5 = C_0(1 + r)^5 = 3\,500(1 + 0{,}045)^5 = 3\,500 \cdot 1{,}045^5 = 4\,361{,}64 \text{ €}$$

A més de l'interès compost, també hi ha, almenys en teoria, l'anomenat **interès continu**, l'expressió del qual és: $C_t = C_0\, e^{rt}$.

Quants anys han de passar perquè es dobli un capital invertit al 8 % d'interès continu anual?

Es verifica: $C_t = 2C_0 \rightarrow 2C_0 = C_0\, e^{0,08t} \rightarrow e^{0,08t} = 2$

D'on: $0{,}08t = \ln 2 = 0{,}693\,147\,1$

$$t = \frac{0{,}693\,147\,1}{0{,}08} = 8{,}664\,339\,8 \rightarrow t \simeq 8{,}66 \text{ anys}$$

- Hi ha una pràctica de física que consisteix a estudiar l'evolució que experimenta la temperatura d'una certa massa d'aigua que es deixa refredar de manera espontània des d'una temperatura inicial propera al punt d'ebullició. Es mesura la temperatura de l'aigua a intervals de temps iguals, per exemple, cada minut, i les dades que se n'obtenen es recullen en una taula.

  Els valors que s'han obtingut en una experiència concreta es mostren en la Taula 5.2, i la representació gràfica temperatura-temps d'aquests valors, en la Figura 5.8. És clar que té l'aspecte d'una funció exponencial decreixent.

T (°C)	t (min)	T (°C)	t (min)	T (°C)	t (min)
93	0	49	25	37	50
89	1	49	26	37	51
85	2	48	27	36	52
82	3	47	28	36	53
79	4	47	29	36	54
76	5	46	30	35	55
74	6	46	31	35	56
72	7	45	32	35	57
70	8	44	33	34	58
68	9	44	34	34	59
67	10	43	35	34	60
65	11	43	36	33	61
64	12	42	37	33	62
62	13	42	38	33	63
61	14	41	39	33	64
59	15	41	40	32	65
58	16	40	41	32	66
57	17	40	42	32	67
56	18	39	43	32	68
55	19	39	44	31	69
54	20	39	45	31	70
53	21	38	46	31	71
52	22	38	47	31	72
51	23	38	48	31	73
50	24	37	49	31	74

Taula 5.2

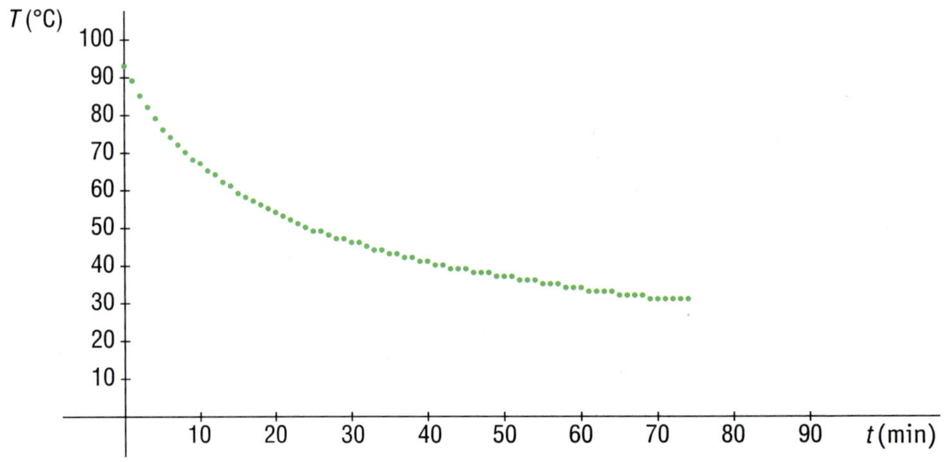

Fig. 5.8

- Finalment, esmentarem una funció exponencial molt important en l'estudi de l'estadística i que tindràs oportunitat de veure més endavant:

$$f(x) = \frac{1}{\sqrt{2\pi}} e^{\frac{-x^2}{2}}$$

És la funció de **densitat d'una variable aleatòria contínua** *x*, que segueix una distribució normal *N*(0, 1). La gràfica d'aquesta funció és la que pots veure a la Figura 5.9. Es coneix amb el nom de *campana de Gauss*.

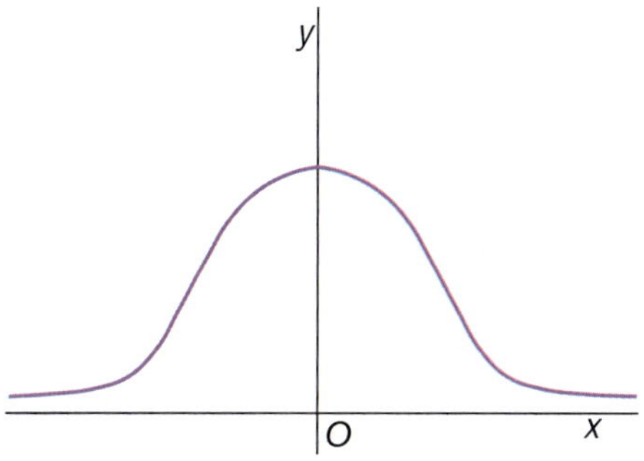

Fig. 5.9

Activitats

30. En una entitat bancària es dipositen al 3 % d'interès compost anual 15 025 €. Quin és el benefici que s'obtindrà al cap de 5 anys? Repeteix el problema suposant que l'interès sigui continu. Compara els resultats obtinguts.

R: compost: $b = 2\,393{,}09$ €; continu: $b = 2\,431{,}56$ €

31. Després de ser utilitzades durant *x* anys, el percentatge de bateries d'automòbil que es mantenen en funcionament sense necessitat de ser carregades és donat per l'expressió: $f(x) = 100 \cdot 0{,}8^x$.

a) Quin percentatge de bateries està en bon estat després de 3 anys de funcionament?

b) Quin tant per cent es deteriora durant el tercer any?

c) Quants anys han de transcórrer per tal que es deteriorin el 75 % de les bateries?

R: *a)* 51,2 %; *b)* 12,8 %; *c)* 6,21 anys

32. El radi és un element radioactiu. Una mostra de radi es descompon per emissió de radiacions d'acord amb l'equació:

$$m = 10 \cdot e^{-4{,}36 \cdot 10^{-4}t}$$

on *m* és la massa de la mostra expressada en grams i *t* el temps expressat en anys.

a) Quina és la massa de radi que hi ha inicialment a la mostra?

b) Indica quants grams de radi hi haurà d'aquí a 1 000 anys.

R: *a)* $m = 10$ g; *b)* $m = 6{,}466\ 177$ g

33. Invertim 4 500 € en una entitat bancària al 4,25 % d'interès continu. Calcula:

a) Els interessos que obtindrem d'aquí a 4 anys.

b) Els anys que han de passar per acumular 5 800 €.

R: *a)* 833,87 €; *b)* 6 anys

Punt final

L'escala de Richter

El 28 de desembre de 1908, un terratrèmol de magnitud 7,5 provocava a la ciutat de Messina (Sicília) la mort de 120 000 persones. El 28 de juliol de 1976, a les 3 de la matinada, un terratrèmol de magnitud 7,9 va arrassar la ciutat xinesa de Tangxan, prop de Pequín, i es van comptabilitzar al voltant de 600 000 morts. El 30 de setembre de 1993, un terratrèmol de magnitud 6,4 va causar milions de morts a l'Índia. Què significa, però, la *magnitud* d'un terratrèmol?

Sovint, la primera mesura de la intensitat d'un terratrèmol és donada pels danys que ocasiona (Fig. 5.10). Sembla més lògic mesurar els sismes per la quantitat d'energia que alliberen, però aquestes quantitats d'energia són molt variables i moltes vegades s'expressen mitjançant nombres molt grans. Hi ha terratrèmols cent mil milions de vegades més intensos que d'altres i, d'altra banda, un terratrèmol no gaire intens, de magnitud 5,5, pot alliberar tanta energia com l'explosió nuclear de 10 quilotons efectuada l'any 1946 a Bikini (illes Marshall).

Per evitar l'ús d'aquests nombres tan grans, les escales emprades per mesurar la intensitat dels terratrèmols utilitzen logaritmes decimals. L'escala més usual la va introduir el sismòleg nord-americà C. Richter (1900-1985) l'any 1935. Aquesta escala defineix la magnitud M d'un terratrèmol en funció de l'amplitud A de les ones superficials que ocasiona, de la manera següent:

Fig. 5.10 El gran terratrèmol de l'any 2011 va tenir efectes devastadors a l'est del Japó.

$$M = \log A + C$$

Aquí, $C = 3{,}3 + 1{,}6 \log D - \log T$ és una constant que depèn del període T de les ones enregistrades al sismògraf (Fig. 5.11) i de la distància D que hi ha entre el sismògraf i l'epicentre del terratrèmol, expressada en graus angulars.

Cal tenir present que la magnitud M és una mesura logarítmica decimal. Per aquest motiu, diferències no gaire significatives entre els valors de M de dos terratrèmols corresponen a diferències considerables entre les seves intensitats. Per exemple, les amplituds d'ones superficials corresponents a dos sismes de magnituds $M_1 = 6$ i $M_2 = 8$ verifiquen:

Fig. 5.11 Registre d'un terratrèmol.

$$M_1 = 6 \rightarrow \log A_1 + C = 6; \; M_2 = 8 \rightarrow \log A_2 + C = 8$$

$$\log A_2 - \log A_1 = 2 \rightarrow \log \frac{A_2}{A_1} = \log 100 \rightarrow$$

$$\rightarrow \frac{A_2}{A_1} = 100 \rightarrow A_2 = 100\, A_1$$

Això significa que un terratrèmol és cent vegades més intens que l'altre.

Com que la magnitud M és una expressió logarítmica decimal, una diferència d'una unitat a l'escala de Richter significa una amplitud sísmica enregistrada deu vegades més gran.

Els terratrèmols de magnitud -1 o -2 són molt febles, mentre que els de magnitud superior a 7 són devastadors. A Espanya, el més fort enregistrat fins ara va arribar a la magnitud 6,7 a l'escala de Richter, i va tenir lloc a Granada el dia de Nadal de l'any 1884: va ocasionar 750 morts i va ser el responsable de la destrucció de 5 000 cases. L'any 2011 es va produir al Japó, a la costa de Honshu, un terratrèmol de magnitud 9.

Activitats finals

1. Dibuixa en uns mateixos eixos de coordenades les funcions exponencials $\left(\frac{3}{2}\right)^x$ i $\left(\frac{2}{3}\right)^x$ i les funcions logarítmiques $\log_{\frac{3}{2}} x$ i $\log_{\frac{2}{3}} x$.

2. Es considera la funció exponencial $f(x) = a^x$. Demostra que si el punt (p, q) és un punt de la seva gràfica, també ho és el punt $\left(-p, \frac{1}{q}\right)$.

3. Determina el punt en què la gràfica de cadascuna de les funcions següents talla l'eix de les ordenades:

a) $f(x) = 5e^x$

b) $h(x) = -3 + 2a^{-x}$

c) $g(x) = -2\left(\frac{1}{3}\right)^{x+1}$

d) $p(x) = 1 - 3^{2x}$

R: *a)* $(0, 5)$; *b)* $(0, -1)$; *c)* $\left(0, -\frac{2}{3}\right)$; *d)* $(0, 0)$

4. Resol aquestes equacions:

a) $x^{-4} = 256$

b) $\sqrt{3\sqrt{3\sqrt{3\sqrt{3}}}} = \left(\frac{1}{3}\right)^{1-x}$

c) $3^x \cdot 5^{x-1} = 10\,125$

d) $\sqrt{\sqrt{7} + 6\sqrt{7}} = 49^{\frac{x}{2}}$

e) $27x^3 = \frac{1}{125}$

f) $5^{4x} - 3 \cdot 5^{2x} - 10 = 0$

g) $5^{x-1} = 2 + \frac{3}{5^{x-2}}$

h) $(a^{x-3})^x = \left(\frac{1}{a}\right)^{-2x}$

i) $(2x)^{-\frac{2}{5}} = \sqrt[5]{e^4}$

j) $7^x + 7^{x+1} + 7^{x+2} = 2\,793$

R: *a)* $x = \frac{1}{4}$; *b)* $x = \frac{31}{16}$; *c)* $x = 4$; *d)* $x = \frac{3}{4}$;
e) $x = \frac{1}{15}$; *f)* $x = \frac{1}{2}$; *g)* $x = 2$;
h) $x_1 = 0$, $x_2 = 5$; *i)* $x = \frac{1}{2e^2}$; *j)* $x = 2$

5. Demostra que si $f(x) = 3^{-x}$, aleshores $f(x+2) = \frac{f(x)}{9}$ i $f(x-3) = 27 \cdot f(x)$.

6. Hem rebut a casa una carta que ens augura bona sort si n'enviem una fotocòpia a cinc persones. En cas contrari, si trenquem la cadena, la sort se'ns girarà en contra. Quina funció expressa el nombre de persones que rebran la carta successivament, si la cadena no es trenca?

R: $f(x) = 5^x$

7. Determina el punt en què la gràfica de cadascuna d'aquestes funcions talla l'eix de les abscisses:

a) $f(x) = \log(x + 3)$ *b)* $g(x) = \ln(2x - 5)$

c) $h(x) = \log_3 \sqrt{3x}$ *d)* $p(x) = \log_5 \frac{5}{x}$

R: *a)* $(-2, 0)$; *b)* $(3, 0)$;
c) $\left(\frac{1}{3}, 0\right)$; *d)* $(5, 0)$

8. Calcula els logaritmes següents sense utilitzar la calculadora:

a) $\log_4 \frac{1}{16}$ *b)* $\log_5 \sqrt[3]{25}$ *c)* $\log_{\frac{1}{a}} a^{\sqrt{3}}$ *d)* $\log \frac{1}{\sqrt{10}}$

e) $\log_{\frac{1}{2}} 2$ *f)* $\log_9 \frac{1}{3}$ *g)* $\log_{0,001} 0,1$

R: *a)* -2; *b)* $\frac{2}{3}$; *c)* $-\sqrt{3}$; *d)* $-\frac{1}{2}$; *e)* -1; *f)* $-\frac{1}{2}$; *g)* $\frac{1}{3}$

9. Calcula:

a) $\log_a b \cdot \log_b a$

b) $\log_{\frac{1}{a}} a + \log_b \frac{1}{b}$

R: *a)* 1; *b)* -2

10. Si $\log 2 = m$, expressa en funció de m:

a) $\log 1\,600$

b) $\log \sqrt[5]{0,000\,2}$

c) $\log \sqrt{0,006\,4}$

d) $\log\left(\frac{1}{1,28}\right)^{-3}$

e) $\log 12,5$

f) $\log 0,8^7$

11. Determina l'expressió de $\log x$ que correspon a cadascuna de les igualtats següents:

a) $x = \left(\frac{3a^2 b}{c^3 d}\right)^2$ *b)* $x = \sqrt[4]{\frac{a(b+c)}{d^5}}$

c) $x = \frac{a^3 b^4 c^{\frac{1}{6}}}{m^{\frac{2}{3}} n \sqrt{p}}$ *d)* $x = \frac{h}{m\,n\,p\,q\,r}$

Activitats finals

12. Estableix l'expressió de x corresponent a:

a) $\ln x = 3 \ln a + 2 \ln b - \frac{1}{2} \ln c$

b) $\log x = \frac{1}{5}(3 \log a - 2 \log b) - 7(\log c + 4 \log d)$

c) $\log_4 x = 3 \log_4 a + 2 \log_4 b - \frac{\log_4 c + \log_4 d}{3}$

d) $\ln x = \frac{1}{2}(3 \ln a + \ln b - \ln c - 5 \ln d)$

13. Calcula $\log_x (\log_x x^{\sqrt{x}})$.

R: $\frac{1}{2}$

14. Tenim les quatre expressions següents:

$\log_a (p^2 - q^2)$ $\qquad 2 \log_a p - 2 \log_a q$

$2 \log_a (p - q)$ $\qquad \log_a (p - q) + \log_a (p - q)$

En totes es verifica que $p > q > 0$.

a) Demostra que dues d'aquestes expressions són equivalents.

b) Calcula el valor de la primera expressió per a $a = 2$, $p = 3$ i $q = 1$.

R: *b)* 3

15. Resol aquestes equacions:

a) $2 \log x - 4 \log 2 = 3 \log x$

b) $3 \log_2 x - 2 \log_2 \frac{x}{3} = 2 \log_2 3 + 1$

c) $3 \ln x - \ln 32 = \frac{\ln x}{2}$

d) $\ln 2 + \ln (11 - x^2) = 2 \ln (5 - x)$

e) $\frac{10^{\log x}}{1 + 10^{2 \log x}} = \frac{1}{2}$

f) $2 \log x = 3 + \log \frac{x}{10}$

g) $7^{3x+2} = 140$

R: *a)* $x = \frac{1}{16}$; *b)* $x = 2$; *c)* $x = 4$; *d)* $x_1 = 3$, $x_2 = \frac{1}{3}$; *e)* $x = 1$
f) $x = 100$; *g)* $x = 0{,}179\ 833\ 9$

16. Calcula x en cadascuna de les igualtats següents:

a) $\log_3 \sqrt{x} = \frac{1}{2}$ $\qquad$ *b)* $\log_x 2x = 2$

c) $\log_{\frac{1}{3}} x = -\frac{1}{2}$ $\qquad$ *d)* $\log_x \sqrt{2} = 3$

e) $\log_x \frac{1}{2\sqrt{2}} = -3$ $\qquad$ *f)* $\log_4 x = \frac{3}{2}$

R: *a)* $x = 3$; *b)* $x = 2$; *c)* $x = \sqrt{3}$; *d)* $x = \sqrt[6]{2}$; *e)* $\sqrt{2}$;
f) $x = 8$

17. Determina el valor de a per tal que quan incrementem en tres unitats el logaritme de base a de 6, obtinguem el logaritme de base a de 48.

R: *a)* $a = 2$

18. Al país dels nombres es poden sentir converses molt estranyes. Fixa't en aquesta i intenta identificar-ne els dos personatges.

y: Sóc el teu logaritme decimal.

x: Ep! Sóc deu vegades més gran que tu.

19. Resol els sistemes d'equacions següents:

a) $\left.\begin{array}{r} \log x + \log y = 3 \\ 2 \log x - 2 \log y = -1 \end{array}\right\}$

b) $\left.\begin{array}{r} \log x - \log y = 1 \\ 3x + 5y = 35 \end{array}\right\}$

c) $\left.\begin{array}{r} \log x + 3 \log y = 5 \\ \log \frac{x^2}{y} = 3 \end{array}\right\}$

d) $\left.\begin{array}{r} x^2 - y^2 = 11 \\ \log x - \log y = 1 \end{array}\right\}$

e) $\left.\begin{array}{r} 2 \log y - 3 \log x = 1 \\ \log (x\, y) = 3 \end{array}\right\}$

f) $\left.\begin{array}{r} \log_x (y - 18) = 2 \\ \log_y (x + 3) = \frac{1}{2} \end{array}\right\}$

R: *a)* $x = 10^{\frac{5}{4}}$, $y = 10^{\frac{7}{4}}$; *b)* $x = 10$, $y = 1$;
c) $x = 100$, $y = 10$; *d)* $x = \frac{10}{3}$, $y = \frac{1}{3}$;
e) $x = 10$, $y = 100$; *f)* $x = \frac{3}{2}$, $y = \frac{81}{4}$

20. Sabent que $\ln 5 = a$ i $\ln 7 = b$, expressa en funció de a i b:

a) $\ln 35$

b) $\ln 1{,}4$

c) $\ln \frac{125}{49}$

d) $\ln (175e)^3$

e) $\ln \sqrt{9{,}8}$

f) $\log_5 7$

g) $\ln \sqrt[3]{35^2}$

h) $\log_7 5$

21. El pare de l'Albert i el Jordi és matemàtic. Quan li pregunten les edats dels fills, respon: «La potència de base 2 i exponent l'edat del Jordi és igual a la potència de base 8 i exponent 5 menys l'edat de l'Albert. D'altra banda, el logaritme de base l'edat de l'Albert de 64 és igual a l'edat del Jordi». Quina és l'edat de cadascun dels dos nois?

R: $x = 4$, $y = 3$

22. La taxa de despoblació d'una ciutat és del 5 % anual.

a) Suposant que aquesta taxa no es modifica, quants anys hauran de transcórrer perquè la població actual es redueixi a la meitat?

b) Si actualment aquesta ciutat té 100 000 habitants, quants en tindrà d'aquí a set anys?

R: *a)* 13,5 anys; *b)* 69 834 habitants

23. Escriu l'enunciat d'un problema relatiu a diners o població, de manera que la seva resolució condueixi a l'equació:

$$150\,000 \cdot 1{,}08^x = 200\,000$$

a) Situa, raonadament, entre dos nombres enters consecutius el valor de x que és la solució de l'equació.

b) Aïlla x, utilitzant el tipus de funció matemàtica que consideris adient.

c) Calcula el valor de x.

R: *c)* $x = 3{,}738\,022\,1$

24. La població d'un estat, en milions d'habitants, és donada per l'expressió següent:

$$f(x) = \frac{20}{4\,e^{-\frac{x}{100}} + 1}$$

on x és el temps expressat en anys. Quina és la població actual?

R: 4 milions d'habitants

25. Es fa un estudi psicològic amb nens i nenes de sis anys. Aquest estudi consisteix a mostrar-los, durant un temps de x minuts, un conjunt d'objectes y. Després de retirar-los, se'ls demana que els identifiquin dins un conjunt d'objectes molt més ampli. Els resultats obtinguts s'ajusten a l'expressió:

$$f(x) = 15(1 - e^{-0{,}2x})$$

en què $f(x)$ és el nombre d'objectes identificats per cada nen o nena després de ser observats durant x minuts.

a) Quants objectes pot recordar cada nen o nena després de cinc minuts d'observació?

b) I al cap d'una hora i quaranta minuts?

c) I al cap de setze hores i mitja d'observació ininterrompuda?

d) A partir dels resultats obtinguts, quines conclusions pots extreure'n?

26. Una empresa considera que la seva evolució econòmica s'ajustarà a la funció:

$$f(x) = \ln (x + 1) - (x - 2)$$

en què x representa el nombre d'anys que han passat des de la seva fundació i $f(x)$, els beneficis o pèrdues de l'empresa en milers d'euros.

a) Quina és la situació econòmica de l'empresa al moment de la seva fundació?

b) Dibuixa un gràfic aproximat de la funció per saber si d'aquí a deu anys l'empresa tindrà beneficis o pèrdues.

c) Seria aconsellable comprar accions d'aquesta empresa? Per què?

27. Es dipositen 10 000 € en una entitat bancària al 2,5 % d'interès compost anual. Escriu l'expressió algèbrica de la funció $c(t)$, que dóna el capital acumulat en funció del temps expressat en anys. Després, calcula:

a) El capital acumulat al cap de 10 anys.

b) Els anys que han de passar per obtenir un benefici de 6 000 €.

R: *a)* 12 800,85 €; *b)* 19 anys

28. El nivell d'intensitat del so es mesura en decibels segons l'expressió:

$$D = 10 \log \frac{I}{I_0}$$

on $I_0 = 10^{-12}$ W/m^2 és la intensitat del so anomenada *llindar d'audició* i I és la intensitat del so de la qual volem determinar el nivell.

Calcula:

a) Els decibels (dB) que corresponen a la intensitat del llindar d'audició.

b) El nivell d'intensitat de so que produeix un reactor de $I = 8 \cdot 10^2$ W/m^2.

c) La intensitat del so que es coneix com a llindar del dolor, si hi corresponen 120 dB.

R: *a)* $D = 0$ dB; *b)* $D = 149{,}031$ dB; *c)* $I = 1$ dBW/m^2

6

Matemàtica financera

Una entitat financera concedeix un préstec de 2 500 € a un client. La durada del préstec és d'un any i es pacta que es retornarà en dotze mensualitats de 225 € cadascuna.

Com pots comprovar, la persona que ha rebut el préstec tornarà a l'entitat una quantitat superior als 2 500 € prestats:

$$225\,€/\text{mes} \cdot 12 \text{ mesos} = 2\,700\,€$$

Concretament, abonarà 200 € més dels que ha rebut en préstec. Aquesta quantitat addicional es coneix amb el nom d'*interès*.

El pagament d'interessos per un préstec és una manera de compensar econòmicament la persona o entitat financera que deixa els diners pels guanys que, almenys en teoria, hauria pogut obtenir si aquests diners haguessin estat a la seva disposició.

De la mateixa manera, quan ingressem els nostres diners en una entitat bancària, també rebem uns interessos que l'entitat ens abona per disposar d'uns diners que no són seus.

En tots dos casos, s'acorda una *taxa d'interès*, generalment anual, que és la quantitat de diners addicional que es paga per cada 100 € rebuts. Per exemple, si s'estableix una taxa d'interès anual del 6 %, significa que per cada 100 € rebuts haurem de pagar, un cop hagi transcorregut un any, 6 € d'interessos; per tant, haurem de tornar 106 €.

Si la taxa d'interès fos la mateixa, però trimestral, hauríem d'abonar els 6 € d'interessos quan hagués transcorregut un trimestre.

En aquesta unitat parlarem de diners, els protagonistes fonamentals de qualsevol operació comercial.

1. Interès simple

Ingressem en una llibreta d'estalvis 7 500 € i l'entitat bancària ens assegura, a interès simple, una taxa d'interès anual del 2,4 %. Quins interessos produiran aquests diners en 5 anys?

En finalitzar el primer any, els interessos són de: $7\,500\text{ €} \cdot \frac{2,4}{100} = 180\text{ €}$

Si l'operació comercial s'efectua a interès simple, aquests 180 € d'interessos del primer any no s'acumulen als 7 500 € inicials per generar nous interessos durant l'any següent. Succeeix el mateix quan finalitza cadascun dels anys restants. És a dir, els interessos corresponents es retiren de l'entitat bancària o s'ingressen en una altra llibreta d'estalvis al final de cada any.

D'aquesta manera, cada any la taxa d'interès s'aplica als 7 500 € inicials, la qual cosa vol dir que els interessos anuals són cada any els mateixos, 180 € en aquest cas.

Per tant, els 7 500 € produiran en 5 anys uns interessos de: $7500\text{ €} \cdot \frac{2,4}{100} \cdot 5 = 900\text{ €}$

En total tindrem: $7500\text{ €} + 900\text{ €} = 8\,400\text{ €}$

Podem observar el procés de manera detallada a la Taula 6.1:

Any	Quantitat inicial (€)	Interessos (€)	Quantitat acumulada (€)
1	7 500	180	7 680
2	7 500	180	7 860
3	7 500	180	8 040
4	7 500	180	8 220
5	7 500	180	8 400

Taula 6.1

! Important

L'interès simple es caracteritza pel fet que els interessos no són productius.

El valor de l'interès simple es pot calcular d'aquesta manera:

$$I = C_0 \frac{r}{100} t$$

on, C_0 és la quantitat inicial que anomenem **capital inicial.**

r és la **taxa d'interès** anual en tant per cent.

t és el **temps** expressat en anys.

I són els **interessos** produïts pel capital inicial durant t anys.

Si considerem $\frac{r}{100} = i$, tindrem la taxa d'interès anual en tant per u, amb la qual cosa l'expressió anterior es transforma en una altra de més senzilla:

$$I = C_0\, i\, t$$

! Important

Per a una taxa d'interès del 7 %, $i = 0{,}07$. En finalitzar el període al qual es refereix la taxa d'interès, un euro haurà produït uns interessos de 0,07 €.

La suma del capital inicial i els interessos ens proporciona la quantitat que s'acumula durant els t anys que dura l'operació. Se sol representar com a C_t i s'anomena **capital final.**

$$C_t = C_0 + I = C_0 + C_0\,it = C_0\,(1 + it)$$

Cal anar amb compte a l'hora d'aplicar les expressions anteriors: hi ha d'haver una correlació entre la taxa d'interès i el temps. En aquest sentit, si la taxa és anual, el temps ha d'expressar-se en anys, i si és, per exemple, trimestral, en trimestres.

Naturalment, 1 any = 12 mesos = 2 semestres = 3 quadrimestres = 4 trimestres.

Ara bé, es considera que 1 **any comercial** equival a 12 mesos de 30 dies cadascun, és a dir, a 360 dies.

Exemple 1

En quina quantitat es transformaran 2 750 € que hem invertit a un interès simple del 4,2 % anual durant 8 anys?

Resolució

Hem de determinar el capital final C_t i sabem que $C_0 = 2\,750$ €, $i = 0{,}042$ i $t = 8$ anys. Per tant:

$$C_t = C_0\,(1 + i\,t) = 2\,750 € \cdot (1 + 0{,}042 \cdot 8) = 3\,674 €$$

Observa que una simple resta ens permet conèixer el valor dels interessos que es generen en aquesta operació:

$$I = C_t - C_0 = 3\,674 € - 2\,750 € = 924 €$$

Exemple 2

A interès simple, quins interessos produiran 500 € que s'inverteixen al 0,75 % trimestral durant 4 anys?

Resolució

Ens demanen els interessos I i sabem que $C_0 = 500$ €, $i = 0{,}0075$ i $t = 4$ anys = = 16 trimestres; per tant:

$$I = C_0\,i\,t = 500 € \cdot 0{,}0075 \cdot 16 = 60 €$$

Observa que s'arriba al mateix resultat amb una taxa d'interès simple del 0,75 % · 4 = = 3 % anual:

$$I = C_0\,i\,t = 500 € \cdot 0{,}03 \cdot 4 = 60 €$$

És així perquè els interessos produïts no generen interessos nous i, per tant, els interessos anuals són quatre vegades els trimestrals.

Exemple 3

Quina quantitat de diners hauràs d'ingressar en una entitat bancària al 4 % anual durant 5 anys per obtenir un capital final de 5 100 €? Els interessos es retiren al final de cada any.

Resolució

Hem de calcular C_0 i sabem que $C_t = 5\,100$ €, $i = 0{,}04$ i $t = 5$ anys.

$$C_t = C_0\,(1 + it) \rightarrow C_0 = \frac{C_t}{1 + it} = \frac{5\,100 €}{1 + 0{,}04 \cdot 5} = 4\,250 €$$

Exemple 4

A quina taxa d'interès anual has d'invertir 1 800 € perquè en set mesos es transformin en 1 836,75 €? L'operació s'efectua a interès simple.

Resolució

Ens demanen la taxa d'interès simple i, i sabem que: $C_0 = 1800€$, $C_t = 1836{,}75€$ i $t = 7$ mesos $= \frac{7}{12}$ anys.

$$C_t = C_0(1 + i\,t) \rightarrow C_t = C_0 + C_0 i\,t \rightarrow C_t - C_0 = C_0 i\,t$$

$$i = \frac{C_t - C_0}{C_0\,t} = \frac{1836{,}75€ - 1800€}{1800€ \cdot \frac{7}{12}} = 0{,}035$$

La taxa d'interès anual és del 3,5 %.

Activitats

1. S'ingressen 6 300 € al 3,4 % anual d'interès simple durant 48 mesos.

a) Quins interessos produiran?

b) Quin és el valor del capital final?

R: *a)* $I = 856{,}80€$; *b)* $C_t = 7\,156{,}80€$

2. Calcula el temps durant el qual s'han invertit 12 500 € a una taxa d'interès simple anual del 4,5 %, si el capital final generat ha estat de 14 187 €.

R: $t = 3$ anys

3. El Banc de Gandesa t'assegura uns interessos de 780 € si obres una llibreta a termini amb 24 000 €, des del 15 de juny fins a final d'any. Quina és la taxa d'interès anual pactada si l'operació s'efectua a interès simple?

R: 6 %

4. Calcula el temps que triga a duplicar-se un capital dipositat al 5 % d'interès simple anual.

R: $t = 20$ anys

5. Esbrina els interessos generats per 9 000 € invertits:

a) Al 5,4 % anual durant 5 mesos.

b) Al 2,4 % semestral durant 3 anys.

c) A l'1,2 % trimestral durant 150 dies.

Totes les operacions s'efectuen a interès simple.

R: *a)* $I = 202{,}5€$; *b)* $I = 1\,296€$; *c)* $I = 180€$

6. A interès simple, quants diners has d'invertir al 4 % anual perquè en 45 dies produeixin uns interessos de 4,5 €?

R: $I = 900€$

2. El descompte comercial

Hi ha operacions comercials en què el que es compra no es paga amb diners. En aquests casos, el comprador signa un document mercantil mitjançant el qual es compromet a pagar la quantitat que deu en una data determinada.

Aquests documents es denominen **lletres de canvi** o **pagarés.**

Una **lletra de canvi** i un **pagaré** són documents en els quals es manifesta un compromís escrit per al pagament d'una quantitat de diners en una data determinada de venciment.

En aquests documents solen constar els conceptes següents:

- **Import o valor nominal:** quantitat de diners que figura escrita al document. Es representa mitjançant la lletra N.
- **Deutor o lliurat:** persona que ha de pagar l'import del document.
- **Creditor o lliurador:** persona que emet el document.
- **Data d'emissió o data de lliurament:** data en què es formalitza el document.
- **Data de venciment:** data en què s'ha de fer efectiu el deute.
- **Termini:** temps transcorregut entre les dates d'emissió i de venciment.

Generalment, aquests documents es pacten a interès simple i no tenen terminis gaire llargs. Els més habituals són 30, 60 0 90 dies.

Suposem que el creditor necessita els diners en efectiu abans de la data de venciment. No li queda altre remei que buscar un intermediari financer que li compri la lletra de canvi o el pagaré. Naturalment, l'intermediari financer no farà efectiva la totalitat del nominal del document, sinó que en descomptarà una quantitat en concepte de comissió pel fet d'avançar uns diners que no li seran retornats fins a la data de venciment. És per aquest motiu que aquestes operacions comercials es coneixen amb el nom de **descomptes.**

En definitiva, el creditor rebrà pel document un **valor efectiu** E, resultat de restar el **descompte** D del **nominal** N:

$$E = N - D$$

El descompte D no és res més que els interessos que produeix el nominal N, a una taxa d'interès simple convinguda, des del moment de la compra del document fins a la data del venciment. Així doncs, podem escriure:

$$D = N\,i\,t$$

Per tant, $E = N - D = N - N\,i\,t = N\,(1 - i\,t)$.

Exemple 5

Un empresari endossa, és a dir, ven una lletra de canvi de 2 500 €, amb data de venciment a 90 dies, a una entitat financera que efectua un descompte del 9 %. Quin és el valor efectiu que rep pel document? Quant li han descomptat?

Resolució

L'efectiu és: $E = N(1 - i\,t) = 2\,500\ € \cdot \left(1 - 0{,}09 \cdot \dfrac{90}{360}\right) = 2\,443{,}75\ €$

I el descompte: $D = N - E = 2\,500\,€ - 2\,443{,}75\,€ = 56{,}25\,€$

Activitats

7. Una lletra de canvi de 1 250 € es descompta al 8 % 60 dies abans del seu venciment. Calcula'n el descompte i l'efectiu.

R: $D = 16{,}67$ €; $E = 1\,233{,}33$ €

8. Per una lletra de canvi de 7 500 € amb venciment al cap de 30 dies s'abonen 7 425 €. Quina taxa d'interès s'ha cobrat?

R: 12 %

3. Interès compost

Es dipositen 5 000 € en una llibreta a termini durant 3 anys i l'entitat financera garanteix una taxa d'interès anual del 4 %. Quin serà el capital al cap dels 3 anys?

Si al final de cada any es retiren els interessos produïts en aquest període, és a dir, si l'operació es du a terme a interès simple, el capital final serà de:

$$C_t = C_0(1 + i\,t) = 5\,000\text{ €} \cdot (1 + 0{,}04 \cdot 3) = 5\,600\text{ €}$$

Ara suposem que en finalitzar el primer any no es retiren els interessos generats durant aquest període. A la llibreta hi haurà: 5 000 € · (1 + 0,04 · 1) = 5 000 € · 1,04 = 5 200 €.

És a dir, els 5 000 € dipositats inicialment més els 200 € d'interessos que s'han generat durant aquest primer any.

Quan s'acabi el segon any, a la llibreta hi haurà: 5 200 € (1 + 0,04 · 1) = 5 200 € · 1,04 = 5 408 €.

Els 5 200 € que hi havia inicialment més els 208 € d'interessos.

Finalment, si tampoc no es retiren els interessos acumulats, quan finalitzi el tercer any el saldo de la llibreta serà de:

$$5\,408\text{ € } (1 + 0{,}04 \cdot 1) = 5\,408\text{ €} \cdot 1{,}04 = 5\,624{,}32\text{ €}$$

Aquest és el resultat de sumar els 5 408 € que hi havia al començament del tercer any amb els 216,32 € que han produït d'interessos.

Pots observar el resum d'aquest procés a la Taula 6.2:

Any	Capital inicial (€)	Interessos (€)	Capital acumulat (€)
1	5 000	200	5 200
2	5 200	208	5 408
3	5 408	216,32	5 624,32

Taula 6.2

Observa que, a diferència del que succeïa amb les operacions a interès simple, en començar cada any el capital inicial s'incrementa i, en conseqüència, també augmenten els interessos anuals.

Les operacions comercials d'aquestes característiques s'anomenen operacions a **interès compost.**

Una operació comercial s'efectua a **interès compost** si els interessos produïts quan finalitza cada període de temps s'acumulen al capital inicial i, juntament amb aquest capital, generen nous interessos durant el període següent.

! Important

La característica de l'**interès compost** és que els interessos que es generen són productius.

En l'interès compost, els períodes de temps que s'estableixen s'anomenen **períodes de conversió** o **períodes de capitalització** i, generalment, són d'un any.

Sempre que el període d'imposició superi l'any, per a un mateix capital inicial, una mateixa taxa d'interès anual i un mateix temps, una operació comercial duta a terme a interès compost genera més interessos que a interès simple. En l'exemple que acabem d'analitzar la diferència és de: 5 624,32 € – 5 600 € = 24,32 €.

No és una diferència gaire gran, però, com veurem més endavant, augmenta sensiblement quan s'incrementa el temps d'imposició.

Generalitzem el que succeeix en una operació a interès compost.

Suposem un capital inicial C_0 que s'inverteix a interès compost a una taxa anual i durant t anys. Quin capital acumulat hi haurà en finalitzar l'operació? Quins interessos s'hauran produït?

Capital C_1 en finalitzar el primer any:

$$C_1 = C_0(1+i)$$

Capital C_2 quan s'acaba el segon any:

$$C_2 = C_1(1+i) = C_0(1+i)(1+i) = C_0(1+i)^2$$

Capital C_3 en acabar el tercer any:

$$C_3 = C_2(1+i) = C_0(1+i)^2(1+i) = C_0(1+i)^3$$

Capital C_4 al final del quart any:

$$C_4 = C_3(1+i) = C_0(1+i)^3(1+i) = C_0(1+i)^4$$

Capital C_t en acabar l'operació:

$$C_t = C_0(1+i)^t$$

Per esbrinar els interessos generats, només cal restar el capital inicial del capital final:

$$I = C_t - C_0 = C_0(1+i)^t - C_0 = C_0\left[(1+i)^t - 1\right]$$

! Important

En l'interès compost, el fet que la taxa d'interès sigui semestral significa que, en finalitzar cada semestre, els interessos que es produeixen en aquest període s'acumulen al capital que hi havia inicialment.

També en aquest cas, per aplicar correctament les expressions que acabem de deduir, cal que hi hagi una correlació entre la taxa d'interès i el temps. Així, per exemple, en una operació a interès compost amb una taxa d'interès semestral, s'ha d'expressar el temps en semestres.

Observa els exemples resolts següents. Hem d'anar amb compte i no cometre errors a l'hora d'aïllar les diferents incògnites i cal utilitzar correctament la calculadora en les operacions que fem.

Exemple 6

S'inverteixen 5 000 € a una taxa d'interès del 4 % anual durant 10 anys. Esbrina el capital final de l'operació suposant que es s'efectuï:

a) A interès simple.

b) A interès compost.

Compara els resultats obtinguts.

Resolució

En tots dos casos, s'ha de determinar el capital final C_t.

a) A interès simple: $C_t = (1 + it) = 5\,000\,€ \cdot (1 + 0{,}04 \cdot 10) = 7\,000\,€$

b) A interès compost: $C_t = C_0\ (1+i)^t = 5\,000\,€ \cdot (1 + 0{,}04)^{10} = 7\,401{,}22\,€$

La imposició a interès compost produiria en el període de 10 anys 401,22 € més que a interès simple. Es produeix aquesta diferència a causa dels interessos generats en cada cas:

a) $I = 7\,000\,€ - 5\,000\,€ = 2\,000\,€$

b) $I = 7\,401{,}22\,€ - 5\,000\,€ = 2\,401{,}22\,€$

Exemple 7

Si considerem un interès compost, quin capital has d'invertir al 3 % anual perquè en 2 anys i 7 mesos es converteixi en 6 752,40 €?

Resolució

Volem saber el capital inicial C_0.

Compte! Hem d'expressar el temps del procés en anys, ja que la taxa d'interès és anual.

$$2 \text{ anys} + 7 \text{ mesos} = 2 \text{ anys} + \frac{7}{12} \text{ anys} = \frac{31}{12} \text{ anys}$$

$$C_t = C_o(1+i)^t \rightarrow C_0 = \frac{C_t}{(1+i)^t} = \frac{6\,752{,}40\,€}{1{,}03^{\frac{31}{12}}} = 6\,255{,}98\,€$$

Exemple 8

A quina taxa d'interès anual has d'invertir 2 780 € perquè en 6 anys generin uns interessos de 637,33 €, si en finalitzar cada any els interessos produïts s'acumulen al capital que hi havia en iniciar-lo?

Resolució

Es tracta de calcular la taxa d'interès i:

$$C_t = C_0\,(1+i)^t \rightarrow \frac{C_t}{C_0} = (1+i)^t \rightarrow \sqrt[t]{\frac{C_t}{C_0}} = 1 + i \rightarrow i = \sqrt[t]{\frac{C_t}{C_0}} - 1$$

El capital final és $C_t = C_0 + I = 2\,780\,€ + 637{,}33\,€ = 3\,417{,}33\,€$.

Per tant:

$$i = \sqrt[6]{\frac{3\,417{,}33\,€}{2\,780\,€}} - 1 = 0{,}035, \text{ és a dir, una taxa anual del } 3{,}5\,\%.$$

Exemple 9

Obrim una llibreta d'estalvi a termini amb 7 750 € a una taxa anual del 4,6 % d'interès compost. Calcula el temps que cal mantenir-la oberta perquè produeixi uns interessos de 1 423,75 €.

Resolució

El capital final és:

$$C_t = C_0 + I = 7\,750\,€ + 1\,423{,}75\,€ = 9\,173{,}75\,€$$

S'ha d'esbrinar el temps t de l'operació. Atès que en l'expressió $C_t = C_0\,(1 + i)^t$ la incògnita t figura a l'exponent, haurem d'utilitzar els logaritmes i les seves propietats per aïllar-la. La calculadora ens permet treballar amb logaritmes decimals o neperians. Nosaltres utilitzarem els decimals.

$$C_t = C_0\,(1+i)^t \rightarrow \frac{C_t}{C_0} = (1+i)^t \rightarrow \log\frac{C_t}{C_0} = \log\,(1+i)^t$$

$$\log\frac{C_t}{C_0} = t\log\,(1+i) \rightarrow t = \frac{\log\dfrac{C_t}{C_0}}{\log\,(1+i)}$$

Si ho substituïm, obtenim com a resultat:

$$t = \frac{\log\dfrac{9\,173{,}75\,€}{7\,750\,€}}{\log 1{,}046} = 3{,}75 = 3{,}75 \text{ anys} = 3 \text{ anys i } 9 \text{ mesos}$$

Exemple 10

A interès compost, quins interessos produeix una imposició de 2 500 € al 2,4 % trimestral durant 3 anys?

Resolució

La taxa d'interès és trimestral. Així doncs, hem d'expressar el temps en trimestres: $t = 3$ anys $= 12$ trimestres. Els interessos I es calculen:

$$I = C_t - C_0 = C_0\,(1+i)^t - C_0 = C_0\left[(1+1)^t - 1\right] =$$
$$= 2\,500\,€ \cdot \left[(1+0{,}024)^{12} - 1\right] = 823{,}07\,€$$

Activitats

9. Si ingresses 900 € en una llibreta d'estalvi al 5 % d'interès compost anual.

a) Quin és el capital que hi haurà acumulat al cap de 5 anys?

b) Quant de temps hauran d'estar ingressats aquests 900 € en aquestes mateixes condicions perquè el capital final superi els 1 466 €?

R: *a)* $C_5 = 1\,148{,}65\,€$; *b)* $t > 10$ anys

10. A interès compost, quant de temps triga a duplicar-se un capital que s'inverteix al 5 % anual?

Compara el resultat amb el que has obtingut en resoldre l'activitat 4 i justifica'n les diferències.

R: $t = 14{,}21$ anys

11. Indica quin capital has d'invertir a interès compost amb una taxa d'interès anual del 4,3 % perquè al cap de 8 anys es converteixi en una quantitat final de 1 750,59 €?

R: $C_0 = 1\,250$ €

12. A quina taxa d'interès compost anual s'han d'invertir 6 500 € perquè en 6 anys produeixin uns interessos de 1 630,13 €?

R: 3,8 %

13. Ingresses 1 800 € al 5 % d'interès compost anual durant 8 anys. Quina quantitat hauries hagut d'invertir a interès simple per tal d'obtenir-ne el mateix interès en el mateix temps?

R: $C'_0 = 2\,148,55$ €

14. Un producte de neteja costa avui 6,5 €. Quin serà el preu d'aquest producte d'aquí a 5 anys, suposant que cada any s'incrementi un 2,5 %?

R: $P_5 = 7,35$ €

4. Equivalències de taxes d'interès

A interès simple, s'obtenen els mateixos rendiments si s'inverteixen 3 500 € al 2 % quadrimestral durant 3 anys que si es fa al 6 % anual durant el mateix període de temps?

Sabem que els interessos no s'acumulen al capital quan s'acaba cada període, per tant, ja ens podem pensar que la resposta serà afirmativa.

Comprovem-ho:

- Interessos en el primer cas: $I = 3\,500 € \cdot 0{,}02 \cdot 9 = 630 €$
- Interessos en el segon cas: $I = 3\,500 € \cdot 0{,}06 \cdot 3 = 630 €$

Efectivament, és cert. A interès simple, un 2 % quadrimestral és equivalent a un 6 % anual.

Considerem la mateixa situació, però a interès compost. També obtindrem els mateixos interessos? Esbrinem-ho:

- Interessos en el primer cas: $I = 3\,500 € \cdot (1{,}02^9 - 1) = 682{,}82 €$
- Interessos en el segon cas: $I = 3\,500 € \cdot (1{,}06^3 - 1) = 668{,}56 €$

Com podem observar, no s'obtenen els mateixos interessos. És a dir, a interès compost, el 2 % quadrimestral no equival al 6 % anual. Això es deu als diferents períodes de capitalització: no és el mateix acumular els interessos cada quadrimestre que fer-ho cada any. S'obtenen més interessos en el primer cas. Per aquest motiu, la taxa anual equivalent al 2 % quadrimestral ha de superar el 6 %. Més endavant en calcularem el valor.

Es diu que dues taxes d'interès són **equivalents** quan, aplicades al mateix capital inicial durant un període de temps igual, produeixen els mateixos interessos i, en conseqüència, el mateix capital final.

Aquesta definició ens permet calcular taxes d'interès equivalents.

4.1 Interès simple

Suposem que s'inverteix un capital C_0 durant t anys a una taxa d'interès anual i. Els interessos que es produeixen són:

$$I = C_0\, i\, t$$

> **! Important**
>
> A interès simple, el 8 % anual és equivalent al 2 % trimestral, i l'1 % mensual és equivalent al 12 % anual.

Si dividim l'any en f períodes iguals, aquest mateix capital, col·locat durant el mateix temps a una taxa d'interès i_f, corresponent a cadascun d'aquests períodes, produeix uns interessos:

$$I' = C_0\, i_f\, f\, t$$

Si les taxes d'interès han de ser equivalents, $I = I'$ i, per tant:

$$C_0\, i\, t = C_0\, i_f\, f\, t$$

Quan dividim els dos membres de la igualtat per C_0 i per t, resulta:

$$i = i_f\, f \rightarrow i_f = \frac{i}{f}$$

> **! Important**
>
> Com pots observar, el resultat no depèn de C_0 ni de t. Podríem haver considerat, per simplificar, $C_0 = 1$ € i $t = 1$ any.

Aquesta conclusió no ens hauria de sorprendre. Per exemple, si dividim l'any en trimestres, $f = 4$ i la taxa d'interès anual és equivalent a quatre vegades la trimestral o, dit d'una altra manera, la taxa d'interès trimestral equival a la quarta part de l'anual.

4.2 Interès compost

Seguirem un raonament semblant a l'anterior.

Un capital C_0 que s'inverteix durant t anys a una taxa d'interès anual i es transforma en:

$$C_t = C_0\,(1 + i)^t$$

Aquest mateix capital, col·locat durant el mateix temps a una taxa d'interès i_f, corresponent a la divisió d'1 any en f períodes de temps, es converteix en:

$$C'_t = C_0\,(1 + i_f)^{ft}$$

Si totes dues taxes d'interès són equivalents, $C_t = C'_t$. Aleshores: $C_0\,(1 + i)^t = C_0\,(1 + i_f)^{ft}$

Dividim els dos membres de la igualtat per C_0:

$$(1 + i)^t = (1 + i_f)^{ft}$$

Prenem logaritmes decimals en els dos membres de la igualtat:

$$\log (1 + i)^t = \log (1 + i_f)^{ft} \rightarrow t \log (1 + i) = t \log (1 + i_f)^f$$

Dividim els dos membres de la igualtat per t i prescindim dels logaritmes:

$$\log (1 + i) = \log (1 + i_f)^f \rightarrow 1 + i = (1 + i_f)^f$$

Finalment, aïllem i o i_f:

$$i = (1 + i_f)^f - 1 \rightarrow i_f = \sqrt[f]{1 + i} - 1$$

L'aplicació d'aquestes expressions a casos concrets és molt senzilla. Observa els exemples següents.

Exemple 11

A interès compost, quina és la taxa anual equivalent a una taxa quadrimestral del 2 %?

Resolució

El càlcul d'aquesta taxa està pendent des de l'exemple que ens ha servit d'introducció en aquest apartat. Hem comentat que havia de ser superior al 6 %. Ara comprovarem que, efectivament, és així.

Hem de determinar i coneixent:

$$i_3 = 0{,}02 \text{ i } f = 3$$

$$i = (1 + i_f)^f - 1 = 1{,}02^3 - 1 = 0{,}0612$$

És a dir, 6,12 %.

Exemple 12

A interès compost, quina és la taxa trimestral equivalent a un 8 % anual?

Resolució

Sense fer cap càlcul, hem de pensar que la taxa d'interès que hem de determinar ha de ser inferior al 2 %, que seria la taxa equivalent a interès simple. Intenta justificar-ho.

En aquest cas ens demanen i_4, i sabem que $i = 0{,}08$ i $f = 4$:

$$i_4 = \sqrt[4]{1{,}08} - 1 = 0{,}0194$$

És a dir, 1,94 %.

Activitats

15. Calcula la taxa d'interès semestral que equival a una taxa d'interès anual del 12 %. Considera les dues possibilitats:

a) A interès simple.

b) A interès compost.

R: *a)* 6 %; *b)* 5,83 %

16. Calcula la taxa d'interès quadrimestral equivalent a un 2,4 % trimestral:

a) A interès simple.

b) A interès compost.

R: *a)* 3,2 %; *b)* 3,21 %

17. Un compte d'estalvi produeix un 4,28 % d'interès anual. Fins ara el banc abonava els interessos a final d'any, però ara es voldrien cobrar trimestralment.

Quina és la taxa d'interès trimestral equivalent que ha de pagar el banc?

R: 1,05 %

18. Calcula la taxa anual equivalent a un 0,5 % mensual:

a) A interès compost.

b) A interès simple.

R: *a)* 6,17 %; *b)* 6 %

5. Taxes d'interès anual amb períodes de capitalització inferiors a un any

En operacions a interès compost, malgrat que la taxa d'interès fixada sigui anual, el període de capitalització pot ser inferior a l'any. D'aquesta manera, l'acumulació dels interessos als capitals pot ser mensual, bimensual, trimestral, etc.

Ara analitzarem el criteri que s'aplica en operacions d'aquest tipus que, per cert, són molt freqüents en els productes que les entitats financeres ofereixen als clients.

Suposem que hem invertit 1 000 € al 6 % anual durant 3 anys. Si la capitalització és anual, el capital final serà:

$$C_t = 1\,000\,€ \cdot 1{,}06^3 = 1\,191{,}02\,€$$

Què passa si l'acumulació d'interessos és semestral?

Primer de tot hem de plantejar-nos com funciona l'acumulació d'aquests interessos. Si tenim en compte que 1 any = 12 mesos, cada semestre s'acumula al capital ja existent la meitat dels interessos que produirien els 1 000 € invertits al 6 % durant un any. És a dir:

$$1\,000\,€ \cdot \frac{0{,}06}{2}$$

En conseqüència, els 1 000 € inicials es converteixen, al cap dels primers 6 mesos, en:

$$1\,000\,€ + 1\,000\,€ \cdot \frac{0{,}06}{2} = 1\,000\,€ \cdot \left(1 + \frac{0{,}06}{2}\right)$$

Com pots observar, el capital es multiplica pel factor $1 + \frac{0{,}06}{2}$.

En acabar cadascun dels semestres següents, el capital que hi hagi en aquell moment tornarà a multiplicar-se per aquest mateix factor. En tres anys hi ha 3 · 2 = 6 períodes semestrals.

Per tant, la quantitat de diners final serà:

$$C_t = 1\,000\,€\left(1 + \frac{0{,}06}{2}\right)^6 = 1\,194{,}05\,€$$

> **! Important**
>
> Si compares resultats, comprovaràs que, per a una taxa anual fixada, la capitalització semestral produeix més interessos que l'anual.

En definitiva, el capital final que s'obté invertint 1 000 € al 6 % anual amb capitalització semestral durant 3 anys, és el mateix que el que s'obtindria si es col·loquessin al 3 % semestral durant el mateix temps.

En general, si representem amb f la **freqüència de capitalització,** és a dir, el nombre d'acumulacions que es produeixen al llarg d'un any, un capital C_0, invertit a una taxa d'interès anual i amb f conversions anuals, durant un període de t anys, genera un capital final:

$$C_t = C_0\left(1 + \frac{i}{f}\right)^{ft}$$

Exemple 13

Determina la quantitat de diners que obtindràs si inverteixes 4 400 € al 5,4 % anual durant 6 anys amb:

a) Període de conversió anual.

b) Període de conversió trimestral.

Construeix una taula amb el capital que tindries cada any en cadascun dels períodes de conversió i els resultats obtinguts.

Resolució

a) $C_t = 4\,400\,€ \cdot 1{,}054^6 = 6\,032{,}49\,€$

b) En aquest cas, $f = 4$ i, per tant, $\frac{i}{f} = 0{,}0135$.

$$C'_t = 4\,400\,€ \cdot 1{,}0135^{24} = 6\,070{,}48\,€$$

Construïm la Taula 6.3 amb el capital que tindries cada any si suméssim al capital inicial els interessos obtinguts anualment i trimestralment:

Temps (anys)	Capital amb conversió anual (€)	Capital amb conversió trimestral (€)
1	4 637,6	4 642,45
2	4 888,03	4 898,27
3	5 151,98	5 168,18
4	5 430,19	5 452,97
5	5 723,42	5 753,44
6	6 032,49	6 070,48

Taula 6.3

La conversió trimestral és avantatjosa si es cobren els interessos, perquè $C'_t > C_t$. Naturalment no ho és si aquests interessos s'han de pagar.

Activitats

19. Calcula els interessos que produeixen 750 € que s'inverteixen al 3,6 % anual durant 6 anys i que es capitalitzen semestralment.

R: $I = 179{,}04\,€$

20. Ingresses 5 000 € en una llibreta a termini durant 4 anys amb una capitalització mensual. Si es transformen en 6 056,03 €, quina és la taxa d'interès anual de l'operació?

R: 4,8 %

21. Un client inverteix 600 € a un 6 % d'interès anual, amb un període de capitalització quadrimestral, i obté uns interessos de 117,06 €. Determina el temps del procés.

R: $t = 3$ anys

22. Quin és el capital que s'ha d'invertir durant 5 anys al 4,2 % anual, convertible trimestralment, perquè produeixi un total de 4 621,23 €?

R: $C_o = 3\,750\,€$

23. Quins interessos generen 540 € invertits al 2,4 % anual durant 5 anys amb capitalització mensual?

R: $I = 68{,}78\,€$

24. Determina els interessos que produeixen en un any 1 000 € col·locats al 6 % anual amb els períodes de capitalització següents: anual, semestral, quadrimestral, trimestral i mensual.

Expressa els resultats obtinguts en forma de taula (Taula 6.4) i extreu-ne conclusions.

Període de capitalització	Capital al cap d'un any (€)	Interessos en un any (€)
Anual	1 060	60
Semestral		
Quadrimestral		
Trimestral		
Mensual		

Taula 6.4

6. Taxa nominal i taxa anual equivalent

Els resultats de l'exercici anterior ens han permès observar que els interessos augmenten a mesura que s'incrementa la freqüència de capitalització.

Per tant, sempre que es capitalitza en períodes inferiors a 1 any, la taxa anual d'interès real és més gran que la teòrica. Naturalment, aquesta taxa anual real també augmenta a mesura que augmenta la freqüència de capitalització.

Pots comprovar-ho amb les dades de l'activitat anterior. La Taula 6.5 en mostra els resultats.

Període de capitalització	Taxa anual real (%)
Anual	6
Semestral	6,09
Quadrimestral	6,12
Trimestral	6,14
Mensual	6,17

Taula 6.5

! Important

En un any, $I = C_t - C_0 = C_0 \cdot i$

Per tant,
$$i = \frac{C_t - C_0}{C_0}$$

En operacions financeres d'aquestes característiques, cal diferenciar, doncs, la taxa anual teòrica de la real. La primera s'anomena **taxa nominal** i la segona, **TAE**, que significa **taxa anual equivalent.**

Així, la TAE corresponent al 6 % nominal amb capitalització semestral és del 6,09 % i la TAE del 6 % nominal amb capitalització mensual és del 6,17 %.

Conèixer la TAE d'una operació comercial és fonamental. És tan important que el Banc d'Espanya obliga les entitats financeres a facilitar-la als clients en qualsevol producte financer que els ofereixin.

Amb aquesta dada, el client pot comparar les condicions que li ofereixen per a un mateix producte financer les diferents entitats bancàries.

Lògicament, sempre que es tracti d'invertir diners, el producte més avantatjós és el que ofereix una TAE més alta.

El càlcul de la TAE també es pot generalitzar. N'hi ha prou a repetir el procés que hem dut a terme en aquest mateix apartat per a un capital inicial C_0 a una taxa nominal i amb freqüència de capitalització f.

En finalitzar l'any, el capital final serà:

$$C_t = C_0\left(1 + \frac{i}{f}\right)^f$$

Per tant, podem escriure:

$$\text{TAE} = \frac{C_t - C_0}{C_0} = \frac{C_0\left(1 + \frac{i}{f}\right)^f - C_0}{C_0} = \frac{C_0\left[\left(1 + \frac{i}{f}\right)^f - 1\right]}{C_0}$$

És a dir,

$$\text{TAE} = \left(1 + \frac{i}{f}\right)^f - 1$$

Aquesta expressió posa de manifest que la TAE és independent del capital inicial invertit. Si te'n recordes, això succeeix sempre que calculem taxes d'interès equivalents.

! Important

Has de tenir en compte que la TAE i la nominal són taxes d'interès anuals.

Exemple 14

Una caixa d'estalvis ofereix un producte financer al 5 % nominal, convertible cada trimestre. Quina és la TAE de l'operació?

Resolució

La freqüència de capitalització és $f = 4$. Per tant,

$$\text{TAE} = \left(1 + \frac{0{,}05}{4}\right)^4 - 1 = 0{,}0509 \rightarrow 5{,}09\,\%$$

Activitats

25. Calcula la TAE de les taxes nominals següents:

a) 7 % amb període de conversió mensual.

b) 6,3 % amb període de conversió semestral.

c) 7,2 % amb període de conversió quadrimestral.

R: *a)* TAE = 7,23 %; *b)* TAE = 6,40 %; *c)* TAE = 7,37 %

26. Una entitat bancària ofereix un producte financer que inclou una TAE del 5,46 %. Digues quina és la taxa d'interès nominal si la capitalització que s'efectua és trimestral.

R: 5,35 %

27. Un banc ofereix dues possibilitats als clients per cobrar els interessos. La primera opció estableix un 2,4 % anual amb capitalització mensual i la segona, un 2,5 % anual amb abonament semestral dels interessos. Quina de les dues opcions creus que és més avantatjosa per als clients? Justifica la teva resposta.

R: La segona opció

28. Dedueix l'expressió que permet fer el càlcul general de la TAE, a partir de la definició de taxes d'interès equivalents.

7. Concepte general d'anualitat

Una **anualitat** és una quantitat de diners que es paga periòdicament a una entitat financera amb dues finalitats possibles: acumular un capital o saldar un deute.

El fet que una persona vulgui acumular un capital determinat al llarg de la seva vida pot obeir a diverses causes: assegurar-se una renda per a la jubilació, adquirir un habitatge, deixar el capital en herència als fills o a una fundació benèfica, etc.

Per aconseguir acumular el capital desitjat en el temps que s'estableixi, ha d'ingressar periòdicament una quantitat determinada de diners en una entitat bancària. Aquesta quantitat es coneix amb el nom d'**anualitat de capitalització.**

D'altra banda, és possible que, quan vulgui comprar un pis o una casa, no disposi de prou diners. En aquest cas, pot recórrer a una entitat bancària perquè concedeixi un préstec o un crèdit hipotecari. Per saldar el deute en un temps convingut, caldrà que torni periòdicament a l'entitat bancària una quantitat determinada de diners que es coneix amb el nom d'**anualitat d'amortització.**

! Important

Aquest tipus d'operacions financeres sempre es realitza a interès compost.

8. Anualitats de capitalització

Les **anualitats de capitalització** són quantitats de diners iguals que s'ingressen al principi de cada any en una entitat financera per formar, juntament amb els interessos compostos que van generant, un capital determinat al cap d'un cert nombre d'anys.

Exemple 15

Una persona de 57 anys va decidir, l'1 de gener de 2005, fer un pla de pensions per completar la jubilació que li correspondrà quan en compleixi 65. Per aquest motiu, ingressa 2 500 € al principi de cada any a l'entitat financera que li ofereix les millors condicions. Quin capital haurà acumulat al moment de la jubilació si li garanteixen el 4 % anual d'interès?

Resolució

Primerament, hem de tenir en compte que es tracta d'una operació a interès compost, ja que els interessos que es generen s'acumulen al capital existent al final de cada any.

Si la persona té 57 anys, li'n falten 8 per jubilar-se. Per tant, es tracta d'un pla de pensions a 8 anys. Si efectua el primer ingrés el dia 1 de gener de 2005, podrà disposar del capital acumulat l'1 de gener de l'any 2013.

Sabem que l'anualitat de la capitalització és de 2 500 €. Si volem conèixer el capital final acumulat, haurem de calcular els capitals generats per cadascuna de les vuit anualitats durant els temps d'imposició respectius al 4 % anual i sumar-ne els resultats.

Per observar millor el procés, exposarem els resultats en forma de taula (Taula 6.6).

Un cop transcorreguts els 8 anys, el capital acumulat és:

$$C = 2\,500\,€ \cdot 1{,}04 + 2\,500\,€ \cdot 1{,}04^2 + \ldots + 2\,500\,€ \cdot 1{,}04^7 + 2\,500\,€ \cdot 1{,}04^8$$

Si extraiem el factor comú, tenim:

$$C = 2\,500\,€ \cdot 1{,}04 \cdot (1 + 1{,}04 + \ldots + 104^6 + 1{,}04^7)$$

Observa que dins els parèntesis hi ha una suma de vuit sumands que estan en progressió geomètrica, la raó de la qual és 1,04.

Per tant,

$$C = 2\,500\,€ \cdot 1{,}04 \cdot \frac{1{,}04^7 \cdot 1{,}04 - 1}{1{,}04 - 1} = 23\,956{,}99\,€$$

Data de la imposició	Anualitat dipositada (€)	Anys que capitalitza	Capital l'1-1-2013 (€)
1-1-2005	2 500	8	$2\,500 \cdot 1{,}04^8$
1-1-2006	2 500	7	$2\,500 \cdot 1{,}04^7$
1-1-2007	2 500	6	$2\,500 \cdot 1{,}04^6$
1-1-2008	2 500	5	$2\,500 \cdot 1{,}04^5$
1-1-2009	2 500	4	$2\,500 \cdot 1{,}04^4$
1-1-2010	2 500	3	$2\,500 \cdot 1{,}04^3$
1-1-2011	2 500	2	$2\,500 \cdot 1{,}04^2$
1-1-2012	2 500	1	$2\,500 \cdot 1{,}04$

Taula 6.6

Tal com hem fet als apartats anteriors, ara generalitzarem aquest procés després d'haver-ne analitzat un cas concret. Si dipositem una anualitat A durant t anys a un interès anual i, es genera un capital C:

$$C = A(1+i) + A(1+i)^2 + \ldots + A(1+i)^t = A(1+i)[1 + (1+i) + \ldots + (1+i)^{t-1}]$$

La suma que hi ha entre parèntesis és una progressió geomètrica de t termes i de raó $1 + i$. Per tant:

$$C = A(1+i)\frac{(1+i)^{t-1}(1+i)-1}{1+i-1} = A(1+i)\frac{(1+i)^t - 1}{i}$$

Tot i que generalment es parla d'anualitats, els ingressos successius es poden efectuar en períodes de temps inferiors a un any.

Si és així, haurem d'estar molt atents al període al qual es refereix la taxa d'interès.

Ara aplicarem l'expressió anterior per resoldre algunes capitalitzacions.

Recorda

Recorda que la suma dels n primers termes d'una progressió geomètrica de raó r es pot calcular a partir de l'expressió següent:

$$S_n = \frac{a_n r - a_1}{r - 1}$$

Exemple 16

Una parella té intenció de casar-se d'aquí a 10 anys. Decideixen encetar un pla d'estalvi per disposar al moment del casament d'un capital de 100 000 € per invertir-lo en la compra d'un habitatge.

a) Quina quantitat han d'ingressar al principi de cada any en un banc que els garanteixi un 5 % d'interès anual?

b) Quin capital s'han estalviat passats els 10 anys?

Resolució

a) En aquesta ocasió, es tracta de determinar el valor de cada anualitat A, i coneixem el capital C, la taxa d'interès anual i, i el temps t.

$$C = A(1+i)\frac{(1+i)^t - 1}{i}$$

d'on:

$$A = \frac{C\,i}{(1+i)\left[(1+i)^t - 1\right]} =$$

$$= \frac{100\,000\,€ \cdot 0{,}05}{1{,}05\,(1{,}05^{10} - 1)} =$$

$$= 7\,571{,}86\,€$$

b) S'han estalviat:

$$100\,000\,€ - 7\,571{,}86\,€ \cdot 10 = 100\,000\,€ - 75\,718{,}60\,€ = 24\,281{,}40\,€$$

Exemple 17

Una persona va obrir un compte d'estalvi el dia 1 de gener de 2009 a un interès compost del 0,4 % mensual, amb una imposició inicial de 500 €. Des d'aleshores, ha anat ingressant 500 € en aquest compte el dia 1 de cada mes. El dia 1 de gener de 2011 ja no va ingressar els 500 € i va treure els diners que tenia al compte d'estalvi. Amb el capital aconseguit, ha pogut adquirir un cotxe valorat en 15 000 €?

Resolució

Per respondre a aquesta pregunta, hem de saber el capital que ha acumulat durant els dos anys que ha durat l'operació.

L'anualitat *A*, mensualitat en aquest cas, s'ingressa cada mes i la taxa d'interès també és mensual. Així doncs, podem aplicar-hi l'expressió general sempre que expressem el temps en mesos.

$$C = A(1+i)\frac{(1+i)^t - 1}{i} = 500\,€ \cdot 1{,}004 \cdot \frac{(1{,}004)^{24} - 1}{0{,}004} = 12\,618{,}81\,€$$

Tot i l'esforç, no ha tingut prou diners per comprar-se el cotxe que volia.

Exemple 18

Si suposem el mateix cas que hem resolt a l'exemple 17, però amb una taxa d'interès anual del 4,8 %, aquesta persona hauria acumulat el mateix capital? Justifica la teva resposta.

Resolució

La taxa d'interès és anual, però les anualitats s'ingressen cada mes. La capitalització d'aquestes anualitats es fa seguint el mateix criteri que ja hem estudiat. És a dir:

$$C = A\left(1+\frac{i}{f}\right)\frac{\left(1+\frac{i}{f}\right)^{ft} - 1}{\frac{i}{f}}$$

on i és la taxa d'interès anual.

f és la freqüència d'ingrés de les anualitats.

t és el temps en anys.

En el nostre cas, $i = 0{,}048$, $f = 12$ i $t = 2$ anys.

$$C = 500\,€ \cdot 1{,}004 \cdot \frac{1{,}004^{24} - 1}{0{,}004} = 12\,618{,}81\,€$$

Com pots comprovar, el resultat és el mateix que a l'exemple anterior.

Activitats

29. L'Elvira contracta un pla de pensions. El dia 1 de gener de cada any ingressa en una caixa d'estalvis 3 600 € al 4,5 % d'interès anual. Quin capital haurà acumulat quan es jubili si ara té 30 anys? Fixem l'edat de jubilació a 65 anys.

R: $C = 306\,590{,}28$ €

30. Una persona és molt aficionada a la loteria i s'hi gasta 250 € cada any. Al cap de 15 anys d'intentar-ho, obté un premi de 4 500 €. Té motius per estar contenta si el banc que té més a prop de casa seva ofereix un interès del 4 % a les llibretes d'estalvi?

31. Durant quants anys cal ingressar al principi de cada any una quantitat de 2 750 € al 5,4 % anual per acumular un capital de 37 144,94 €?

R: $t = 10$ anys

32. En Ramon va néixer l'1 de gener de 1999. Els seus pares li van obrir una llibreta d'estalvi amb 250 € i van decidir ingressar-hi aquesta mateixa quantitat al principi de cada any, fins que fos major d'edat. De quin capital podrà disposar en Ramon quan compleixi 18 anys, si l'operació es va pactar al 6 % anual?

R: $C = 8\,190$ €

33. D'aquí a 4 anys, l'Eulàlia té la intenció de comprar un cotxe el preu del qual no superi els 27 500 €. Quina quantitat haurà d'ingressar com a màxim al principi de cada trimestre en una llibreta d'estalvi que ofereix un 4,8 % anual?

R: 1 550,68 €

34. Una esportista professional pretén retirar-se d'aquí a 8 anys. Guanya força diners, però és previsora i quan deixi l'esport té la intenció de muntar un negoci que li suposaria una descapitalització important, concretament, de 500 000 €. Quina quantitat ha d'ingressar anualment en una entitat bancària que li ofereixi un 5 % anual per poder acumular aquesta quantitat de diners quan hagi arribat el moment de retirar-los?

R: 49 867,53 €

35. Un comerciant inicia un pla d'estalvis en una entitat bancària que li garanteix un rendiment del 10 % anual. Si hi ingressa 150 € al principi de cada mes, de quin capital podrà disposar quan hagin transcorregut 10 anys? I quan n'hagin transcorregut 20?

R: $C_{10} = 30\,982{,}80$ €; $C_{20} = 114\,854{,}54$ €

36. Un treballador complirà 40 anys d'aquí a tres setmanes i es pensa jubilar anticipadament, quan en faci 60. Un amic seu li ha parlat d'un pla de jubilació en què garanteixen una rendibilitat del 6,5 %. Esbrina quant haurà de pagar cada any el dia del seu aniversari perquè quan es jubili hagi acumulat un capital de 275 000 €. Digues també quants euros haurà pagat en total durant aquest període de temps. Quins interessos li hauran produït?

R: 6 650,71 €; $I = 141\,985{,}75$ €

9. Anualitats d'amortització

Les **anualitats d'amortització** són quantitats que s'abonen al final de cada any a una entitat financera per saldar un deute que s'hi té pendent. Aquestes quantitats, juntament amb els interessos compostos que comporten, no només han de permetre liquidar el deute, sinó també els interessos compostos que l'entitat financera cobra pel préstec.

Exemple 19

Suposem que una persona demana un préstec de 25 000 € a un banc per comprar un apartament. El banc li concedeix el préstec al 8 % d'interès. Quina quantitat ha de pagar al banc al final de cada any per cancel·lar el deute en un termini de 5 anys?

Resolució

El deute real que té aquesta persona amb l'entitat bancària al moment del venciment del préstec és la suma del capital que li han entregat més els interessos que aquest capital genera al 8 % en 5 anys. Per tant, ha de tornar:

$$25\,000(1 + 0{,}08)^5\,€$$

Si representem amb a l'anualitat d'amortització corresponent, és a dir, la quantitat fixa que ha de pagar al banc a final de cada any, el primer pagament de a euros s'haurà convertit, un cop transcorreguts 5 anys, en:

$$a(1 + 0{,}08)^4\,€$$

Si seguim el mateix raonament per a cadascuna de les quatre anualitats restants, podem completar la Taula 6.7:

Anualitat	Valor de l'anualitat (€)	Nombre d'anys	Valor final de l'anualitat (€)
Primera	a	4	$a(1 + 0{,}08)^4$
Segona	a	3	$a(1 + 0{,}08)^3$
Tercera	a	2	$a(1 + 0{,}08)^2$
Quarta	a	1	$a(1 + 0{,}08)$
Cinquena	a	–	a

Taula 6.7

Per tant, el valor total de les cinc anualitats és:

$$a + a(1 + 0{,}08) + a(1 + 0{,}08)^2 + a(1 + 0{,}08)^3 + a(1 + 0{,}08)^4 =$$
$$= a[(1 + (1 + 0{,}08) + (1 + 0{,}08)^2 + (1 + 0{,}08)^3 + (1 + 0{,}08)^4] =$$
$$= a\,\frac{(1 + 0{,}08)^4 \cdot (1 + 0{,}08) - 1}{1 + 0{,}08 - 1} = a\,\frac{(1 + 0{,}08)^5 - 1}{0{,}08}$$

Observa que els cinc sumands del claudàtor formen una progressió geomètrica de raó $r = 1 + 0{,}08$.

Naturalment, aquesta quantitat ha de liquidar l'import total del deute amb el banc. Per tant,

$$25000\,€ \cdot (1 + 0{,}08)^5 = a\frac{(1 + 0{,}08)^5 - 1}{0{,}08}$$

En conseqüència, al final de cada any ha de pagar al banc:

$$a = \frac{25000\,€ \cdot 0{,}08 \cdot (1 + 0{,}08)^5}{(1 + 0{,}08)^5 - 1} = 6\,261{,}41\,€$$

En general, per cancel·lar un deute D en un termini de t anys a una taxa d'interès anual i, cal pagar, en finalitzar cada any, una anualitat a tal que:

$$D(1+i)^t = a + a(1+i) + a(1+i)^2 + \ldots + a(1+i)^{t-1} = a\frac{(1+i)^t - 1}{i}$$

És a dir,

$$a = \frac{D\,i\,(1+i)^t}{(1+i)^t - 1}$$

Com sempre, quan s'ha d'aplicar l'expressió anterior, cal que hi hagi una correlació entre la taxa d'interès i el temps.

Així doncs, si les quantitats a se satisfan cada trimestre i la taxa d'interès és trimestral, hem d'expressar el temps en trimestres.

De tota manera, el cas més freqüent és que els venciments per tornar un préstec no tinguin una periodicitat anual i, en canvi, la taxa d'interès fixada sí que ho sigui. Aleshores, si representem amb f el nombre de pagaments anuals i amb t el temps de l'operació en anys, el valor de cadascun d'aquests pagaments és:

$$a = \frac{D\frac{i}{f}\left(1+\frac{i}{f}\right)^{ft}}{\left(1+\frac{i}{f}\right)^{ft} - 1}$$

Quan es concedeix un préstec, el que es retorna realment és la suma de dues quantitats: el valor del préstec i el dels interessos que cobra l'entitat bancària.

Per tant, cadascuna de les anualitats es considera formada per dues parts: una que serveix per cancel·lar el préstec i l'altra, per liquidar-ne els interessos. S'anomenen, respectivament, **quota d'amortització** i **quota d'interès.**

Anualitat = Quota d'amortització + Quota d'interès

L'anualitat és una quantitat fixa, però la quota d'amortització i la quota d'interès varien en cadascun dels períodes.

Sovint, amb el propòsit de facilitar la informació, al moment de sol·licitar un crèdit es preparen quadres d'amortització en els quals figura el valor de l'anualitat, les quotes d'interès i d'amortització, el total amortitzat i el capital pendent. L'estudi s'efectua any rere any.

Els diferents conceptes es calculen de la manera següent:

- **Quota d'interès:** taxa d'interès i aplicada al capital pendent.
- **Quota d'amortització:** anualitat menys la quota d'interès.
- **Capital amortitzat:** capital ja amortitzat més l'última quota d'amortització.
- **Capital pendent:** valor del préstec menys el capital amortitzat.

Intenta raonar com varien amb el temps les quotes d'interès i d'amortització d'un préstec. Observa com es calcula la quota d'interès per a cada període.

El quadre d'amortització corresponent al préstec de l'exemple 19 és el següent, tal com mostra la Taula 6.8:

Temps	Anualitat (€)	Quota interès (€)	Quota amortització (€)	Capital amortitzat (€)	Capital pendent (€)
0	–	–	–	–	25 000
1	6 261,41	2 000	4 261,41	4 261,41	20 738,59
2	6 261,41	1 659,09	4 602,32	8 863,73	16 136,27
3	6 261,41	1 290,90	4 970,51	13 834,24	11 165,76
4	6 261,41	893,26	5 368,15	19 202,39	5 797,61
5	6 261,41	463,80	5 797,61	25 000	–

Taula 6.8

! Important

Deute: 25 000 €

Tipus d'interès: 0,08 % anual

Temps: 5 anys

Anualitat: 6 261,41 €

Exemple 20

Quants anys calen per tornar un crèdit de 7 500 € al 8 % anual si la quantitat màxima que es pot pagar en finalitzar cada any és de 1 200 €?

Resolució

Es tracta de determinar el temps de l'operació. L'aïllem de l'expressió que hem deduït per les anualitats d'amortització.

Observa com es fa:

$$a = \frac{D\,i(1+i)^t}{(1+i)^t - 1} \rightarrow a(1+i)^t - a = D\,i(1+i)^t$$

$$a(1+i)^t - D\,i(1+i)^t = a$$

$$(a - Di)\,(1+i)^t = a \rightarrow (1+i)^t = \frac{a}{a - D\,i}$$

Si substituïm les dades del problema, ens queda:

$$1{,}08^t = \frac{1\,200\text{ €}}{1\,200\text{ €} - 7\,500\text{ €} \cdot 0{,}08} \rightarrow 1{,}08^t = 2$$

La incògnita t figura en l'exponent. Prenem logaritmes decimals en els dos membres de la igualtat i aïllem t:

$$t \log 1{,}08 = \log 2 \rightarrow t = \frac{\log 2}{\log 1{,}08} = 9{,}01 \text{ anys}$$

Malgrat que el resultat sigui un nombre molt proper a 9, hauríem de fer 10 pagaments per cancel·lar el préstec. Naturalment, l'últim d'aquests pagaments seria sensiblement més baix que els anteriors.

Exemple 21

Un matrimoni vol comprar un habitatge. Tenen estalviats 85 000 €, però el pis els en costa 160 000. Demanen un préstec per valor de la quantitat que els falta fins a arribar al preu del pis i el director de l'oficina bancària els el concedeix amb unes condicions que els semblen acceptables: 9,6 % anual i a retornar en 12 anys amb pagaments mensuals que han de satisfer a final de cada mes.

Quan hagin acabat de pagar el préstec, quant els haurà costat realment el pis?

Resolució

L'import del préstec és: $D = 160\,000\,€ - 85\,000\,€ = 75\,000\,€$

Han de tornar-lo en un temps $t = 12$ anys, a una taxa anual $i = 0,096\,\%$ i duent a terme $f = 12$ pagaments anuals. Per tant, el valor de cada mensualitat és de:

$$a = \frac{75\,000\,€ \cdot \dfrac{0,096}{12} \cdot \left(1 + \dfrac{0,096}{12}\right)^{144}}{\left(1 + \dfrac{0,096}{12}\right)^{144} - 1} = 879,06\ €$$

Després de cancel·lar el préstec, la parella haurà pagat pel seu habitatge:

$$85\,000\,€ + 879,06\,€ \cdot 144 = 211\,584,64\,€$$

Exemple 22

Una persona està disposada a pagar 8 510 € cada any per un crèdit hipotecari, durant 8 anys. Troba una entitat bancària que, en aquestes condicions, li ofereix un interès del 10 % anual. Calcula el valor del crèdit hipotecari que pot demanar i els interessos que ha de pagar a l'entitat bancària.

Resolució

Es tracta de calcular el valor de D, que és el que indica el capital que cal amortitzar, per la qual cosa cal aïllar D de l'expressió de l'anualitat d'amortització a. Observa:

$$a = \frac{D\,i\,(1+i)^t}{(1+i)^t - 1} \rightarrow D\,i\,(1+i)^t = a\left[(1+i)^t - 1\right] \rightarrow D = \frac{a\left[(1+i)^t - 1\right]}{i\,(1+i)^t}$$

Substituint en l'expressió de D anterior, les dades de l'enunciat del problema, que són $a = 8\,150\,€$, $i = 0,1$ i $t = 8$, tenim:

$$D = \frac{a[(1+i)^t - 1]}{i\,(1+i)^t} = \frac{8510\,€ \cdot (1,1^8 - 1)}{0,1 \cdot 1,1^8} = \frac{8510\,€ \cdot 1,1436}{0,21436} = 45400\,€$$

Pot demanar un crèdit de 45 400 €, però en realitat n'ha de tornar:

$$8 \cdot 8\,510\,€ = 68\,080\,€$$

Al cap de 8 anys, els interessos que haurà pagat a l'entitat bancària són:

$$I = 68\,080\,€ - 45\,400\,€ = 22\,680\,€$$

Activitats

37. En una empresa han decidit comprar un ordinador i una impressora el preu al comptat dels quals és de 2 535,20 € més IVA. El representant de l'empresa ha arribat a l'acord següent amb el venedor: al moment d'efectuar la compra, l'empresa ha d'abonar 500 € i la resta s'ha de pagar en quatre pagaments iguals durant cadascun dels quatre anys següents. A més, tot el que no es pagui al comptat tindrà un recàrrec del 10,5 % anual.

Si s'hi aplica un IVA del 21 %, determina:

a) L'import de la compra si s'hagués fet efectiva al comptat.

b) El preu que es pagarà realment quan s'hagi saldat el deute.

R: *a)* 3 067,59 €; *b)* 3 773,16 €

38. Un equip estèreo professional que costa 3 574,50 € es paga en 11 terminis trimestrals a una taxa d'interès anual del 9,3 %.

Calcula l'import de cada pagament i la quantitat total que s'ha pagat per l'equip.

R: 4 092,22 €

39. Elabora el quadre d'amortització del préstec següent: 18 000 € a retornar en 8 anys a una taxa d'interès anual del 9 %. Imagina't que, quan s'ha satisfet la cinquena anualitat, es decideix liquidar el deute. Quina quantitat s'ha de pagar?

R: 8 232,11 €

40. Un cotxe es paga amb les condicions següents: 2 500 € d'entrada i la resta, en 14 pagaments iguals de 457,50 € amb venciment quadrimestral.

Si l'interès aplicat en aquesta operació és del 10,8 % anual, quin és el preu de venda al comptat d'aquest cotxe?

R: 7 662,79 €

41. Una persona ha d'amortitzar un crèdit hipotecari de 54 000 € amb un interès del 9,5 % anual i la seva situació econòmica no li permet pagar una quantitat superior a 8 250 € cada any. Determina:

a) Quants pagaments ha de fer?

b) Serà complet l'últim d'aquests pagaments?

R: *a)* 11 pagaments; *b)* no complet

42. La publicitat d'una immobiliària anuncia que els pisos que acaba de construir costen 350 000 €. Una de les diferents maneres de pagament que ofereix és la següent: 70 000 € al moment d'entregar les claus, i la resta, caldrà pagar-la en un termini de 20 anys amb interès del 9,5 %. Suposant que els pagaments es fan al final de cada any, calcula:

a) Quina quantitat caldria abonar anualment?

b) Quant s'hauria pagat per aquest pis un cop es fes efectiva l'última anualitat?

R: *a)* 31 733,47 €; *b)* 705 469,49 €

Punt final

L'interès compost i el nombre e

Ja saps que un capital C_0 que s'inverteix a una taxa d'interès compost anual i durant t anys, amb una freqüència de capitalització anual f es transforma en:

$$C_t = C_0\left(1+\frac{i}{f}\right)^{ft}$$

Hem comprovat que si s'incrementa la freqüència de capitalització, també augmenten els interessos generats i, en conseqüència, el capital acumulat.

Hem resolt situacions en què l'acumulació d'interessos als capitals ja existents es produïa cada semestre, cada quadrimestre, cada trimestre o cada mes. Aquests són els períodes habituals de capitalització en les operacions comercials. Ara bé, des d'un punt de vista matemàtic, aquests períodes de capitalització es poden fer cada cop més petits fins a arribar a una rendibilitat òptima, tot i que teòrica, d'un capital.

Si els interessos s'acumulen cada dia, considerant que l'any comercial té 360 dies, es farien $f = 360$ capitalitzacions anuals.

Per tant:

$$C_t = C_0\left(1+\frac{i}{360}\right)^{360t}$$

De la mateixa manera, si l'acumulació d'interessos es produís cada hora, cada minut o cada segon, les expressions respectives dels capitals acumulats en t anys serien:

$$C_t = C_0\left(1+\frac{i}{8\,640}\right)^{8\,640t}$$

$$C_t = C_0\left(1+\frac{i}{518\,400}\right)^{518\,400t}$$

$$C_t = C_0\left(1+\frac{i}{31\,104\,000}\right)^{31\,104\,000t}$$

Podem anar més lluny? Si ens imaginem que l'acumulació d'interessos és instantània, és a dir, que es produeix a cada moment, la freqüència de capitalització es fa molt gran i, per conèixer el valor que tindria C_t, hem de calcular el límit de la seva expressió general quan f tendeix a infinit.

$$C_t = \lim_{f\to\infty} C_0\left(1+\frac{i}{f}\right)^{ft} = C_0 \lim_{f\to\infty}\left(1+\frac{i}{f}\right)^{ft} =$$

$$= C_0 \lim_{f\to\infty}\left[\left(1+\frac{i}{f}\right)^{\frac{f}{i}}\right]^{it} = C_0\,e^{it}$$

Una operació comercial que funcionés d'acord amb aquest criteri seria a **interès continu.** L'expressió ens permet calcular el valor màxim que podria assolir un capital C_0 invertit a una taxa anual d'interès i durant t anys.

A la Figura 6.1 pots observar quina seria l'evolució de 50 € que s'invertissin al 5 % d'interès continu durant 5 anys.

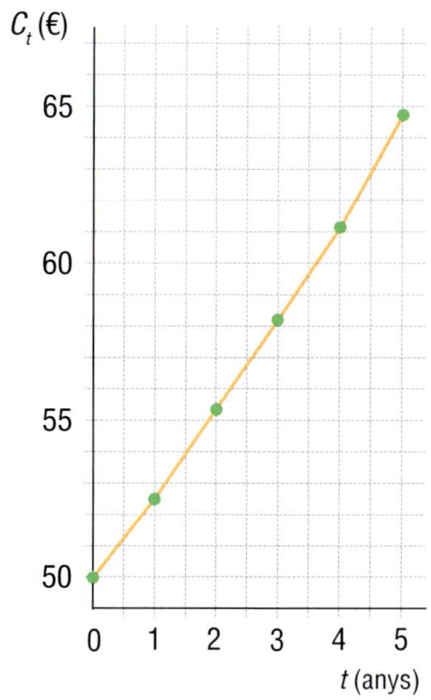

Fig. 6.1

~~400€ m~~ ~~70€ mensuals~~ 6anys al 3% (anual)

Activitats finals

1. Entre dos amics disposen de 7 500 €. El primer ingressa el seu capital al 4 % anual durant 1 any i el segon també, però al 5 % anual. Si al final de l'any la suma dels interessos de les dues quantitats és de 335 €, calcula els diners que té cadascun d'ells.

R: 4 000 € i 3 500 €

2. En una operació a interès simple, a quina taxa anual s'ha d'invertir un capital perquè es tripliqui en 20 anys? I si l'operació és a interès compost?

R: 10 %; 5,65 %

3. Un capital s'inverteix durant 1 any al 6 % anual. Després, el capital inicial, juntament amb l'interès produït, es col·loca al 4 % anual. Si sabem que el capital final és de 8 268 €, determina la quantitat de diners inicial.

R: $C_0 = 7\,500$ €

4. Esbrina el temps que triga un capital a produir, a interès simple, uns interessos iguals a la quarta part d'aquest capital, si la taxa d'interès aplicada és del 2,5 % semestral.

R: $t = 5$ anys

5. Calcula el valor efectiu d'una lletra de canvi de 2 400 € de nominal que es descompta en un banc al 9,5 % d'interès 45 dies abans del venciment.

R: $E = 2\,371{,}50$ €

6. A interès simple, a quina taxa d'interès s'han d'invertir 3 750 € durant 7 anys perquè produeixin una suma de capital més interessos igual a 5 981,25 €?

R: 8,5 %

7. Dos capitals que sumen 1 200 € s'inverteixen al 4 % d'interès simple semestral, el primer 9 mesos menys que el segon. Si sabem que durant aquest temps cadascun produeix uns interessos de 48 €, determina'n el valor.

R: 800 € (9 mesos); 400 € (18 mesos)

8. S'han invertit 4 000 € al 4 % d'interès compost anual durant 6 anys. Quina quantitat hauríem d'invertir a interès simple i sense modificar la taxa d'interès anual per obtenir els mateixos interessos en el mateix temps?

R: $C_0 = 4\,421{,}98$ €

9. Calcula els interessos que produeixen 950 € al 6 % anual d'interès compost durant 15 mesos.

R: $I = 71{,}78$ €

10. Compara l'evolució que experimenta una inversió de 1 000 € al 10 % anual durant 10 anys a interès simple i a interès compost. Representa els resultats en una taula (Taula 6.9) i en una gràfica (Fig. 6.2). Quines conclusions pots extreure'n?

Any	C_t (simple) (€)	C_t (compost) (€)
0	1000	1000
1	1100	1100
2		
3		
4		
5		
6		
7		
8		
9		
10		

Taula 6.9

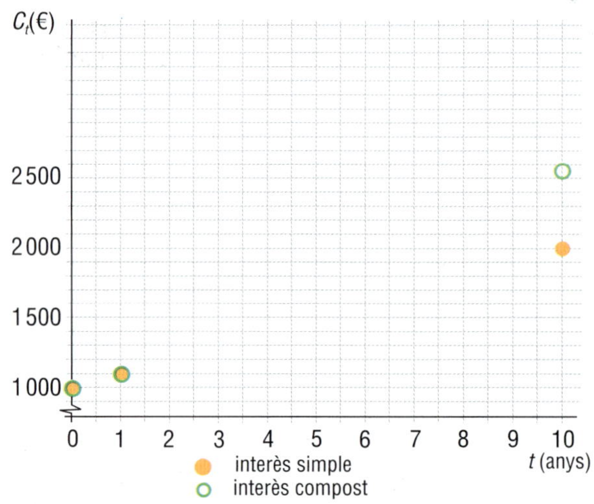

Fig. 6.2

11. A quina taxa anual d'interès compost s'han d'ingressar 250 € perquè en 6 anys produeixin uns interessos de 59,10 €?

R: 3,6 %

12. Per un préstec de 3 000 € al 5 % d'interès compost anual, se'n tornen 4 432,37. Determina el temps que s'ha trigat a pagar el préstec.

R: $t = 8$ anys

13. Una persona no recorda quant fa que va ingressar 100 € al banc ni l'interès compost anual acordat. Un dia va al banc i li diuen que si vol retirar els diners en aquell moment, li donaran 133,10 €; però si s'espera 2 anys més, li'n donaran 161,05 €. Calcula la taxa d'interès compost que li paga el banc i els anys que han transcorregut des que va fer-hi l'ingrés. Determina també quina taxa d'interès compost mensual equivalent li hauria de pagar el banc a partir d'aquest moment si sol·licita que li abonin els interessos cada mes.

R: 10 %; $t = 3$ anys; 0,8 %

14. Esbrina el capital final generat per 630 € invertits 6 anys a interès compost amb una taxa anual del 4,8 %, si la capitalització és: *a)* anual; *b)* semestral; *c)* quadrimestral; *d)* trimestral; *e)* mensual.

R: *a)* $C_6 = 834{,}66$ €; *b)* $C_6 = 837{,}41$ €;
c) $C_6 = 838{,}35$ €; *d)* $C_6 = 838{,}83$ €; *e)* $C_6 = 839{,}78$ €

15. A interès compost, calcula la taxa trimestral equivalent a: *a)* el 6 % anual; *b)* el 3 % semestral; *c)* l'1 % mensual.

R: *a)* 1,47 %; *b)* 1,49 %; *c)* 3,03 %

16. Calcula el temps durant el qual s'ha d'invertir un capital al 5,4 % d'interès compost perquè es dupliqui en aquestes condicions: *a)* la capitalització és anual; *b)* la capitalització és mensual.

R: *a)* $t = 13{,}18$ anys; *b)* $t = 12{,}86$ anys

17. S'ingressen 25 000 € en una llibreta a termini durant 3 anys a un 4,25 % anual d'interès compost. Si al moment de retirar els diners l'entitat financera descompta el 25 % dels interessos en concepte d'IRPF, quina és la taxa anual d'interès real de l'operació?

R: 3,22 %

18. Un banc ofereix dues alternatives per contractar un préstec: el 4,8 % anual, convertible semestralment, o el 4,5 % anual convertible trimestralment. Quina és l'opció més favorable? Justifica la resposta.

19. El preu del lloguer d'un apartament és de 900 € per mes. Si el propietari l'incrementa en un 2,5 % cada any, quina quantitat mensual haurà de pagar el llogater d'aquí a 5 anys? Quant haurà pagat en total pel lloguer de l'apartament en aquest temps?

R: 56 768,35 €

20. Per obtenir una TAE del 6,12 % amb capitalització quadrimestral, quin ha de ser el nominal?

R: 6 %

21. S'inverteix un capital A al 2 % quadrimestral d'interès compost durant 5 anys. Un altre capital B, que supera el primer en 1 000 €, s'inverteix durant el mateix temps al 4 % nominal amb capitalització semestral. Determina el valor de cada capital sabent que en totes dues operacions s'obtenen els mateixos interessos.

R: $A = 1726{,}77$ €; $B = 2726{,}77$ €

22. En obrir una llibreta d'estalvis s'ofereixen dues possibilitats: un nominal del 3,6 % convertible bimensualment o una TAE del 3,63 %. Quina de les dues opcions és més avantatjosa?

23. Si el dia 1 de gener de cada any es dipositen 500 € en una llibreta d'estalvis que proporciona un 3,6 % anual, quin capital s'acumularà al cap de de 25 anys?

R: $C = 20\,446{,}54$ €

24. Quina prima anual haurà de pagar a una asseguradora una persona que té 40 anys perquè quan es jubili pugui disposar d'un capital de 60 000 €? La companyia li garanteix una taxa anual del 4,2 %.

R: $A = 1345{,}81$ €

25. Calcula les anualitats que s'han d'abonar per amortitzar en 10 anys un préstec de 24 000 € al 8,75 % anual.

R: $a = 3\,698{,}83$ €

26. Un treballador decideix ingressar en un compte d'estalvi 2 400 € al principi de l'any durant 10 anys. En el transcurs dels 6 primers anys, la llibreta dóna un interès del 4,6 % anual i a partir del setè, l'interès disminueix fins al 4,2 % anual. Quin és el saldo final de la llibreta?

R: $C = 30\,579{,}72$ €

27. Quants anys calen per cancel·lar un préstec de 10 000 € al 9 % anual si es paguen 207,58 € cada mes?

R: $t = 5$ anys

28. Una família té un préstec hipotecari de 48 000 € al 8 % anual que s'ha de tornar en 10 anys. Si decideix cancel·lar-lo i els pagaments són mensuals, quina quantitat ha d'abonar al final de cada mes a l'entitat que li ha concedit el préstec?

R: $a = 582{,}37$ €

29. L'entitat financera X presta un cert capital al 10 % anual amortitzable en 10 anys i l'entitat Y ho fa al 12 % anual per ser retornat en 9 anys. A quina entitat són més assequibles les anualitats? I la quantitat total que s'ha de tornar?

7

ESTADÍSTICA DESCRIPTIVA

Les notes d'un examen de matemàtiques de 25 alumnes de primer de Batxillerat són:

3, 5, 6, 4, 7, 6, 4, 8, 7, 5, 5, 4, 3, 6,
9, 7, 9, 5, 2, 5, 8, 10, 6, 2, 8

Fem el recompte dels diferents valors i els representem en una taula (Taula 7.1).

x_i	n_i	f_i	p_i	$n_i x_i$	$f_i x_i$	$p_i x_i$
2	2	0,08	8 %	4	0,16	16
3	2	0,08	8 %	6	0,24	24
4	3	0,12	12 %	12	0,48	48
5	5	0,02	20 %	25	1	100
6	4	0,16	16 %	24	0,96	96
7	3	0,12	12 %	21	0,84	84
8	3	0,12	12 %	24	0,96	96
9	2	0,08	8 %	18	0,72	72
10	1	0,04	4 %	10	0,04	40
	25	1	100 %	144	5,64	564

Taula 7.1

En aquesta taula, x_i indica els valors de les diferents notes que han obtingut els alumnes; n_i és el nombre de vegades que surt cada valor, és la freqüència absoluta de cadascun dels diferents valors; f_i és la freqüència relativa de cada valor, que s'obté dividint la freqüència absoluta pel total dels alumnes, i p_i indica el tant per cent de cada valor, que es calcula multiplicant la freqüència relativa per cent. Hi ha nou valors diferents de la llista de notes que van des de 2 fins a 10. La lletra n indica el total d'alumnes.

El valor $\bar{x}$ és la mitjana dels valors que figuren com a notes de classe, i es pot calcular a partir de les freqüències absolutes, de les freqüències relatives o dels percentatges.

$$\bar{x} = \frac{\sum_{i=1}^{9} n_i x_i}{n} = \sum_{i=1}^{9} f_i x_i = \frac{\sum_{i=1}^{9} p_i x_i}{100} = 5,76$$

El valor de x_i que té una freqüència absoluta més gran és la moda. Si observem la taula, es dedueix fàcilment que la moda és 5.

Quan ordenem de la més petita a la més gran totes les notes de la classe i localitzem la nota que se situa en el centre de la distribució de les notes, haurem obtingut la mediana, que és $m = 6$. Observa que el centre de la distribució se situa en el lloc 13è, ja que a la sèrie hi ha un total de 25 notes.

1. El llenguatge estadístic

Per fer qualsevol estudi estadístic cal conèixer prèviament alguns conceptes bàsics d'estadística, que són necessaris per a l'anàlisi de la informació.

- **Població:** és el conjunt del qual es du a terme l'estudi. La població ha d'estar perfectament determinada a l'inici de l'estudi i pot estar formada per persones, coses, períodes temporals...
- **Individu:** és cadascuna de les unitats elementals de la població. Un individu pot tenir existència real o abstracta; per exemple: un treballador o una treballadora, una peça fabricada, un mes, la província de Tarragona...
- **Mostra:** és el subconjunt d'individus de la població dels quals es fa l'estudi per tal de generalitzar-ne les conclusions a tota la població. Evidentment, és impossible fer una enquesta a tota la població si aquesta és molt gran. Per tant, segons l'estudi que cal dur a terme, s'ha d'escollir la mostra corresponent.
- Per seleccionar la mostra es fan servir diferents criteris, coneguts amb el nom de **tècniques de mostreig,** l'estudi de les quals no correspon als continguts d'aquest curs.
- **Caràcter:** és l'aspecte, el fenomen o la qualitat que s'estudia en cadascun dels individus de la mostra.

  Les diferents possibilitats del caràcter reben el nom de **modalitat,** si no s'expressen numèricament, i de **valor** en el cas contrari.

  Hi ha dos tipus de caràcters:

  - **Qualitatius:** si les diferents modalitats no es poden determinar numèricament. Per exemple: el sexe, l'estat civil, la professió, el color dels ulls...

    Al seu torn, els caràcters qualitatius es classifiquen en:

    a) **Nominals:** quan els caràcters qualitatius no són ordenables. És el cas del sexe, el color dels ulls...

    b) **Ordinals:** quan els caràcters qualitatius es poden ordenar, com per exemple els dies de la setmana.

  - **Quantitatius:** si els valors de les característiques dels individus es poden mesurar numèricament. Aquesta característica se sol representar amb una lletra X, Y... i rep el nom de **variable estadística.**

    Cal diferenciar entre:

    a) **Variable estadística discreta:** quan els diferents valors que pot prendre la variable són aïllats. El cas que es presenta de manera més freqüent és aquell en què els valors de la variable són nombres enters, com per exemple el nombre de fills, el nombre de treballadors...

    b) **Variable estadística contínua:** quan la variable pot prendre qualsevol valor d'un interval determinat. En general, totes les magnituds relacionades amb l'espai, el temps, la massa... són variables estadístiques contínues. També ho són, entre d'altres, el pes, l'edat o la talla.

Quan fem el recompte i organitzem les dades en taules es mostren els conceptes relacionats amb les freqüències.

- **Freqüència absoluta:** és el nombre d'individus que presenta cada valor de la variable. Es representa amb n_i.

- **Freqüència relativa:** és el quocient entre la freqüència absoluta i el nombre total d'individus que hi ha a la mostra. Es representa amb f_i.

$$f_i = \frac{n_i}{n}$$

on n és el nombre total d'individus.

- **Percentatge:** és el tant per cent d'individus que presenta cada valor de la variable. Es representa amb p_i i es calcula multiplicant per 100 la freqüència relativa.

$$p_i = 100 \cdot f_i$$

- **Freqüència absoluta acumulada del valor x_i:** és la suma de les freqüències absolutes, un cop hem ordenat del més petit al més gran els valors de la variable, fins a la que ocupa la posició i. Es representa amb N_i.

$$N_i = \sum_{j=1}^{i} n_j$$

! Important

$$\sum_{i=1}^{m} n_i = n_1 + n_2 + \ldots + n_{m-1} + n_m$$

- **Freqüència relativa acumulada del valor x_i:** és la suma de les freqüències relatives, un cop hem ordenat els valors, fins a la que ocupa la posició i. Es representa amb F_i.

$$F_i = \sum_{j=1}^{i} f_j$$

- **Percentatge acumulat del valor x_i:** és la suma dels percentatges, un cop hem ordenat els valors, fins al que ocupa la posició i. Es representa amb P_i.

$$P_i = \sum_{j=1}^{i} p_j$$

Malgrat que només s'han definit les freqüències i els percentatges per a variables estadístiques, també tenen sentit per als caràcters qualitatius; les freqüències acumulades i els percentatges acumulats, en canvi, només tenen sentit per a variables estadístiques o per a caràcters qualitatius ordinals, ja que prèviament ha de ser possible l'ordenació de les modalitats.

Exemple 1

Donada la variable X: «nombre de germans» d'una mostra de 50 individus, construeix la taula de freqüències i de percentatges de la variable estadística discreta, a partir dels valors de la variable x_i i de les freqüències absolutes n_i i, a partir d'aquestes dues primeres columnes, completa les següents.

Resolució

x_i	n_i	f_i	p_i	N_i	F_i	P_i
0	10	0,2	20 %	10	0,2	20 %
1	15	0,3	30 %	25	0,5	50 %
2	13	0,26	26 %	38	0,76	76 %
3	8	0,16	16 %	46	0,92	92 %
4	4	0,08	8 %	50	1	100 %
	50	1	100 %			

Taula 7.2

Activitats

1. Elabora la taula de freqüències i de percentatges de la Taula 7.1.

2. En una població de 25 famílies s'ha estudiat la variable *X*: «nombre de cotxes que té la família», i s'han obtingut les dades següents:

0, 1, 2, 3, 1, 0, 1, 1, 1, 2, 3, 2, 2, 1, 1, 2, 2, 1, 1, 1, 2, 1, 3, 2, 1

a) Calcula'n les freqüències absolutes, les freqüències relatives, els tants per cent, les freqüències absolutes acumulades, les freqüències relatives acumulades i, finalment, els tants per cent acumulats.

b) Presenta els resultats obtinguts a l'apartat anterior en una taula.

3. La Taula 7.3, que està incompleta, representa les qualificacions obtingudes per 80 alumnes de 1r de Batxillerat d'un institut.

Qualificació	Freqüència absoluta	Freqüència relativa
Suspens		0,375
Aprovat	20	
Notable	16	
Excel·lent		

Taula 7.3

a) Completa la taula amb les freqüències absolutes i relatives que hi falten.

b) Elabora la taula de freqüències i de percentatges corresponent.

2. Gràfics estadístics

Per tal que la informació s'entengui millor, normalment es recullen les dades en una taula de freqüències. De vegades, però, és més útil resumir la informació en gràfics, que ofereixen a partir d'una simple anàlisi visual una gran quantitat d'informació sobre la variable estudiada.

Segons el caràcter que es vulgui estudiar (qualitatiu, quantitatiu discret o continu), s'utilitzen diferents tipus de gràfics. Les representacions es basen fonamentalment en la proporcionalitat entre àrees i freqüències absolutes, entre àrees i freqüències relatives o entre àrees i percentatges.

2.1 Diagrama de barres

Es construeix sobre uns eixos de coordenades cartesianes. En aquests eixos s'aixequen barres d'igual amplitud, però que no es toquen. L'alçària de cada barra és proporcional a la freqüència del valor que representa. Sobre l'eix horitzontal es col·loquen les diferents modalitats del caràcter qualitatiu o els diferents valors, si el caràcter és quantitatiu discret. Sobre l'eix vertical es mesuren les freqüències absolutes o relatives. El diagrama de barres s'utilitza per a caràcters qualitatius o per a variables estadístiques discretes.

El diagrama de barres de la Figura 7.1 correspon al nombre de turistes que van visitar Espanya durant l'any 2013, expressats en milions. Com podem observar, les modalitats del caràcter qualitatiu «mesos de l'any» estan representades en l'eix horitzontal, mentre que en l'eix vertical es mostren les freqüències absolutes.

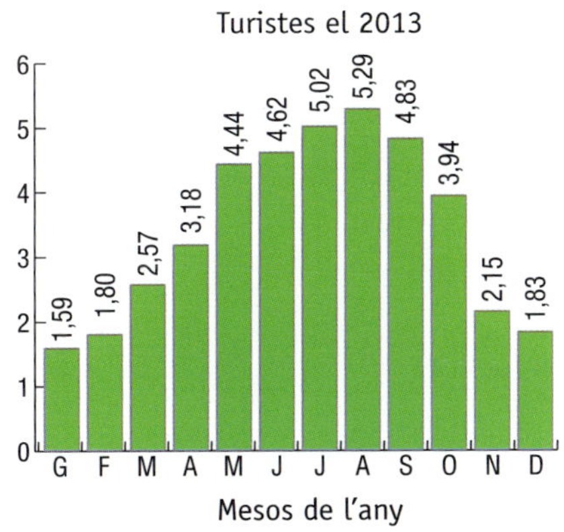

Fig. 7.1

2.2 Histograma

És un gràfic que s'utilitza en les variables estadístiques contínues, és a dir, quan els valors de la variable s'agrupen en intervals. També es representa en uns eixos de coordenades cartesianes, de manera que en l'eix horitzontal se situen els intervals i en l'eix vertical, les freqüències. S'aixequen rectangles que tenen per base l'amplitud dels diferents intervals i una altura tal que l'àrea de cada rectangle sigui proporcional a la freqüència corresponent a cada interval.

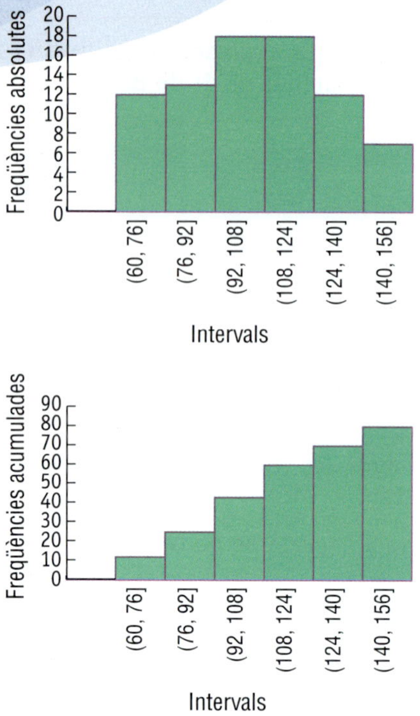

Fig. 7.2

Si els intervals són tots de la mateixa amplitud, l'altura de cada rectangle coincideix amb el valor de la freqüència corresponent. Si s'utilitzen les freqüències absolutes acumulades, el gràfic es fa de manera semblant.

Si agrupem en intervals el nombre de persones que viuen en cadascun dels portals d'un barri, podem representar la informació com es mostra a la Figura 7.2.

En aquesta figura, el primer histograma correspon a les freqüències absolutes, i el segon, a les freqüències absolutes acumulades.

Es tracta d'una variable discreta, en què els valors s'han agrupat en intervals per tractar-la com una variable contínua.

2.3 Polígon de freqüències

És un gràfic lineal que s'utilitza per a variables estadístiques, discretes o contínues. Per dibuixar aquests polígons, s'uneixen mitjançant segments els punts mitjans de les bases superiors de l'histograma o del diagrama de barres, segons que la variable estigui agrupada en intervals o no.

El polígon de freqüències corresponent a l'histograma de freqüències absolutes de la Figura 7.2 és el de la Figura 7.3.

2.4 Polígon de freqüències acumulades

Si volem representar les freqüències absolutes acumulades, hem d'unir els punts mitjans de les bases superiors del diagrama de barres, si la variable és discreta. Si es tracta d'una variable contínua, aleshores s'uneixen els vèrtexs superiors de la dreta dels rectangles.

El polígon de freqüències acumulades de la Figura 7.2 el pots veure en la Figura 7.4.

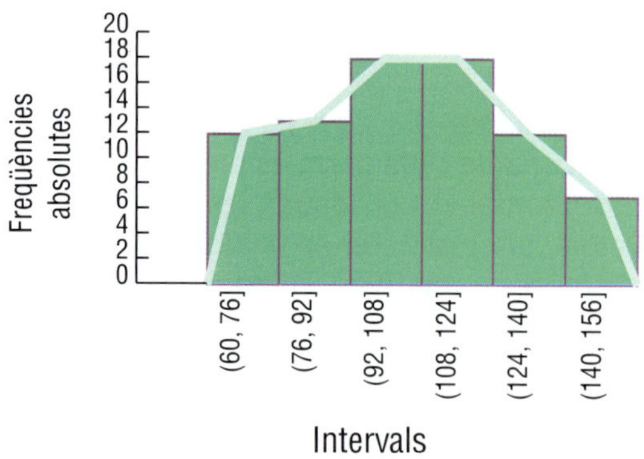

Fig. 7.3

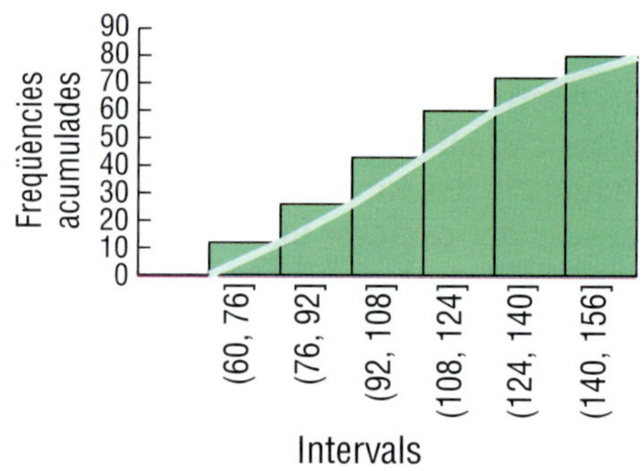

Fig. 7.4

2.5 Diagrama de sectors

És un gràfic que s'utilitza per representar caràcters qualitatius o caràcters quantitatius discrets. A cada modalitat del caràcter qualitatiu o a cada valor de la variable estadística discreta s'hi assigna un sector circular, l'àrea del qual és proporcional a la freqüència o al tant per cent que representa.

Un estudi fet a 100 alumnes amb l'ojectiu de determinar-ne el nombre de càries va donar com a resultat el diagrama de sectors de la Figura 7.5.

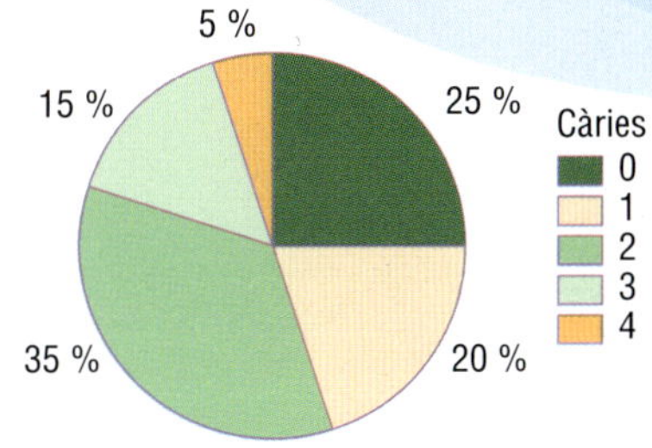

Fig. 7.5

2.6 Pictogrames

Hi ha altres tipus de gràfics estadístics, com per exemple els pictogrames, que són dibuixos que fan referència al caràcter que s'estudia, la mida dels quals és proporcional a la freqüència que representen.

Cal anar amb compte amb la utilització de pictogrames. És cert que són més atractius i de fàcil visualització, però poden donar lloc a interpretacions incorrectes i, per tant, a manipulacions intencionades.

El pictograma de la Figura 7.6 mostra el nombre de partits empatats, guanyats i perduts per un equip de futbol.

Fig. 7.6

2.7 Cartogrames

Els cartogrames són gràfics fets sobre mapes, en què hi ha indicats sobre diferents zones quantitats o colors d'acord amb el caràcter que representen. A la Figura 7.7 s'observa la urbanització al món, segons la industrialització.

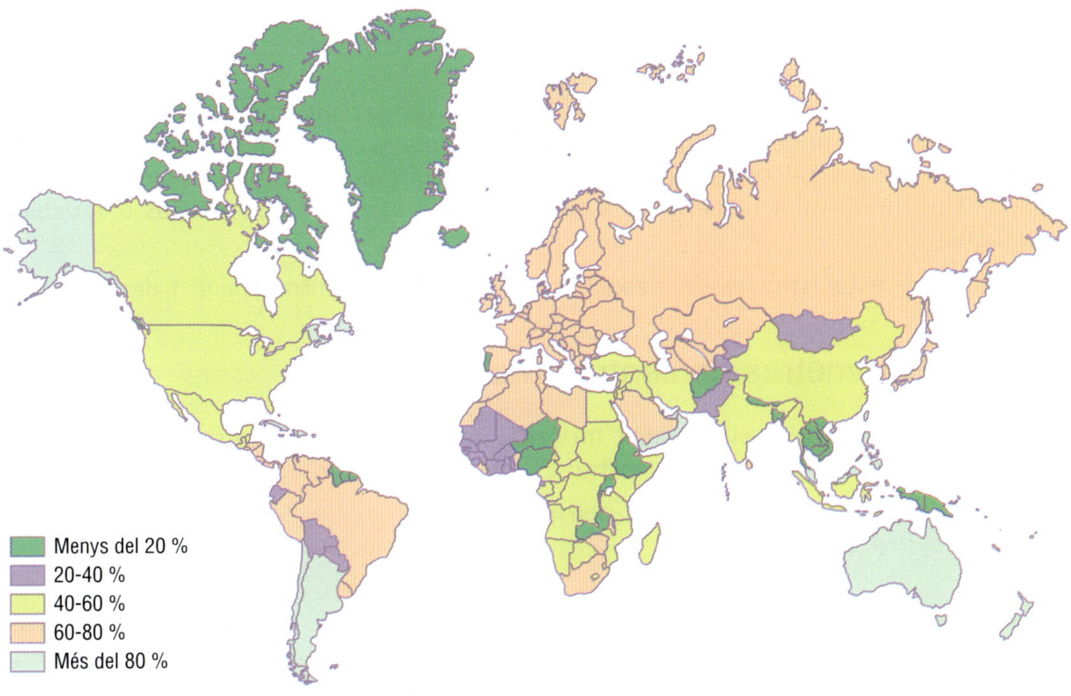

Fig. 7.7

Activitats

4. Un pediatre ha dut a terme un estudi sobre l'edat a la qual van començar a caminar 50 nens i nenes de la seva consulta. Les dades que va obtenir es resumeixen a la taula següent (Taula 7.4):

Mesos	9	10	11	12	13	14	15
Nens/Nenes	1	4	9	16	11	8	1

Taula 7.4

Dibuixa el diagrama de barres i el polígon de freqüències corresponents.

5. Confecciona un gràfic estadístic que sigui adient per a la distribució de freqüències de la Taula 7.3 de l'activitat 3.

6. D'una mostra de 75 piles s'han obtingut les dades següents sobre la duració en hores (Taula 7.5):

Duració en hores	(25, 30]	(30, 35]	(35, 40]	(40, 45]	(45, 50]	(50, 55]
Nombre de piles	3	5	21	28	12	6

Taula 7.5

a) Representa els histogrames corresponents, el de freqüències i l'acumulat.

b) A partir dels histogrames de l'apartat anterior, construeix els dos polígons de freqüències.

3. Paràmetres de centralització i de dispersió

El càlcul dels paràmetres estadístics només es pot fer per variables estadístiques. Per tant, no té cap sentit referir-se a paràmetres estadístics en el cas de caràcters qualitatius. La raó és molt senzilla: per calcular els paràmetres és necessari que les diferents modalitats del caràcter tinguin un valor numèric, és a dir, que siguin caràcters quantitatius o variables estadístiques.

Els paràmetres estadístics es divideixen en dos grups: de centralització i de dispersió.

Important

La mitjana pot prendre un valor que no tingui cap sentit en la variable que s'estudia.

3.1 Paràmetres de centralització

La **mitjana aritmètica,** o simplement **mitjana,** es calcula sumant tots els valors i dividint-los pel total d'individus de la mostra. Es representa amb $\bar{x}$.

Les expressions que ens permeten calcular-la són:

$$\bar{x} = \frac{\sum_{i=1}^{m} n_i\, x_i}{n} = \sum_{i=1}^{m} f_i\, x_i = \frac{\sum_{i=1}^{m} p_i\, x_i}{100}$$

La mitjana és el paràmetre de centralització més utilitzat.

Propietats de la mitjana

1. Si sumem una constant a tots els valors d'una variable, la mitjana corresponent també augmenta en aquesta constant.
2. Si multipliquem tots els valors de la variable per una constant, la mitjana també queda multiplicada per aquesta constant.

La **moda** és el valor de la variable que té una freqüència absoluta més gran. Pot ser que hi hagi més d'una moda; parlem aleshores de distribució bimodal, trimodal..., segons el nombre de valors que tingui la freqüència absoluta més gran.

La moda és menys representativa que la mitjana.

La **mediana** és el valor central de la distribució, un cop hem ordenat els valors de la variable en ordre creixent. És a dir, la mediana divideix la distribució en dues parts iguals.

3.2 Paràmetres de dispersió

La **desviació mitjana** és la mitjana de les desviacions dels valors de la variable respecte de la mitjana de la distribució. Es representa mitjançant la lletra d i es calcula de la manera següent:

$$d = \frac{\sum_{i=1}^{m} n_i |x_i - \bar{x}|}{n}$$

Es coneix amb el nom de **desviació respecte de la mitjana** el valor absolut de la diferència entre els valors de la variable i la mitjana.

La **variància** és la mitjana dels quadrats de les desviacions respecte de la mitjana. Es representa amb σ^2. Les expressions per calcular-la són aquestes:

$$\sigma^2 = \frac{\sum_{i=1}^{m} n_i (x_i - \bar{x})^2}{n} = \frac{\sum_{i=1}^{m} n_i x_1^2}{n} - \bar{x}^2$$

Els quadrats de les desviacions respecte de la mitjana s'expressen així: $(x_i - \bar{x})^2$

La variància sempre és positiva, ja que és una suma de quadrats, i un nombre qualsevol elevat al quadrat sempre és positiu.

La variància és nul·la quan tots els valors de la variable coincideixen amb la mitjana.

La **desviació típica** és l'arrel quadrada positiva de la variància. El símbol corresponent és σ i es calcula d'aquesta manera:

$$\sigma = \sqrt{\frac{\sum_{i=1}^{m} n_i (x_i - \bar{x})^2}{n}} = \sqrt{\frac{\sum_{i=1}^{m} n_i x_1^2}{n} - \bar{x}^2}$$

Com que la variància és positiva, podem calcular-ne sempre l'arrel quadrada.

La desviació típica és el paràmetre de dispersió més utilitzat.

! Important

$$\frac{\sum_{i=1}^{m} n_i (x_i - \bar{x})}{n} = 0$$

! Important

Les calculadores científiques calculen la mitjana i la desviació típica. N'hi ha prou a introduir-hi els diferents valors de la variable i les freqüències absolutes de cada valor.

Propietats de la variància i de la desviació típica

1. Si a tots els valors d'una variable els sumem una constant, la variància i la desviació típica no es modifiquen.
2. Si tots els valors d'una variable els multipliquem per una constant positiva, la variància queda multiplicada pel quadrat de la constant i la desviació típica, per aquesta constant.

El càlcul dels paràmetres es du a terme de manera diferent, depenent si la variable és discreta o contínua.

A l'exemple 2, calcularem els paràmetres de centralització i de dispersió d'una variable estadística discreta.

Més endavant, en aquesta mateixa unitat, farem el càlcul dels paràmetres estadístics per a una variable contínua.

! Important

Aquestes dues propietats permeten treballar amb valors més senzills en cas que aquests siguin molt grans o molt petits.

Exemple 2

Calcula els paràmetres de centralització i de dispersió de la variable de l'exemple 1.

Resolució

Primer de tot, cal completar la taula amb totes les columnes que necessitem per fer-ne els càlculs (Taula 7.6):

a) Paràmetres de centralització:

La mitjana és: $\bar{x} = \dfrac{\sum_{i=1}^{5} n_i x_i}{n} = \dfrac{81}{50} = 1,62$. La suma dels valors de la quarta columna de la taula ens dóna el valor del numerador de l'expressió de la mitjana.

La moda és el valor $x_2 = 1$, ja que és el valor de la variable que té una freqüència absoluta més gran.

La mediana es determina localitzant el valor central de la distribució, un cop hem ordenat els valors de la variable del més petit al més gran. Si el nombre total d'individus de la mostra és senar, serà el valor de l'individu que ocupi la posició $\dfrac{n+1}{2}$; si el nombre d'individus és parell, serà la mitjana dels valors dels individus de les posicions $\dfrac{n}{2}$ i $\dfrac{n}{2}+1$. Tant en un cas com en l'altre, la mediana es localitza a partir de la columna de freqüències absolutes acumulades N_i.

Com que a la mostra hi ha 50 individus, hem de localitzar els valors de la variable que corresponen als que ocupen les posicions 25 i 26. Si observem la columna N_i, veiem que els valors són 1 i 2, respectivament. Per tant, la mediana és $m = 1,5$.

b) Paràmetres de dispersió:

La desviació mitjana és:

$$d = \frac{\sum_{i=1}^{5} n_i |x_i - \bar{x}|}{n} = \frac{50,9}{50} = 1,018$$

El valor del numerador s'obté sumant els valors de la sisena columna de la taula. La suma dels valors de l'última columna de la taula ens dóna el valor del numerador de l'expressió de la variància. Per tant, la variància és:

$$\sigma^2 = \frac{\sum_{i=1}^{5} n_i (x_i - \bar{x})^2}{n} = \frac{71,18}{50} = 1,4356$$

I la desviació típica és:

$$\sigma = \sqrt{\frac{\sum_{i=1}^{5} n_i (x_i - \bar{x})^2}{n}} = \sqrt{1,4356} = 1,198$$

x_i	n_i	N_i	$n_i x_i$	$\lvert x_i - \bar{x}\rvert$	$n_i \lvert x_i - \bar{x}\rvert$	$(x_i - \bar{x})^2$	$n_i (x_i - \bar{x})^2$
0	10	10	0	1,62	16,1	2,6244	26,244
1	15	25	15	0,62	9,3	0,3844	5,766
2	13	38	26	0,38	4,49	0,1444	1,8772
3	8	46	24	1,38	11,04	1,9044	15,2352
4	4	50	16	2,38	9,25	5,6644	22,6576
	50		81		50,9		71,78

Taula 7.6

Activitats

7. Amb les dades de la Taula 7.2, calcula:

a) La mitjana, utilitzant les freqüències relatives.

b) La mitjana, a partir dels percentatges.

c) La variància, utilitzant la segona expressió que en permet el càlcul.

R: *a)* i *b)* $\bar{x} = 1{,}62$; *c)* $\sigma^2 = 1{,}44$

8. De les dades de la Taula 7.7, calcula'n la mitjana, la mediana, la variància i la desviació típica.

Número de calçat	35	36	37	38	40	42
Freqüències absolutes	4	15	17	20	10	4

Taula 7.7

R: $\bar{x} = 37{,}67$; $m = 35{,}5$; $\sigma^2 = 2{,}99$; $\sigma = 1{,}73$

9. A partir de la taula de l'activitat anterior, comprova les propietats de la mitjana, de la variància i de la desviació típica, en els casos següents:

a) Sumant la constant $k = 3$ a tots els valors de la variable.

b) Multiplicant per $h = 2$ tots els valors de la variable.

10. Comprova amb les dades de l'exemple 2 que:

$$\frac{\sum_{i=1}^{5} n_i(x_i - \bar{x})}{n} = 0$$

11. Calcula tots els paràmetres estadístics de la variable de l'activitat 4.

R: $\bar{x} = 12{,}2$; $m = 12$; $d = 1{,}04$; $\sigma^2 = 1{,}68$; $\sigma = 1{,}30$

4. Càlcul dels paràmetres estadístics d'una variable contínua

A diferència de les variables discretes, els valors d'una variable contínua s'agrupen en intervals.

La **marca de classe** de cada interval es defineix com el punt mitjà d'aquest interval, és a dir, si l'interval és $(a, b]$, la seva marca de classe és:

$$x_i = \frac{a+b}{2}$$

Els intervals en què s'agrupen els valors d'una variable contínua són intervals semioberts, és a dir, del tipus $(a, b]$ o del tipus $[a, b)$.

En una variable estadística contínua la mitjana, la desviació mitjana, la variància i, en conseqüència, la desviació típica, es calculen de manera semblant a com es fa en una variable discreta. Només cal que considerem com a valors x_i les marques de classe de cada interval.

La moda és l'interval que té la freqüència absoluta més gran.

Quan observem el polígon de freqüències acumulades d'una variable estadística contínua (Fig. 7.4), podem suposar en una primera aproximació que la representació és una línia recta. Per tant, en el cas d'una variable contínua, la mediana es pot calcular de manera aproximada mitjançant una interpolació lineal.

Per aconseguir-ho, de la mateixa manera que succeïa en el cas de les variables discretes, s'utilitza la columna de les freqüències absolutes acumulades N_i, on hem de localitzar l'individu central. Vegem, mitjançant un exemple, com es calculen els paràmetres estadístics d'una variable contínua.

! Important

$x \in (a, b] \to a < x \leq b$

$x \in [a, b) \to a \leq x < b$

! Important

La **interpolació lineal** consisteix a calcular l'ordenada y d'un punt, un cop en coneixem l'abscissa corresponent x, en què (x, y) són les coordenades d'un punt situat entre dos punts coneguts d'una recta.

Exemple 3

El consum de combustible, en litres, d'una flota de camions durant el dia és el que es mostra en freqüències absolutes a la Taula 7.8.

Amb les dades de la Taula 7.8 completa les columnes corresponents de la Taula 7.9 per tal de calcular-ne la mitjana, la moda, la mediana, la variància i la desviació típica. Per obtenir els valors de la columna N_i, cal que prèviament ordenis els valors de la variable en ordre creixent.

Consum	Nre. de camions
(0, 10]	8
(10, 20]	12
(20, 30]	10
(30, 40]	14
(40, 50]	21
(50, 60]	16
(60, 70]	9

Taula 7.8

Resolució

	x_i	n_i	N_i	$n_i\,x_i$	x_i^2	$n_i\,x_i^2$
(0, 10]	5	8	8	40	25	200
(10, 20]	15	12	20	180	225	2 700
(20, 30]	25	10	30	250	625	6 250
(30, 40]	35	14	44	490	1 225	17 150
(40, 50]	45	21	65	945	2 025	42 525
(50, 60]	55	16	81	880	3 025	48 400
(60, 70]	65	9	90	585	4 225	38 025
		90		3 370		155 250

Taula 7.9

Els valors de la columna x_i són les marques de classe de cada interval. Prenent els valors x_i com a valors de la variable, la tractem com si fos una variable discreta.

a) La mitjana:

$$\bar{x} = \frac{\sum_{i=1}^{7} n_i x_i}{n} = \frac{3\,370}{90} = 37{,}44$$

b) La moda és l'interval (40, 50], ja que és el que té una freqüència absoluta més gran.

c) La mediana, tal com hem especificat, es calcula aproximadament mitjançant una interpolació lineal.

Com que es tracta d'una variable contínua, malgrat que hi hagi un nombre parell d'individus, no és necessari esbrinar el valor dels dos individus centrals, tal com s'ha fet a l'exemple de la variable discreta. N'hi ha prou a calcular-ne un dels dos.

En general, per a variables contínues es considera que l'individu central és $\frac{n}{2}$ si n és parell, i $\frac{n+1}{2}$ si n és senar. En aquest exemple, l'individu que ens determina el valor de la mediana és el que ocupa el lloc 45è, que és la meitat de 90.

A partir de la columna N_i de la taula podem determinar que la freqüència absoluta acumulada 45 se situa entre $N_4 = 44$ i $N_5 = 65$, és a dir, l'interval de la mediana és (40, 50]. A partir de la gràfica (Fig. 7.8) observem que la mediana se situa a una distància p de 40, per tant, $m = 40 + p$. El valor de p el determinem per interpolació lineal.

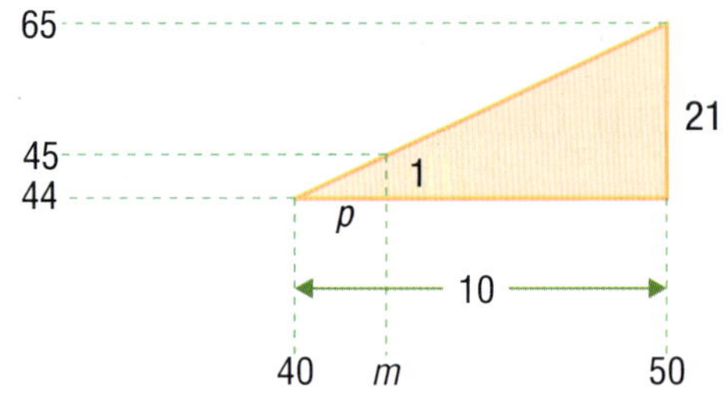

Fig. 7.8

La semblança dels dos triangles de la Figura 7.8 ens permet escriure: $\frac{10}{p} = \frac{21}{1} \rightarrow p = \frac{10}{21} = 0{,}48$

Per tant, la mediana és $m = 40 + 0{,}48 = 40{,}48$.

d) La variància:

$$\sigma^2 = \frac{\sum_{i=1}^{7} n_i x_i^2}{n} - \bar{x}^2 = \frac{155\,250}{90} - 37{,}44^2 =$$
$$= 1\,725 - 1\,401{,}75 = 323{,}25$$

e) La desviació típica:

$$\sigma = \sqrt{\frac{\sum_{i=1}^{7} n_i x_i^2}{n} - \bar{x}^2} = \sqrt{323{,}25} = 17{,}98$$

Activitats

12. Determina la desviació mitjana de la variable de la Taula 7.8.

R: 15,28

13. Els jugadors d'un equip de bàsquet es classifiquen, per alçades, com mostra la Taula 7.10.

Alçada (m)	Nre. de jugadors
(1,70; 1,75]	1
(1,75; 1,80]	3
(1,80; 1,85]	4
(1,85; 1,90]	8
(1,90; 1,95]	5
(1,95; 2,00]	2

Taula 7.10

a) Determina'n la mitjana, la mediana i la desviació típica.

b) Quants jugadors de l'equip tenen una alçada que supera el valor $\bar{x} + \sigma$?

R: *a)* $\bar{x} = 1{,}87$; $m = 1{,}875$; $\sigma = 0{,}06$; *b)* 4 jugadors

14. Calcula la moda, la mitjana, la mediana i la desviació típica de la variable definida a l'activitat 6.

R: moda: $(40, 45]$; $\bar{x} = 41,\widehat{43}$; $m = 41{,}61$; $\sigma = 5{,}79$

15. S'ha aplicat un test sobre la satisfacció a la feina a 90 treballadors d'una fàbrica i s'han obtingut els resultats següents (Taula 7.11):

Puntuacions	Nre. de treballadors
(38, 44]	4
(44, 50]	12
(50, 56]	10
(56, 62]	30
(62, 68]	20
(68, 74]	8
(74, 80]	6

Taula 7.11

Calcula els paràmetres de centralització i de dispersió de la variable.

R: moda: $(56, 62]$; $\bar{x} = 59,\widehat{53}$; $m = 59{,}8$;
$d = 6{,}796$; $\sigma^2 = 79{,}715\,5$; $\sigma = 8{,}93$

16. Calcula la mitjana i la desviació típica de la variable contínua que segueix la distribució de la Taula 7.12.

Interval	Freqüència absoluta
[44, 50)	2
[50, 56)	6
[56, 62)	5
[62, 68)	8
[68, 74)	8
[74, 80)	5
[80, 86)	4
[86, 92)	2

Taula 7.12

R: $\bar{x} = 67{,}25$; $\sigma = 11{,}12$

17. En un concurs de gimnàstica, dues de les participants reben les puntuacions següents:

Alba: 9,4; 9,4; 9,3; 10; 9,5 i 9,2

Berta: 8,5; 9,4; 9,3; 9,3; 9,4 i 9,5

Calcula la mitjana de les puntuacions que ha obtingut cadascuna de les dues noies:

a) Tenint en compte les sis puntuacions.

b) Sense la puntuació màxima ni la mínima.

R: *a)* Alba: $9,4\widehat{6}$; Berta: $9,2\widehat{3}$; *b)* Alba: 9,4; Berta: 9,35

18. S'ha aplicat un test d'intel·ligència a tots els alumnes d'una classe. Les puntuacions que s'han obtingut són les següents (Taula 7.13):

Punts	[10, 15)	[15, 20)	[20, 25)	[25, 30)	[30, 35)	[35, 40)
n_i	3	4	9	6	5	3

Taula 7.13

Calcula les dues desviacions.

R: $d = 6$; $\sigma = 7{,}16$

Punt final

L'estadística a través de la història

Al *Diccionari de Matemàtiques i Estadística* d'Enciclopèdia catalana, hi trobem les definicions següents:

- *Estadística*: Ciència, mètode, tècniques i operacions d'anàlisi matemàtica, que permeten d'estudiar numèricament, amb el màxim de precisió, els fenòmens col·lectius incompletament coneguts.
- *Estadística descriptiva*: Branca de l'estadística que s'ocupa del recompte, l'ordenació i la classificació de dades i de resultats, juntament amb els càlculs de mitjanes i d'índexs, la visualització gràfica dels resultats i l'anàlisi de les conclusions estadístiques que se'n deriven.

L'estadística existeix des del principi de la civilització: ja s'utilitzaven representacions gràfiques i altres símbols en pells, roques o parets de coves per comptar objectes. Cap a l'any 3000 aC els babilonis van utilitzar petites taules d'argila per recopilar dades sobre la producció agrícola. Els egipcis van començar a utilitzar l'estadística molt abans de construir les piràmides. A la Bíblia hi ha censos de la població d'Israel i estudis sobre els béns de les diverses tribus jueves. A la Xina existien registres numèrics semblants, anteriors a l'any 2000 aC. Els grecs van fer, cap a l'any 594 aC, censos per cobrar els impostos.

Fig. 7.9

L'Imperi romà va ser el primer a recopilar una gran quantitat de dades sobre la població, la superfície i la renda de tots els territoris que tenia sota el seu domini. L'any 762, per ordre de Carlemany, es va fer un inventari minuciós de les propietats de l'Església. Després de la conquesta normanda d'Anglaterra (1066), el rei Guillem I el Conqueridor va encarregar inventaris i censos que es van fer a França. Aquesta informació la recull el *Domesday Book* (1086). El 1482, Alonso de Quintanilla va fer el recompte de les cases que hi havia a les províncies de Castella, per ordre dels Reis Catòlics.

Al segle XVII es van delimitar clarament els conceptes i es van establir els fonaments i els mitjans dels estudis estadístics. Van sorgir dues escoles diferents, una d'alemanya i una altra d'anglesa: l'escola descriptiva alemanya, que fou l'autora del nom «estadística», i l'escola dels aritmètics polítics. El fundador de la primera va ser Hermann Conring (1606-1681), els treballs del qual va continuar Gottfried Achenwall (1719-1772), que va publicar *Elements de l'estadística dels estats d'Europa*. Els fundadors de l'escola dels aritmètics polítics van ser John Graunt (1620-1674), que va publicar l'any 1662 *Comentaris sobre les partides de defuncions a Londres*, obra que intentà relacionar fenòmens biològics i socials, i William Petty (1623-1687), que va escriure *Aritmètica política,* publicada pòstumament el 1690, en què s'analitzaven dades demogràfiques de l'educació. Uns anys més tard, l'astrònom Edmund Halley (1656-1742) presentà la primera taula de mortalitat, que va utilitzar per establir el preu de les anualitats que calia satisfer a les companyies d'assegurances. Amb el temps, aquesta taula ha servit com a base de molts estudis estadístics contemporanis.

Al segle XIX, l'estadística entrà en una nova fase amb la generalització del mètode per estudiar fenòmens en les ciències, tant naturals com socials. En aquest període, els investigadors van acceptar la necessitat de reduir la informació a valors numèrics per tal d'evitar possibles ambigüitats.

Actualment, l'estadística intervé en els camps més diversos i s'ha convertit en un mètode efectiu per descriure fets econòmics, polítics, socials, psicològics, biològics i físics. Aquesta ciència serveix com a eina per relacionar i analitzar les dades, i per establir descripcions, prediccions, comparacions i generalitzacions sobre una població determinada, a partir dels valors obtinguts d'una mostra. La introducció de l'estadística al món científic com una branca de les matemàtiques, és una conseqüència de la importància indiscutible que té per al desenvolupament de totes les ciències.

Acabem aquest recorregut a través de la història de l'estadística amb una frase irònica de l'escriptor Pío Baroja: «Desconfio de l'estadística; un bon amic meu va morir ofegat en un riu la profunditat mitjana del qual era de 40 cm».

Activitats finals

1. Considera la sèrie de nombres:

5, 3, 6, 5, 4, 5, 2, 8, 6, 5, 4, 8, 3, 4, 5, 4, 8, 2, 5 i 4

a) Elabora'n la taula de freqüències.

b) Esbrina'n la moda, la mitjana, la mediana i la desviació típica.

R: *b)* $M = 5$; $\bar{x} = 4{,}8$; $m = 5$; $\sigma = 1{,}7205$

2. Si la variable estadística discreta X és (Taula 7.14):

x_i	61	64	67	70	73
n_i	5	18	42	27	8

Taula 7.14

a) Representa'n el diagrama de barres i el polígon de freqüències.

b) Calcula'n els paràmetres de centralització i els de dispersió.

R: *b)* $M = 67$; $\bar{x} = 67{,}45$; $m = 67$; $d = 2{,}265$; $\sigma^2 = 8{,}5275$; $\sigma = 2{,}9202$

3. *a)* Construeix l'histograma de freqüències, l'histograma acumulat i el polígon de freqüència que corresponen a la Taula 7.15:

Intervals	n_i
$10 \leq x < 15$	3
$15 \leq x < 20$	7
$20 \leq x < 25$	16
$25 \leq x < 30$	12
$30 \leq x < 35$	9
$35 \leq x < 40$	5
$40 \leq x < 45$	2

Taula 7.15

b) Calcula'n la mitjana, la mediana, la variància i la desviació típica.

R: $\bar{x} = 26{,}2037$; $m = 25{,}21\widehat{6}$; $\sigma^2 = 52{,}9492$; $\sigma = 7{,}2766$

4. En un total de 50 famílies s'ha estudiat la variable: «nombre de fills». A la Taula 7.16 es resumeixen els resultats obtinguts:

Nombre de fills	0	1	2	3	4	5
Freqüència absoluta		15		5	4	
Freqüència relativa	0,2					0,02

Taula 7.16

a) Completa'n les freqüències absolutes i relatives.

b) Esbrina els percentatges de cada valor de la variable.

c) Calcula'n la mitjana i la desviació típica.

R: *c)* $\bar{x} = 1{,}62$; $\sigma = 1{,}2472$

5. La direcció de trànsit ha recollit la informació següent relativa al nombre de multes diàries que els seus agents han imposat, en un període de 50 dies, als conductors que circulen per una autopista (Taula 7.17).

Nre. de multes	(0,5]	(5,10]	(10,15]	(15,20]
Dies	6	14	20	10

Taula 7.17

a) Calcula la mitjana de multes diàries.

b) Calcula i interpreta el valor de la mediana.

R: *a)* $\bar{x} = 10{,}9$; *b)* $m = 11{,}25$

6. Les edats (anys) de tres grups de persones són (Taula 7.18):

Grup 1	22	18	20	21	19
Grup 2	31	29	30	32	28
Grup 3	25	15	20	30	10

Taula 7.18

Compara els tres grups d'edat, calculant la mitjana i la desviació típica de cada grup.

R: grup 1: $\bar{x} = 20$; $\sigma = 1{,}4142$; grup 2: $\bar{y} = 30$; $\sigma = 1{,}4145$; grup 3: $\bar{z} = 20$; $\sigma = 7{,}071$

7. Suposem que els preus dels diversos articles produïts per una empresa són donats per (Taula 7.19):

Preus (€)	5-15	15-25	25-35	35-45
Freqüències	15	k	$2k$	5

Taula 7.19

a) Dedueix el valor de k si sabem que el preu mitjà és 25 €.

b) Calcula'n la moda i la mediana.

R: *a)* $k = 30$; *b)* $M = (25, 35]$; $m = 26{,}6$

8. Determina els paràmetres de centralització i de dispersió de la variable: «nombre de pulsacions» d'un grup d'atletes després d'una cursa. Les dades obtingudes es recullen en la Taula 7.20:

Pulsacions	Nombre d'atletes
(70, 74]	3
(74, 78]	3
(78, 82]	7
(82, 86]	10
(86, 90]	12
(90, 94]	8

Taula 7.20

R: $M = (86, 90]$; $\bar{x} = 84{,}5581$; $m = 85{,}6$; $d = 4{,}690$; $\sigma^2 = 33{,}1768$; $\sigma = 5{,}76$

9. *a)* Completa la Taula 7.21 amb les dades que hi falten. Recorda que n_i, N_i i f_i indiquen, respectivament, les freqüències absolutes, les freqüències absolutes acumulades i les freqüències relatives dels diferents valors x_i de la variable X.

x_i	1	2	3	4	5	6	7	8
n_i	4	6		6		9	4	
N_i			15		31			
f_i						0,18		

Taula 7.21

b) Calcula'n els tres paràmetres de centralització.

R: *b)* $M = 5$; $m = 5$; $\bar{x} = 4,7$

10. Un forner vol comprar una màquina que talli trossos de pasta de 500 g. Amb la talladora que li ofereix la casa *A* fa deu proves i obté els pesos següents en grams: 506, 503, 499, 498, 500, 500, 496, 503, 502 i 493. Amb la que li ofereix la casa *B* també fa deu proves i obté trossos de 504, 501, 502, 499, 498, 496, 497, 498, 502 i 503 grams.

a) Comprova que les mitjanes són iguals a 500 g.

b) El forner vol adquirir la màquina que li permeti treballar amb una dispersió de pesos més petita. Quina màquina ha de comprar?

R: *a)* $\bar{x} = \bar{y} = 500$; *b)* $\sigma_A = 3,58$; $\sigma_B = 2,61$

11. En estudiar la distribució d'edats d'una població s'han obtingut els resultats següents (Taula 7.22):

Edat en anys	(0,20]	(20,40]	(40,60]	(60,80]
Nre. d'individus	15		15	16

Taula 7.22

Com es pot observar a la taula, s'ha extraviat la freqüència absoluta corresponent a l'interval (20, 40].

a) Quin és el valor de la dada que hi falta si l'edat mitjana és de 35 anys?

b) A partir del resultat obtingut a l'apartat *a)*, esbrina la desviació típica de la variable estudiada.

R: *a)* 82; *b)* $\sigma = 16,39$

12. Les qualificacions de la primera avaluació de matemàtiques d'una mostra de 10 alumnes de dos grups de Batxillerat han estat les següents (Taula 7.23). Quin grup ha obtingut millors resultats? Quin és més homogeni?

Grup A	0	1	1	3	5	5	6	8	8	9
Grup B	2	2	4	4	4	5	5	6	6	8

Taula 7.23

13. Sigui *X* la variable que indica el temps d'estada, en anys, de quinze treballadors en una empresa:

X: 10, 15, 16, 20, 22, 24, 30, 29, 24, 5, 12, 21, 2, 6, 13.

a) Distribueix aquestes dades en sis intervals de la mateixa amplitud, si el primer és l'interval (0, 5].

b) Elabora la taula de freqüències absolutes.

c) Representa l'histograma i el polígon de freqüències absolutes.

d) Calcula la mitjana, la mediana i la desviació típica del temps d'estada a l'empresa.

R: *d)* $\bar{x} = 15,8\widehat{3}$; $m = 17,5$; $\sigma = 8,0966$

14. Considera l'histograma següent de freqüències relatives (Fig. 7.10):

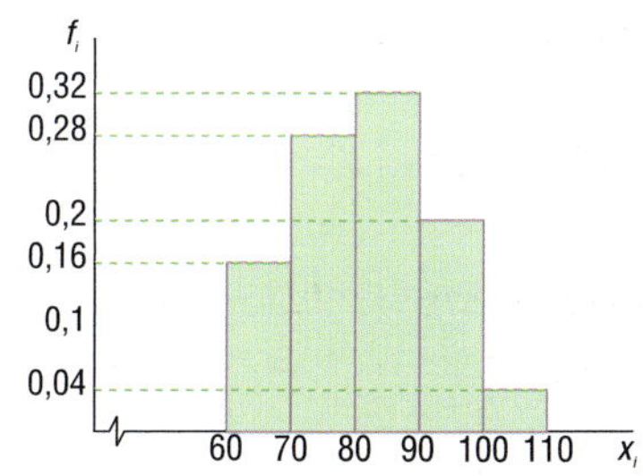

Fig. 7.10

Calcula la mitjana i la desviació típica de la variable sabent que $n = 200$.

R: $\bar{x} = 81,8$; $\sigma = 10,8517$

15. Calcula els paràmetres de dispersió del consum diari de llet en pols en nens de dos mesos d'edat, els valors del qual s'indiquen a la Taula 7.24:

Consum (g)	Nre. de nens
$45 \le x < 50$	13
$50 \le x < 55$	32
$55 \le x < 60$	63
$60 \le x < 65$	56
$65 \le x < 70$	60
$70 \le x < 75$	44
$75 \le x < 80$	29
$80 \le x < 85$	19

Taula 7.24

R: $\bar{x} = 64,79$; $d = 7,6344$; $\sigma^2 = 82,4735$; $\sigma = 9,0815$

16. Justifica raonadament la certesa o la falsedat de les afirmacions següents:

a) El valor de la mitjana sempre és positiu.

b) La desviació típica pot ser positiva.

c) La mitjana i la mediana poden ser iguals.

d) La variància és el quadrat de la desviació típica.

8

Distribucions bidimensionals

És possible que, quan fem l'estudi estadístic relatiu a una mostra d'una població, ens interessi observar només un caràcter quantitatiu per a cada individu de la mostra. En conseqüència, només hauríem d'estudiar una única variable (pes, edat...), com ja hem fet a la unitat anterior. No obstant això, en la majoria dels casos ens interessarà estudiar dues variables o més de cada individu i parlarem, aleshores, de variables estadístiques bidimensionals o multidimensionals.

En aquesta unitat tractarem la relació estadística entre dues variables. Quan observem dues variables estadístiques, cadascun dels individus tindrà associats un parell de valors (x, y). No es tracta de fer un estudi aïllat de cadascuna de les variables, sinó d'estudiar la relació o dependència que pugui haver-hi, si és que aquesta relació existeix.

Una distribució estadística bidimensional és el resultat d'una presa de dades en una població de manera que, per a cada individu de la població, s'ha observat i s'ha mesurat el valor de dues variables estadístiques.

L'objectiu fonamental d'aquesta unitat és representar, estudiar, quantificar i formalitzar, matemàticament, la relació entre les variables per poder descobrir o explicar el fenomen i, possiblement, poder fer-ne prediccions. Ens centrarem en l'anàlisi de les dades, independentment del mètode que haguem utilitzat per obtenir-les.

Amb les respostes donades per 50 individus sobre el nombre d'hores diàries que dediquen a veure la televisió i a dormir s'ha elaborat la Taula 8.1.

Nre. d'hores veient la televisió	Nre. d'hores dormint	Nre. de persones
4	6	3
3	7	16
3	8	20
2	9	10
1	10	1

Taula 8.1

Quina informació pots extreure de la taula? Creus que hi ha alguna relació entre el nombre d'hores que aquestes persones han dormit i el nombre d'hores que han dedicat a veure la televisió? Aquesta relació, si existeix, és directa o inversa? Quantes hores creus que dorm una persona que veu la televisió tres hores i mitja cada dia? Quantes hores creus que veu la televisió una persona que dorm set hores i quart diàriament? Quan hagis treballat aquesta unitat et resultarà molt senzill respondre a aquestes preguntes.

1. Diagrames de dispersió

A la unitat anterior hem considerat experiments en què observàvem un únic caràcter de cada individu. És molt freqüent en estadística que, quan es du a terme un experiment, s'observin dos caràcters dels individus de la mostra. Aquests experiments es coneixen amb el nom d'**experiments bidimensionals** o **bivariables** i donen lloc a les distribucions bidimensionals.

La manera més habitual d'expressar els valors obtinguts en una distribució estadística bidimensional consisteix a representar-los mitjançant una **taula de contingència** o taula de doble entrada. Al marge superior s'escriuen els resultats d'una de les variables i al marge esquerre, els valors de l'altra. A les caselles de la taula s'indiquen les freqüències absolutes, o les freqüències relatives o percentatges corresponents a les dues variables simultàniament.

El que és més normal és afegir al final de cada fila i de cada columna les anomenades **distribucions marginals,** que donen els totals de cada resultat.

Per exemple, per a la Taula 8.1, on es representa amb X la variable «nombre d'hores veient la televisió» i amb Y la variable «nombre d'hores dormint», la taula de contingència (Taula 8.2) seria:

		Y					
		6	7	8	9	10	
X	1	—	—	—	—	1	1
	2	—	—	—	10	—	10
	3	—	16	20	—	—	36
	4	3	—	—	—	—	3
		3	16	20	10	1	50

Taula 8.2

Les distribucions marginals de les variables X i Y s'obtenen a partir de la taula de contingència, considerant cada variable separadament. Representen les freqüències dels valors d'una variable, independentment dels valors de l'altra.

Les distribucions marginals de l'exemple són (Taula 8.3):

X	1	2	3	4	
n_i	1	10	36	3	
Y	6	7	8	9	10
n_j	3	16	20	10	1

Taula 8.3

A partir de les distribucions marginals podem calcular la mitjana i la desviació típica de cadascuna de les variables, estudiant-les com una variable unidimensional.

La mitjana i la desviació típica de les variables x i y de la Taula 8.3 són:

$$\bar{x} = 2{,}82;\ \sigma_x = 0{,}5546$$

$$\bar{y} = 7{,}8;\ \sigma_y = 0{,}8944$$

Per a caràcters qualitatius, la representació que s'utilitza també és una taula de doble entrada. Per exemple, la Taula 8.4 expressa les notes de matemàtiques i de llengua de 100 alumnes.

		Matemàtiques					
		I	S	B	N	E	
Llengua	I	12	5	4	2	0	23
	S	5	18	4	3	0	30
	B	2	5	12	3	0	22
	N	1	5	4	8	3	21
	E	0	0	0	1	3	4
		20	33	24	17	6	100

Taula 8.4

Quan els caràcters qualitatius són ordinals, com succeeix en aquest cas, es pot substituir la taula anterior per un pictograma (Fig. 8.1), que indica de manera més gràfica la distribució de les diferents modalitats de cada caràcter. Cada punt representa un dels individus de la mostra.

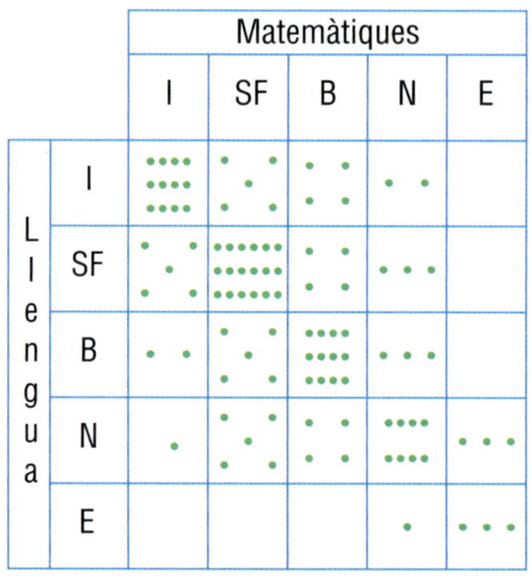

Fig. 8.1

Aquest exemple ens pot servir per conèixer la tècnica que s'utilitza per representar gràficament els valors d'una distribució bidimensional en el cas de dues variables estadístiques. Quan tenim una taula de contingència de dues variables estadístiques, dibuixar algun tipus de diagrama ens pot ajudar a descobrir un model.

Un gràfic que permet il·lustrar les dades de dues variables és el **diagrama de dispersió** o **núvol de punts** de la distribució. Per visualitzar els valors obtinguts en la presa de dades d'una distribució bidimensional, s'utilitzen eixos de coordenades cartesianes: se situen a l'eix d'abscisses els valors d'una variable, i a l'eix d'ordenades, els valors de l'altra.

Així, les dues mesures de cada unitat experimental es consideren un parell ordenat que queda representat com un únic punt del pla en un sistema de coordenades. El conjunt de tots els punts representats forma el diagrama de dispersió o núvol de punts.

La forma del diagrama de dispersió o núvol de punts ens permet intuir si existeix, o no, relació entre les dues variables estudiades, si aquesta relació és directa o inversa i la intensitat d'aquesta relació.

! Important

El **núvol de punts** de la distribució és el gràfic que resulta de representar un punt per a cada individu de la mostra estudiada. És a dir, si els valors que s'han mesurat d'un individu determinat de la mostra són a per a la primera variable i b per a la segona, es representa el punt de coordenades (a, b).

A la Figura 8.2 es mostra el diagrama de dispersió de la distribució bidimensional de la Taula 8.1.

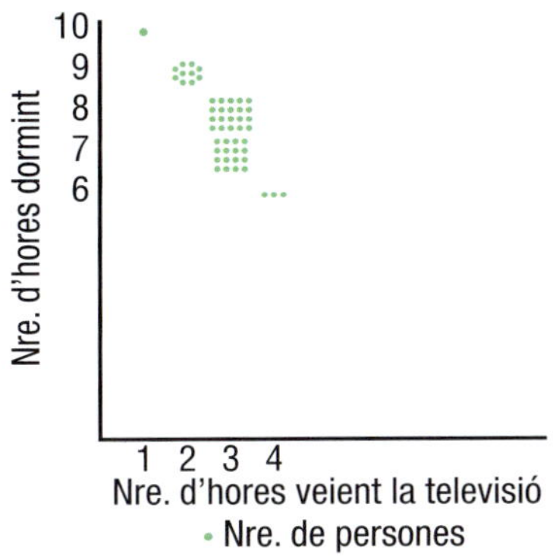

Fig. 8.2

Per la forma del diagrama podem afirmar que la relació entre el nombre d'hores veient la televisió i el nombre d'hores dormint és inversa, és a dir, si els valors d'una variable augmenten, els de l'altra disminueixen.

El càlcul dels paràmetres estadístics, en especial la mitjana i la desviació típica de cadascuna de les variables, és imprescindible per estudiar la distribució bidimensional, tot i que aquest no és l'objectiu fonamental.

El punt que té per coordenades $(\bar{x}, \bar{y})$, en què $\bar{x}$ és el valor de la mitjana de la variable representada a l'eix d'abscisses i $\bar{y}$ el valor de la mitjana de la variable representada a l'eix d'ordenades, és el **punt mitjà de la distribució.**

És important recalcar que aquest punt no ha de formar part necessàriament del núvol de punts o diagrama de dispersió.

Exemple 1

Una molla s'allarga quan s'hi col·loca un pes a l'extrem. Els valors de la longitud de la molla (en centímetres) i de la massa (en grams) del pes que s'hi penja es poden observar a la Taula 8.5.

Massa (g)	0	2	5	11	17
Longitud (cm)	11	22	31	49	67

Taula 8.5

Resolució

El núvol de punts o diagrama de dispersió de les dades d'aquesta taula és tal com mostra la Figura 8.3:

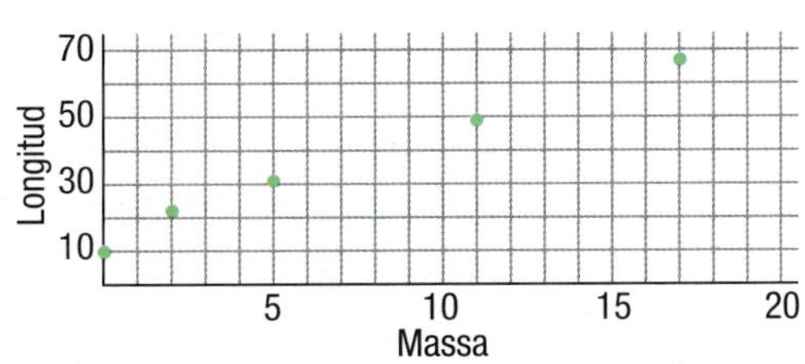

Fig. 8.3

Observant el diagrama podem deduir que entre les dues variables hi ha una relació lineal directa.

Activitats

1. Calcula les freqüències relatives i els percentatges de cadascun dels valors de les dues variables de la Taula 8.1 definides per:

X: «nombre d'hores veient la televisió».

Y: «nombre d'hores dormint».

2. A partir de la Taula 8.6, en què s'indica l'alçada i el pes de 25 alumnes de primer de Batxillerat:

Pes (kg)	Alçada (cm)	Pes (kg)	Alçada (cm)
68	177	58	158
59	170	64	161
62	173	70	177
63	164	66	174
71	176	58	170
59	174	58	167
55	165	72	174
51	165	57	173
58	172	55	162
83	174	59	179
80	188	55	163
49	153	52	156

Taula 8.6

a) Calcula la mitjana i la desviació típica de cadascuna de les dues variables.

b) Dibuixa'n el diagrama de dispersió.

c) La relació entre les dues variables és directa o inversa? Raona la resposta.

d) Indica les coordenades del punt mitjà de la distribució.

e) Comprova que el punt mitjà no forma part del diagrama de dispersió.

3. La classificació final de la lliga de futbol de primera divisió de la temporada 2010-2011, després de 38 jornades, va ser la que mostra la Taula 8.7:

Equips	PG	PE	PP
1. Barcelona	30	6	2
2. R. Madrid	29	5	4
3. València	21	8	9
4. Vila-real	18	8	12
5. Sevilla	17	7	14
6. Athlètic	18	4	16
7. Atlético	17	7	14
8. Espanyol	15	4	19
9. Osasuna	13	8	17
10. Sporting	11	14	13
11. Màlaga	13	7	18
12. Racing	12	10	16
13. Saragossa	12	9	17
14. R. Societat	14	3	21
15. Llevant	12	9	17
16. Getafe	12	8	18
17. Mallorca	12	8	18
18. Deportivo	10	13	15
19. Hèrcules	9	8	21
20. Almeria	6	12	20

Taula 8.7

Representa el diagrama de dispersió de les distribucions bidimensionals següents:

a) Lloc a la classificació – partits guanyats.

b) Lloc a la classificació – partits empatats.

c) Lloc a la classificació – partits perduts.

Quin tipus de relació, directa o inversa, hi ha entre les dues variables en cadascun dels tres casos?

2. Mesures de correlació

El que interessa més en l'estudi de dues variables és la recerca de relacions entre si, de manera que ens permetin fer prediccions posteriors. Aquestes relacions no s'han d'interpretar com si fossin dependències funcionals, sinó que les hem d'entrendre com a tendències en l'associació de valors que ens permetran predir el que pugui succeir quan s'estudiïn aquestes mateixes variables en una altra població diferent.

Es parla de **dependència** o **relació estadística** quan el diagrama de dispersió tendeix a aproximar-se a la representació d'una funció. Si els valors d'una variable no influeixen en els valors de l'altra, direm que les variables *X* i *Y* són **independents.**

! Important

Quan les variables són independents, no hi ha cap tipus de relació entre si. Es diu que la relació és nul·la.

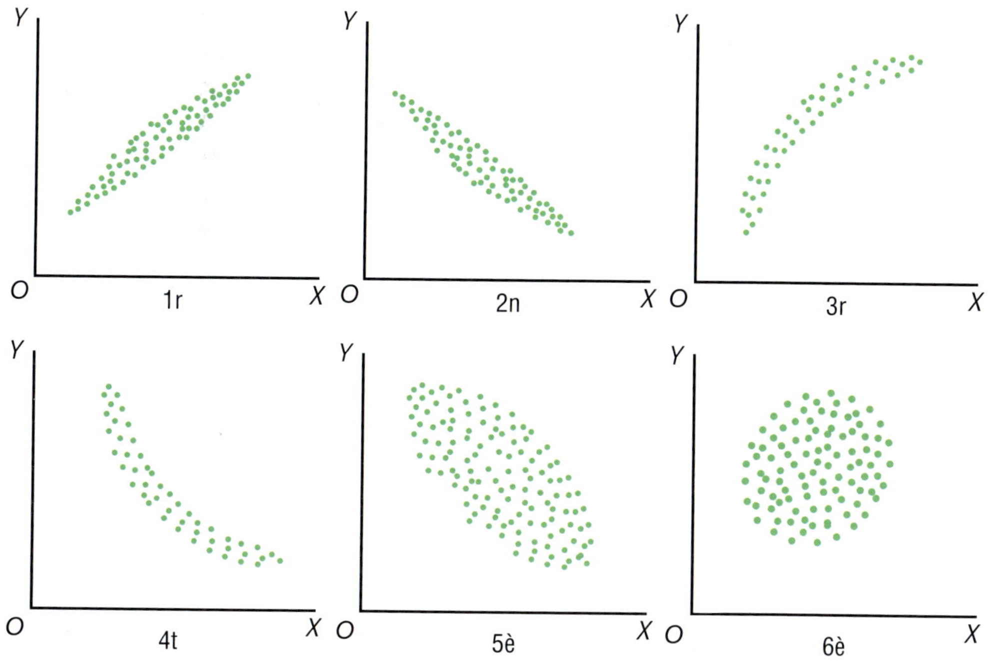

Fig. 8.4

També ens interessa conèixer si la relació, en cas que n'hi hagi, és **directa** o **positiva** (quan creix una variable també creix l'altra), o si és **inversa** o **negativa** (quan creix una variable, l'altra decreix).

Al primer diagrama (Fig. 8.4) s'observa una relació lineal directa i forta, ja que el núvol de punts tendeix a una línia recta creixent i, a més, els punts hi estan molt agrupats. Al segon, la relació és lineal inversa perquè la recta a la qual tendeix el núvol de punts és decreixent, i, com en el cas anterior, també és una relació forta. Al tercer i al quart, la relació és curvilínia forta, directa en el tercer i inversa en el quart. Al cinquè diagrama de dispersió, la relació entre les dues variables és feble, ja que els punts hi estan força dispersos. A l'últim diagrama les variables són independents, la relació és pràcticament nul·la.

A partir d'ara només ens ocuparem de variables estadístiques que tinguin una relació lineal forta, ja sigui directa o inversa, com les representades als dos primers diagrames anteriors.

2.1 Covariància

La **covariància** és la mitjana dels productes de les desviacions de *X* i *Y* respecte de les seves mitjanes mostrals. L'expressió algèbrica que permet calcular-la és:

$$\sigma_{xy} = \frac{\sum_{i=1}^{m} n_i(x_i - \overline{x})(y_i - \overline{y})}{n}$$

La covariància és una mesura que permet saber si la relació entre les dues variables és directa o inversa, i si hi ha, o no, relació entre aquestes variables. Si la covariància és positiva, la relació entre les dues variables és directa; i si és negativa, la relació és inversa. Quan el resultat de la covariància és zero, indica que les dues variables són independents, és a dir, no hi ha cap tipus de relació. És el que es coneix amb el nom de **relació nul·la.**

Si desenvolupem l'expressió de la covariància, arribem a una expressió algèbrica molt més senzilla per fer-ne el càlcul:

$$\sigma_{xy} = \frac{\sum_{i=1}^{m} n_i(x_i - \bar{x})(y_i - \bar{y})}{n} = \frac{\sum_{i=1}^{m} n_i(x_i\, y_i - x_i\, \bar{y} - \bar{x}\, y_i - \bar{x}\, \bar{y})}{n} =$$

$$= \frac{\sum_{i=1}^{m} n_i\, x_i\, y_i}{n} - \frac{\sum_{i=1}^{m} n_i x_i}{n}\bar{y} - \bar{x}\frac{\sum_{i=1}^{m} n_i y_i}{n} + \frac{\sum_{i=1}^{m} n_i}{n}\bar{x}\,\bar{y} =$$

$$= \frac{\sum_{i=1}^{m} n_i x_i\, y_i}{n} - \bar{x}\,\bar{y} - \bar{x}\,\bar{y} + \frac{n}{n}\bar{x}\,\bar{y} = \frac{\sum_{i=1}^{m} n_i\, x_i\, y_i}{n} - \bar{x}\,\bar{y}$$

! Important

Si multipliquem tots els valors de la variable X o Y per una constant, la covariància queda multiplicada per aquesta constant. Si sumem una constant a tots els valors de la variable X o Y, la covariància no varia.

Aquesta última expressió és la que s'utilitza habitualment per calcular la covariància d'una distribució de dues variables estadístiques.

Així, la covariància de la distribució bidimensional de la Taula 8.1 és:

$$\sigma_{xy} = \frac{\sum_{i=1}^{m} n_i\, x_i\, y_i}{n} - \bar{x}\,\bar{y} =$$

$$= \frac{3 \cdot 4 \cdot 6 + 16 \cdot 3 \cdot 7 + 20 \cdot 3 \cdot 8 + 10 \cdot 2 \cdot 9 + 1 \cdot 1 \cdot 10}{50} - 2{,}82 \cdot 7{,}8 =$$

$$= 21{,}56 - 21{,}996 = -0{,}436$$

El valor negatiu de la covariància ens indica que la relació entre les variables «nombre d'hores veient la televisió» i «nombre d'hores dormint» és, com ja hem citat, inversa.

2.2 Coeficient de correlació lineal o de Pearson

El **coeficient de correlació lineal** ens indica el grau d'intensitat de la relació lineal, en cas que n'hi hagi. Es representa amb r i es defineix com a: $r = \dfrac{\sigma_{xy}}{\sigma_x \sigma_y}$.

Es calcula dividint la covariància pel producte de les desviacions típiques de cadascuna de les variables. El signe del coeficient de correlació lineal coincideix amb el signe de la covariància.

Propietats del coeficient de correlació lineal

1. Els valors del coeficient r sempre se situen entre -1 i 1, inclosos els valors extrems:

$$-1 \leq r \leq 1$$

2. Si $r = -1$, els punts del diagrama de dispersió se situen sobre una línia recta decreixent. En cas que $r = 1$, la recta és creixent.
3. Si r és un valor proper a -1, hi ha una relació lineal forta i inversa entre les dues variables; el núvol de punts tendeix a una línia recta decreixent. Si r pren un valor proper a 1, la relació és lineal forta i directa; el diagrama tendeix a una línia recta creixent.
4. Si el valor de r és proper a zero, tant amb valor positiu com negatiu, hi ha una relació lineal molt feble entre les dues variables, tret que el diagrama de dispersió ens indiqui l'existència d'alguna relació no lineal.

Tornem a l'exemple de la Taula 8.1. El coeficient de correlació lineal de les variables és:

$$r = \frac{\sigma_{xy}}{\sigma_x \sigma_y} = \frac{-0,436}{0,5546 \cdot 0,8944} = -0,8789$$

Podem dir que la relació entre les dues variables estudiades és forta, ja que el valor de r és proper a −1. Com hem indicat en el càlcul de la covariància, la relació és inversa.

Podem afirmar que:

a) Si $\sigma_{xy} < 0 \rightarrow -1 < r < 0$ la relació és inversa, és forta o feble segons si el valor de r és, o no, un valor proper a −1.

b) Si $\sigma_{xy} = 0 \rightarrow r = 0$ no existeix relació entre les variables.

c) Si $\sigma_{xy} > 0 \rightarrow 0 < r < 1$ la relació és directa, i és més o menys forta segons si el valor de r és més o menys proper a 1.

Activitats

4. Calcula σ_{xy} de l'exemple de la Taula 8.1 utilitzant-hi la primera de les expressions de la covariància.

5. Donada la taula següent:

x_i	4	6	8	12
y_i	2	3	4	6

Taula 8.8

Justifica mitjançat el càlcul de r, i sense dibuixar el núvol de punts, que els punts del diagrama de dispersió de la distribució se situen en una línia recta creixent.

6. A partir de l'experiment amb dues variables que mostra la Taula 8.9:

x_i	0	4	6	8	12	14	16	22	26
y_i	4	3	8	6	7	13	2	11	0

Taula 8.9

a) Calcula la covariància i el coeficient de correlació lineal corresponents.

b) Dibuixa'n el diagrama de dispersió.

c) Relaciona el valor del coeficient amb els punts del diagrama de dispersió.

R: *a)* $\sigma_{xy} = 0$; $r = 0$

7. Les alçades en polzades de 12 pares i els seus fills són les següents (Taula 8.10):

Pares	65	63	67	64	68	62	70	66	68	67	69	71
Fills	68	66	68	65	69	66	68	65	71	67	68	70

Taula 8.10

Calcula'n el coeficient de correlació lineal i extreu conclusions sobre la relació entre les dues variables estudiades.

R: $r = 0,7027$

8. A partir de la taula de valors següent (Taula 8.11):

x_i	2	4	5	6	8	11
y_i	18	12	10	8	7	5

Taula 8.11

a) Calcula el coeficient de correlació lineal corresponent.

b) Multiplica cada valor de x_i de la taula per 2 i suma-hi 6; multiplica cada valor de y_i per 3 i resta-hi 15. Esbrina el coeficient de correlació entre els dos nous sistemes de valors i explica per què s'obté, o no, el mateix resultat que abans.

R: *a)* $r = -0{,}9203$; *b)* $r = -0{,}9203$

9. Calcula la covariància i el coeficient de correlació lineal en els tres casos de l'activitat 3.

R: *a)* $\sigma_{tx} = -26{,}725$; $r_{tx} = -0{,}98527$; *b)* $\sigma_{ty} = 4{,}65$; $r_{ty} = 0{,}30457$; *c)* $\sigma_{tz} = 22{,}075$; $r_{tz} = 0{,}87763$

10. En cinc estudis estadístics s'han obtingut els coeficients de correlació lineal següents:

$$r_1 = -0{,}98;\ r_2 = 0{,}93;\ r_3 = 0{,}05;\ r_4 = 0{,}71 \text{ i } r_5 = -0{,}62$$

Identifica quin núvol de punts de la Figura 8.5 correspon a cadascun dels estudis. Justifica la resposta.

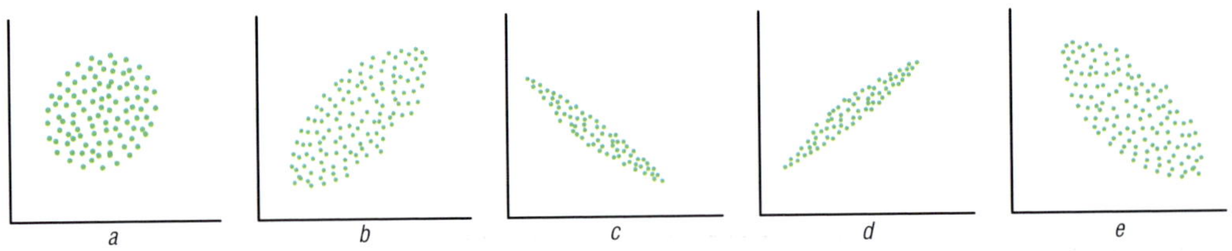

Fig. 8.5

3. Regressió lineal

> **! Important**
>
> La paraula *regressió* la va utilitzar per primer cop el biòleg i antropòleg britànic Francis Galton (1822-1911) en uns estudis sobre dades amb dues variables corresponents a les alçades de pares i fills.

De vegades, l'estudi de la relació entre dues variables estadístiques té com a objectiu fer prediccions sobre els valors de cadascuna de les variables. El coeficient de correlació lineal permet estudiar la relació entre les variables, però no resol el problema de la predicció.

L'objectiu de la regressió lineal és, per tant, determinar una relació funcional entre dues variables del tipus $y = ax + b$, que ens permeti fer prediccions sobre els valors d'una de les dues.

L'expressió algèbrica correspon a una recta que s'aproxima al màxim possible al núvol de punts de la distribució bidimensional, sempre que entre les dues variables estudiades hi hagi una forta relació lineal.

Es tracta, doncs, de determinar una recta que s'aproximi tant com sigui possible als punts del diagrama, és a dir, cal que substituïm el núvol de punts per una recta que ens permeti estimar el valor d'una de les variables a partir del valor conegut de l'altra.

Ja hem parlat del concepte de correlació lineal com una mesura numèrica del grau d'aproximació dels punts del diagrama de dispersió a una línia recta. Per tant, és imprescindible calcular en primer lloc el coeficient de correlació lineal i, si en valor absolut és petit, no caldrà fer prediccions mitjançant la regressió lineal, perquè serien poc fiables.

La recta que més s'aproxima al núvol de punts d'una distribució bidimensional amb forta relació lineal és la **recta de regressió.** La recta que té per equació:

$$y - \overline{y} = \frac{\sigma_{xy}}{\sigma_x^2}(x - \overline{x})$$

és la recta de regressió de Y sobre X, en què σ_x^2 és la variància de X; $\overline{x}$ i $\overline{y}$ són les mitjanes de X i Y, respectivament.

Aïllant la variable y s'obté l'equació:

$$y = \frac{\sigma_{xy}}{\sigma_x^2}x + \overline{y} - \frac{\sigma_{xy}}{\sigma_x^2}\overline{x}$$

que té la forma $y = ax + b$ (Fig. 8.6), en què $a = \frac{\sigma_{xy}}{\sigma_x^2}$ és el pendent de la recta i $b = \overline{y} - \frac{\sigma_{xy}}{\sigma_x^2}\overline{x}$ és l'ordenada a l'origen.

La recta de regressió de Y sobre X s'utilitza per predir el valor de y_i si es coneix el valor corresponent de x_i.

Hi ha una altra recta de regressió, que és la de X sobre Y, i que es fa servir per predir el valor de x_i conegut el valor corresponent de y_i. La seva equació és:

$$x - \overline{x} = \frac{\sigma_{xy}}{\sigma_y^2}(y - \overline{y}) \rightarrow x = \frac{\sigma_{xy}}{\sigma_y^2}y + \overline{x} - \frac{\sigma_{xy}}{\sigma_y^2}\overline{y}$$

en què σ_y^2 és la variància de Y.

Aquesta última expressió té la forma $x = cy + d$ (Fig. 8.7).

Els coeficients de la recta de regressió de X sobre Y són:

$$c = \frac{\sigma_{xy}}{\sigma_y^2} \quad \text{i} \quad d = \overline{x} - \frac{\sigma_{xy}}{\sigma_y^2}\overline{y}$$

El signe de r és el mateix que el de σ_{xy} i, per tant, també coincideix amb el signe dels pendents de les dues rectes de regressió. És a dir, quan el pendent té un valor negatiu, que indica que la recta de regressió és decreixent, la relació lineal és inversa, i si el pendent té un valor positiu, la relació lineal és directa.

Si $r = 0 \rightarrow \sigma_{xy} = 0$ i les rectes de regressió són $y = \overline{y}$ i $x = \overline{x}$. La primera és una recta horitzontal i la segona, una recta vertical. En aquest cas no hi ha relació lineal.

Observant l'equació de cadascuna de les dues rectes de regressió es pot deduir fàcilment que el punt mitjà de la distribució pertany a ambdues rectes. Per tant, les dues rectes de regressió es tallen en el punt de coordenades $(\overline{x}, \overline{y})$, llevat que $r = -1$ o $r = 1$, ja que llavors les dues rectes de regressió són coincidents.

Obtenir les rectes de regressió i les prediccions de les variables només té sentit quan la correlació lineal és forta i es fan estimacions de valors propers a les dades observades. No té sentit esbrinar les rectes de regressió quan el coeficient de correlació lineal és un valor proper a zero, ja que les estimacions possibles no serien gens fiables.

! Important

L'equació de la recta de regressió de Y sobre X és del tipus:

$$y - y_0 = m\,(x - x_0)$$

on m és el pendent i (x_0, y_0) són les coordenades d'un punt de la recta.

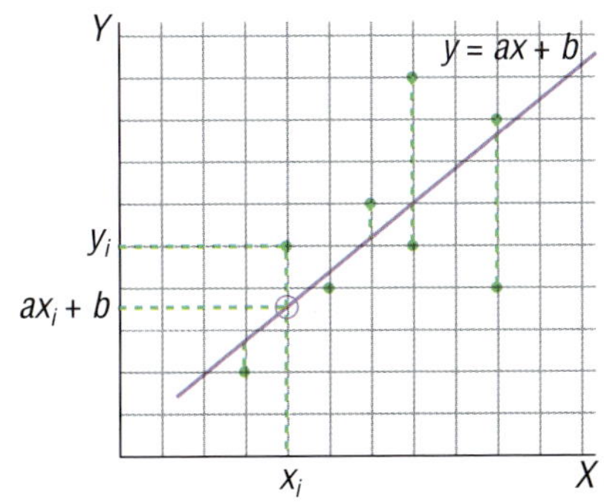

Fig. 8.6

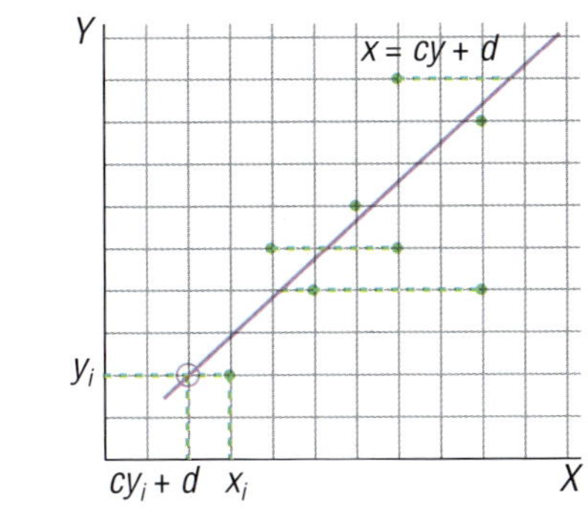

Fig. 8.7

! Important

El coeficient c no és el pendent de la recta de regressió de X sobre Y, ja que c és el coeficient de la variable y, i el pendent de la recta sempre és el coeficient de la variable x quan y està aïllada; per tant, el pendent d'aquesta recta de regressió és $\frac{1}{c}$.

Exemple 2

Determina les rectes de regressió corresponents a les dades de la Taula 8.1.

Recorda que les variables són *X:* «nombre d'hores veient la televisió» i *Y:* «nombre d'hores dormint». Les mitjanes, les variàncies i la covariància corresponents ja s'han calculat anteriorment.

Resolució

La recta de regressió de *Y* sobre *X* és:

$$y - 7{,}8 = \frac{-0{,}436}{0{,}3076}(x - 2{,}82) \rightarrow y - 7{,}8 = -1{,}42\,(x - 2{,}82)$$

$$y = -1{,}42x + 11{,}8$$

Aquesta és l'expressió que ens permet determinar el nombre d'hores que dorm una persona en funció del nombre d'hores que veu la televisió.

A partir d'aquesta equació, ja podem respondre a la qüestió que s'ha plantejat al començament de la unitat: quantes hores és previsible que dormi una persona que veu la televisió tres hores i mitja?

N'hi ha prou a substituir la variable x per 3,5 a l'equació anterior:

$$y = -1{,}42 \cdot 3{,}5 + 11{,}8 = 6{,}83$$

Aquesta persona dorm, aproximadament, 6 hores i 50 minuts.

Per calcular les hores que pretesament veu la televisió una persona que dorm set hores i quart, hem de conèixer l'equació de la recta de regressió de *X* sobre *Y*, o, el que és el mateix, l'equació que ens proporciona el nombre d'hores que veu la televisió en funció del nombre d'hores que dorm.

$$x - 2{,}82 = \frac{-0{,}436}{0{,}8}(y - 7{,}8) \rightarrow x - 2{,}82 = -0{,}545\,(y - 7{,}8)$$

$$x = -0{,}545y + 7{,}07$$

Hi substituïm $y = 7{,}25$ i obtenim: $x = -0{,}545 \cdot 7{,}25 + 7{,}07 = 3{,}12$

Aquesta persona veu la televisió 3 hores i 7 minuts, aproximadament.

En general, no és necessari determinar l'equació de cadascuna de les dues rectes de regressió. N'hi ha prou a esbrinar la que necessitem per fer la predicció que se'ns demana.

Activitats

11. Un centre comercial sap quants clients hi poden anar en funció de la distància, en quilòmetres, a què se situï d'un nucli de població, segons les dades que figuren a la Taula 8.12:

Nre. de clients (centenars)	8	7	6	4	2	1
Distància (quilòmetres)	15	19	25	23	34	40

Taula 8.12

a) Calcula'n la covariància i el coeficient de correlació lineal.

b) Dibuixa'n el diagrama de dispersió.

c) Si el centre comercial se situa a 30 km, quants clients pot tenir?

R: *a)* $\sigma_{xy} = -20{,}8333$; $r = -0{,}95017$; *c)* 353 clients

12. La Taula 8.13 recull les qualificacions de 40 alumnes en les matèries de matemàtiques i de filosofia:

Matemàtiques *X*	3	4	5	6	6	7	7	8	10
Filosofia: *Y*	2	5	5	6	7	6	7	9	10
Nre. d'alumnes	4	6	12	4	5	4	2	1	2

Taula 8.13

a) Esbrina'n les mitjanes i les desviacions típiques, i escriu prèviament les distribucions marginals de X i Y.

b) Calcula r.

c) Quina nota de matemàtiques podem esperar que tregui un alumne o una alumna que té un 7,5 a filosofia? És fiable la predicció?

R: *a)* $\bar{x} = 5{,}5$; $\sigma_x = 1{,}61245$; $\bar{y} = 5{,}6$; $\sigma_y = 1{,}75784$; *b)* $r = 0{,}9173$; *c)* 7,1

13. El pes i l'alçada de 12 alumnes són els que figuren a la Taula 8.14:

Pes (kg)	70	63	72	60	66	70	74	65	62	67	65	68
Alçada (cm)	155	150	180	135	156	168	178	160	132	145	139	152

Taula 8.14

a) Calcula el coeficient de correlació lineal.

b) Escriu l'equació de cadascuna de les dues rectes de regressió.

c) Dedueix l'alçada d'un alumne que pesa 64 kg.

d) Estima el pes d'un alumne que mesura 162 cm.

R: *a)* $r = 0{,}8632$; *c)* 145,1 cm; *d)* 68,6 kg

14. Cinc nenes de 2, 3, 5, 7 i 8 anys pesen, respectivament, 14, 20, 30, 35 i 42 kg.

a) Calcula'n el coeficient de correlació lineal.

b) Escriu l'equació de la recta de regressió que expressa el pes d'acord amb l'edat.

c) Estima quant deu pesar una nena de 6 anys.

R: *a)* $r = 0{,}99116$; *c)* 32,6 kg

15. En una fàbrica de components electrònics s'han seleccionat 12 treballadors entre els que hi han entrat a treballar durant els tres últims mesos. S'ha observat el nombre de peces defectuoses que han produït i se n'han obtingut les dades que mostra la Taula 8.15:

Nre. de setmanes treballades (*X*)	7	9	6	14	8	12	10	4	2	11	1	8
Nre. de peces defectuoses (*Y*)	26	20	28	16	23	18	24	26	38	22	32	25

Taula 8.15

a) Determina l'equació de la recta de regressió $y = ax + b$.

b) Estima el nombre de peces defectuoses que produiria un treballador amb cinc setmanes d'experiència.

R: *b)* 29 peces defectuoses

4. Les rectes de regressió i els paràmetres estadístics

Demostrarem que es pot calcular el coeficient de correlació lineal i la mitjana de cadascuna de les dues variables a partir de l'equació de cadascuna de les dues rectes de regressió d'una distribució bidimensional. També es pot saber quina de les dues distribucions té una variància més gran i, en conseqüència, quina té la desviació típica més alta.

Considerem: $y = ax + b$ la recta de regressió de Y sobre X

$x = cy + d$ la recta de regressió de X sobre Y

Cal tenir en compte que les equacions de dues rectes qualssevol no han de ser necessàriament les equacions de les dues rectes de regressió. Perquè ho siguin, cal que a i c tinguin el mateix signe i que el valor de r verifiqui la condició $-1 \leq r \leq 1$.

Començarem calculant el coeficient de la correlació lineal, que ens permetrà saber si són, o no, les equacions de les rectes de regressió.

a) Si multipliquem els coeficients de x i de y de cadascuna de les rectes, obtenim el quadrat del coeficient de correlació lineal. En efecte:

$$ac = \frac{\sigma_{xy}}{\sigma_x^2}\frac{\sigma_{xy}}{\sigma_y^2} = \frac{\sigma_{xy}^2}{\sigma_x^2\sigma_y^2} = \left(\frac{\sigma_{xy}}{\sigma_x\sigma_y}\right)^2 = r^2$$

d'on s'obté que $r = \pm\sqrt{ac}$.

- A les rectes de regressió el producte $a\,c$ sempre és positiu; per tant, sempre existirà $r = \pm\sqrt{ac}$.
- El signe de a o de c determina si la relació és directa o inversa; per tant, el signe de a o de c determinarà el signe de r. En efecte:

$$\text{si } a > 0 \text{ la relació és directa} \rightarrow \; 0 < r < 1$$

$$\text{si } a < 0 \text{ la relació és inversa} \rightarrow \; -1 < r < 0.$$

- Si $ac > 1 \rightarrow |r| > 1 \rightarrow$ les dues equacions donades no són les de dues rectes de regressió. En aquest cas, no té sentit continuar el problema.

b) Si, efectivament, són les equacions de les rectes de regressió d'una distribució bidimensional, per calcular les mitjanes de cadascuna de les variables, només cal resoldre el sistema determinat per les dues equacions, ja que les dues rectes es tallen en el punt mitjà de la distribució $(\bar{x}, \bar{y})$.

c) Si resolem el quocient entre els coeficients a i c, obtenim:

$$\frac{a}{c} = \frac{\dfrac{\sigma_{xy}}{\sigma_x^2}}{\dfrac{\sigma_{xy}}{\sigma_y^2}} = \frac{\sigma_y^2}{\sigma_x^2} = \left(\frac{\sigma_y}{\sigma_x}\right)^2 \rightarrow \sqrt{\frac{a}{c}} = \frac{\sigma_y}{\sigma_x}$$

D'on es dedueix que:

- Si $\frac{a}{c} > 1 \rightarrow \frac{\sigma_y}{\sigma_x} > 1 \rightarrow \sigma_y > \sigma_x$, la variable Y és la que té una desviació típica més gran.
- Si $0 < \frac{a}{c} < 1 \rightarrow 0 < \frac{\sigma_y}{\sigma_x} < 1 \rightarrow \sigma_y < \sigma_x$, la variable X és la que té una desviació típica més gran.

! Important

Si m és el pendent de la recta de regressió de Y sobre X i m' el pendent de la recta de regressió de X sobre Y, aleshores: $r = \pm\sqrt{\frac{m}{m'}}$

Fixa-t'hi

Els quocients $\frac{a}{c}$ i $\frac{c}{a}$ són sempre positius.

Si efectuem el quocient entre c i a, arribem a la mateixa conclusió, ja que:

- Si $\frac{c}{a} > 1 \rightarrow 0 < \frac{a}{c} < 1 \rightarrow \sigma_x > \sigma_y$
- Si $0 < \frac{c}{a} < 1 \rightarrow \frac{a}{c} > 1 \rightarrow \sigma_y > \sigma_x$

Recorda

$$\frac{c}{a} = \frac{\dfrac{\sigma_{xy}}{\sigma_x^2}}{\dfrac{\sigma_{xy}}{\sigma_y^2}} = \frac{\sigma_y^2}{\sigma_x^2} = \left(\frac{\sigma_x}{\sigma_y}\right)^2 \rightarrow \sqrt{\frac{c}{a}} = \frac{\sigma_x}{\sigma_y}$$

Exemple 3

Les rectes de regressió de Y sobre X i de X sobre Y d'una distribució bidimensional són, respectivament:

$$y = \frac{15}{4}x + \frac{5}{2} \quad \text{i} \quad x = \frac{15}{64}y - \frac{55}{32}$$

a) Calcula'n el coeficient de correlació lineal.

b) Esbrina la mitjana de la variable X i la mitjana de la variable Y.

c) Quina de les dues variables té una desviació típica més gran?

Resolució

a) $r = \sqrt{ac} = \sqrt{\frac{15}{4} \cdot \frac{15}{64}} = \frac{15}{16} = 0{,}9375$

Agafem el valor positiu, atès que els dos coeficients a i c són positius.

Un cop calculat el valor de r i tenint en compte que a i c tenen el mateix signe, podem afirmar que les dues equacions donades són, efectivament, les equacions de les dues rectes de regressió d'una distribució bidimensional.

b) Per fer-ho resolem el sistema:

$$\left.\begin{array}{l} y = \frac{15}{4}x + \frac{5}{2} \rightarrow 4y = 15x + 10 \\ x = \frac{15}{64}y - \frac{55}{32} \rightarrow 64x = 15y - 110 \end{array}\right\} x = -9{,}35;\ y = -32{,}56$$

Aleshores, $\bar{x} = -9{,}35$; $\bar{y} = -32{,}56$.

c) Calculem:

$$\frac{a}{c} = \frac{\dfrac{15}{4}}{\dfrac{15}{64}} = \frac{64}{4} = 16$$

I si extraiem l'arrel quadrada d'aquest quocient:

$$\sqrt{\frac{a}{c}} = \sqrt{16} = 4 \rightarrow \frac{\sigma_y}{\sigma_x} = 4 \rightarrow \sigma_y = 4\,\sigma_x$$

D'on deduïm que la desviació típica de la variable Y és quatre vegades la desviació típica de la variable X. Per tant, la variable Y té la desviació típica més gran.

Activitats

16. Per què els quocients de les divisions entre els coeficients de x i de y de les rectes de regressió donen sempre com a resultat un nombre positiu?

Què passaria en el cas que tots dos quocients fossin iguals a 1?

Raona les respostes.

17. Les equacions de les rectes de regressió d'una distribució bidimensional són:

$11y = -7x + 6$, la de Y sobre X

$2x = -3y - 1$, la de X sobre Y

a) Esbrina r i indica el tipus de relació que hi ha entre les dues variables.

b) Calcula la mitjana de cadascuna de les variables.

c) Dedueix quina de les dues variables té una desviació típica més gran.

R: *a)* $r = 0{,}977$; *b)* $\bar{x} = -29$, $\bar{y} = 19$

18. De dues variables, X i Y, tenim la informació següent: la variància de X és 3, la mitjana i la desviació típica de Y són 1 i 2, respectivament, i l'equació de la recta de regressió de Y sobre X és $2x + 3y = 6$.

Esbrina:

a) La mitjana de X.

b) La covariància de X i Y.

c) El coeficient de correlació lineal.

d) L'equació de la recta de regressió de X sobre Y.

R: *a)* $\bar{x} = \frac{3}{2}$; *b)* $\sigma_{xy} = -2$; *c)* $r = -0{,}57735$

Punt final

Una experiència de geometria com a exemple d'estadística bidimensional

Per acabar aquesta unitat, et proposem un experiment molt senzill que va fer un grup d'alumnes.

Cada alumne va dibuixar una circumferència qualsevol i va mesurar-ne el diàmetre, *d*. A continuació, va mesurar la longitud *L* de la circumferència que ell mateix havia dibuixat. Ho va fer ajustant al màxim un fil a la circumferència i, després d'estirar-lo, va mesurar la longitud d'aquest fil. Finalment, va representar en uns eixos de coordenades cartesianes el punt (*d*, *L*), d'acord amb les mesures que havia obtingut.

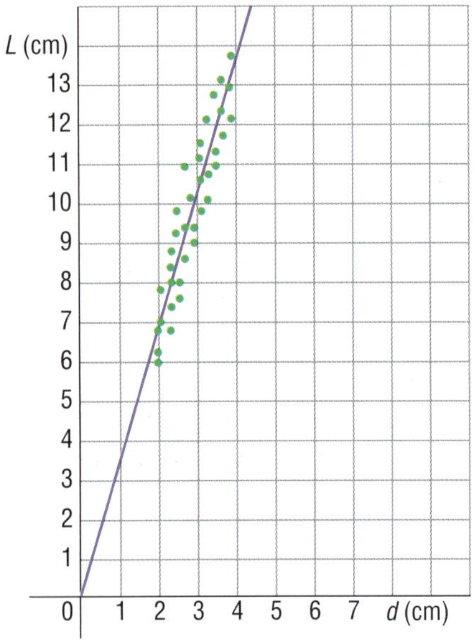

Fig. 8.8

A la Figura 8.8 pots observar el núvol de punts que es va obtenir després que cada alumne o alumna hi representés el punt corresponent (*d*, *L*), a partir de les dues mesures dutes a terme a la seva circumferència.

La relació lineal existent entre les dues variables, tal com es pot observar al diagrama de dispersió, és directa i forta. Es va calcular el coeficient de correlació lineal, que va ser aproximadament $r = 0{,}93$.

Aquest resultat es podia preveure, ja que sabem que hi ha una relació funcional lineal directa entre la longitud d'una circumferència i la del seu diàmetre, que són les dues variables estudiades en aquest experiment.

Després, es va preguntar a cada alumne com estudiaria, seguint un model matemàtic, el núvol de punts. Gairebé tots van coincidir a substituir el diagrama de dispersió per una línia recta que s'aproximava tant com era possible al núvol de punts i, considerant totes les rectes dibuixades, es va obtenir la recta que es pot veure a la Figura 8.8.

El pendent de la recta obtinguda seguint aquest procediment va donar un valor molt aproximat al nombre π, que és el valor que ha de tenir el pendent d'aquesta recta, ja que l'equació que expressa la longitud d'una circumferència en funció de la del seu diàmetre és: $L = \pi\, d$.

Considerant els valors obtinguts: $r = 0{,}93$ i $m = \pi$, on m és el pendent de la recta de regressió de L sobre d, es va poder saber quina de les dues variables estudiades tenia la desviació típica més gran.

Sabent que:

$$\pi = \frac{\sigma_{Ld}}{\sigma_d^2} \quad \text{i} \quad 0{,}93 = \frac{\sigma_{Ld}}{\sigma_L\,\sigma_d}$$

es va obtenir:

$$\frac{\pi}{0{,}93} = \frac{\dfrac{\sigma_{Ld}}{\sigma_d^2}}{\dfrac{\sigma_{Ld}}{\sigma_L\,\sigma_d}} = \frac{\sigma_L}{\sigma_d} \;\rightarrow\; \frac{\sigma_L}{\sigma_d} = \frac{3{,}14}{0{,}93} = 3{,}376 \;\rightarrow\; \sigma_L > \sigma_d$$

Un experiment semblant consisteix a estudiar la relació que hi ha entre la longitud *c* del costat d'un quadrat i la longitud *d* de la seva diagonal. En aquest cas s'ha d'arribar a l'equació $d = \sqrt{2}\,c$.

Activitats finals

1. Calcula la covariància i el coeficient de correlació lineal de les dues variables de la taula següent:

x	1	2	3	4	5	6	7	8	9
y	2	1	4	5	3	8	7	9	6

Taula 8.16

2. En mesurar l'alçada *X* en metres i el pes *Y* en quilograms de nou infants acabats de néixer, s'han obtingut els resultats següents:

$\bar{x} = 0{,}5;\ \sigma_x = 0{,}026;\ \bar{y} = 3{,}4;\ \sigma_y = 0{,}392;\ \sigma_{xy} = 0{,}01$

Calcula'n el coeficient de correlació lineal i escriu l'equació de la recta de regressió de *Y* sobre *X*.

R: $r = 0{,}981\,16$

3. Els 30 alumnes d'una classe de primer de Batxillerat han obtingut les notes següents en dues proves diferents de matemàtiques:

(73, 29), (41, 24), (83, 34), (71, 27), (39, 24),
(60, 26), (51, 35), (41, 18), (85, 33), (88, 39),
(44, 27), (71, 35), (52, 25), (74, 29), (50, 13),
(42, 13), (85, 40), (53, 23), (85, 42), (44, 22),
(66, 25), (60, 21), (33, 26), (43, 19), (76, 29),
(51, 25), (57, 19), (25, 17), (40, 17) i (76, 35).

La primera nota de cada parell correspon a la primera prova, puntuada sobre 100 punts, i l'altra és de la segona prova, puntuada sobre 50 punts.

a) Dibuixa'n el diagrama de dispersió.

b) Calcula'n el coeficient de correlació lineal.

c) Compara els dos resultats per donar la màxima informació sobre la relació que hi ha entre les dues notes.

R: *b)* $r = 0{,}7737$

4. S'anoten les alçades de vuit pares i la dels fills hereus, i s'obtenen les dades següents:

Pares	160	171	178	166	169	159	175	165
Fills	161	170	176	166	170	163	173	180

Taula 8.17

Fes un estudi d'aquesta distribució.

5. S'ha mesurat la longitud de les mans (*x*) i la pressió sanguínia (*y*) de nou persones. Els resultats obtinguts s'indiquen a la taula següent:

x	19	19	18,5	18	18	17,5	17	17	16
y	12	11,5	12	12,5	13	13	14,5	14	15

Taula 8.18

A la vista dels resultats, fes un estudi de la relació que hi ha entre la longitud de la mà i la pressió sanguínia en una persona.

6. A partir de la taula de valors 8.19, calcula'n el coeficient de correlació lineal i analitza'n el significat. Escriu l'equació de cadascuna de les dues rectes de regressió.

y \ x	1	2	3	4	5
1					1
2		6	1	3	
3	2	1	4		
4	1	1			

Taula 8.19

7. En una distribució bidimensional s'han obtingut els paràmetres estadístics següents:

$\bar{x} = 5;\ \bar{y} = 6;\ \sigma_x^2 = 5;\ \sigma_y^2 = 8{,}5;\ r = 0{,}997$

Calcula'n la covariància i escriu l'equació de la recta de regressió que expressa la variable *X* en funció de la variable *Y*.

R: $\sigma_{xy} = 6{,}5$

8. En un estudi fet sobre un grup de pares i els seus fills, l'alçada mitjana dels pares és d'1,68 m, amb una desviació típica de 5 cm, i l'alçada mitjana dels fills és d'1,70 m, amb una desviació típica de 7,5 cm. El coeficient de correlació entre les alçades de pares i fills és 0,7.

a) Calcula'n la covariància de la distribució.

b) Estima l'alçada d'un fill si la que té el pare és d'1,66 m.

c) Esbrina l'alçada d'un pare sabent que l'alçada del fill és d'1,72 m.

R: *a)* $\sigma_{xy} = 0{,}002\,625$; *b)* 1,68 m; *c)* 1,69 m

9. Els parells de valors següents indiquen l'edat i l'alçada en decímetres, en aquest ordre, d'un grup de set nens:

(7, 11), (8, 12), (8, 13), (9, 13), (9, 14), (9, 15) i (10, 18)

a) Calcula'n el coeficient de correlació lineal i indica quin tipus de relació hi ha entre les dues variables.

b) Determina l'equació de la recta de regressió que expressa l'edat en funció de l'alçada.

c) Quina edat hauria de tenir un nen que mesurés 16 dm?

Activitats finals

10. La Taula 8.20 expressa el valor mitjà dels preus en dòlars de les accions i les obligacions a la borsa de Nova York entre els anys 1950 i 1959:

Anys	Accions ($)	Obligacions ($)
1950	32,22	102,43
1951	39,87	100,93
1952	41,85	97,43
1953	43,23	97,81
1954	40,06	98,32
1955	53,29	100,07
1956	54,14	97,08
1957	49,12	91,59
1958	40,71	94,85
1959	55,15	94,65

Taula 8.20

Calcula el coeficient de correlació lineal entre les variables següents i interpreta cadascun dels resultats:

a) Anys-accions.

b) Anys-obligacions.

c) Accions-obligacions.

R: *a)* $r_{xy} = 0{,}7126$; *b)* $r_{xz} = -0{,}8089$; *c)* $r_{yz} = -0{,}4967$

11. Les equacions de les rectes de regressió d'una distribució bidimensional són:

$$y = -\frac{2}{3}x + \frac{26}{3} \text{ (} Y \text{ sobre } X\text{) i } x = -0{,}5y + 7 \text{ (} X \text{ sobre } Y\text{)}$$

Calcula: $\bar{x}$, $\bar{y}$ i r.

R: *a)* $\bar{y} = 6$; $\bar{x} = 4$; $r = -0{,}57735$

12. El consum d'energia *per capita* en milers de kWh i la renda *per capita* en milers de dòlars en sis països de la UE són els següents (Taula 8.21):

	Consum (milers de kWh)	Renda (milers de €)
Alemanya	5,7	11,1
Bèlgica	5,0	8,5
Dinamarca	5,1	11,3
Espanya	2,7	4,5
França	4,6	9,9
Itàlia	3,1	6,5

Taula 8.21

a) Calcula r i interpreta'n el resultat.

b) Quina predicció podem fer sobre el consum d'energia *per capita* a Grècia si sabem que en aquest país la renda és de 4,4 milers de dòlars? És fiable la predicció obtinguda?

R: *a)* $r = 0{,}93179$

13. A partir d'un estudi estadístic efectuat a una mostra de 100 estudiants, s'ha observat una alçada mitjana de 155 cm, amb una desviació típica de 15,5 cm. A més, s'ha obtingut la recta de regressió de X (pes en quilograms) sobre Y (alçada en centímetres):

$$x = \frac{2}{3}y - \frac{160}{3}$$

Determina:

a) El pes mitjà dels 100 estudiants.

b) La covariància de X i Y.

c) El signe del coeficient de correlació entre el pes i l'alçada.

R: *a)* $\bar{x} = 50$ kg; *b)* $\sigma_{xy} = 160{,}1\widehat{6}$; *c)* $r > 0$

14. A les biblioteques de sis poblacions s'ha analitzat l'afluència de lectors (X en milers de persones) i el nombre de llibres prestats (Y). Les dades es recullen a la Taula 8.22:

X	0,5	1	1,3	1,7	2	2,5
Y	180	240	250	300	340	400

Taula 8.22

a) Quina és la mitjana del nombre de llibres prestats al conjunt de totes les biblioteques?

b) Escriu l'equació de la recta de regressió que expressa el nombre de llibres que hi ha en préstec en funció de l'afluència de lectors.

c) Si acudissin 1 500 lectors a una biblioteca, quants llibres es deixarien en préstec?

R: *a)* $\bar{y} = 285$; *c)* 285 llibres

15. La creixent inclinació de la torre de Pisa ha generat nombrosos estudis sobre la seva futura estabilitat. A la Taula 8.23 es presenten les mesures de la inclinació entre els anys 1978 i 1987. Les dades d'inclinació s'han codificat com a dècimes de mil·límetre que depassen els 2,9 m, de manera que la inclinació l'any 1978, que va ser de 2,9667 m, figura a la taula com a 667.

Any	Inclinació	Any	Inclinació
1978	667	1983	713
1979	673	1984	717
1980	688	1985	725
1981	696	1986	742
1982	698	1987	757

Taula 8.23

a) Creus que la inclinació de la torre té una tendència lineal que augmenta amb el temps? Justifica la resposta.

b) Calcula l'equació de la recta de regressió de la inclinació sobre el temps.

c) El 1918 la inclinació de la torre era de 2,907 1 m. Quin en seria el valor ajustat segons la recta que has obtingut a l'apartat anterior? A què es deu la diferència entre els dos valors?

16. Durant un mes s'han observat les despeses de manutenció i l'ingrés total de 6 famílies, i els resultats obtinguts són els que mostra la Taula 8.24:

Despeses (milers d'€)	Ingressos (milers d'€)
1,5	2,4
1,8	3,2
2,4	3,6
2,8	4,2
3	4,4
3,2	4,5

Taula 8.24

a) Calcula'n el coeficient de correlació lineal.

b) Determina l'equació de la recta de regressió que expressa les despeses en funció dels ingressos.

c) Quines despeses tindria una família amb un ingrés mensual de 3,8 milers d'euros?

R: *a)* $r = 0{,}981\,76$; *c)* $y = 2{,}5$ milers d'euros

17. Les notes de matemàtiques i d'economia de deu alumnes són:

Nota de matemàtiques	6	8	4	5	9	5	3	2	7	4
Nota d'economia	7	7	4	7	10	4	5	4	8	5

Taula 8.25

a) Quin tipus de correlació hi ha entre les dues notes?

b) Calcula la nota esperada d'economia d'un alumne que ha tingut un 7,5 en matemàtiques.

c) Quina nota de matemàtiques tindria un alumne que ha obtingut un 9 en economia?

18. La taula següent correspon als pesos i les alçades d'un grup de persones:

Pes (kg)	71	54	70	69	69	71	55	52
Alçada (cm)	175	160	172	169	166	174	164	162

Taula 8.26

Tenint en compte les dades de la taula, quin és el pes estimat d'una persona d'1,7 m d'alçada? I l'alçada d'una persona que pesa 60 kg? Valora si els resultats obtinguts són fiables o no.

19. La taula següent relaciona la nota mitjana de diferents matèries a la prova de les PAU de tot Catalunya, i la mitjana de les notes obtingudes de les mateixes matèries pels alumnes d'una escola determinada, també a les PAU.

	Catalunya	Escola
Llengua catalana	6,18	6,35
Llengua castellana	6,19	7,39
Anglès	6,04	6,35
Història de la filosofia	6,22	6,46
Història	6,49	6,71
Geografia	6,27	7,6
Economia de l'empresa	5,82	6,68
Matemàtiques aplicades	5,66	6
Història de l'art	6,36	
Matemàtiques		6,17

Taula 8.27

a) Amb les vuit primeres matèries de la taula:

a_1) Calcula la covariància i el coeficient de correlació lineal de les dues variables.

a_2) Determina l'equació de cadascuna de les dues rectes de regressió.

b) A partir dels resultats obtinguts a l'apartat anterior, completa la taula.

c) Són fiables els resultats obtinguts a l'apartat anterior? Justifica la resposta.

9

Probabilitat

Si sumem els punts obtinguts quan llancem tres daus, què és més probable, obtenir nou punts o deu?

Resoldrem aquest problema a partir de la definició que diu que la probabilitat d'un succés o esdeveniment és el quocient entre el nombre de casos que són favorables al succés i el nombre de casos possibles.

Per tant, per respondre a la pregunta plantejada, haurem de calcular el nombre de casos favorables a cada succés i el nombre de casos possibles. Per això, definim els successos A i B com els successos d'obtenir una puntuació de 9 i 10 punts, respectivament, quan llancem els tres daus.

a) Resultats en què la suma dels tres nombres és 9:

a_1) 1, 2, 6; a_2) 1, 3, 5; a_3) 1, 4, 4; a_4) 2, 2, 5; a_5) 2, 3, 4; a_6) 3, 3, 3.

b) Resultats en què la suma dels tres nombres és 10:

b_1) 1, 3, 6; b_2) 1, 4, 5; b_3) 2, 2, 6; b_4) 2, 3, 5; b_5) 2, 4, 4; b_6) 3, 3, 4.

El nombre de resultats possibles quan llancem tres daus és: $VR_{6,3} = 6^3 = 216$.

En principi, pot semblar que la probabilitat és la mateixa, $\frac{6}{216} = \frac{1}{36}$, ja que el nombre de resultats la suma dels quals és 9 o 10 és la mateixa.

No obstant això, si fem l'experiment de llançar tres daus moltes vegades, el succés A sol verificar-se menys vegades que el succés B. On és l'error?

La resposta és senzilla: n'hi ha prou a calcular quantes vegades es pot donar cadascun dels sis resultats del succés A, i quantes, els sis resultats del succés B. Per això, hem de tenir en compte l'ordre en què figura cadascun dels tres valors en cada resultat. Així, obtindrem el total de casos favorables per als successos considerats.

a_1) 1, 2, 6 $\rightarrow P_3 = 6$ vegades	b_1) 1, 3, 6 $\rightarrow$ 6 vegades
a_2) 1, 3, 5 $\rightarrow$ 6 vegades	b_2) 1, 4, 5 $\rightarrow$ 6 vegades
a_3) 1, 4, 4 $\rightarrow P_3^{2,1} = 3$ vegades	b_3) 2, 2, 6 $\rightarrow$ 3 vegades
a_4) 2, 2, 5 $\rightarrow$ 3 vegades	b_4) 2, 3, 5 $\rightarrow$ 6 vegades
a_5) 2, 3, 4 $\rightarrow$ 6 vegades	b_5) 2, 4, 4 $\rightarrow$ 3 vegades
a_6) 3, 3, 3 $\rightarrow$ 1 vegada	b_6) 3, 3, 4 $\rightarrow$ 3 vegades

Per tant, els casos favorables a A són:

$$6 + 6 + 3 + 3 + 6 + 1 = 25$$

Mentre que els favorables a B són:

$$6 + 6 + 3 + 6 + 3 + 3 = 27$$

A partir d'això podem deduir fàcilment que:

$$p(A) = \frac{25}{216} \text{ i } p(B) = \frac{27}{216} = \frac{1}{8}$$

Efectivament, $p(A) < p(B)$.

1. El llenguatge dels successos

Els **experiments deterministes** són aquells en què sabem què succeirà abans de fer-los. Per exemple: deixar sobre la superfície de l'aigua una bola de plom i observar si s'hi enfonsa.

En els **experiments aleatoris,** malgrat conèixer tots els resultats possibles, no es pot predir quin s'obtindrà. Són experiments en què no necessàriament s'ha d'obtenir el mateix resultat quan els repetim en les mateixes condicions. Per exemple: «treure una carta d'una baralla», «llançar un dau enlaire» o «extreure una bola d'una urna».

Qualsevol problema de probabilitat està associat a un experiment aleatori.

Un **succés elemental** és cadascun dels possibles resultats d'un experiment aleatori E. Els successos elementals són excloents entre ells.

> El conjunt de tots els successos elementals es coneix com l'**espai mostral** o **univers,** i es representa amb la lletra Ω.

Qualsevol subconjunt de l'espai mostral és un **succés** o, el que és el mateix, la unió de qualsevol nombre de successos elementals. Els successos es defineixen enumerant tots els seus elements o donant les condicions que els determinen. Per exemple, podem escriure $A = \{2, 4, 6\}$ o A: «obtenir un nombre parell» en fer l'experiment aleatori E: «llançar un dau». En el primer cas, el succés A està definit per extensió i en el segon, per comprensió.

El succés que no es produeix mai s'anomena **succés impossible** i es representa amb $\varnothing$. En canvi, el succés que es produeix sempre és el **succés segur** i coincideix amb l'espai mostral Ω.

> Es defineix l'**espai de successos** com el conjunt de tots els successos possibles d'un experiment aleatori.

L'espai de successos d'un experiment aleatori E el representarem amb S. L'espai de successos S d'un experiment aleatori E és el conjunt de tots els subconjunts de l'espai mostral Ω. Si Ω té un nombre finit n d'elements, aleshores l'espai de successos té 2^n elements.

Exemple 1

En l'experiment aleatori E: «extreure una bola d'una urna que conté quatre boles numerades de l'1 al 4», identifica'n l'espai mostral i els successos elementals. Quants elements té l'espai de successos? Determina'l.

Resolució

L'espai mostral és: $\Omega = \{1, 2, 3, 4\}$.

Els successos elementals són cadascun dels resultats possibles d'una extracció, és a dir:

$$A_1 = \{1\},\ A_2 = \{2\},\ A_3 = \{3\} \text{ i } A_4 = \{4\}$$

El succés segur és el mateix espai mostral $\Omega = \{1, 2, 3, 4\}$.

Com que l'espai mostral té 4 elements, l'espai de successos S té $2^4 = 16$ elements:

$$S = \{\varnothing, A_1, A_2, A_3, A_4, \{1, 2\}, \{1, 3\}, \{1, 4\}, \{2, 3\}, \{2, 4\}, \{3, 4\}, \{1, 2, 3\}, \{1, 2, 4\}, \{1, 3, 4\}, \{2, 3, 4\}, \Omega\}$$

! Important

Els experiments aleatoris es caracteritzen perquè:

- Tots els resultats possibles són coneguts abans de fer l'experiment.
- No es pot predir quin serà el resultat de l'experiment.
- Podem repetir l'experiment en les mateixes condicions les vegades que vulguem.

Es diu que un succés A s'ha verificat si, quan duem a terme una prova de l'experiment aleatori, el resultat coincideix amb algun element de A.

Considerem dos successos A i B del mateix experiment aleatori. Es diu que A **està contingut** en B si sempre que es verifica A també es verifica B (Fig. 9.1). S'indica $A \subset B$.

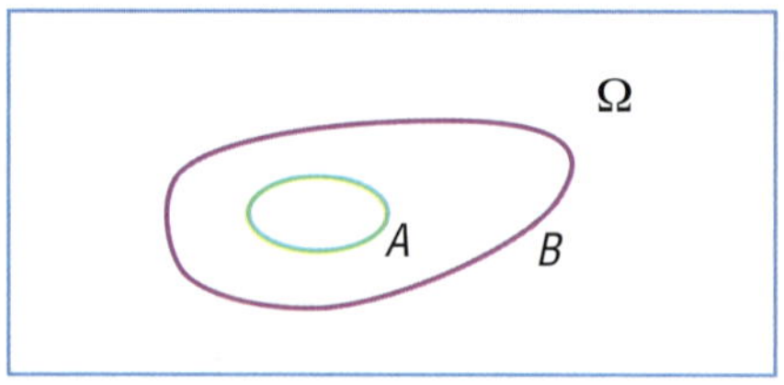

Fig. 9.1

Dos successos A i B són **iguals** si sempre que es verifica A també es verifica B, i a l'inrevés, és a dir:

$$A = B \Leftrightarrow A \subset B \text{ i } B \subset A$$

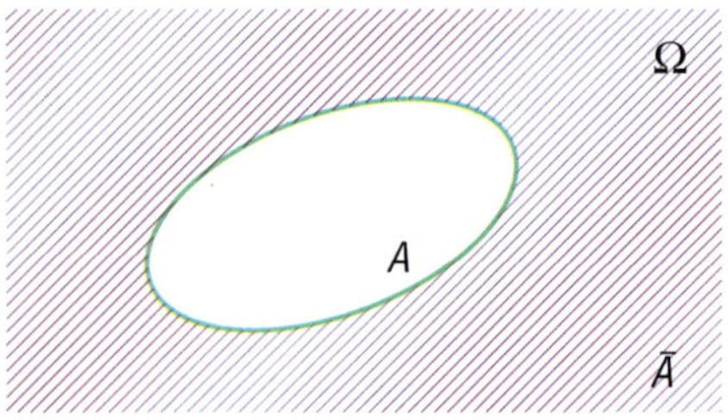

Fig. 9.2

Donat el succés A, es defineix com el **succés complementari** o **contrari** de A el succés format per tots els elements de Ω que no pertanyen a A (Fig. 9.2). S'escriu $\bar{A}$ i es verifica quan no es verifica A.

1.1 Operacions amb successos

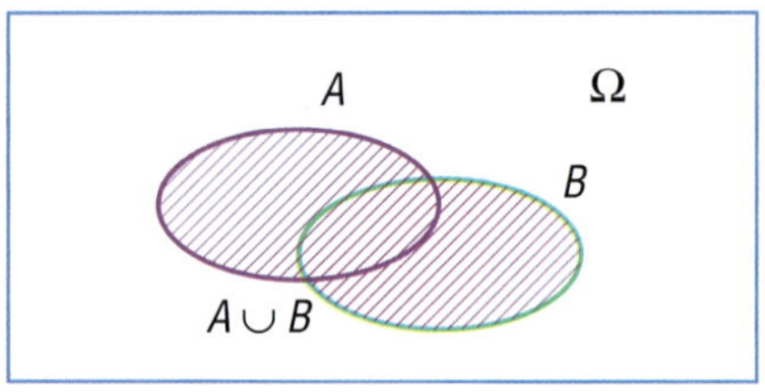

Fig. 9.3

Donats dos successos A i B, s'anomena **succés unió** el que es verifica quan es verifica A o es verifica B (Fig. 9.3). El designem per $A \cup B$.

Donats dos successos A i B, s'anomena **succés intersecció** el que es verifica quan es verifica A i es verifica B (Fig. 9.4). S'expressa per $A \cap B$.

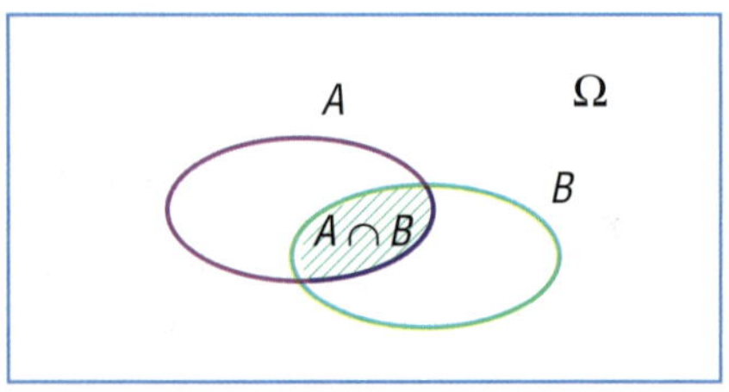

Fig. 9.4

Si $A \cap B \neq \varnothing$, es diu que els successos A i B són **compatibles.**

En cas contrari, si $A \cap B = \varnothing$, els successos A i B són **incompatibles;** no es poden verificar els dos successos alhora (Fig. 9.5).

Donats dos successos A i B, es defineix el **succés diferència** com el que es verifica quan es verifica A i no es verifica B (Fig. 9.6). Es representa amb $A - B$.

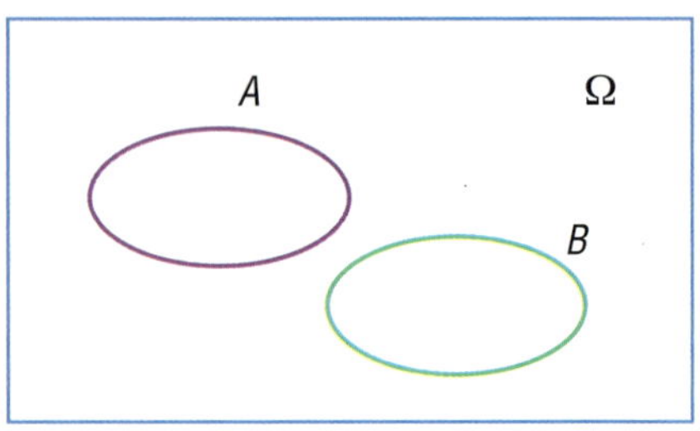

Fig. 9.5

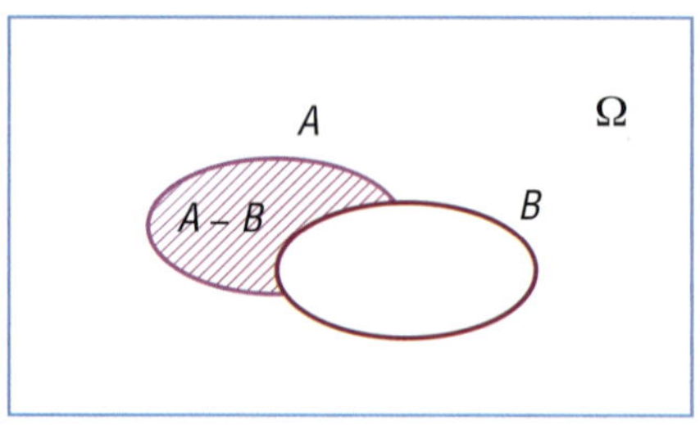

Fig. 9.6

Exemple 2

En l'experiment aleatori *E:* «llançar un dau» considerem els successos:

A: «obtenir un nombre parell»

B: «obtenir un nombre més gran que 3»

Considera els successos complementari, unió, intersecció i els sucessos diferència.

Resolució

$A = \{2, 4, 6\}$ i $B = \{4, 5, 6\}$. Considerem els altres successos:

- Complementaris:

  $\overline{A}$: «obtenir senar» $\rightarrow \overline{A} = \{1,3,5\}$

  $\overline{B}$: «obtenir un nombre més petit o igual que 3» $\rightarrow \overline{A} = \{1,2,3\}$

- Unió: $A \cup B$: «obtenir parell o més gran que 3» $\rightarrow A \cup B = \{2,4,5,6\}$
- Intersecció: $A \cap B$: «obtenir parell i més gran que 3» $\rightarrow A \cap B = \{4,6\}$
- Diferències:

  $A - B$: «obtenir parell que no sigui més gran que 3» $\rightarrow A - B = \{2\}$

  $B - A$: «obtenir més gran que 3 que no sigui parell» $\rightarrow B - A = \{5\}$

1.2 Propietats de la unió i de la intersecció de successos

1. Idempotència:

   $A \cup A = A$ i $A \cap A = A$

2. Commutativa:

   $A \cup B = B \cup A$ i $A \cap B = B \cap A$

3. Associativa:

   $(A \cup B) \cup C = A \cup (B \cup C)$ i $(A \cap B) \cap C = A \cap (B \cap C)$

4. Distributiva:

   $A \cup (B \cap C) = (A \cup B) \cap (A \cup C)$ i $A \cap (B \cup C) = (A \cap B) \cup (A \cap C)$

5. Dels elements neutre i universal:

   $A \cup \varnothing = A$; $A \cap \Omega = A$; $A \cup \Omega = \Omega$ i $A \cap \varnothing = \varnothing$

6. De la complementació:

   $A \cup \overline{A} = \Omega$; $A \cap \overline{A} = \varnothing$ i $\overline{\overline{A}} = A$

7. Lleis de Morgan:

   $\overline{A \cup B} = \overline{A} \cap \overline{B}$ i $\overline{A \cap B} = \overline{A} \cup \overline{B}$

! Important

Totes aquestes propietats fan que el conjunt dels successos associats a un experiment aleatori constitueixin una **àlgebra de Boole**.

Activitats

1. Escriu l'espai de successos S associat a l'experiment aleatori E: «llançar una moneda a l'aire».

2. Utilitzant nombres combinatoris, demostra que el nombre de successos associats a un experiment aleatori de 3, 4 i n elements és, respectivament, 8, 16 i 2^n.

3. Es consideren els successos A: «obtenir un nombre primer» i B: «obtenir un nombre més petit que 10» de l'experiment aleatori E: «treure una bola d'una urna amb 20 boles numerades de l'1 al 20».

a) Defineix A i B per extensió.

b) Esbrina els successos:

$\overline{A}$, $\overline{B}$, $A \cup B$, $A \cap B$, $\overline{A} \cup B$, $A \cup \overline{B}$, $A - B$ i $B - A$

c) Defineix per comprensió els successos de l'apartat anterior.

4. Justifica raonadament:

a) $A \cap B \subset A$ i $A \cap B \subset B$

b) $A \subset A \cup B$ i $B \subset A \cup B$

c) $A \cap B \subset A \cup B$

d) $A \subset A$, $\varnothing \subset A$ i $\varnothing \subset B$

5. Demostra que $A - B$ i $B - A$ són dos successos incompatibles.

6. Justifica mitjançant diagrames les igualtats que es mostren a continuació:

a) $A - B = A - (A \cap B) = A \cap \overline{B}$

b) $B - A = B - (A \cap B) = \overline{A} \cap B$

7. Demostra gràficament la propietat 7 de les operacions amb successos.

8. Si suposem que A i B són dos successos tals que $A \subset B$, justifica que:

a) $A \cap B = A$

b) $A \cup B = B$

c) $\overline{B} \subset \overline{A}$

d) $\overline{A} \cup B = \Omega$

e) $A \cap \overline{B} = \varnothing$

9. En l'experiment aleatori E: «llançar dos dardells a la diana», considerem els successos A: «fer diana amb el primer» i B: «fer diana amb el segon». Expressa en funció de A i B els successos:

a) Fer diana amb el primer, però no amb el segon.

b) Fer diana amb algun dels dos.

c) Fallar els dos.

d) Fer diana només amb un.

2. Probabilitat d'un succés

S'anomena **freqüència absoluta** d'un succés *A* el nombre de vegades n_A que es verifica *A*, quan es duen a terme *n* repeticions de l'experiment aleatori.

La **freqüència relativa** d'un succés *A* és el quocient entre la freqüència absoluta de *A* i el nombre de vegades *n* que es repeteix l'experiment, és a dir:

$$f(A) = \frac{n_A}{n}$$

2.1 Propietats de la freqüència relativa

1. $0 \leq f(A) \leq 1$ per a qualsevol succés $A \in S$.
2. $f(\Omega) = 1$ i $f(\varnothing) = 0$.
3. Si *A* i *B* són dos successos incompatibles, es verifica que $f(A \cup B) = f(A) + f(B)$.

Una de les característiques d'un experiment aleatori és que, si es repeteix moltes vegades i en condicions idèntiques, la freqüència relativa $f(A)$ d'un succés *A* s'estabilitza per a valors creixents de *n*, és a dir, la freqüència relativa d'un succés tendeix a una constant a mesura que augmenta el nombre de repeticions de l'experiment. Aquesta constant l'anomenarem **probabilitat** del succés *A*, i la designarem per $p(A)$.

El matemàtic i físic francès Laplace (1749-1827) va definir la probabilitat d'un succés *A* com el quocient entre el nombre de casos favorables a *A* i el nombre de casos possibles.

El nombre de casos favorables a *A* és el nombre d'elements del succés *A*, mentre que el nombre de casos possibles és el nombre d'elements de l'espai mostral Ω.

$$p(A) = \frac{\text{card}(A)}{\text{card}(\Omega)}$$

Aquesta definició clàssica de probabilitat té l'inconvenient que només és vàlida quan tots els successos elementals són **equiprobables,** és a dir, quan tenen la mateixa probabilitat. És en aquestes condicions que Laplace va establir la definició de probabilitat.

Vegem alguns exemples de càlcul de probabilitats aplicant-hi la regla de Laplace.

! Important

El **cardinal d'un conjunt finit *A*** és el nombre d'elements que té. Es representa amb card(*A*).

Exemple 3

Considerem l'experiment aleatori *E:* «llançar un dau de travesses». L'espai mostral és $\Omega = \{1, X, 2\}$ i els successos elementals són $A = \{1\}$, $B = \{X\}$ i $C = \{2\}$. Calcula la probabilitat dels successos elementals i la del succés *D:* «obtenir-ne una variant».

Resolució

La probabilitat de cada succés elemental, suposant que el dau estigui perfectament equilibrat, és:

$$p(A) = p(B) = p(C) = \frac{1}{3}$$

La probabilitat del succés $D = \{X, 2\}$ (obtenir-ne una variant) és $p(D) = \frac{2}{3}$, ja que els casos favorables són 2 i els casos possibles, 3.

Exemple 4

D'una urna que conté cinc boles vermelles i quatre boles verdes extraiem dues boles alhora. Quina és la probabilitat que les dues boles siguin de color vermell? I que les dues boles siguin de color verd? I que siguin cadascuna d'un color diferent?

Resolució

Definim els successos *A:* «obtenir dues boles vermelles», *B:* «obtenir dues boles verdes» i *C:* «obtenir una bola de cada color».

Aplicant-hi la règla de Laplace tenim:

$$p(A) = \frac{C_{5,2}}{C_{9,2}} = \frac{10}{36} = \frac{5}{18};\ p(B) = \frac{C_{4,2}}{C_{9,2}} = \frac{6}{36} = \frac{1}{6};\ p(C) = \frac{C_{5,1} \cdot C_{4,1}}{C_{9,2}} = \frac{20}{36} = \frac{5}{9}$$

Fixa't que:

$$p(A) + p(B) + p(C) = \frac{5}{18} + \frac{1}{6} + \frac{5}{9} = \frac{5}{18} + \frac{3}{18} + \frac{10}{18} = \frac{18}{18} = 1$$

Això passa perquè els successos *A, B* i *C* són els únics successos elementals de l'experiment *E:* «extreure'n dues boles».

Exemple 5

A una reunió hi assisteixen 20 convidats, dels quals 9 són advocats, 7 són professors i 4 són metges. L'amfitrió ha de saludar tres convidats escollits a l'atzar.

Calcula la probabilitat que: *a)* Cap dels tres sigui advocat. *b)* Només un dels tres sigui professor. *c)* Els tres tinguin la mateixa professió.

Resolució

Per resoldre el problema definim primer de tot els successos:

A: «entre els tres escollits, no hi ha cap advocat» $\longrightarrow$ $\text{card}(A) = C_{11,3} = 165$.

B: «un, i només un, dels escollits és professor»

$$\text{card}(B) = 7C_{13,2} = 7 \cdot 78 = 546$$

C: «els tres escollits tenen la mateia professió»

$$\text{card}(C) = C_{9,3} + C_{7,3} + C_{4,3} = 84 + 35 + 4 = 123$$

Si tenim en compte que el total de casos possibles és $\text{card}(\Omega) = C_{20,3} = 1\,140$, quan hi apliquem la regla de Laplace obtenim:

a) $p(A) = \dfrac{165}{1\,140} = \dfrac{11}{76}$

b) $p(B) = \dfrac{546}{1\,140} = \dfrac{91}{190}$

c) $p(C) = \dfrac{123}{1\,140} = \dfrac{41}{380}$

Activitats

10. En l'experiment aleatori «extreure una carta d'una baralla de 48 cartes», calcula la probabilitat dels successos següents:

a) Treure una carta que sigui un nombre primer.

b) Que la carta que extraiem no sigui un as.

c) Que sigui una figura d'espases.

d) Treure una carta de copes.

R: *a)* $\frac{5}{12}$; *b)* $\frac{11}{12}$; *c)* $\frac{1}{16}$; *d)* $\frac{1}{4}$

11. D'una classe on hi ha 20 noies i 15 nois escollim dos alumnes a l'atzar. Calcula la probabilitat que:

a) Siguin dues noies.

b) Siguin un noi i una noia.

c) Entre els escollits hi hagi un alumne o una alumna determinats.

R: *a)* $p(A) = \frac{38}{119}$; *b)* $p(B) = \frac{60}{119}$; *c)* $p(C) = \frac{2}{35}$

12. A la cua de la taquilla d'un cinema hi ha 14 persones. Quina és la probabilitat que dues persones determinades estiguin juntes?

R: $p(A) = \frac{1}{7 \cdot 12!}$

13. Calcula la probabilitat que, quan girem una fitxa de dòmino, s'obtingui:

a) Un nombre de punts més gran que 8.

b) Un nombre de punts que sigui múltiple de 3.

c) Una fitxa doble.

d) Una fitxa en què la suma dels punts sigui 7.

R: *a)* $p(A) = \frac{3}{14}$; *b)* $p(B) = \frac{9}{28}$; *c)* $p(C) = \frac{1}{4}$; *d)* $p(D) = \frac{3}{28}$

14. Llancem dos daus enlaire. Calcula les probabilitats:

a) Suma de punts igual a 10.

b) Suma de punts senars.

c) Almenys un 6 en un dels daus.

d) Només un 6 en un dau.

R: *a)* $p(A) = \frac{1}{12}$; *b)* $p(B) = \frac{1}{2}$; *c)* $p(C) = \frac{11}{36}$; *d)* $p(D) = \frac{5}{18}$

15. Es llança una moneda enlaire quatre vegades. *a)* Quina és la probabilitat que surtin 4 cares? *b)* I que surtin 2 cares i 2 creus? *c)* I almenys 2 creus?

R: *a)* $p(A) = \frac{1}{16}$; *b)* $p(B) = \frac{3}{8}$; *c)* $p(C) = \frac{11}{16}$

3. Definició axiomàtica de la probabilitat

El tractament actual de la probabilitat és purament axiomàtic, és a dir, que les probabilitats dels successos poden ser arbitràries, de manera que han de satisfer els tres axiomes de la probabilitat definits pel matemàtic rus Kolmogorov. La definició de la probabilitat és vàlida per a qualsevol experiment, siguin equiprobables els successos elementals o no.

Sigui Ω l'espai mostral associat a un experiment aleatori i S l'espai de successos. A cada succés de S hi fem correspondre un nombre real comprès entre 0 i 1, ambdós inclosos, de manera que al succés $A \in S$ hi correspon el valor $p(A)$, que s'anomena **probabilitat** de A, i verifica:

a_1) $0 \leq p(A) \leq 1, \forall A \in S$.

a_2) $p(\Omega) = 1$

a_3) Si A i B són dos successos incompatibles, $p(A \cup B) = p(A) + p(B)$.

3.1 Propietats de la probabilitat

1. Si A i B són dos successos tals que $A \subset B$, aleshores $p(A) \leq p(B)$.

Efectivament, si $A \subset B \rightarrow B = A \cup (B - A)$ i $A \cap (B - A) = \varnothing$. Pel tercer axioma de la probabilitat, tenim que:

$p(B) = p[A \cup (B - A)] = p(A) + p(B - A)$ i com que pel primer axioma de la probabilitat sabem que $p(B - A) \geq 0$, obtenim que $p(B) \geq p(A)$.

2. $p(\overline{A}) = 1 - p(A)$

   Efectivament, $A \cup \overline{A} = \Omega$ i $A \cap \overline{A} = \varnothing$, pel tercer axioma de la probabilitat tenim que $p(A \cup \overline{A}) = p(A) + p(\overline{A})$ i pel segon axioma, $p(A \cup \overline{A}) = p(\Omega) = 1$; per tant:

   $p(A) + p(\overline{A}) = 1 \rightarrow p(\overline{A}) = 1 - p(A)$

   En conseqüència, es dedueix que $p(\varnothing) = 0$.

   Com que $\varnothing = \overline{\Omega}$, es verifica que $p(\varnothing) = p(\overline{\Omega}) = 1 - p(\Omega) = 1 - 1 = 0$.

3. Si A i B són dos successos compatibles, $A \cap B \neq \varnothing$, aleshores:

   $p(A \cup B) = p(A) + p(B) - p(A \cap B)$

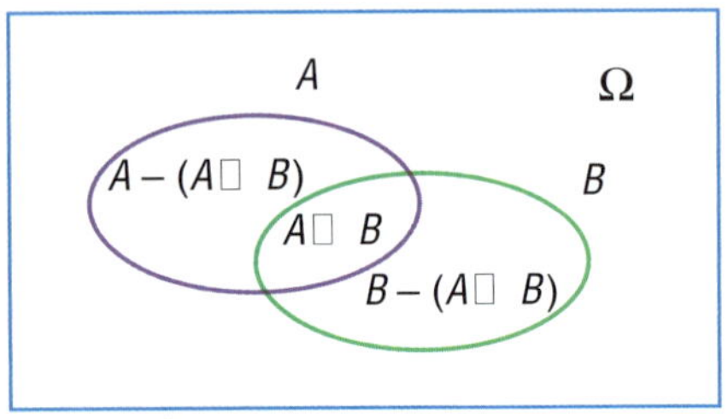

Fig. 9.7

   Efectivament, $A \cup B = [A - (A \cap B)] \cup (A \cap B) \cup [B - (A \cap B)]$, tal com es pot observar a la Figura 9.7. Per tant, $p(A \cup B) = p[A - (A \cap B)] + p(A \cap B) + p[B - (A \cap B)]$, perquè són incompatibles dos a dos els successos $A - (A \cap B)$, $A \cap B$ i $B - (A \cap B)$.

   D'altra banda, $A = [A - (A \cap B)] \cup (A \cap B) \rightarrow p(A) = p[A - (A \cap B)] + p(A \cap B)$, ja que els successos $A - (A \cap B)$ i $A \cap B$ també són incompatibles.

   De l'última igualtat se'n dedueix que $p[A - (A \cap B)] = p(A) - p(A \cap B)$.

   Anàlogament, obtenim $p[B - (A \cap B)] = p(B) - p(A \cap B)$.

   Substituint-hi:

$$\begin{aligned} p(A \cup B) &= p[A - (A \cap B)] + p(A \cap B) + p[B - (A \cap B)] = \\ &= p(A) - p(A \cap B) + p(A \cap B) + p(B) - p(A \cap B) = \\ &= p(A) + p(B) - p(A \cap B) \end{aligned}$$

4. Suposant que l'espai mostral Ω és finit amb n elements i que els successos elementals són equiprobables, és a dir, $p(A_1) = p(A_2) = \ldots = p(A_n)$, es verifica la regla de Laplace.

   Efectivament, $1 = p(\Omega) = p(A_1 \cup A_2 \cup \ldots \cup A_n) = p(A_1) + p(A_2) + \ldots + p(A_n)$, ja que els successos elementals són incompatibles dos a dos, $A_i \cap A_j = \varnothing$ per a $i \neq j$; i com que són equiprobables, deduïm que:

$$1 = p(A_1) + p(A_2) + \overset{(n)}{\ldots} + p(A_n) = n \cdot p(A_1), \text{ és a dir, } 1 = n \cdot p(A_1),$$

   d'on obtenim que $p(A_1) = p(A_2) = \ldots = p(A_n) = \dfrac{1}{n}$

   Si considerem un succés B de k elements, serà la unió de k successos elementals, per a $k \leq n$, és a dir: $B = A_1 \cup A_2 \cup \ldots \cup A_k$.

   En conseqüència:

$$\begin{aligned} p(B) &= p(A_1 \cup A_2 \cup \ldots \cup A_k) = p(A_1) + p(A_2) + \ldots + p(A_k) = \\ &= \frac{1}{n} + \frac{1}{n} + \overset{(k)}{\ldots} + \frac{1}{n} = k \cdot \frac{1}{n} = \frac{k}{n} \end{aligned}$$

   Arribem així a la definició clàssica de probabilitat de Laplace: $p(B) = \dfrac{k}{n} = \dfrac{\text{card}(B)}{\text{card}(\Omega)}$

Ara calcularem la probabilitat de successos d'un experiment aleatori en què els successos elementals no són equiprobables.

Exemple 6

En una cursa competeixen quatre corredors *a*, *b*, *c* i *d*. La probabilitat que guanyi el corredor *a* és el doble que la probabilitat que guanyi el corredor *b*, la probabilitat que guanyi *c* és el triple que la probabilitat que guanyi *b* i la probabilitat que guanyi *d* és igual que la probabilitat que guanyi *a*. Quina probabilitat té cadascun d'ells de guanyar? Quina és la probabilitat que guanyi *a* o *c*? I que no guanyi *b*?

Resolució

Definim els successos elementals:

A: «que guanyi el corredor *a*». *B*: «que guanyi el corredor *b*».

C: «que guanyi el corredor *c*». *D*: «que guanyi el corredor *d*».

És important recalcar que els successos no són equiprobables i, per tant, no podem resoldre el problema aplicant-hi la regla de Laplace.

Sabem que $\Omega = A \cup B \cup C \cup D \rightarrow 1 = p(\Omega) = p(A \cup B \cup C \cup D) = p(A) + p(B) + p(C) + p(D)$, és a dir, $p(A) + p(B) + p(C) + p(D) = 1$.

L'enunciat del problema ens diu que $p(A) = 2p(B)$, $p(C) = 3p(B)$ i $p(D) = p(A)$.

En conseqüència:

$$2p(B) + p(B) + 3p(B) + 2p(B) = 1 \rightarrow 8p(B) = 1 \rightarrow p(B) = \frac{1}{8}$$

d'on obtenim que: $p(A) = p(D) = \frac{2}{8} = \frac{1}{4}$ i $p(C) = \frac{3}{8}$

Un cop hem calculat les probabilitats dels successos elementals, ja podem continuar resolent el problema, ja que la probabilitat de qualsevol succés d'un experiment aleatori queda determinada coneixent-ne les probabilitats dels successos elementals.

Ens demanen la probabilitat del succés $T = A \cup C$. Per tant, $p(T) = p(A) + p(C)$, ja que els successos *A* i *C* són incompatibles, perquè no poden guanyar els dos corredors alhora.

$$p(T) = p(A) + p(C) = \frac{1}{4} + \frac{3}{8} = \frac{5}{8}$$

I la probabilitat que no guanyi *b* és: $p(\overline{B}) = 1 - p(B) = 1 - \frac{1}{8} = \frac{7}{8}$.

Exemple 7

El 60 % dels alumnes de Batxillerat d'un institut practiquen algun esport, mentre que el 25 % cursen estudis musicals i el 10 % fan ambdues activitats. Si s'escull a l'atzar un alumne o una alumna de Batxillerat d'aquest institut, calcula la probabilitat que:

a) Faci esport i no estudiï música.

b) Dugui a terme, com a mínim, una de les dues activitats.

c) No faci cap de les dues activitats.

Resolució

Definim els successos:

D: «que l'alumne escollit faci esport».

M: «que l'alumne escollit estudiï música».

Per l'enunciat del problema sabem que:

$$p(D) = 0{,}6;\ p(M) = 0{,}25 \ \text{ i } p(D \cap M) = 0{,}1$$

a) A la Figura 9.8 veiem que $D \cap \overline{M} = D - (D \cap M)$, d'on obtenim:

$$p(D \cap \overline{M}) = = p(D) - p(D \cap M) = = 0{,}6 - 0{,}1 = 0{,}5$$

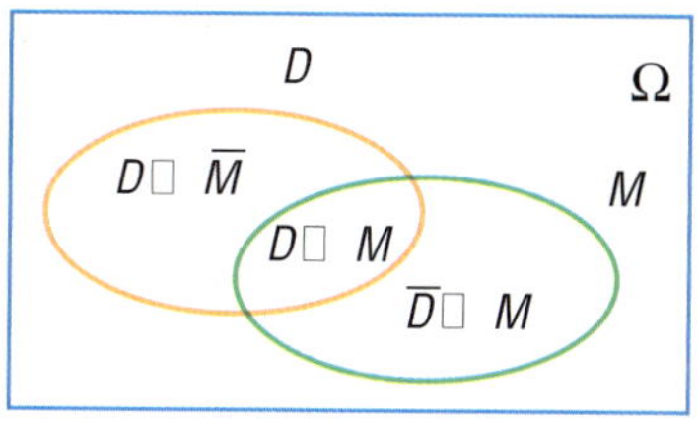

Fig. 9.8

b) Hem de calcular $p(D \cup M)$.

Per la propietat 3 de la probabilitat tenim:

$$p(D \cup M) = p(D) + p(M) - p(D \cap M) = = 0{,}6 + 0{,}25 - 0{,}1 = 0{,}75$$

c) Aplicant-hi una de les lleis de Morgan i la propietat 2 de la probabilitat, obtenim:

$$p(\overline{D} \cap \overline{M}) = p(\overline{D \cap M}) = 1 - p(D \cup M) = 1 - 0{,}75 = 0{,}25$$

Activitats

16. Donats dos successos A i B, tals que:

$$p(A) = \frac{3}{8},\ p(B) = \frac{1}{2} \text{ i } p(A \cup B) = \frac{5}{8}$$

calcula:

a) $p(A \cap B)$ *b)* $p(\overline{A})$

c) $p(\overline{B})$ *d)* $p(\overline{A} \cap \overline{B})$

e) $p(\overline{A \cap B})$ *f)* $p(\overline{A} \cap B)$

g) $p(A \cap \overline{B})$

R: *a)* $\frac{1}{4}$; *b)* $\frac{5}{8}$; *c)* $\frac{1}{2}$; *d)* $\frac{3}{8}$; *e)* $\frac{3}{4}$; *f)* $\frac{1}{4}$; *g)* $\frac{1}{8}$

17. Sabem que la probabilitat que demà plogui és 0,4; que plogui demà passat és 0,3 i que plogui cadascun dels dos dies, 0,2. Calcula la probabilitat que:

a) Plogui, com a mínim, un dels dos dies.

b) No plogui cap dia.

c) Només plogui demà.

d) Plogui només un dels dos dies.

R: *a)* $p(A) = 0,5$; *b)* $p(B) = 0,5$; *c)* $p(C) = 0,2$; *d)* $p(D) = 0,3$

18. Un dau està trucat, de manera que les probabilitats d'obtenir les diferents cares són proporcionals al nombre de punts que hi figuren. Si llancem el dau una vegada, calcula la probabilitat:

a) De cadascun dels successos elementals.

b) D'obtenir un nombre de punts més gran que 4.

c) D'aconseguir un nombre senar de punts.

R: *a)* $p(S_1) = \frac{1}{21}$; $p(S_2) = \frac{2}{21}$; $p(S_3) = \frac{1}{7}$; $p(S_4) = \frac{4}{21}$; $p(S_5) = \frac{5}{21}$; $p(S_6) = \frac{2}{7}$

b) $p(B) = \frac{11}{21}$; *c)* $p(C) = \frac{3}{7}$

19. Llancem dos daus i considerem el nombre de punts de les cares superiors.

Calcula la probabilitat dels successos següents:

a) A: «el nombre de punts de les dues cares superiors suma 7».

b) B: «el producte dels nombres de les cares superiors és 12».

c) $A \cap B$; $A \cup B$; $\overline{A}$; $\overline{B}$.

R: *a)* $p(A) = \frac{1}{6}$; *b)* $p(B) = \frac{1}{9}$; *c)* $\frac{1}{18}$; $\frac{2}{9}$; $\frac{5}{6}$; $\frac{8}{9}$

Punt final

Una mica d'història sobre la probabilitat

La teoria de la probabilitat té l'origen en els jocs d'atzar. Pels volts del 1650, a França, on el joc era una de les distraccions més freqüents, i força tolerat per les lleis del país, s'introduïen nous jocs cada cop més complicats, amb daus i cartes, en els quals s'apostaven molts diners.

Un dels jugadors, el noble cavaller De Méré, va tenir la idea de consultar a un amic seu, el matemàtic, filòsof, teòleg i físic francès Blaise Pascal (1623-1662), algunes qüestions relacionades amb l'atzar. A De Méré el sobtava el fet que, si apostava per un 6, quan llançava quatre vegades els daus, tenia més sort que quan apostava per un doble 6 en llançar dos daus 24 vegades. El noble seguia el raonament següent: com que la raó entre 4 i 6 és la mateixa que la raó entre 24 i 36, que és el nombre total de resultats possibles que es donen quan llancem dos daus, hauria de tenir la mateixa probabilitat de guanyar. Però després de dur a terme moltes experiències, va comprovar que no era així i va decidir consultar el matemàtic.

Blaise Pascal va iniciar una intensa correspondència amb el matemàtic Pierre de Fermat (1601-1665) per tal de respondre a qüestions com les que li va plantejar el noble De Méré. Aquesta correspondència va inspirar el científic holandès Christian Huygens (1629-1695), que va publicar un tractat breu titulat *De ratiociniis in ludo aleae* (*Sobre els raonaments relatius als jocs de daus*) l'any 1657.

Així va ser que va néixer la teoria de la probabilitat. Gràcies a tots ells, la probabilitat va passar de ser una col·lecció de problemes, referents a alguns jocs d'atzar, a convertir-se en una part molt important de la matemàtica.

Pascal va resultar ser un prodigi de les matemàtiques; el 1642 va inventar la primera màquina de calcular mecànica, el model definitiu de la qual va aparèixer l'any 1652. A més, va relacionar el càlcul de probabilitats amb el triangle de Tartaglia i per aquest motiu també se'l coneix amb el nom de *triangle de Pascal*.

Alguns matemàtics anteriors a Pascal, com l'italià Gerolamo Cardano (1501-1576), ja havien fet importants contribucions al desenvolupament del càlcul de probabilitats, malgrat que han estat ignorades. Posteriorment, el matemàtic suís Jacques Bernouilli (1654-1705), conegut pel seu nom traduït a l'alemany, Jakob, va establir el concepte de probabilitat com el límit de la freqüència relativa d'un succés en la seva *Llei dels grans nombres*. Però, sens dubte, la teoria de les probabilitats es deu més al francès P. S. Laplace que a cap altre matemàtic. Des del 1774 va escriure molts articles sobre el tema i els resultats que va obtenir els va incorporar i organitzar al seu llibre clàssic *Teoria analítica de les probabilitats* (1812). El 1814 va publicar el seu *Assaig filosòfic de les probabilitats,* que en realitat és una introducció al tema per al lector no especialitzat.

Quan realment es desenvolupà la teoria moderna de la probabilitat és al segle XX, amb el matemàtic francès Emile Borel, que el 1909 va publicar els seus *Elements de la teoria de les probabilitats,* i, sobretot, amb el rus Andrei Nicolàievitx Kolmogorov, autor de la definició axiomàtica de la probabilitat tal com l'entenem actualment.

Activitats finals

1. Demostra que donats dos successos A i B qualssevol, associats a un experiment aleatori determinat, es verifica:

a) $p(\bar{A} \cap \bar{B}) = 1 - p(A) - p(B) + p(A \cap B)$

b) $p[(\bar{A} \cap B) \cup (A \cap \bar{B})] = p(A) + p(B) - 2p(A \cap B)$

2. Considera dos successos A i B tals que $p(\bar{A} \cup \bar{B}) = 0{,}7$. Són incompatibles A i B? Justifica la resposta.

3. En un experiment aleatori s'han assignat les probabilitats següents als successos A, B i $A \cap B$:

$$p(A) = \frac{1}{3},\ p(B) = \frac{1}{4} \text{ i } p(A \cap B) = \frac{2}{3}$$

És possible? Per què?

4. Dels successos A i B sabem que:

$$p(\bar{A} \cap \bar{B}) = \frac{1}{5},\ p(A) = \frac{2}{3} \text{ i } p(\bar{B}) = \frac{3}{4}$$

Calcula:

a) $p(A \cup B)$

b) $p(A \cap B)$

c) $p(\bar{A} \cap B)$

d) $p(A \cap \bar{B})$

R: *a)* $\frac{4}{5}$; *b)* $\frac{7}{60}$; *c)* $\frac{2}{15}$; *d)* $\frac{11}{20}$

5. Calcula la probabilitat que, quan llancem quatre daus, la suma dels punts obtinguts sigui diferent de 4 i de 24.

R: $\frac{647}{648}$

6. En una sala on hi ha 20 persones, 14 llegeixen el diari, 10 prenen cafè i 8 fan ambdues coses. Si seleccionem dues persones de la sala a l'atzar, calcula la probabilitat que:

a) Les dues prenguin cafè i no llegeixin el diari.

b) Les dues només facin una de les dues coses.

c) Cap de les dues no faci res.

d) Les dues facin ambdues coses.

R: *a)* $p(A) = \frac{1}{190}$; *b)* $p(B) = \frac{14}{95}$; *c)* $p(C) = \frac{3}{95}$;

d) $p(D) = \frac{14}{95}$

7. Determina la probabilitat d'obtenir a la Loteria primitiva 6 encerts, 5 encerts i el complementari, i 4 encerts, jugant amb una única combinació de 6 nombres.

R: *a)* $p(A) = \frac{1}{13\,983\,816}$; *b)* $p(B) = \frac{1}{2\,330\,636}$;

c) $p(C) = \frac{645}{665\,896}$

8. Calcula la probabilitat que, quan llancem un dau, la suma dels punts de les cares visibles sigui més gran que 18.

R: $\frac{1}{3}$

9. Un estudiant s'ha preparat 22 temes d'un temari que en té 30 en total, dels quals 3 surten per sorteig a l'examen. Calcula la probabilitat que:

a) Respongui correctament a dos dels temes.

b) No respongui correctament a cap dels tres temes.

R: *a)* $p(A) = \frac{66}{145}$; *b)* $p(B) = \frac{2}{145}$

10. Quan llancem dos daus, quina és la probabilitat d'obtenir un nombre de punts la suma dels quals sigui 9? I que la suma sigui múltiple de 3?

R: $p(A) = \frac{1}{9}$; $p(B) = \frac{1}{3}$

11. El 25 % dels estudiants d'una facultat han suspès matemàtiques, el 20 % han suspès història i el 15 % han suspès ambdues assignatures. Si seleccionem un alumne o una alumna a l'atzar, determina la probabilitat que:

a) Hagi suspès una de les dues assignatures com a mínim.

b) Hagi suspès història, però no matemàtiques.

c) Hagi suspès matemàtiques, però no història.

d) No hagi suspès cap de les dues assignatures.

R: *a)* $\frac{3}{10}$; *b)* $\frac{1}{20}$; *c)* $\frac{1}{10}$; *d)* $\frac{7}{10}$

12. Calcula la probabilitat d'obtenir un total de 4 punts quan llancem un dau, quan en llancem dos, en llançar-ne tres i, finalment, quan en llancem quatre.

R: $\frac{1}{6}$; $\frac{1}{12}$; $\frac{1}{72}$; $\frac{1}{1296}$

13. D'una baralla de 48 cartes, n'extraiem dues a l'atzar. Esbrina la probabilitat que:

a) Siguin un as i un rei.

b) Les dues cartes siguin dues copes.

c) No hi hagi cap figura.

R: *a)* $p(A) = \frac{2}{141}$; *b)* $p(B) = \frac{4}{188}$; *c)* $p(C) = \frac{105}{188}$

14. Una urna conté 5 boles blanques, 7 de negres i 4 de vermelles. Calcula la probabilitat que en una extracció de 3 boles totes tres siguin del mateix color.

R: $p(A) = \frac{7}{80}$

15. En una província d'un país determinat hi ha 300 000 cotxes. Les matrícules dels cotxes es numeren en sèrie des de la matrícula 000001 fins a la 300 000. Quina és la probabilitat que el primer dígit de l'esquerra de la matrícula d'un cotxe sigui 1?

R: $p(A) = \frac{1}{3}$

16. Si 13 persones s'asseuen aleatòriament al voltant d'una taula circular, esbrina la probabilitat que dues persones determinades estiguin assegudes l'una al costat de l'altra.

R: $p(A) = \frac{1}{6}$

17. En un sorteig de 50 nombres, de l'1 al 50, s'escull un nombre a l'atzar. Calcula la probabilitat que:

a) Sigui un nombre senar o múltiple de 3.

b) Sigui més petit que 20 o més gran que 35.

R: *a)* $\frac{33}{50}$; *b)* $\frac{17}{25}$

18. En una cursa de tres corredors, *a*, *b* i *c*, el corredor *a* té el doble de probabilitat que el *b* de guanyar i aquest, el triple que el *c*.

a) Quina és la probabilitat que té cada corredor de guanyar?

b) Quina és la probabilitat que guanyi *a* o *c*?

c) Quina és la probabilitat que no guanyi *a*?

R: *a)* $p(A) = \frac{3}{5}$; $p(B) = \frac{3}{10}$; $p(C) = \frac{1}{10}$; *b)* $\frac{7}{10}$; *c)* $p(\bar{A}) = \frac{2}{5}$

19. D'una caixa que conté 5 boles numerades de l'1 al 5:

a) N'extraiem una bola rere l'altra fins a treure-les totes. Quina probabilitat hi ha que surtin en l'ordre natural?

b) N'extraiem una bola i la retornem a la caixa, i repetim aquesta acció cinc vegades. Quina és ara la probabilitat que surtin en l'ordre natural? I que surti la mateixa bola les cinc vegades?

R: *a)* $p(A) = \frac{1}{120}$; *b)* $p(A) = \frac{1}{3\,125}$, $p(B) = \frac{1}{625}$

20. Cinc persones es troben a l'interior d'un ascensor situat a la planta baixa d'un edifici que consta de planta baixa i sis pisos. Suposant que totes tenen la mateixa probabilitat de baixar en qualsevol dels sis pisos, calcula la probabilitat:

a) Que totes baixin al mateix pis.

b) Que no baixi ningú als tres primers pisos.

c) Que als cinc primers pisos baixi una persona en cada pis.

R: *a)* $p(A) = 0{,}000\,772$; *b)* $p(B) = 0{,}0649$; *c)* $p(C) = 0{,}000\,0207$

21. Una moneda està trucada, de manera que la probabilitat que surti cara és el doble de la probabilitat que surti creu. Es llança aquesta moneda tres vegades. Calcula la probabilitat dels successos següents:

a) Obtenir 2 cares.

b) Obtenir 3 creus.

c) Obtenir 1 cara.

d) No obtenir cap creu.

R: *a)* $p(A) = \frac{4}{9}$; *b)* $p(B) = \frac{1}{27}$; *c)* $p(C) = \frac{2}{9}$; *d)* $p(D) = \frac{8}{27}$

22. Es tiren dos daus a la vegada. Calcula la probabilitat d'obtenir:

a) Només un 6 en un dels dos daus.

b) Almenys un 6 en un dau.

c) Cap 6.

R: *a)* $p(A) = \frac{5}{18}$; *b)* $p(B) = \frac{11}{36}$; *c)* $p(C) = \frac{25}{36}$

23. Un cinema de barri programa 20 pel·lícules per mes, entre les quals n'hi ha 7 de policíaques, 5 de suspens i la resta d'aventures. Una persona va al cinema tres vegades per mes sense consultar la programació.

a) Quina és la probabilitat que les tres pel·lícules siguin d'aventures?

b) I que en vegi una de cada classe?

R: *a)* $p(A) = \frac{14}{285}$; *b)* $p(B) = \frac{14}{57}$

10

DISTRIBUCIÓ DE PROBABILITAT

En un període determinat de l'any, la probabilitat que un nadó sigui nena és 0,52. En un hospital hi ha set dones que estan embarassades. Quina és la probabilitat que quatre dels nadons siguin nens? I que hi hagi, com a mínim, cinc nenes?

Com que els successos elementals no són equiprobables, no podem resoldre-ho mitjançant la regla de Laplace. Començarem, doncs, definint els successos elementals que ens permetran resoldre el problema.

A: «que un nadó sigui nena» $\rightarrow p(A) = 0{,}52$.

$\overline{A}$: «que un nadó sigui nen»
$p(\overline{A}) = 1 - p(A) = 1 - 0{,}52 = 0{,}48$.

També definim els successos dels quals se'ns demana la probabilitat:

B: «que dels set nadons quatre siguin nens».

C: «que dels set nadons, almenys, cinc siguin nenes».

La probabilitat que neixin quatre nens i tres nenes en aquest ordre és:

$$p(\overline{A}_1) \cdot p(\overline{A}_2) \cdot p(\overline{A}_3) \cdot p(\overline{A}_5) \cdot p(A_5) \cdot p(A_6) \cdot p(A_7) = \\ = \left[p(\overline{A})\right]^4 \cdot \left[p(A)\right]^3 = 0{,}48^4 \cdot 0{,}52^3 = 0{,}007\,464$$

ja que la probabilitat és el producte de les diferents probabilitats (en què els subíndexs indiquen l'ordre del naixement).

Però hem de saber el nombre de possibilitats que hi pot haver perquè neixin quatre nens i tres nenes, tenint en compte l'ordre en què puguin néixer.

Escrivim alguns casos qualssevol, per exemple:

$$\overline{A}\,\overline{A}\,\overline{A}\,\overline{A}\,A\,A\,A,\ \overline{A}\,\overline{A}\,\overline{A}\,A\,\overline{A}\,A\,A,\ \overline{A}\,\overline{A}\,\overline{A}\,A\,A\,\overline{A}\,A, \ldots$$

És fàcil deduir que el total de casos que poden donar-se per tal que neixin quatre nens i tres nenes, tenint en compte l'ordre, són permutacions amb repetició, de manera que:

$$P_7^{4,3} = \frac{7!}{4! \cdot 3!} = \frac{7 \cdot 6 \cdot 5 \cdot 4!}{4! \cdot 6} = 7 \cdot 5 = 35 \text{ casos}$$

Com que els diferents casos són incompatibles dos a dos, la probabilitat és la suma de les probabilitats de cadascun dels 35 casos, i cadascuna d'aquestes probabilitats és 0,007464, tal com hem calculat anteriorment.

Per tant, $p(B) = 35 \cdot 0{,}007\,464 = 0{,}261\,242$.

Perquè neixin, com a mínim, cinc nenes, que és el succés C, es poden produir els casos següents:

$$5 \text{ nenes i } 2 \text{ nens} \rightarrow P_7^{5,2} \cdot 0{,}52^5 \cdot 0{,}48^2 = \\ = 21 \cdot 0{,}038\,0204 \cdot 0{,}230\,4 = 0{,}183\,957\,9$$

$$6 \text{ nenes i } 1 \text{ nen} \rightarrow P_7^{6,1} \cdot 0{,}52^6 \cdot 0{,}48 = \\ = 7 \cdot 0{,}019\,770\,6 \cdot 0{,}48 = 0{,}066\,429\,2$$

$$7 \text{ nenes} \rightarrow 0{,}52^7 = 0{,}010\,280\,7$$

En definitiva, obtenim que:
$p(C) = 0{,}183\,957\,9 + 0{,}066\,429\,2 + 0{,}010\,280\,7 = 0{,}260\,667\,8$

1. Funció de probabilitat d'una variable aleatòria

Un experiment aleatori es pot considerar de dues maneres:

- **Després de dur-lo a terme.** En aquest cas els resultats obtinguts constitueixen els valors d'una variable estadística. El nombre de vegades que es repeteix cadascun dels valors és la *freqüència absoluta*.
- **Abans de dur-lo a terme.** Els resultats possibles són els diferents successos que depenen de l'atzar i que originen una variable, els valors de la qual tenen una certa probabilitat de repetir-se. Aquestes variables noves són les que s'anomenen *variables aleatòries*.

Considerem l'espai mostral Ω, associat a un experiment aleatori E. Una **variable aleatòria** X associada a aquest experiment és una aplicació de l'espai mostral en el conjunt dels nombres reals.

$$X: \Omega \rightarrow \mathbb{R}$$

El conjunt imatge d'aquesta aplicació és el **recorregut** de la variable. Així, els elements del recorregut, que constitueixen un subconjunt dels nombres reals, són els valors que pren la variable.

El concepte de variable aleatòria sorgeix davant la necessitat de quantificar els resultats possibles dels experiments aleatoris per poder fer-hi operacions. Els conceptes de variable estadística i de freqüència van lligats al de mostra, ja que l'experiment es considera després d'haver-lo fet. En canvi, els conceptes de variable aleatòria i de probabilitat són teòrics i resulten d'una abstracció dels anteriors.

Les variables aleatòries, com les estadístiques, poden ser **discretes** o **contínues,** i donen lloc a les distribucions de probabilitat respectives. Les representacions, en el cas de les variables aleatòries discretes, són semblants a les descrites per a les variables estadístiques discretes, i condueixen als **diagrames de barres.** Per aquest motiu, només cal que substituïm les freqüències per les probabilitats.

Una variable aleatòria és **discreta** si el conjunt de valors que pren és finit. Aquest conjunt es representa per $\{x_1, x_2, x_3 \dots x_n\}$, on els valors x_i habitualment són nombres enters.

Definim la **funció de probabilitat** o llei de probabilitat de la variable aleatòria discreta X com la funció que assigna a cadascun dels valors x_i que pren la variable la probabilitat corresponent p_i. En general, escrivim: $p[X = x_i] = p_i$, $\forall i = 1, 2, 3, \dots, n$.

Aquesta funció verifica les propietats següents:

1. $p_i \geq 0, \quad \forall i = 1, 2, 3, \dots, n.$
2. $\sum_{i=1}^{n} p_i = 1.$

Representat de manera esquemàtica:

$$\Omega \xrightarrow{X} \mathbb{R} \xrightarrow{\quad p \quad} [0, 1]$$
$$A_i \longrightarrow X(A_i) = x_i \longrightarrow p[X = x_i] = p_i$$

on X és la variable aleatòria discreta; p, la funció de probabilitat; A_i, un succés elemental de l'experiment aleatori; x_i, el valor que pren la variable X per al succés A_i, i p_i, la probabilitat associada al succés $X = x_i$.

De vegades no interessa tant conèixer la probabilitat que una variable discreta X prengui un valor determinat x_i, com la probabilitat que prengui un valor més petit o igual que x_i. És el concepte acumulatiu de la probabilitat.

Per aquest motiu, definim la **funció de distribució** com:

$$F(x_i) = p[X \le x_i] = \sum_{j=1}^{i} p\,[X = x_j], \quad \forall x_i \in \mathbb{R}$$

També se l'anomena *funció de distribució de probabilitats acumulatives*.

No hem d'oblidar que, mentre la funció de probabilitat es defineix únicament per als possibles valors de la variable X, el domini de definició de la funció de distribució són tots els nombres reals.

> **! Important**
>
> Els paràmetres d'una distribució de probabilitat són semblants als d'una distribució estadística. Només cal que canviem les freqüències relatives per les probabilitats.

En una variable aleatòria discreta es poden calcular els paràmetres de la distribució de probabilitat:

- La mitjana de la variable o **esperança matemàtica** es calcula amb l'expressió:

$$\mu = \sum_{i=1}^{n} p_i\, x_i$$

  en què x_i són els diferents valors de la variable X, i p_i, les probabilitats respectives.

- La **variància** d'una variable aleatòria X és:

$$\sigma^2 = \sum_{i=1}^{n} p_i\,(x_i - \mu)^2 = \sum_{i=1}^{n} p_i\, x_i^2 - \mu^2$$

- S'anomena **desviació típica** de la variable l'arrel quadrada de la variància:

$$\sigma = \sqrt{\sum_{i=1}^{n} p_i (x_i - \mu)^2} = \sqrt{\sum_{i=1}^{n} p_i\, x_i^2 - \mu^2}$$

Exemple 1

En l'experiment aleatori de llancar dues monedes, determina l'espai mostral i la funció de probabilitat de la variable «nombre de cares». Representa aquesta funció de probabilitat.

Resolució

En l'experiment aleatori de llançar dues monedes, l'espai mostral és: $\Omega = \{(c, c), (c, x), (x, c), (x, x)\}$.

Si definim la variable X: «nombre de cares», tindrem una funció que a cada element de l'espai mostral, és a dir, a cada resultat de l'experiment, hi assigna el nombre de cares.

$$X(c, c) = 2,\ X(c, x) = X(x, c) = 1 \text{ i } X(x, x) = 0$$

Suposant que les monedes estiguin perfectament equilibrades i, per tant, que els successos elementals siguin equiprobables, s'obté la Taula 10.1.

La representació gràfica de la funció de probabilitat la podem observar a la Figura 10.1.

Resultats possibles	(x, x)	$(c, x), (x, c)$	(c, c)
Valors de la variable	0	1	2
Funció de probabilitat	$p[X = 0] = \frac{1}{4}$	$p[X = 1] = \frac{1}{2}$	$p[X = 2] = \frac{1}{4}$

Taula 10.1

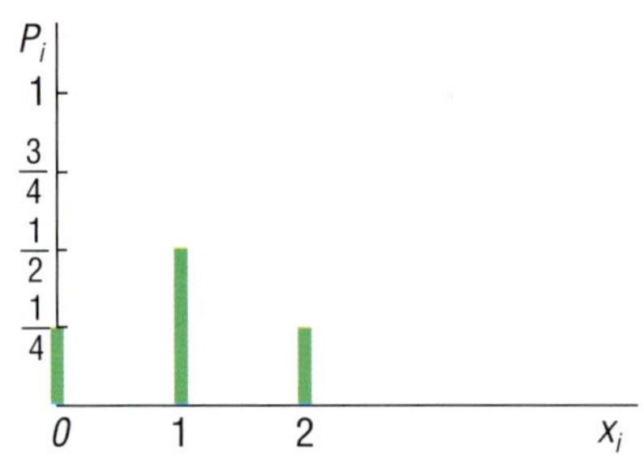

Fig. 10.1

Exemple 2

Determina i representa la funció de distribució de l'experiment aleatori de l'exemple anterior. A partir de la gràfica, comprova les propietats que verifica la funció de distribució.

Resolució

Per determinar la funció de distribució, cal calcular la imatge de qualsevol valor real.

Per a qualsevol valor de $x < 0$, tindrem: $F(x) = p[X < 0] = 0$

$$F(0) = p[X \leq 0] = p[X = 0] = \frac{1}{4}$$

$$F(1) = p[X \leq 1] = p[X = 0] + p[X = 1] = F(0) + p[X = 1] = \frac{1}{4} + \frac{1}{2} = \frac{3}{4}$$

$$F(2) = p[X \leq 2] = p[X = 0] + p[X = 1] + p[X = 2] = F(1) + p[X = 2] = \frac{3}{4} + \frac{1}{4} = 1$$

D'on obtenim la funció de distribució de la variable X:

$$F(x) = \begin{cases} 0 & \text{si } x < 0 \\ \frac{1}{4} & \text{si } 0 \leq x < 1 \\ \frac{3}{4} & \text{si } 1 \leq x < 2 \\ 1 & \text{si } x \geq 2 \end{cases}$$

La representació gràfica de la funció de distribució la podem observar a la Figura 10.2.

A partir de la gràfica podem observar les propietats que verifica la funció de distribució:

1. $0 \leq F(x) \leq 1$.
2. La gràfica de la funció $F(x)$ és esglaonada.
3. $F(x) = 0$ per a qualsevol valor anterior al valor més petit de la variable aleatòria discreta.

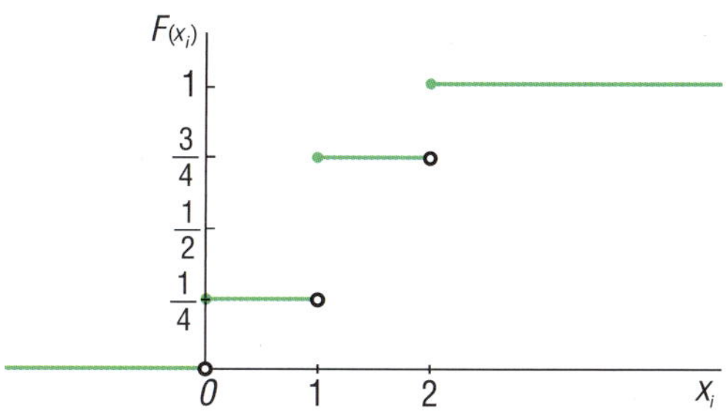

Fig. 10.2

4. $F(x) = 1$ per a qualsevol valor igual o posterior al valor més gran de la variable aleatòria discreta.
5. $F(x)$ és una funció creixent.

Finalment, calcularem l'esperança matemàtica i la desviació típica.

$$\mu = \sum_{i=1}^{3} p_i x_i = \frac{1}{4} \cdot 0 + \frac{1}{2} \cdot 1 + \frac{1}{4} \cdot 2 = 1$$

A partir de la Taula 10.1 deduïm que, efectivament, el valor més esperat de la variable és $x = 1$.

$$\sigma^2 = \sum_{i=1}^{3} p_i\ x_i^2 - \mu^2 = \frac{1}{4} \cdot 0^2 + \frac{1}{2} \cdot 1^2 + \frac{1}{4} \cdot 2^2 - 1^2 = \frac{3}{2} - 1 = \frac{1}{2}$$

D'on obtenim la desviació típica:

$$\sigma = \sqrt{\sum_{i=1}^{3} p_i x_i^2 - \mu^2} = \sqrt{\frac{1}{2}} = 0,7071$$

Activitats

1. Llancem tres monedes. Definim la variable aleatòria X com el nombre de creus que surtin.

a) Determina la funció de probabilitat i la funció de distribució de la variable X.

b) Representa'n gràficament la funció de probabilitat i la funció de distribució.

c) Calcula'n l'esperança matemàtica i la desviació típica.

R: *c)* $\mu = \frac{3}{2}$; $\sigma = \frac{\sqrt{3}}{2}$

2. En l'experiment aleatori en el qual llancem dos daus enlaire definim la variable aleatòria X com:

$$X(a, b) = \text{màx}(a, b)$$

on (a, b) són els resultats que mostren els dos daus. Determina'n la funció de probabilitat i calcula l'esperança matemàtica.

R: $\mu = 4,47\widehat{2}$

3. A la Taula 10.2 s'expressa la funció de probabilitat d'una variable aleatòria discreta:

x_i	-2	-1	0	2	4
p_i	$\frac{1}{8}$	$\frac{1}{6}$	$\frac{1}{8}$	$\frac{1}{4}$	$\frac{1}{3}$

Taula 10.2

a) Determina'n la funció de distribució i representa-la.

b) Esbrina'n l'esperança, la variància i la desviació típica.

R: *b)* $\mu = 1,41\widehat{6}$; $\sigma^2 = 4,993\,0\widehat{5}$; $\sigma = 2,2345$

4. La variable aleatòria discreta uniforme és la que pren valors 1, 2, 3... n, amb probabilitats:

$$p_i = \frac{1}{n}, \ \forall i = 1, 2, 3..., n$$

Calcula la funció de distribució, l'esperança i la desviació típica d'aquesta variable.

2. La distribució binomial

Considerem un experiment aleatori qualsevol, amb dos únics successos A i $\bar{A}$, que anomenarem *èxit* i *fracàs*, respectivament. La probabilitat de cadascun d'aquests successos és:

$$p(A) = p \quad \text{i} \quad p(\bar{A}) = 1 - p(A) = 1 - p = q$$

Es diu que un experiment amb aquestes característiques segueix una distribució de Bernoulli.

Si definim la variable aleatòria discreta X: «nombre d'èxits», en una **distribució de Bernoulli** la funció de probabilitat és:

$$P\,[X = 1] = p \quad \text{i} \quad p[X = 0] = q$$

Les característiques de qualsevol variable aleatòria discreta que segueixi una llei de Bernoulli són:

- L'esperança de la variable és $\mu = q \cdot 0 + p \cdot 1 = p$.
- La variància $\sigma^2 = q \cdot 0^2 + p \cdot 1^2 - p^2 = p - p^2 = p(1 - p) = p\,q$ i, per tant, la desviació típica és $\sigma = \sqrt{p\,q}$.

Quan un experiment de Bernoulli es fa un nombre n determinat de vegades, que constitueix un nombre n de proves independents, es diu que és un experiment que segueix el model de la **distribució binomial *B*(*n*, *p*)**, on n i p són els paràmetres de la distribució, en què n és el nombre de vegades que es fa l'experiment i p, la probabilitat d'èxit per a $n = 1$.

> **! Important**
>
> Una **distribució de Bernoulli** és una distribució binomial $B(1, p)$.

En una distribució binomial $B(n, p)$ es donen les característiques següents:

- El resultat de cada prova pertany a una d'aquestes dues categories: èxit o fracàs.
- La probabilitat p d'èxit és la mateixa en cada prova.
- L'experiment dóna lloc a un nombre n de proves, que són independents entre si.
- L'esperança és $\mu = n\,p$.
- La variància i la desviació típica són, respectivament, $\sigma^2 = n\,p\,q$ i $\sigma = \sqrt{n\,p\,q}$.

La funció de probabilitat d'una variable aleatòria discreta X: «nombre d'èxits» que segueix una distribució binomial $B(n, p)$ és:

$$p\,[X=k]=\binom{n}{k}p^k\,(1-p)^{n-k}=\binom{n}{k}p^k\,q^{n-k}$$

en què $k = 0, 1, 2, 3\ldots n$ indica el nombre d'èxits.

Aquesta funció de probabilitat verifica que:

1. $p[X=k] \geq 0$, ja que $\binom{n}{k} > 0$, $p \geq 0$ i $q \geq 0$.

2. $\sum_{i=0}^{n} p[X=i] = p[X=0] + p[X=1] + p[X=2] + \ldots + p[X=n-1] + p[X=n] =$
$$=\binom{n}{0}q^n+\binom{n}{1}p\,q^{n-1}+\binom{n}{2}p^2\,q^{n-2}+\ldots+\binom{n}{n-1}p^{n-1}\,q+\binom{n}{n}p^n=(p+q)^n=1^n=1$$

Observa que en aquesta última demostració s'ha utilitzat el desenvolupament del binomi de Newton.

La funció de distribució d'una variable aleatòria binomial X és:

$$F(x)=p[X\leq x]=p[X=0]+p[X=1]+p[X=2]+\ldots+p[X=k]=$$
$$=\binom{n}{0}q^n+\binom{n}{1}p\cdot q^{n-1}+\binom{n}{2}p^2\cdot q^{n-2}+\ldots+\binom{n}{k}p^k\cdot q^{n-k}=\sum_{i=0}^{k}\binom{n}{i}p^i\cdot q^{n-i}$$

k és el nombre enter més gran que és més petit o igual que x. Aquesta funció assigna a cada valor real x la probabilitat que la variable X prengui valors més petits o iguals que x.

! Important

La Taula 10.4 del final de la unitat permet calcular algunes probabilitats d'una distribució binominal $B\,(n, p)$ sense necessitat d'utilitzar la calculadora.

Exemple 3

La probabilitat de guanyar en una competició és $p = \frac{1}{5}$. Si se celebren sis proves, quina és la probabilitat de guanyar, com a mínim, quatre vegades? I la de guanyar menys de cinc vegades?

Determina la funció de probabilitat i calcula'n els paràmetres.

Resolució

Definim el succés A: «guanyar en una competició»:

$$p=p(A)=\frac{1}{5}\text{ i }q=p(\bar{A})=\frac{4}{5}$$

La variable X: «nombre de competicions guanyades» segueix una distribució binomial $B\left(6, \frac{1}{5}\right)$. Per tant, la probabilitat de guanyar, com a mínim, quatre de les sis vegades és:

$$p[X\geq 4]=p[X=4]+p[X=5]+p[X=6]=$$
$$=\binom{6}{4}\left(\frac{1}{5}\right)^4\left(\frac{4}{5}\right)^2+\binom{6}{5}\left(\frac{1}{5}\right)^5\frac{4}{5}+\binom{6}{6}\left(\frac{1}{5}\right)^6=$$
$$=\frac{240}{5^6}+\frac{24}{5^6}+\frac{1}{5^6}=\frac{265}{5^6}=\frac{53}{5^5}=\frac{53}{3\,125}$$

I la probabilitat de guanyar menys de cinc vegades:

$$p[X<5]=1-p[X\geq 5]=1-(p[X=5]+p[X=6])=$$
$$=1-\left(\frac{24}{5^6}+\frac{1}{5^6}\right)=1-\frac{25}{5^6}=1-\frac{1}{5^4}=\frac{624}{5^4}=\frac{624}{625}$$

La funció de probabilitat d'aquest exemple és:

$$p[X=0]=\binom{6}{0}\left(\frac{4}{5}\right)^6=\frac{4^6}{5^6}=\frac{4\,096}{15\,625}$$
$$p[X=1]=\binom{6}{1}\frac{1}{5}\left(\frac{4}{5}\right)^5=6\cdot\frac{4^5}{5^6}=\frac{6\,144}{15\,625}$$
$$p[X=2]=\binom{6}{2}\left(\frac{1}{5}\right)^2\left(\frac{4}{5}\right)^4=15\cdot\frac{4^4}{5^6}=3\cdot\frac{4^4}{5^5}=\frac{768}{3\,125}$$
$$p[X=3]=\binom{6}{3}\left(\frac{1}{5}\right)^3\left(\frac{4}{5}\right)^3=20\cdot\frac{4^3}{5^6}=\frac{4^4}{5^5}=\frac{256}{3\,125}$$
$$p[X=4]=\binom{6}{4}\left(\frac{1}{5}\right)^4\left(\frac{4}{5}\right)^2=15\cdot\frac{4^2}{5^6}=3\cdot\frac{4^2}{5^5}=\frac{48}{3\,125}$$
$$p[X=5]=\binom{6}{5}\left(\frac{1}{5}\right)^5\frac{4}{5}=6\cdot\frac{4}{5^6}=3\cdot\frac{2^3}{5^6}=\frac{24}{15\,625}$$
$$p[X=6]=\binom{6}{6}\left(\frac{1}{5}\right)^6=\frac{1}{5^6}=\frac{1}{15\,625}$$

Els paràmetres de la distribució de probabilitat de la variable X definida a l'exemple són:

- L'esperança: $\mu = n\,p = 6\cdot\frac{1}{5}=\frac{6}{5}$
- La variància: $\sigma^2 = n\,p\,q = 6\cdot\frac{1}{5}\cdot\frac{4}{5}=\frac{24}{25}$
- La desviació típica: $\sigma=\sqrt{n\,p\,q}=\sqrt{\frac{24}{25}}=\frac{2\sqrt{6}}{5}\simeq 0{,}98$

Activitats

5. A partir de la variable aleatòria de l'exemple 3:

a) Comprova la segona propietat de la funció de probabilitat de la distribució binomial.

b) Defineix la funció de distribució.

6. Calcula:

a) $p[X = 5]$, en $B\left(7, \frac{1}{3}\right)$

b) $p[X \leq 2]$, en $B\left(5, \frac{1}{2}\right)$

c) $p[X > 3]$, en $B\left(8, \frac{2}{3}\right)$

d) μ, σ^2 i σ, en $B\left(10, \frac{3}{5}\right)$

R: *a)* $\frac{28}{729}$; *b)* $\frac{1}{2}$; *c)* $\frac{5\,984}{6\,561}$; *d)* $\mu = 6$; $\sigma^2 = \frac{12}{5}$; $\sigma = 2\sqrt{\frac{3}{5}}$

7. Llancem una moneda enlaire 100 vegades. Estableix la probabilitat d'obtenir:

a) 47 cares.

b) 35 creus.

c) Almenys 2 cares.

d) Cap creu.

8. Una família de Tarragona té cinc fills. Suposant que la probabilitat que un dels fills sigui nen és 0,45, calcula la probabilitat que siguin:

a) Tres nens i dues nenes.

b) Menys nens que nenes.

c) Una sola nena.

d) Cap nen.

R: *a)* $p = 0{,}275\,65$; *b)* $p = 0{,}593\,13$; *c)* $p = 0{,}112\,77$; *d)* $p = 0{,}050\,33$

9. El 2 % dels articles produïts en una fàbrica són defectuosos. Calcula el nombre esperat i també la desviació típica d'articles defectuosos en una comanda de 10 000 unitats.

R: $\mu = 200$; $\sigma = 14$

10. Determina el nombre esperat de nenes en una família de vuit fills, si suposem igualment probable la distribució de sexes. Quina és la probabilitat que la família tingui el nombre esperat de nenes?

R: 4 nenes; $p = \frac{35}{128}$

11. Tenim un dau en forma de tetràedre, és a dir, amb quatre cares que són triangles equilàters. Numerem les cares de l'1 al 4 i considerem la variable aleatòria X: «nombre d'1» per a $n = 5$.

a) Estudia la distribució binomial corresponent.

b) Defineix les funcions de probabilitat i de distribució.

c) Calcula'n l'esperança i la desviació típica.

12. El 3 % de les peces elaborades per una màquina són defectuoses. Les peces es venen en caixes de 25 unitats cadascuna. Quina és la probabilitat que una caixa contingui com a màxim una peça defectuosa?

R: $p = 0{,}828\,04$

13. Una malaltia determinada té un índex de mortalitat del 20 %. Si en un hospital hi ha sis persones afectades, calcula la probabilitat que, almenys, la meitat dels pacients sobrevisquin.

R: $p = 0{,}983\,04$

14. El 55 % dels treballadors d'un organisme oficial són dones. Per llei, el 25 % dels alts càrrecs han de ser-ho. Si s'elegeixen cinc funcionaris a l'atzar, quina és la probabilitat que tres siguin dones? I si l'elecció només es fa entre els alts càrrecs?

R: $p = 0{,}336\,91$; $p = 0{,}087\,89$

3. Variable aleatòria contínua

Alguns experiments poden arribar a prendre tots els valors d'un interval real. En aquests casos, la variable aleatòria associada és una **variable aleatòria contínua**. Quan es fa abstracció d'aquesta situació, de la mateixa manera que en el cas de les variables discretes, s'arriba al concepte de distribucions de probabilitat contínua.

A la Taula 10.3 s'indiquen les notes de 100 alumnes distribuïdes en freqüències relatives:

X	(0, 1]	(1, 2]	(2, 3]	(3, 4]	(4, 5]	(5, 6]	(6, 7]	(7, 8]	(8, 9]	(9, 10]
f_i	0,04	0,05	0,12	0,14	0,25	0,15	0,08	0,08	0,05	0,04

Taula 10.3

L'histograma associat és el de la Figura 10.3.

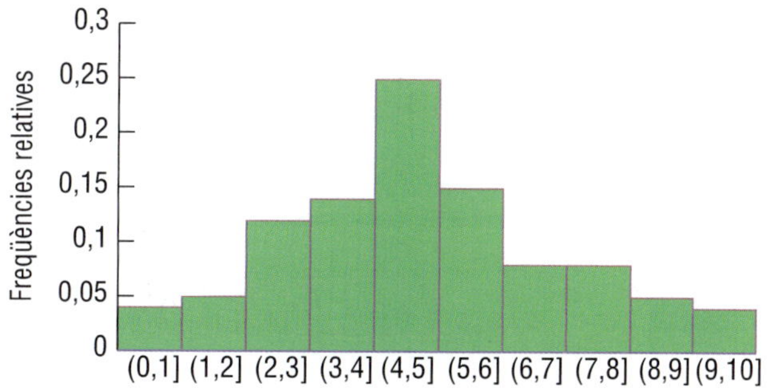

Fig. 10.3

Si duguéssim a terme el mateix estudi per a totes les notes dels 100 alumnes i les aproximéssim fins a les dècimes, les centèsimes, les mil·lèsimes, etc., obtindríem un polígon de freqüències semblant al de la Figura 10.4.

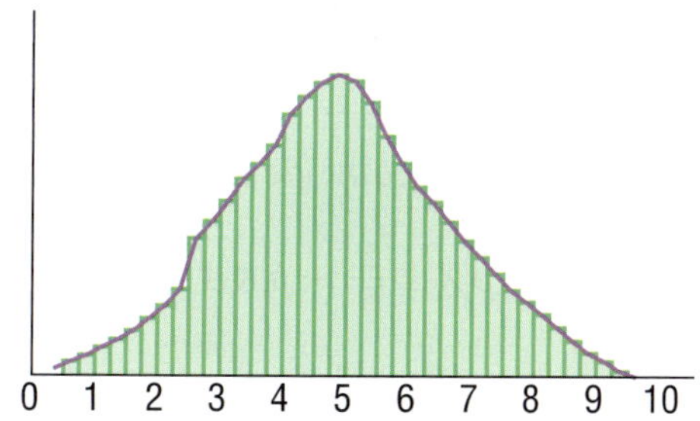

Fig. 10.4

Aquest diagrama ens pot proporcionar una idea intuïtiva d'una distribució de probabilitat contínua.

Per a una variable aleatòria contínua X es defineix la **funció de densitat** $f(x)$ de la variable de manera que:

1. $f(x) \geq 0, \ \forall x \in \mathbb{R}$.

2. L'àrea del recinte que determina la gràfica de $f(x)$ amb l'eix OX és 1.

La **funció de distribució,** igual que en el cas de les variables discretes, es defineix:

$$F(x) = p[X \leq x], \ \forall x \in \mathbb{R}$$

Per tant, aquesta funció acumula la funció de densitat corresponent a tots els valors reals més petits o iguals que x.

! Important

En les variables aleatòries discretes es defineix la funció de probabilitat, mentre que en les variables aleatòries contínues es defineix la funció de densitat.

La funció de distribució és la que s'utilitza per calcular probabilitats d'una variable aleatòria contínua, de manera que:

- $F(x_1) = p[X \leq x_1]$ és l'àrea del recinte que determina la gràfica de la funció de densitat amb l'eix OX a l'interval $(-\infty, x_1]$.
- $p[X \geq x_1]$ és l'àrea del recinte que determina la gràfica de la funció de densitat amb l'eix d'abscisses a l'interval $[x_1, +\infty)$. Com que l'àrea total és 1, tenim que:

$$p[X \geq x_1] = 1 - p[X \leq x_1] = 1 - F(x_1)$$

- $p[x_1 \leq X \leq x_2]$ és l'àrea del recinte que determina la gràfica de la funció de densitat amb l'eix OX a l'interval $[x_1, x_2]$. És a dir:

$$p[x_1 \leq X \leq x_2] = p[X \leq x_2] - p[X \leq x_1] = F(x_2) - F(x_1)$$

En una distribució contínua de probabilitat s'utilitza la nomenclatura $p[X \leq x_1]$, tot i que s'hagi de calcular $p[X < x_1]$, ja que:

$$p[X \leq x_1] = p[X < x_1] + p[X = x_1] \text{ i}$$

$$p[X = x_1] = p[x_1 \leq X \leq x_1] = F(x_1) - F(x_1) = 0$$

I, per tant, en una variable contínua: $p[X < x_1] = p[X \leq x_1]$.

Exemple 4

Esbrina si $f(x)$ es una funcio de densitat.

$$f(x) = \begin{cases} 1 & si -\frac{1}{2} \leq x \leq \frac{1}{2} \\ 0 & \text{per als altres valors de } x \in \mathbb{R} \end{cases}$$

I calcula'n les probabilitats dels intervals significatius.

Resolució

N'hi ha prou a comprovar que verifica les dues condicions de la definició de funció de densitat.

1. A partir de la definició de la funció $f(x)$ tenim que $f(x) \geq 0$, $\forall x \in \mathbb{R}$.
2. L'àrea del recinte que determina la gràfica de la funció $f(x)$ amb l'eix OX és (Fig. 10.5):

$$A = \left[\frac{1}{2} - \left(-\frac{1}{2}\right)\right] \cdot 1 = 1 \cdot 1 = 1$$

Per tant, $f(x)$ és una funció de densitat.

Calculem algunes probabilitats a partir de la funció de distribució corresponent.

a) $F\left(\frac{1}{5}\right) = p\left[X \leq \frac{1}{5}\right]$ és l'àrea del recinte determinat per la funció $f(x)$ a l'interval $\left(-\infty, \frac{1}{5}\right]$, per tant:

$$F\left(\frac{1}{5}\right) = p\left[X \leq \frac{1}{5}\right] = \left[\frac{1}{5} - \left(-\frac{1}{2}\right)\right] \cdot 1 = \frac{7}{10}$$

La Figura 10.5 ho mostra gràficament.

b) $p[X \geq 0] = \frac{1}{2}$ ja que l'àrea del recinte determinat per $f(x)$ a l'interval $[0, +\infty)$ és $\frac{1}{2}$.

Al mateix temps, es verifica que:

$$p[X \geq 0] = 1 - p[X \leq 0] = 1 - F(0)$$

c) $p\left[-\frac{1}{4} \leq X \leq \frac{1}{6}\right] = \left[\frac{1}{6} - \left(-\frac{1}{4}\right)\right] \cdot 1 = \frac{5}{12}$

que coincideix amb:

$$p\left[X \leq \frac{1}{6}\right] - p\left[X \leq -\frac{1}{4}\right] = \frac{1}{6} - \left(-\frac{1}{2}\right) - \left[-\frac{1}{4} - \left(-\frac{1}{2}\right)\right] =$$

$$= \frac{2}{3} - \frac{1}{4} = \frac{5}{12}$$

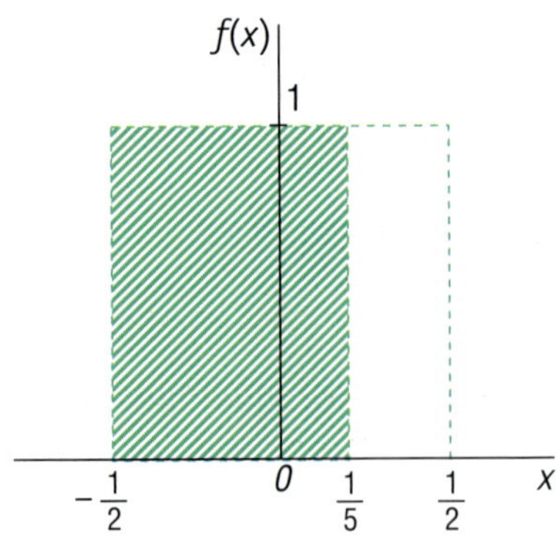

Fig. 10.5

Activitats

15. Si X representa una variable aleatòria contínua:

a) Demostra que $f(x)$ és una funció de densitat:

$$f(x) = \begin{cases} \frac{1}{2} & \text{si } 0 \leq x \leq 2 \\ 0 & \text{si } x \notin [0, 2] \end{cases}$$

b) Representa-la gràficament.

16. Per a la funció de densitat de l'activitat 15, calcula:

a) $p[X \leq 1]$ *b)* $p\left[X \geq \frac{1}{2}\right]$ *c)* $p\left[\frac{1}{4} \leq X \leq \frac{3}{2}\right]$

R: *a)* $\frac{1}{2}$; *b)* $\frac{3}{4}$; *c)* $\frac{5}{8}$

17. En una variable aleatòria contínua X es defineix la funció següent:

$$f(x) = \begin{cases} kx & \text{si } x \in [0, 5] \\ 0 & \text{si } x \notin [0, 5] \end{cases}$$

a) Calcula el valor de k per tal que la funció $f(x)$ sigui una funció de densitat.

b) Esbrina $p[2 \leq X \leq 3{,}5]$ per al valor de k calculat a l'apartat anterior.

R: *a)* $k = \frac{2}{25}$; *b)* $p = \frac{33}{100}$

4. La distribució normal

Una de les distribucions de probabilitat contínua més important és la **distribució normal,** ja que molts fenòmens naturals i socials s'hi ajusten.

Es diu que una variable aleatòria contínua X segueix una distribució normal de mitjana μ i desviació típica σ i es designa per $N(\mu, \sigma)$ si es verifiquen les condicions següents:

- Els valors de la variable són tots nombres reals.
- La funció de densitat és:

$$f(x) = \frac{1}{\sigma\sqrt{2\pi}}\, e^{-\frac{1}{2}\left(\frac{x-\mu}{\sigma}\right)^2}$$

Aquesta és l'expressió algèbrica de la **corba normal o campana de Gauss** (Fig. 10.6).

Els valors de μ i σ s'anomenen *paràmetres de la distribució normal.*

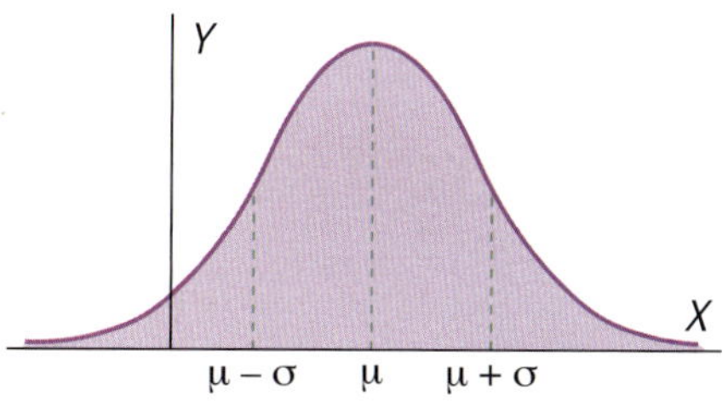

Fig. 10.6

4.1 Propietats de la funció de densitat de la distribució normal $N(\mu, \sigma)$

1. El seu domini de definició és tota la recta real $\mathbb{R}$.
2. La seva gràfica és simètrica respecte de la recta $x = \mu$.
3. No talla l'eix d'abscisses, ja que les funcions exponencials són estrictament positives. Talla l'eix d'ordenades en el punt d'ordenada:

$$y = \frac{1}{\sigma\sqrt{2\pi}}\, e^{-\frac{1}{2}\left(\frac{-\mu}{\sigma}\right)^2}$$

4. Per a $x > 0$, els valors de la funció s'apropen a zero a mesura que augmenta x. Per a $x < 0$, els valors de la funció també s'apropen a zero a mesura que disminueix x.

5. L'àrea del recinte que determina la corba amb l'eix OX és 1, ja que es tracta d'una funció de densitat.

6. En els intervals $(\mu - \sigma, \mu + \sigma)$, $(\mu - 2\sigma, \mu + 2\sigma)$ i $(\mu - 3\sigma, \mu + 3\sigma)$, s'hi inclou el 68,26%; el 95,44% i el 99,74%, respectivament, del total de l'àrea (Fig. 10.7).

! Important

Els valors de la variable tals que $x \leq \mu - 3\sigma$ o $x \geq \mu + 3\sigma$, se situen en una zona en què l'àrea és el 0,26 % del total, és a dir, pràcticament zero.

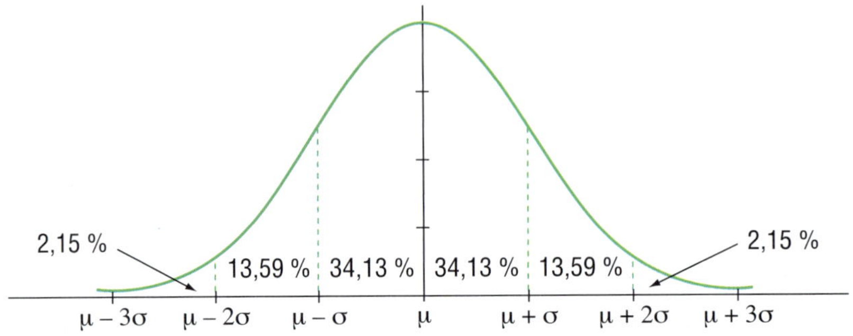

Fig. 10.7

La forma de la gràfica de la funció de densitat depèn dels valors de μ i σ. Tot seguit, mostrem les gràfiques per a diferents valors dels paràmetres μ i σ (Fig. 10.8).

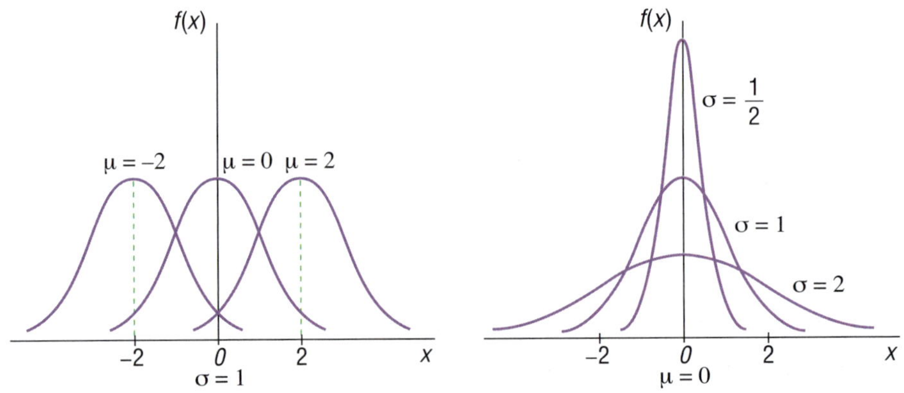

Fig. 10.8

La representació gràfica de la funció de distribució corresponent és la que mostra la Figura 10.9.

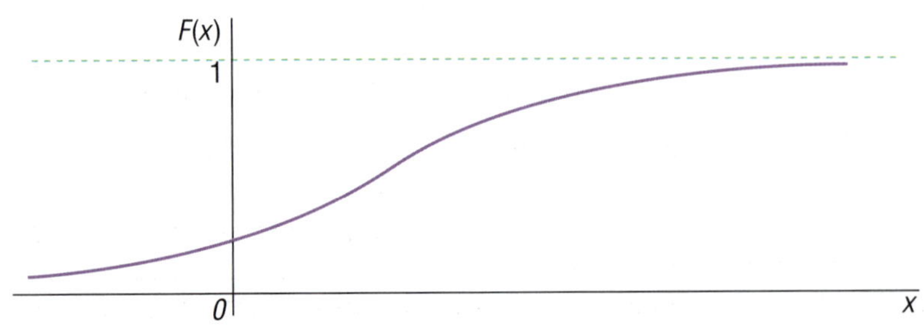

Fig. 10.9

La relació que hi ha entre la funció de densitat i la funció de distribució d'una variable contínua amb distribució normal $N(\mu, \sigma)$ es representa a la Figura 10.10.

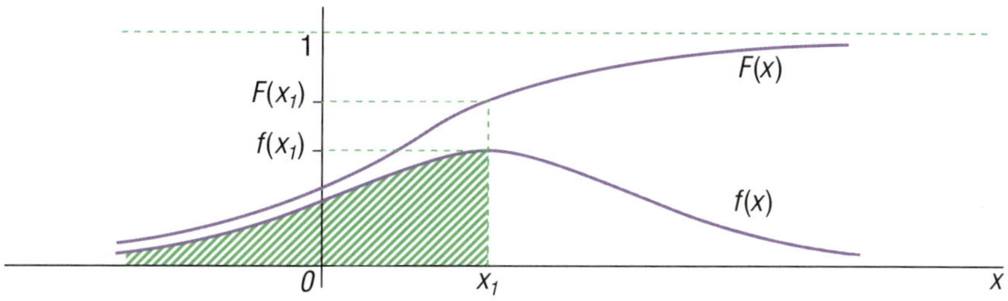

Fig. 10.10

El valor de l'àrea assenyalada coincideix amb el valor de $F(x_1)$.

La distribució $N(0, 1)$ es coneix amb el nom de **distribució normal reduïda,** la funció de densitat de la qual és:

$$f(x) = \frac{1}{\sqrt{2\pi}} e^{\frac{-x^2}{2}}$$

La seva gràfica és la que pots observar a la Figura 10.11.

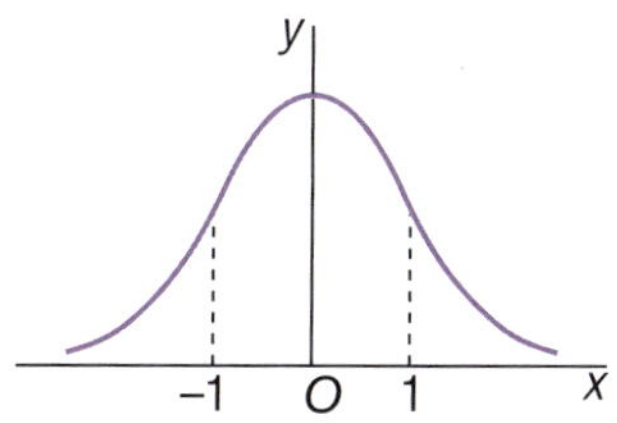

Fig. 10.11

4.2 Tipificació d'una variable X que segueix una distribució $N(\mu, \sigma)$

Per poder treballar amb la funció de distribució d'una variable contínua amb distribució normal, és a dir, per calcular $F(x_1) = p[X \leq x_1]$, on X és una variable contínua que segueix una distribució normal $N(\mu, \sigma)$, s'ha de tipificar prèviament la variable.

Representem amb X una variable que segueix una distribució normal $N(\mu, \sigma)$. Si considerem la variable $Z = \frac{X - \mu}{\sigma}$, n'obtenim una de nova que segueix una distribució normal $N(0, 1)$. La variable Z definida d'aquesta manera es coneix amb el nom de **variable tipificada.** És a dir, si la variable aleatòria contínua X segueix una distribució normal $N(\mu, \sigma)$, aleshores la variable $Z = \frac{X - \mu}{\sigma}$ segueix una distribució normal $N(0, 1)$.

Per facilitar el càlcul de $F(z_1) = p[Z \leq z_1]$ en una distribució normal $N(0, 1)$, s'ha elaborat la Taula 10.5, que pots trobar al final de la unitat, d'utilització molt senzilla. Els valors que s'hi mostren són els de la probabilitat que coincideixen amb l'àrea del recinte que determina la funció de densitat a l'interval $(-\infty, z_1]$ per a $z_1 \geq 0$. És a dir, ens dóna l'àrea que hi ha fins al valor $Z = z_1 \geq 0$.

! Important

Si la variable contínua X segueix una distribució normal $N(\mu, \sigma)$, la variable $Y = Z - \mu$ seguirà una distribució normal $N(0, \sigma)$ i la variable $Z = \frac{X - \mu}{\sigma}$ seguirà una distribució normal $N(0, 1)$.

A la taula només figuren probabilitats per a valors positius de la variable Z, atesa la simetria respecte de la recta $x = 0$ de la gràfica de la funció de densitat de la distribució normal $N(0,1)$.

La variable contínua no segueix sempre una distribució normal reduïda. En aquests casos, cal transformar la variable X en la variable tipificada Z.

Vegem com s'utilitza la Taula 10.5 de la distribució normal reduïda per a diferents valors de la variable.

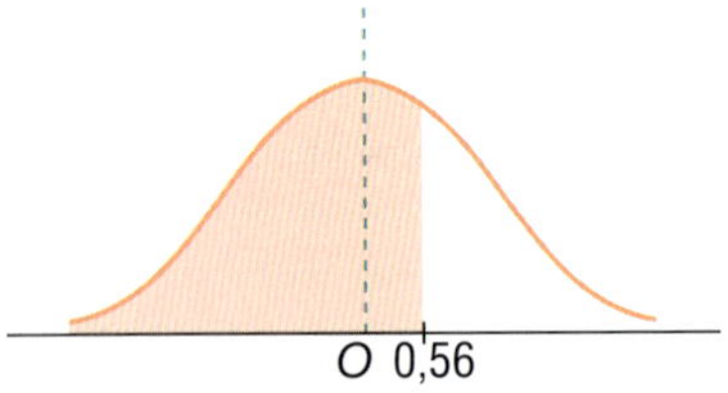

Fig. 10.12

a) $p[Z \leq 0{,}56]$ és l'àrea assenyalada a la Figura 10.12.

Aquesta probabilitat es pot esbrinar directament a la taula. N'hi ha prou a buscar el valor que tenen en comú la fila 0,5 i la columna 0,06. Obtenim $p[Z \leq 0{,}56] = 0{,}7123$.

b) $p[Z \geq 1{,}43]$ és l'àrea marcada a la Figura 10.13.

$$p[Z \geq 1{,}43] = 1 - p[Z \leq 1{,}43] =$$
$$= 1 - 0{,}9263 = 0{,}0737$$

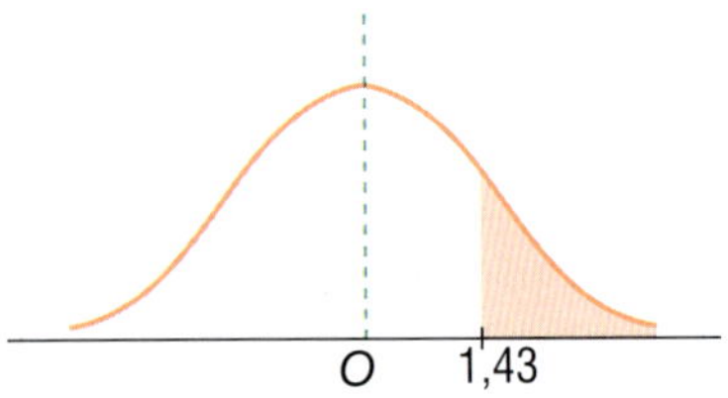

Fig. 10.13

c) $p[Z \leq -1{,}43]$ és l'àrea que assenyalem a la Figura 10.14.

Aquest valor no figura a la taula, però tenint en compte que la corba és simètrica respecte de la recta $x = 0$, es dedueix que:

$$p[Z \leq -1{,}43] = p[Z \geq 1{,}43] = 0{,}0737$$

d) $p[Z \geq -2{,}42]$ és l'àrea que s'indica a la Figura 10.15.

$$p[Z \geq -2{,}42] = p[Z \leq 2{,}42] = 0{,}9922$$

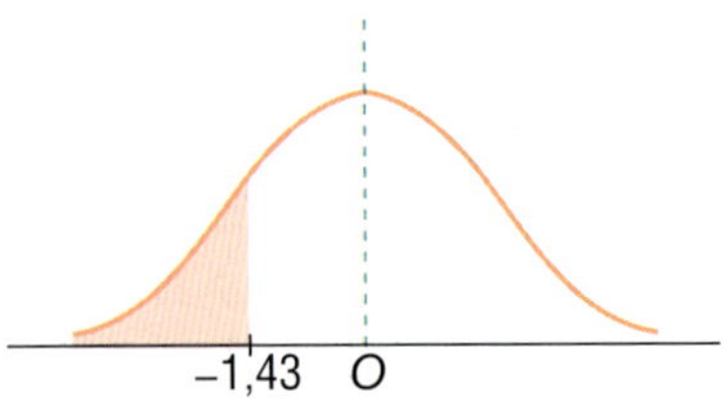

Fig. 10.14

e) $p[-0{,}94 \leq Z \leq 1{,}46]$ és l'àrea que es mostra a la Figura 10.16.

$$p[-0{,}94 \leq Z \leq 1{,}46] =$$
$$= p[Z \leq 1{,}46] - p[Z \leq -0{,}94] =$$
$$= p[Z \leq 1{,}46] - p[Z \geq 0{,}94] =$$
$$= p[Z \leq 1{,}46] - (1 - p[Z \leq 0{,}94]) =$$
$$= 0{,}9279 - (1 - 0{,}8264) =$$
$$= 0{,}9279 - 0{,}1736 = 0{,}7543$$

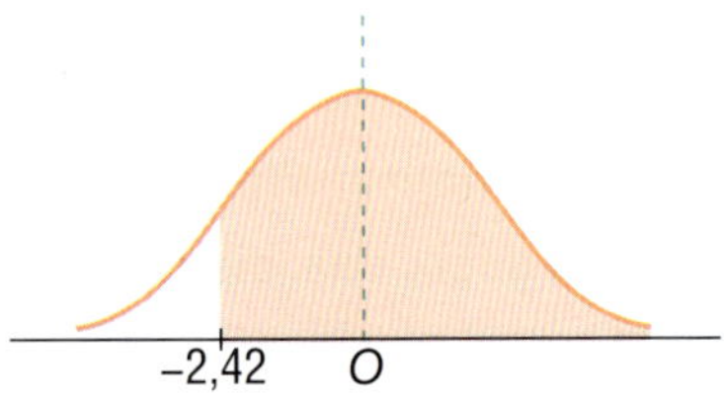

Fig. 10.15

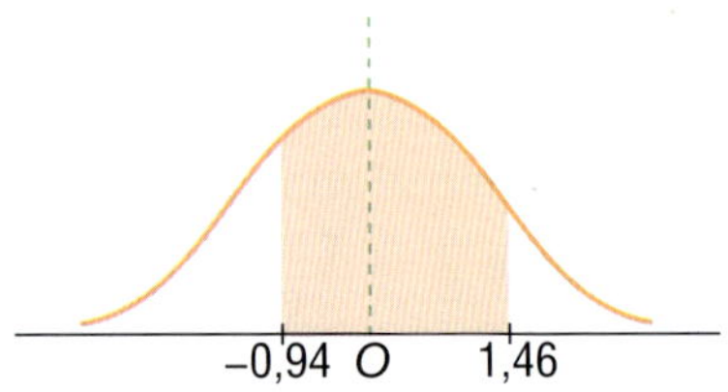

Fig. 10.16

f) $p[Z = 1{,}43] = 0$.

En les distribucions de probabilitat contínua la probabilitat que Z prengui un únic valor és sempre 0.

Es tracta ara de fer el procés invers, és a dir, determinar el valor de la variable Z si es coneix el valor de la probabilitat.

a) Si $p[Z \leq z_1] = 0{,}9099$, quin és el valor de z_1?

A partir de la gràfica (Fig. 10.17) podem deduir que serà un valor positiu; per tant, el trobarem directament en la taula. Com que el valor 0,9099 és comú a la fila 1,3 i a la columna 0,04, tenim que $z_1 = 1{,}34$.

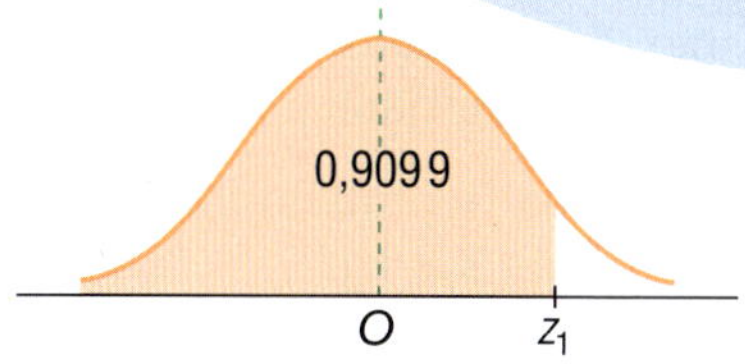

Fig. 10.17

b) $p[Z \leq z_2] = 0{,}4562$ (Fig. 10.18).

El valor de z_2 no figura a la taula, ja que és un valor negatiu. Aleshores:

$$p[Z \leq z_2] = p[Z \geq -z_2] = 1 - p[Z \leq -z_2] \rightarrow$$
$$\rightarrow p[Z \leq -z_2] = 1 - p[Z \leq z_2] = 1 - 0{,}4562 = 0{,}5438$$

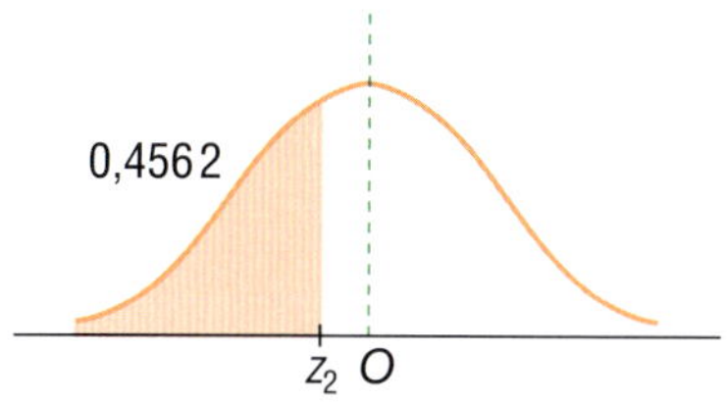

Fig. 10.18

Aquest últim valor de la probabilitat sí que es mostra a la taula. En conseqüència, tenim que:

$$-z_2 = 0{,}11 \rightarrow z_2 = -0{,}11$$

c) $p[Z \geq z_3] = 0{,}8461$ (Fig. 10.19).

$$p[Z \geq z_3] = p[Z \leq -z_3] = 0{,}8461 \rightarrow -z_3 = 1{,}02 \rightarrow z_3 = -1{,}02$$

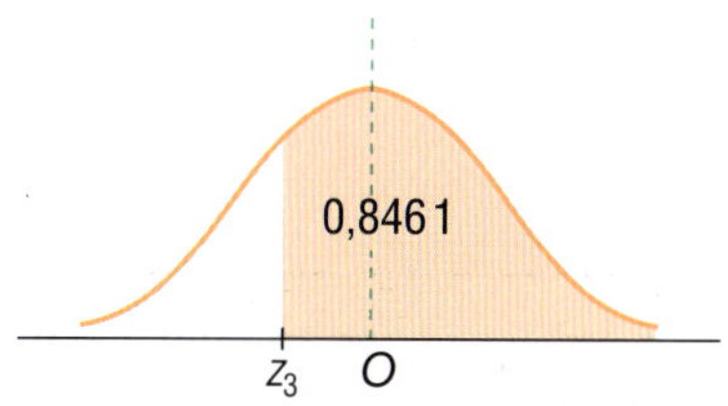

Fig. 10.19

Resoldrem exercicis semblants, però ara amb una variable contínua X que segueix una distribució normal no reduïda.

Exemple 5

Si X és una variable amb distribucio normal $N\left(64, \frac{5}{2}\right)$, calcula:

a) $p[X \geq 70]$, $p[X \geq 61{,}3]$ i $p[59 \leq X \leq 68]$.

b) Si $p[X \geq x_1] = 0{,}235\,8$, quin es el valor de x_1?

Resolució

a) Si X és una variable amb una distribució normal $N\left(64, \frac{5}{2}\right)$, quan la tipifiquem obtenim una variable $Z = \frac{X - 64}{2{,}5}$ amb distribució $N(0, 1)$, de manera que:

$$p[X \leq 70] = p[Z \leq 2{,}4] = 0{,}9918, \text{ ja que } z = \frac{70 - 64}{2{,}5} = \frac{6}{2{,}5} = 2{,}4.$$

$$p[X \geq 61{,}3] = p[Z \geq -1{,}08] = p[Z \leq 1{,}08] = 0{,}8599.$$

$$p[59 \leq X \leq 68] = p[-2 \leq Z \leq 1{,}6] = p[Z \leq 1{,}6] - p[Z \leq -2] =$$
$$= p[Z \leq 1{,}6] - p[Z \geq 2] = p[Z \leq 1{,}6] - (1 - p[Z \leq 2]) =$$
$$= 0{,}9542 - (1 - 0{,}9772) = 0{,}9542 - 0{,}0228 = 0{,}9314$$

b) Considerem:

$$p[Z \geq z_1] = 0{,}2358 \rightarrow p[Z \leq z_1] = 1 - p[Z \geq z_1] = 1 - 0{,}2358 = 0{,}7642$$

Tenim que $p[Z \leq z_1] = 0{,}7642 \rightarrow z_1 = 0{,}72$.

$$z_1 = \frac{x_1 - 64}{2{,}5} \rightarrow x_1 = 2{,}5\, z_1 + 64 = 2{,}5 \cdot 0{,}72 + 64 = 1{,}8 + 64 = 65{,}8$$

Exemple 6

El pes dels nadons en una població segueix una distribució normal amb mitjana $\mu = 3{,}5$ kg i desviació típica $\sigma = 0{,}2$ kg.

a) Quina és la probabilitat que un nadó pesi més de 4 kg? I menys de 3,8 kg?

b) Quin és el pes que superen el 45 % dels nadons?

Resolució

La variable *X:* «pes dels nadons» segueix una distribució normal $N(3{,}5;\ 0{,}2)$.

Cal tipificar la variable *X* amb l'expressió $Z = \dfrac{X - 3{,}5}{0{,}2}$.

a) $x_1 = 4 \rightarrow z_1 = \dfrac{4 - 3{,}5}{0{,}2} = \dfrac{0{,}5}{0{,}2} = 2{,}5$

$$p[X \geq 4] = p[Z \geq 2{,}5] = 1 - p[Z \leq 2{,}5] = 1 - 0{,}9938 = 0{,}0062$$

$$x_2 = 3{,}8 \rightarrow z_2 = \frac{3{,}8 - 3{,}5}{0{,}2} = \frac{0{,}3}{0{,}2} = 1{,}5$$

$$p[X \leq 3{,}8] = p[Z \leq 1{,}5] = 0{,}9332$$

b) Si el 45 % dels nadons superen un pes determinat, significa que $p[X \geq x_3] = 0{,}45$, en què x_3 és el valor que hem de determinar.

Considerem la mateixa probabilitat per a la variable tipificada $p[Z \geq z_3] = 0{,}45$.

De $p[Z \geq z_3] = 0{,}45$, obtenim que:

$$p[Z \leq z_3] = 1 - 0{,}45 = 0{,}55 \rightarrow z_3 = 0{,}13.$$

El valor de probabilitat 0,55 no surt a la taula. El que més s'hi aproxima és 0,5517, que correspon a $z_3 = 0{,}13$.

Si $z_3 = 0{,}13$, aleshores, $x_3 = \sigma\, z_3 + \mu$:

$$x_3 = 0{,}2 \cdot 0{,}13 + 3{,}5 = 0{,}026 + 3{,}5 = 3{,}526.$$

Podem afirmar que un 45 % dels nadons pesen més de 3,526 kg.

Activitats

18. Contesta raonadament a partir de la taula de la distribució normal reduïda:

a) Per què el primer valor de probabilitat que figura a la taula és 0,5?

b) Quin és el valor de $p[Z \leq 4{,}5]$? I el de $p[Z \leq -5]$?

19. Si *Z* és una variable $N(0,\ 1)$, calcula:

a) $p[Z \leq -2{,}38]$ *b)* $p[Z \leq 1{,}64]$ *c)* $p[Z \geq -1{,}03]$

d) $p[Z \geq 0{,}82]$ *e)* $p[1{,}5 \leq Z \leq 3]$ *f)* $p[-0{,}79 \leq Z \leq 0{,}79]$

R: *a)* $p = 0{,}0087$; *b)* $p = 0{,}9495$; *c)* $p = 0{,}8485$; *d)* $p = 0{,}2061$; *e)* $p = 0{,}0654$; *f)* $p = 0{,}5704$

20. A partir de la taula, comprova a la distribució $N(0,\ 1)$ que:

a) A l'interval $(-1,\ 1)$ figura el 68,26 % del total de la probabilitat.

b) A l'interval $(-2,\ 2)$ figura el 95,44 % del total de la probabilitat.

c) L'interval $(-3,\ 3)$ inclou el 99,74 % del total de la probabilitat.

21. Considerem *X* una variable $N(8,\ 3)$. Calcula:

a) $p[X \leq 9]$ *b)* $p[X \geq 7]$

c) $p[6 \leq X \leq 7{,}5]$ *d)* $p[7{,}2 \leq X \leq 8{,}7]$

R: *a)* $p = 0{,}6293$; *b)* $p = 0{,}6293$; *c)* $p = 0{,}1811$; *d)* $p = 0{,}1974$

22. Tenint en compte que l'àrea que es dóna fa referència a una distribució normal $N(0,\ 1)$, determina el valor o els valors de la variable *Z* en aquests casos:

a) L'àrea entre 0 i *Z* és 0,3770.

b) L'àrea a l'esquerra de *Z* és 0,8621.

c) L'àrea entre $-1{,}5$ i *Z* és 0,0217.

23. En una població s'estableixen dos grups *A* i *B*. Els quocients intel·lectuals d'ambdós grups es distribueixen segons $N(100,\ 30)$ i $N(120,\ 35)$, respectivament. S'escull un individu de cada grup de manera aleatòria i independent. Calcula:

a) La probabilitat que l'individu del grup *A* tingui un quocient intel·lectual superior a 90.

b) La probabilitat que l'individu del grup *B* tingui un quocient intel·lectual superior a 90.

c) La probabilitat que ambdós tinguin un quocient intel·lectual superior a 90.

R: *a)* $p = 0{,}6293$; *b)* $p = 0{,}8051$; *c)* $p = 0{,}50665$

24. Suposem que el pes dels atletes de marató segueix una distribució normal $N(62,\ 3{,}4)$.

a) Calcula la probabilitat que un atleta pesi més de 65 kg.

b) El 70 % dels atletes no superen un pes. Quin?

R: *a)* $p = 0{,}1894$; *b)* 63,768 kg

5. Aproximació d'una distribució binomial per una de normal

Hem estudiat que una distribució binomial $B(n, p)$ té una funció de probabilitat:

$$p[X = k] = \binom{n}{k} p^k q^{n-k}, \text{ per a } p + q = 1$$

Però el càlcul d'aquesta expressió és complicat quan el valor de n és gran, per la qual cosa la distribució binomial $B(n, p)$ és pràcticament inaplicable per a valors grans de n.

De Moivre va demostrar que una distribució binomial $B(n, p)$ s'aproxima a una distribució normal de paràmetres $\mu = n\,p$ i $\sigma = \sqrt{n\,p\,q}$ quan el valor de n és molt gran.

Aquesta aproximació es considera correcta si es verifiquen les condicions següents:

1. $n \geq 30$.

2. Com més gran sigui n i més s'aproximi a 0,5 el valor de p, millor resulta l'aproximació.

En una distribució binomial té sentit parlar de $p[X = x_1]$, en què x_1 és un nombre enter més gran o igual que zero, mentre que en les distribucions contínues succeeix que $p[X = x_1] = 0$. Per tal que això no passi, quan aproximem una distribució binomial per una de normal establim el criteri següent: si volem esbrinar $p[X = x_1]$, quan fem l'aproximació hem de calcular $p[x_1 - 0{,}5 \leq X \leq x_1 + 0{,}5]$.

Per exemple, per determinar $p[X = 2]$ hem de calcular:

$$p[1{,}5 \leq X \leq 2{,}5] = p[X \leq 2{,}5] - p[X \leq 1{,}5]$$

! Important

Per aproximar una distribució $B(n, p)$ per una $N(\mu, \sigma)$, primer cal comprovar que es verifiquen les condicions esmentades, i després calcular la mitjana i la desviació típica de la distribució binomial.

Exemple 7

En un estudi fet a 2 000 persones s'ha comprovat que la probabilitat que un individu tingui un nivell alt de colesterol és $p = 0{,}6$. Considera la variable X: «nombre d'individus que tenen un nivell alt de colesterol» i calcula:

a) $p[1\,180 \leq X \leq 1\,220]$

b) $p[X \geq 1\,225]$

c) $p[X = 1\,195]$

Resolució

X és una variable aleatòria que segueix una distribució binomial $B(2\,000, 0{,}6)$, la mitjana de la qual és:

$$\mu = 2\,000 \cdot 0{,}6 = 1\,200$$

i la desviació típica:

$$\sigma = \sqrt{2\,000 \cdot 0{,}6 \cdot 0{,}4} = \sqrt{480} = 21{,}9$$

Com que $n > 30$ i $p \simeq 0{,}5$, podem aproximar aquesta distribució binomial per una de normal $N(1\,200, 21{,}9)$.

a) Per calcular $p[1\,180 \leq X \leq 1\,220]$ hem de calcular $p[-0{,}91 \leq Z \leq 0{,}91]$, ja que:

$$z_1 = \frac{1\,180 - 1\,220}{21{,}9} = -0{,}91 \text{ i } z_2 = \frac{1\,220 - 1\,200}{21{,}9} = 0{,}91$$

D'on obtenim que:

$$p[1\,180 \leq X \leq 1\,220] = p[-0{,}91 \leq Z \leq 0{,}91] =$$
$$= p[Z \leq 0{,}91] - p[Z \leq -0{,}91] = 2(p[Z \leq 0{,}91] - 0{,}5) =$$
$$= 2(0{,}8186 - 0{,}5) = 2 \cdot 0{,}3186 = 0{,}6372$$

b) Com que $z = \dfrac{1\,225 - 1\,200}{21{,}9} = 1{,}14$, tenim:

$$p[X \geq 1\,225] = p[Z \geq 1{,}14] = 1 - p[Z \leq 1{,}14] =$$
$$= 1 - 0{,}8729 = 0{,}1271$$

c) Tenint en compte el criteri enunciat anteriorment, en aquest cas hem d'esbrinar $p[1\,194{,}5 \leq X \leq 1\,195{,}5]$ en la distribució normal. Primer de tot calculem els valors de la variable tipificada:

$$z_1 = \frac{1\,194{,}5 - 1\,200}{21{,}9} = -0{,}25$$

$$z_2 = \frac{1\,195{,}5 - 1\,200}{21{,}9} = -0{,}21$$

$$p[1\,194{,}5 \leq X \leq 1\,195{,}5] = p[-0{,}25 \leq Z \leq -0{,}21] =$$
$$= p[Z \leq -0{,}21] - p[Z \leq -0{,}25] =$$
$$= p[Z \geq 0{,}21] - p[Z \geq 0{,}25] = p[Z \leq 0{,}25] - p[Z \leq 0{,}21] =$$
$$= 0{,}5987 - 0{,}5832 = 0{,}0155$$

Activitats

25. Calcula la probabilitat d'obtenir entre 4 i 7 creus, ambdues incloses, en fer 12 llançaments d'una moneda utilitzant:

a) La distribució binomial.

b) L'aproximació normal de la distribució binomial.

R: *a)* $p = 0{,}733\,15$; *b)* $p = 0{,}732\,9$

26. Es llança un dau 180 vegades. Esbrina la probabilitat d'obtenir el nombre 6 entre 29 i 32 vegades (ambdues incloses).

R: $p = 0{,}309\,4$

27. Tirem enlaire 500 vegades una moneda que ha estat trucada, de manera que la probabilitat d'obtenir creu és $\frac{2}{5}$. Calcula la probabilitat que el nombre de cares sigui 300:

a) En més de 10 tirades.

b) En més de 20 tirades.

R: *a)* $p = 0{,}663$; *b)* $p = 0{,}938\,6$

28. Quan llancem 120 vegades un dau normal,

a) Quina és la probabilitat que la cara 4 surti exactament 24 vegades?

b) I que surti 14 vegades com a màxim?

R: $p = 0{,}059\,2$; $p = 0{,}088\,5$

29. Esbrina la probabilitat d'obtenir més de 36 vegades el nombre 6 en 50 tirades d'un parell de daus no trucats.

R: $p \simeq 0$

30. Es llança 2 500 vegades el dau de l'activitat 11. Calcula la probabilitat d'obtenir el nombre 3:

a) 400 vegades.

b) La meitat de les vegades que es llança.

c) Més de 1 000 vegades.

R: *a)* $p \simeq 0$; *b)* $p \simeq 0$; *c)* $p \simeq 0$

31. Calcula $p[X = 8]$ per a una variable que segueix una distribució binomial $B\left(40, \frac{1}{5}\right)$. Compara-ho amb el resultat que s'obté fent ús de l'aproximació normal. És bona aquesta aproximació? Per què?

R: $p = 0{,}158\,6$

32. La probabilitat que un vaporitzador d'insecticida mati un mosquit és 0,75. Si dirigim el vaporitzador contra 100 mosquits, quina és la probabilitat de matar-ne, almenys, 75? I de matar-ne menys de 50?

R: $p = 0{,}547\,8$; $p = 0$

33. En l'experiment aleatori *E:* «llançar quatre monedes a la vegada», considera la variable *X:* «que surtin 3 cares». Fent 1 000 vegades l'experiment i calculant prèviament la probabilitat per a $n = 1$, calcula aproximant per una distribució normal:

a) $p[X \geq 280]$

b) $p[X \leq 240]$

c) $p[245 \leq X \leq 265]$

d) $p[X = 260]$

R: *a)* $p = 0{,}014\,3$; *b)* $p = 0{,}232\,7$; *c)* $p = 0{,}502\,7$; *d)* $p = 0{,}024\,5$

34. Per a una distribució binomial $B(400,\ 0{,}4)$, calcula:

a) $p[X \leq 150]$

b) $p[140 \leq X \leq 175]$

c) $p[X = 165]$

d) $p[X \geq 180]$

R: *a)* $p = 0{,}153\,9$; *b)* $p = 0{,}916\,3$; *c)* $p = 0{,}035\,1$; *d)* $p = 0{,}020\,7$

35. Esbrina la probabilitat que una variable discreta prengui valors entre 380 i 420 en una distribució binomial $B(n, p)$, per a $n = 600$ i $p = \frac{2}{3}$.

R: $p = 0{,}916\,4$

36. Llancem un dau 300 vegades. Calcula la probabilitat d'obtenir un nombre parell de punts:

a) Menys de 120 vegades.

b) Més de 150 vegades.

c) Exactament 140 vegades.

R: *a)* $p = 0{,}000\,27$; *b)* $p = 0{,}5$; *c)* $p = 0{,}024\,8$

Punt final

Risc i interval de confiança

Es tracta de determinar un interval (a, b), de manera que el paràmetre poblacional X desconegut se situï en aquest interval amb una determinada probabilitat o nivell de confiança. Per això, considerarem que som davant d'una població que segueix una distribució normal $N(\mu, \sigma)$.

Per esbrinar l'interval de confiança prendrem la mitjana μ com a valor central. A partir del valor μ es construirà l'interval d'amplitud 2λ, de manera que l'interval de confiança serà $(\mu - \lambda, \mu + \lambda)$, amb la condició que la probabilitat que el paràmetre poblacional X es trobi en aquest interval sigui $1 - \alpha$, on α és el risc corresponent. És a dir:

$$p[\mu - \lambda \leq X \leq \mu + \lambda] = 1 - \alpha$$

D'aquesta igualtat, se'n dedueix que $p[X \geq \mu + \lambda] = \frac{\alpha}{2}$, d'on $p[X \leq \mu + \lambda] = 1 - \frac{\alpha}{2}$.

Aquesta última expressió ens permet esbrinar el valor de $\mu + \lambda$, i, per tant, el valor λ de l'interval de confiança a partir del valor del risc α.

Vegem-ne un exemple:

Llancem una moneda $\left(p = q = \frac{1}{2}\right)$ 100 vegades ($n = 100$) i definim la variable X: «nombre de cares».

a) Quin serà el risc per a un interval de confiança d'amplitud $2\lambda = 20$?

b) Si fem una predicció amb un risc del 5 %, quin serà l'interval de confiança?

c) Calcula el valor λ de l'interval de confiança per a $\alpha = 2{,}5\,\%$.

La variable X segueix una distribució binomial $B\left(100, \frac{1}{2}\right)$, que podem aproximar mitjançant una de normal $N(50, 5)$, ja que $\mu = n\,p = 100 \cdot \frac{1}{2} = 50$ i $\sigma = \sqrt{n\,p\,q} = \sqrt{100\left(\frac{1}{2}\right)^2} = \sqrt{25} = 5$.

a) Si $\lambda = 10$, l'interval de confiança serà (40, 60), perquè $\mu - \lambda = 40$ i $\mu + \lambda = 60$.

Hem de calcular $p[40 \leq X \leq 60]$. Si tipifiquem prèviament la variable, obtenim:

$$p[40 \leq X \leq 60] = p[-2 \leq Z \leq 2] = 2\,(p[Z \leq 2] - 0{,}5) = 2\,(0{,}9772 - 0{,}5) = 0{,}9544$$

Si la probabilitat és 0,9544, el risc serà $\alpha = 1 - 0{,}9544 = 0{,}0456 \rightarrow \alpha = 4{,}56\,\%$.

b) Si $\alpha = 5\,\%$, significa que la probabilitat de l'interval de confiança serà 0,95, és a dir, $p[50 - \lambda \leq X \leq 50 + \lambda] = 0{,}95$, amb $\lambda = \sigma \cdot z$.

Com que $p[X \geq 50 + \lambda] = \frac{0{,}05}{2} = 0{,}025$, tenim que

$$p[X \leq 50 + \lambda] = 1 - p[X \geq 50 + \lambda] = 1 - 0{,}025 = 0{,}975$$

Considerem $p[Z \leq z_1] = 0{,}975 \rightarrow z_1 = 1{,}96$ i $\lambda = \sigma\,z_1 = 5 \cdot 1{,}96 = 9{,}8$; d'on obtenim l'interval de confiança (40,2, 59,8).

c) $\alpha = 2{,}5\,\% \rightarrow p[X \geq 50 + \lambda] = \frac{0{,}025}{2} = 0{,}0125 \rightarrow p[X \leq 50 + \lambda] = 1 - 0{,}0125 = 0{,}9875$

$$p[Z \leq z_2] = 0{,}9875 \rightarrow z_2 = 2{,}24$$

$$\lambda = \sigma\,z_2 = 5 \cdot 2{,}24 = 11{,}2$$

En aquest exemple hem vist com es calcula el risc a partir de l'interval de confiança i, a l'inrevés, com es determina l'interval de confiança a partir del risc.

Ara intenta-ho tu. Repeteix el mateix problema de l'exemple, amb els mateixos apartats, però considerant $n = 200$ vegades.

Activitats finals

1. Esbrina la probabilitat d'obtenir:

a) Dos èxits mitjançant la distribució $B\left(4, \frac{1}{3}\right)$.

b) Més de tres èxits mitjançant la distribució $B\left(6, \frac{1}{2}\right)$.

c) Menys de dos fracassos mitjançant la distribució $B\left(4, \frac{1}{4}\right)$.

R: *a)* $p = \frac{8}{27}$; *b)* $p = \frac{11}{32}$; *c)* $p = \frac{13}{256}$

2. Un equip A té una probabilitat $p = \frac{2}{3}$ de guanyar un partit. Si l'equip juga 6 partits, calcula la probabilitat que:

a) Guanyi dos partits.

b) Perdi més de la meitat dels partits.

R: *a)* $p = \frac{20}{243}$; *b)* $p = \frac{73}{729}$

3. Llancem 10 daus alhora. Definim la variable aleatòria X: «nombre de daus en què s'obté la cara 1». Calcula:

a) $p[X = 3]$ *b)* $p[X \geq 7]$ *c)* $p[X < 5]$

R: *a)* $p = 0{,}155\,05$; *b)* $p = 0{,}000\,267\,4$; *c)* $p = 0{,}984\,54$

4. Determina el nombre esperat de respostes correctes en un examen del tipus test de 10 preguntes. Cada pregunta consta de 4 respostes possibles, de les quals només una és correcta, i se suposa que cada pregunta es contesta a l'atzar.

R: $\mu = 2{,}5$ respostes correctes

5. Sabem que un medicament determinat millora els símptomes d'una malaltia en dos de cada tres pacients. Si administrem aquest medicament a set malalts, calcula la probabilitat que:

a) Millorin quatre persones.

b) Millorin, com a mínim, tres persones.

c) Millorin les set persones.

R: *a)* $p = 0{,}256\,06$; *b)* $p = 0{,}954\,74$; *c)* $p = 0{,}058\,53$

6. Estudis recents han confirmat que el 70 % dels portadors del virus de la sida han consumit algun tipus de droga. A la sala d'espera d'una consulta especialitzada en aquesta malaltia s'hi troben, en un cert moment, sis persones portadores del virus. Determina la probabilitat que cap de les sis persones no hagi consumit drogues.

R: $p = 0{,}000\,729$

7. Sabem que només el 5 % de les persones que visiten un logopeda pertanyen a una família nombrosa. Si a la consulta d'un logopeda hi ha cinc persones, esbrina la probabilitat que:

a) Cap sigui de família nombrosa.

b) Almenys dues no siguin de família nombrosa.

R: *a)* $p = 0{,}773\,781$; *b)* $p = 0{,}999\,97$

8. Sigui X una variable aleatòria contínua que segueix una distribució normal $N(\mu, \sigma)$. Determina:

$$p\left[\mu - \frac{3}{2}\sigma \leq X \leq \mu + 2\sigma\right]$$

R: $p = 0{,}910\,4$

9. Demostra que el 99,74 % del total de l'àrea del recinte que determina la funció de densitat amb l'eix OX en una distribució normal $N(\mu, \sigma)$ se situa a l'interval $(\mu - 3\sigma, \mu + 3\sigma)$.

10. Esbrina la probabilitat que una variable contínua prengui valors compresos entre 32 i 40 en una distribució $N(50, 5)$.

R: 0,022 64

11. La durada de l'embaràs de les dones segueix una distribució normal, amb una mitjana de 266 dies i una desviació típica de 16 dies. Calcula el percentatge d'embarassos amb una durada màxima de 244 dies.

R: 8,38 %

12. La mitjana de pes de 500 persones és 70 kg i la desviació típica, 3 kg. Suposant que el pes es distribueix normalment, determina el nombre de persones que pesen:

a) Entre 60 i 75 kg.

b) Més de 90 kg.

c) Menys de 64 kg.

R: *a)* 476 persones; *b)* 0 persones; *c)* 11 persones

13. La nota mitjana de les proves d'accés a una facultat va ser de 5,8 amb una desviació típica d'1,75. Si van ser admesos tots els estudiants amb una nota superior a 6 i considerant que la distribució és normal:

a) Quin va ser el percentatge d'estudiants admesos?

b) Quina és la probabilitat que exactament quatre de cada deu estudiants fossin admesos?

c) Si haguessin admès el 55 % dels estudiants, quina hauria estat la nota de tall en aquesta facultat?

R: *a)* 45,62 %; *b)* $p = 0{,}235\,22$; *c)* 5,57

14. La data de caducitat d'un medicament és el 31 de desembre d'un any determinat. Sabem que, després d'aquesta data, l'efectivitat del medicament segueix una distribució normal la mitjana de la qual és de 300 dies i la desviació típica, de 100 dies.

a) Calcula la probabilitat que no sigui efectiu el 31 de desembre de l'any següent.

b) Quin dia s'ha de consumir si volem tenir un 80 % de probabilitat que sigui efectiu?

R: *a)* $p = 0{,}7257$; *b)* 216 dies després de la data de caducitat

15. En un estadi es volen instal·lar focus per il·luminar el terreny de joc. El temps de funcionament dels focus segueix una distribució normal, amb una mitjana de 40 hores i una desviació típica de 4 hores.

a) Si escollim un focus a l'atzar, quina és la probabilitat que il·lumini un mínim de 30 hores?

b) Si es compren 1 500 focus, quants funcionaran 30 hores, com a mínim?

R: *a)* $p = 0{,}9938$; *b)* 1491 focus

16. Per aprovar unes oposicions hem d'obtenir en una prova 100 punts com a mínim. Sabem que la distribució dels punts obtinguts és normal, amb una mitjana de 110 punts i una desviació típica de 15 punts.

a) Quina és la probabilitat que aprovi un opositor?

b) Si s'hi presenten 1 000 opositors i només hi ha 300 places, quants punts s'han d'aconseguir per guanyar una d'aquestes places?

R: *a)* $p = 0{,}7486$; *b)* 117,8 punts

17. El percentatge d'espanyols amb estudis mitjans és del 35 %. Si triem vuit persones a l'atzar, calcula la probabilitat que entre 3 i 5 (ambdós inclosos) tinguin estudis mitjans, aplicant-hi:

a) La distribució binomial.

b) L'aproximació normal a la binomial.

18. El nombre de fulls que empaqueta una màquina segueix una distribució normal, amb una mitjana de 1 000 fulls i una desviació típica de 10 fulls. Un paquet de fulls s'accepta si en té entre 995 i 1 005. Es demana:

a) La probabilitat que un paquet sigui acceptat.

b) La probabilitat que exactament dos paquets de cada deu siguin acceptats.

c) Si el 65 % dels paquets té més d'un nombre de fulls determinat, quants fulls té cadascun d'aquests paquets?

R: *a)* $p = 0{,}383$; *b)* $p = 0{,}13864$; *c)* 996 fulls

19. Es llança 100 vegades un dau. Calcula la probabilitat d'obtenir el nombre 5:

a) Menys de 18 vegades.

b) Més de 14 vegades.

c) Exactament 20 vegades.

R: *a)* $p = 0{,}6879$; *b)* $p = 0{,}8023$; *c)* $p = 0{,}0721$

20. El temps que necessita una ambulància per arribar a l'hora a un hospital es distribueix normalment amb una mitjana de 12 minuts i una desviació típica de 3 minuts.

a) Determina la probabilitat que el temps que trigui a arribar estigui comprès entre 10 i 19 minuts.

b) Calcula el temps en minuts per al qual la probabilitat que l'ambulància es retardi sigui del 15 %.

R: *a)* $p = 0{,}7387$; *b)* 8,88 minuts

21. La mitjana del pes dels habitants d'una ciutat és de 65 kg, amb una desviació típica de 5 kg. Suposant una distribució normal dels pesos, és zero la probabilitat que en escollir una persona a l'atzar pesi més de 100 kg? Justifica la resposta.

22. Sabem que les notes d'un examen segueixen una distribució normal. El 17,5 % dels alumnes han obtingut una nota que supera els 7 punts, mentre que la nota del 15,7 % no arriba a 5 punts. Calcula:

a) La nota mitjana de l'examen.

b) El percentatge d'alumnes que han obtingut una nota compresa entre 5 i 7 punts.

R: *a)* $\mu = 6{,}4$; *b)* 66,8 %

23. Llancem una moneda 50 vegades. Esbrina la probabilitat que el nombre de cares que obtinguem estigui comprès entre 12 i 16 (ambdues incloses). Utilitza:

a) La distribució binomial corresponent.

b) L'aproximació normal a la binomial.

24. Suposem una distribució normal $N(50, \sigma)$ en què $p[X \geq 70] = 0{,}0228$. Determina el valor de σ i calcula $p[X \leq 45]$.

R: *a)* $\sigma = 10$; *b)* $p = 0{,}3085$

25. Dues variables aleatòries contínues X i Y segueixen una distribució normal la mitjana de la qual és zero. A més, $p[X \geq 2] = p[Y \geq 3] = 0{,}1587$. Calcula'n les variàncies corresponents.

R: $\sigma_x^2 = 4$; $\sigma_y^2 = 9$

$$p[X = k] = \binom{n}{k} p^k (1-p)^{n-k}$$

n	k \ p	0,01	0,05	0,10	0,15	0,20	0,25	0,30	1/3	0,35	0,40	0,45	0,49	0,50
2	0	0,9801	0,9025	0,8100	0,7225	0,6400	0,5625	0,4900	0,4444	0,4225	0,3600	0,3025	0,2601	0,2500
	1	0,0198	0,0950	0,1800	0,2550	0,3200	0,3750	0,4200	0,4444	0,4550	0,4800	0,4950	0,4998	0,5000
	2	0,0001	0,0025	0,0100	0,0225	0,0400	0,0625	0,0900	0,1111	0,1225	0,1600	0,2025	0,2401	0,2500
3	0	0,9703	0,8574	0,7290	0,6141	0,5120	0,4219	0,3430	0,2963	0,2746	0,2160	0,1664	0,1327	0,1250
	1	0,0294	0,1354	0,2430	0,3251	0,3840	0,4219	0,4410	0,4444	0,4436	0,4320	0,4084	0,3823	0,3750
	2	0,0003	0,0071	0,0270	0,0574	0,0960	0,1406	0,1890	0,2222	0,2389	0,2880	0,3341	0,3674	0,3750
	3	0,0000	0,0001	0,0010	0,0034	0,0080	0,0156	0,0270	0,0370	0,0429	0,0640	0,0911	0,1176	0,1250
4	0	0,9606	0,8145	0,6561	0,5220	0,4096	0,3164	0,2401	0,1975	0,1785	0,1296	0,0915	0,0677	0,0625
	1	0,0388	0,1715	0,2916	0,3685	0,4096	0,4219	0,4116	0,3951	0,3845	0,3456	0,2995	0,2600	0,2500
	2	0,0006	0,0135	0,0486	0,0975	0,1636	0,2109	0,2646	0,2963	0,3105	0,3456	0,3675	0,3747	0,3750
	3	0,0000	0,0005	0,0036	0,0115	0,0256	0,4609	0,0756	0,0988	0,1115	0,1536	0,2005	0,2400	0,2500
	4	0,0000	0,0000	0,0001	0,0005	0,0016	0,0039	0,0081	0,0123	0,0150	0,0256	0,0410	0,0576	0,0625
5	0	0,9510	0,7738	0,5905	0,4437	0,3277	0,2373	0,1681	0,1317	0,1160	0,0778	0,0503	0,0345	0,0312
	1	0,0480	0,2036	0,3280	0,3915	0,4096	0,3855	0,3602	0,3292	0,3124	0,2592	0,2059	0,1657	0,1562
	2	0,0010	0,0214	0,0729	0,1382	0,2048	0,2637	0,3087	0,3292	0,3364	0,3456	0,3369	0,3185	0,3125
	3	0,0000	0,0011	0,0081	0,0244	0,0512	0,0879	0,1323	0,1646	0,1811	0,2304	0,2757	0,3060	0,3125
	4	0,0000	0,0000	0,0004	0,0022	0,0064	0,0146	0,0284	0,0412	0,0488	0,0768	0,1128	0,1470	0,1562
	5	0,0000	0,0000	0,0000	0,0001	0,0003	0,0010	0,0024	0,0041	0,0053	0,0102	0,0185	0,0283	0,0312
6	0	0,9415	0,7351	0,5314	0,3771	0,2621	0,1780	0,1176	0,0878	0,0754	0,0467	0,0277	0,0176	0,0156
	1	0,0571	0,2321	0,3543	0,3993	0,3932	0,3560	0,3025	0,2634	0,2437	0,1866	0,1359	0,1014	0,0938
	2	0,0014	0,0305	0,0984	0,1762	0,2458	0,2966	0,3241	0,3292	0,3280	0,3110	0,2780	0,2437	0,2344
	3	0,0000	0,0021	0,0146	0,0415	0,0819	0,1318	0,1852	0,2195	0,2355	0,2765	0,3032	0,3121	0,3125
	4	0,0000	0,0001	0,0012	0,0055	0,0154	0,0330	0,0595	0,0823	0,0951	0,1382	0,1861	0,2249	0,2344
	5	0,0000	0,0000	0,0001	0,0004	0,0015	0,0044	0,0102	0,0165	0,0205	0,0369	0,0609	0,0864	0,0938
	6	0,0000	0,0000	0,0000	0,0000	0,0001	0,0002	0,0007	0,0014	0,0018	0,0041	0,0083	0,0139	0,0156
7	0	0,9321	0,6983	0,4783	0,3206	0,2097	0,1335	0,0824	0,0585	0,0490	0,0280	0,0152	0,0090	0,0078
	1	0,0659	0,2573	0,3720	0,3960	0,3670	0,3115	0,2471	0,2048	0,1848	0,1306	0,0872	0,0603	0,0574
	2	0,0020	0,0406	0,1240	0,2097	0,2753	0,3115	0,3177	0,3073	0,2985	0,2613	0,2140	0,1740	0,1641
	3	0,0000	0,0036	0,0230	0,0617	0,1147	0,1730	0,2269	0,2561	0,2679	0,2903	0,2918	0,2786	0,2734
	4	0,0000	0,0002	0,0026	0,0109	0,0287	0,0577	0,0972	0,1280	0,1442	0,1935	0,2388	0,2676	0,2734
	5	0,0000	0,0000	0,0002	0,0012	0,0043	0,0115	0,0250	0,0384	0,0466	0,0774	0,1172	0,1543	0,1641
	6	0,0000	0,0000	0,0000	0,0001	0,0004	0,0013	0,0036	0,0064	0,0084	0,0172	0,0320	0,0494	0,0547
	7	0,0000	0,0000	0,0000	0,0000	0,0000	0,0001	0,0002	0,0005	0,0006	0,0016	0,0037	0,0068	0,0078
8	0	0,9227	0,6634	0,4305	0,2725	0,1678	0,1001	0,0576	0,0390	0,0319	0,0168	0,0084	0,0046	0,0039
	1	0,0746	0,2793	0,3826	0,3847	0,3355	0,2670	0,1977	0,1561	0,1373	0,0896	0,0548	0,0352	0,0312
	2	0,0026	0,0515	0,1488	0,2376	0,2936	0,3115	0,2965	0,2731	0,2587	0,2090	0,1569	0,1183	0,1094
	3	0,0001	0,0054	0,0331	0,0839	0,1468	0,2076	0,2541	0,2731	0,2786	0,2787	0,2568	0,2273	0,2188
	4	0,0000	0,0004	0,0046	0,0185	0,0459	0,0865	0,1361	0,1707	0,1875	0,2322	0,2627	0,2730	0,2734
	5	0,0000	0,0000	0,0004	0,0026	0,0092	0,0231	0,0467	0,0683	0,0808	0,1239	0,1719	0,2098	0,2188
	6	0,0000	0,0000	0,0000	0,0002	0,0011	0,0038	0,0100	0,0171	0,0217	0,0413	0,0703	0,1008	0,1094
	7	0,0000	0,0000	0,0000	0,0000	0,0001	0,0004	0,0012	0,0024	0,0033	0,0079	0,0164	0,0277	0,0312
	8	0,0000	0,0000	0,0000	0,0000	0,0000	0,0000	0,0001	0,0002	0,0002	0,0007	0,0017	0,0033	0,0039
9	0	0,9135	0,6302	0,3874	0,2316	0,1342	0,0751	0,0404	0,0260	0,0207	0,0101	0,0046	0,0023	0,0020
	1	0,0830	0,2985	0,3874	0,3679	0,3020	0,2253	0,1556	0,1171	0,1004	0,0605	0,0339	0,0202	0,0176
	2	0,0034	0,0629	0,1722	0,2597	0,3020	0,3003	0,2688	0,2341	0,2162	0,1612	0,1110	0,0776	0,0703
	3	0,0001	0,0077	0,0446	0,1069	0,1762	0,2336	0,2668	0,2731	0,2716	0,2508	0,2119	0,1739	0,1641
	4	0,0000	0,0006	0,0074	0,0283	0,0661	0,1168	0,1715	0,2048	0,2194	0,2508	0,2600	0,2506	0,2461
	5	0,0000	0,0000	0,0008	0,0050	0,0165	0,0389	0,0735	0,1024	0,1181	0,1672	0,2128	0,2408	0,2461
	6	0,0000	0,0000	0,0001	0,0006	0,0028	0,0087	0,0210	0,0341	0,0424	0,0743	0,1160	0,1542	0,1641
	7	0,0000	0,0000	0,0000	0,0000	0,0003	0,0012	0,0039	0,0073	0,0098	0,0212	0,0407	0,0635	0,0703
	8	0,0000	0,0000	0,0000	0,0000	0,0000	0,0001	0,0004	0,0009	0,0013	0,0035	0,0083	0,0153	0,0176
	9	0,0000	0,0000	0,0000	0,0000	0,0000	0,0000	0,0000	0,0001	0,0001	0,0003	0,0008	0,0016	0,0020
10	0	0,9044	0,5987	0,3487	0,1969	0,1074	0,0563	0,0282	0,0173	0,0135	0,0060	0,0025	0,0012	0,0010
	1	0,0914	0,3151	0,3874	0,3474	0,2684	0,1877	0,1211	0,0867	0,0725	0,0403	0,0207	0,0114	0,0098
	2	0,0042	0,0746	0,1937	0,2759	0,3020	0,2816	0,2335	0,1951	0,1757	0,1209	0,0763	0,0495	0,0439
	3	0,0001	0,0105	0,0574	0,1298	0,2013	0,2503	0,2668	0,2601	0,2522	0,2150	0,1665	0,1267	0,1172
	4	0,0000	0,0010	0,0112	0,0401	0,0881	0,1460	0,2001	0,2276	0,2377	0,2508	0,2384	0,2130	0,2051
	5	0,0000	0,0001	0,0015	0,0085	0,0264	0,0584	0,1029	0,1366	0,1536	0,2007	0,2340	0,2456	0,2461
	6	0,0000	0,0000	0,0001	0,0012	0,0055	0,0162	0,0368	0,0596	0,0689	0,1115	0,1596	0,1966	0,2051
	7	0,0000	0,0000	0,0000	0,0001	0,0008	0,0031	0,0090	0,0163	0,0212	0,0425	0,0746	0,1080	0,1172
	8	0,0000	0,0000	0,0000	0,0000	0,0001	0,0004	0,0014	0,0030	0,0043	0,0106	0,0229	0,0389	0,0439
	9	0,0000	0,0000	0,0000	0,0000	0,0000	0,0000	0,0001	0,0003	0,0005	0,0016	0,0042	0,0083	0,0098
	10	0,0000	0,0000	0,0000	0,0000	0,0000	0,0000	0,0000	0,0000	0,0000	0,0001	0,0003	0,0008	0,0010

Taula 10.4 Funció de probabilitat de la distribució binominal $B(n, p)$.

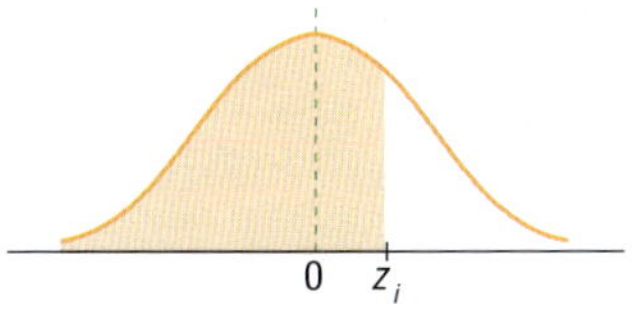

$P[Z \leq z_i]$

z	0,00	0,01	0,02	0,03	0,04	0,05	0,06	0,07	0,08	0,09
0,0	0,5000	0,5040	0,5080	0,5120	0,5160	0,5199	0,5239	0,5279	0,5319	0,5359
0,1	0,5398	0,5438	0,5478	0,5517	0,5557	0,5596	0,5636	0,5675	0,5714	0,5753
0,2	0,5793	0,5832	0,5871	0,5910	0,5948	0,5987	0,6026	0,6064	0,6103	0,6141
0,3	0,6179	0,6217	0,6255	0,6293	0,6331	0,6368	0,6406	0,6443	0,6480	0,6517
0,4	0,6554	0,6591	0,6628	0,6664	0,6700	0,6736	0,6772	0,6808	0,6844	0,6879
0,5	0,6915	0,6950	0,6985	0,7019	0,7054	0,7088	0,7123	0,7157	0,7190	0,7224
0,6	0,7257	0,7291	0,7324	0,7357	0,7389	0,7422	0,7454	0,7486	0,7517	0,7549
0,7	0,7580	0,7611	0,7642	0,7673	0,7704	0,7734	0,7764	0,7794	0,7823	0,7852
0,8	0,7881	0,7910	0,7939	0,7967	0,7995	0,8023	0,8051	0,8078	0,8106	0,8133
0,9	0,8159	0,8186	0,8212	0,8238	0,8264	0,8289	0,8315	0,8340	0,8365	0,8389
1,0	0,8413	0,8438	0,8461	0,8485	0,8508	0,8531	0,8554	0,8577	0,8599	0,8621
1,1	0,8643	0,8665	0,8686	0,8708	0,8729	0,8749	0,8770	0,8790	0,8810	0,8830
1,2	0,8849	0,8869	0,8888	0,8907	0,8925	0,8944	0,8962	0,8980	0,8997	0,9015
1,3	0,9032	0,9049	0,9066	0,9082	0,9099	0,9115	0,9131	0,9147	0,9162	0,9177
1,4	0,9192	0,9207	0,9222	0,9236	0,9251	0,9265	0,9279	0,9292	0,9306	0,9319
1,5	0,9332	0,9345	0,9357	0,9370	0,9382	0,9394	0,9406	0,9418	0,9429	0,9441
1,6	0,9452	0,9463	0,9474	0,9484	0,9495	0,9505	0,9515	0,9525	0,9535	0,9545
1,7	0,9554	0,9564	0,9573	0,9582	0,9591	0,9599	0,9608	0,9616	0,9625	0,9633
1,8	0,9641	0,9649	0,9656	0,9664	0,9671	0,9678	0,9686	0,9693	0,9699	0,9706
1,9	0,9713	0,9719	0,9726	0,9737	0,9738	0,9744	0,9750	0,9756	0,9761	0,9767
2,0	0,9772	0,9778	0,9783	0,9788	0,9793	0,9798	0,9803	0,9808	0,9812	0,9817
2,1	0,9821	0,9826	0,9830	0,9834	0,9838	0,9842	0,9846	0,9850	0,9854	0,9857
2,2	0,9861	0,9864	0,9868	0,9871	0,9875	0,9878	0,9881	0,9884	0,9887	0,9890
2,3	0,9893	0,9896	0,9898	0,9901	0,9904	0,9906	0,9909	0,9911	0,9913	0,9916
2,4	0,9918	0,9920	0,9922	0,9925	0,9927	0,9929	0,9931	0,9932	0,9934	0,9936
2,5	0,9938	0,9940	0,9941	0,9943	0,9945	0,9946	0,9948	0,9948	0,9951	0,9952
2,6	0,9953	0,9955	0,9956	0,9957	0,9959	0,9960	0,9961	0,9962	0,9963	0,9964
2,7	0,9965	0,9966	0,9967	0,9968	0,9969	0,9970	0,9971	0,9972	0,9973	0,9974
2,8	0,9974	0,9975	0,9976	0,9977	0,9977	0,9978	0,9979	0,9979	0,9980	0,9981
2,9	0,9981	0,9982	0,9982	0,9983	0,9984	0,9984	0,9985	0,9985	0,9986	0,9986
3,0	0,99865	0,99869	0,99874	0,99878	0,99882	0,99886	0,99889	0,99893	0,99897	0,99900
3,1	0,99903	0,99906	0,99909	0,99913	0,99916	0,99918	0,99921	0,99924	0,99926	0,99929
3,2	0,99931	0,99934	0,99936	0,99938	0,99940	0,99942	0,99944	0,99946	0,99948	0,99950
3,3	0,99952	0,99953	0,99955	0,99957	0,99958	0,99959	0,99961	0,99962	0,99964	0,99965
3,4	0,99966	0,99968	0,99969	0,99970	0,99971	0,99972	0,99973	0,99974	0,99975	0,99976
3,5	0,99977	0,99978	0,99978	0,99979	0,99980	0,99981	0,99981	0,99982	0,99983	0,99983
3,6	0,99984	0,99985	0,99985	0,99986	0,99986	0,99987	0,99987	0,99988	0,99988	0,99989
3,7	0,99989	0,99990	0,99990	0,99990	0,99991	0,99991	0,99991	0,99992	0,99992	0,99992
3,8	0,99993	0,99993	0,99993	0,99994	0,99994	0,99994	0,99994	0,99995	0,99995	0,99995
3,9	0,99995	0,99995	0,99996	0,99996	0,99996	0,99996	0,99996	0,99996	0,99997	0,99997
4,0	0,99997	0,99997	0,99997	0,99997	0,99997	0,99997	0,99998	0,99998	0,99998	0,99998

Taula 10.5 Funció de distribució $N(0,1)$.

ANNEX. AVALUACIONS

Avaluació

Unitat 1

1. Digues, de manera raonada, si les afirmacions següents són certes o falses.

a) $\sqrt[3]{-343}$ és un nombre racional.

b) El nombre real $\frac{2+\pi}{5}$ està comprès entre els nombres naturals 1 i 2.

c) –4 és un nombre racional.

d) El resultat de $\sqrt{12}+3\sqrt{3}-\sqrt{75}$ és 0.

2. Expressa de manera exacta:

a) El volum d'un cub de 3 cm de diagonal.

b) L'àrea lateral d'un con amb una base de 5 cm de radi i de 12 cm d'altura.

c) El radi d'una esfera de 27 cm^3 de volum.

d) La hipotenusa d'un triangle rectangle en el qual un dels catets mesura el doble que l'altre.

3. *a)* Expressa en forma d'una sola arrel:

$\sqrt[7]{a}\cdot\sqrt[7]{b^2}$ $\quad \frac{\sqrt{x}}{\sqrt[3]{y^2}}$ $\quad (p\sqrt[4]{p^3})^5$ $\quad \sqrt[3]{2}\cdot\sqrt[4]{3}$

b) Expressa en forma de potència:

$a^2\cdot\sqrt[3]{a}$ $\quad \sqrt{2\sqrt{2\sqrt{2}}}$ $\quad \left(\sqrt[3]{b^2}\right)^2$ $\quad \frac{\sqrt[5]{x^2}}{\sqrt{x}}$

4. Calcula i expressa de la manera més senzilla posible:

a) $(3\sqrt{2}+7\sqrt{3})\,(3\sqrt{2}-7\sqrt{3})$

b) $3\sqrt{75}-\sqrt{300}+\frac{1}{2}\sqrt{12}$

c) $(5+2\sqrt{7})-(5-2\sqrt{7})$

d) $\sqrt{(a+b)^2-4ab}$

5. Fes les operacions indicades, racionalitzant prèviament les expressions fraccionàries:

a) $\frac{3+\sqrt{3}}{3-\sqrt{3}}-\frac{3-\sqrt{3}}{3+\sqrt{3}}$

b) $\sqrt{2}\left(\frac{1}{\sqrt{8}}+\frac{3}{\sqrt{32}}\right)$

Unitat 2

1. Contesta raonadament les qüestions següents:

a) En restar dos polinomis de tercer grau obtenim un polinomi de segon grau. Quina relació hi ha entre els coeficients de grau més gran dels dos polinomis?

b) Un polinomi $P(x)$ és divisible per $x + 1$. Per a quin valor de x es verifica $P(x) = 0$?

c) El grau d'un polinomi $P(x)$ és 3. Quin és el grau del polinomi $[P(x)]^2$?

d) Si $x = 2$ és una arrel de $P(x)$, què podem afirmar sobre el valor de $P(2)$?

2. Considera el polinomi $A(x) = x^3 - 4x$.

a) Factoritza'l i indica'n les arrels.

b) Calcula $[A(x)]^4$.

3. Determina el valor de k per tal que $P(x) = x^4 - 2x^3 + 7x + k$ sigui divisible per $x + 1$.

4. Efectua les operacions següents:

$$\frac{2x-5}{x^2-9}+\frac{5}{3x-9}$$

$$\frac{2x^2-5x}{x^2-9}\cdot\frac{2x-6}{7x^2}$$

5. Esbrina les arrels del polinomi $P(x) = x^4 - 6x^3 + 10x^2 + 6x - 11$ i fes-ne la factorització.

6. Atesos els polinomis:

$$P(x) = 5x^2 - 35x + 60 \text{ i } Q(x) = 10x^2 - 160$$

a) Factoritza'ls.

b) Calcula el m.c.d.

c) Simplifica la fracció algèbrica $\frac{P(x)}{Q(x)}$.

Avaluació

Unitat 3

1. Determina el domini i el recorregut de les funcions següents. Representa gràficament les funcions corresponents als apartats *a)*, *b)* i *c)* i indica les característiques de la funció de l'apartat *c)*.

a) $f(x) = 5$

b) $g(x) = -2x + 1$

c) $h(x) = x^2 - 2x + 3$

d) $k(x) = \dfrac{5x - 4}{x^2 - 4x}$

e) $t(x) = \begin{cases} x + 3 & \text{si } x \leq 0 \\ x^2 & \text{si } x > 1 \end{cases}$

2. Donades les funcions $f(x) = \dfrac{3x - 2}{x + 3}$, $g(x) = \dfrac{x^2}{x + 3}$ i $h(x) = x^2 - 1$, determina l'expressió algèbrica de les funcions:

a) $f + g$ *b)* $f \cdot g$

c) $f : g$ *d)* $f \circ h$

3. Esbrina la funció inversa de:

a) $f(x) = -\dfrac{1}{3}x + 2$

b) $g(x) = 2x - 5$

c) Comprova que $(g^{-1} \circ g)(x) = (g \circ g^{-1})(x) = x$

4. Un venedor té un salari mensual que està determinat per un sou fix més un cert percentatge sobre el volum de vendes que ha fet durant el mes. Si ven per valor de 2 000 €, el seu salari és de 1 200 € i, si ven per valor de 2 500 €, el salari és de 1 300 €. Troba el percentatge que guanya sobre el total de vendes i el sou fix del venedor.

5. El nombre n d'articles produïts en una empresa un dia qualsevol, t hores després d'haver començat a treballar, és $n(t) = -t^2 + 20t$, en una jornada laboral de 8 hores diàries. Si el cost de producció, en euros, dels t articles és $c(n) = 5 + 6n$, determina l'expressió de la funció $c(t)$ que dóna el cost de producció en funció del temps. Indica'n el domini i calcula el cost de producció per a $t = 4$.

Unitat 4

1. Considera una progressió geomètrica $a_1 = 3$ i $a_4 = 24$. Esbrina el terme general de la successió i la suma dels set primers termes.

2. Donada la successió $a_n = \dfrac{n - 3}{2n}$:

a) Esbrina si la successió és creixent o decreixent.

b) Determina si la successió és fitada.

3. Calcula els límits següents:

a) $\lim \dfrac{n^2 - n + 1}{2n - 5}$

b) $\lim \dfrac{5n + 3}{2 + n}$

c) $\lim \dfrac{2n + 3}{n^3 + 1}$

d) $\lim \left(n - \sqrt{n^2 + 1}\right)$

e) $\lim \left(\dfrac{n + 5}{n - 1}\right)^{2n^2 + 1}$

f) $\lim \left(\dfrac{2n - 1}{n + 3}\right)^{\frac{n^2 + 1}{2n^2 - 5}}$

4. Calcula:

a) La suma dels cent primers nombres naturals.

b) La suma de les deu primeres potències naturals de 2.

5. Calcula els límits següents:

a) $\lim \left(1 + \dfrac{3}{n + 5}\right)^n$

b) $\lim \left(1 - \dfrac{6}{n}\right)^{2n}$

c) $\lim \left(\dfrac{n^3 - n^2}{n^3 + 1}\right)^n$

d) $\lim \left(3 - \dfrac{2n}{n + 1}\right)^{n + 1}$

6. Les longituds dels costats d'un triangle rectangle expressades en centímetres formen una progressió aritmètica de diferència 3. Calcula el perímetre i l'àrea del triangle.

Unitat 5

1. Fes una taula de valors i representa gràficament als mateixos eixos de coordenades cadascuna de les funcions següents:

$f(x) = 3^x$

$g(x) = \log_3 x$

Elabora també una llista de les característiques de cada corba i compara-les.

2. Resol les equacions i el sistema següents:

a) $\log_5 x = -3$

b) $3^{x+1} = 150$

c) $9^x - 3^{x+1} - 54 = 0$

d) $2^x + 2^{x+1} + 2^{x+2} + 2^{x+3} = 480$

e) $2 \log x = \log(3 - x) + \log 4$

f) $\left.\begin{array}{l} \log x + \log (y + 12) = 1 \\ 2x - y = 4 \end{array}\right\}$

3. Si $\log_3 p = 5$ i $\log_3 q = -2$, calcula el resultat de les expressions següents aplicant les propietats dels logaritmes:

a) $\log_3 (p \cdot q)$

b) $\log_3 p^2$

c) $\log_3 (p \cdot q^3)$

d) $\log_3 \dfrac{p^5}{q}$

4. La datació de restes arqueològiques es pot fer a partir de la quantitat de carboni 14 (^{14}C) que contenen. La quantitat residual de ^{14}C que es troba al fòssil segueix la funció exponencial $q(t) = q_0 \cdot 2^{-\frac{t}{5700}}$, on q_0 és la quantitat inicial de ^{14}C que contenia el fòssil quan era viu i t, el temps en anys. Calcula l'edat d'una mòmia si la quantitat de ^{14}C que presenta és la meitat de la que tenia quan era viva.

5. La taxa de població d'un país és del 2 % anual. Suposant que aquesta taxa no es modifica en els pròxims 10 anys, calcula la població que tindrà el país d'aquí a 8 anys si actualment té 10 milions d'habitants. Quants anys hauran de transcórrer perquè la població actual augmenti 1 milió d'habitants?

Unitat 6

1. Indica raonadament si són certes o falses les afirmacions següents:

a) Un capital col·locat al 5 % d'interès simple anual triga 20 anys a duplicar-se.

b) A interès compost, un 2 % trimestral és equivalent al 8 % anual.

c) Els interessos disminueixen a mesura que augmenta la freqüència de capitalització.

d) La TAE és superior a la taxa nominal.

2. A quina taxa anual d'interès compost s'han d'ingressar 250 € perquè en 6 anys produeixin uns interessos de 59,10 €? I quina serà la taxa anual a interès simple?

3. En obrir una llibreta d'estalvis ens ofereixen dues possibilitats: un nominal del 3,6 % convertible bimensualment o una TAE del 3,63 %. Quina de les dues possibilitats ens resulta més avantatjosa?

4. Un estudiant universitari decideix obrir un compte habitatge en un banc i ingressar 2 400 € al principi de cada any durant 5 anys en una llibreta que dóna un interès compost del 4,6 % anual. Passats els 5 anys decideix comprar un pis que val 200 000 € i dóna els diners que havia estalviat d'entrada. Per a la resta li concedeixen una hipoteca al 6 % anual que cal tornar en 20 anys en pagaments mensuals.

a) Quin capital tindrà en el compte habitatge passats els 5 anys?

b) Quants diners haurà de tornar al banc al cap dels 20 anys?

c) Si amortitza la hipoteca en pagaments mensuals, quant haurà de pagar cada mes?

5. Un préstec de 120 000 € al 9 % anual s'ha de retornar en 8 anys.

a) Calcula l'anualitat d'amortització.

b) Quants diners s'hauran retornat al cap dels 8 anys?

c) Elabora'n el quadre d'amortització.

Avaluació

Unitat 7

1. Les alçades dels jugadors d'un equip de bàsquet són donades per la taula següent:

Alçades (m)	Nre. de jugadors
(1,70; 1,80]	2
(1,80; 1,90]	4
(1,90; 2,00]	5
(2,00; 2,10]	3
(2,10; 2,20]	1

Calcula'n:

a) La mitjana aritmètica.

b) La mediana i la classe modal.

c) La variància i la desviació típica.

2. A partir de la taula de la variable discreta *X*:

x_i	3	4	5	6	7	8
n_i	3	7	10	12	6	2

Calcula'n la mitjana aritmètica, la desviació mitjana, la mediana, la variància i la desviació típica.

3. Les superfícies en hectàrees de 50 explotacions agrícoles d'una regió són les següents:

16	16	17	16	18	20	11	26	11	13
12	15	12	14	28	17	17	21	15	14
11	12	14	12	17	14	18	17	15	25
13	19	17	18	10	29	27	19	24	21
13	16	17	16	16	10	15	16	15	20

a) Construeix les taules de freqüències absoluta i relativa agrupant les dades en classes d'amplitud 3.

b) Calcula els paràmetres de centralització.

c) Calcula els paràmetres de dispersió.

d) Dibuixa l'histograma i el polígon de freqüències acumulades.

e) L'interval $(\bar{x} - 3\sigma, \bar{x} + 3\sigma)$, anomenat *interval de confiança*, conté aproximadament el 98 % de les dades. Calcula l'interval de confiança per a aquestes dades i verifica si en aquest cas conté el 98 % de les dades.

Unitat 8

1. Estudiant les qualificacions de matemàtiques i d'educació física dels alumnes d'un centre s'ha obtingut un coeficient de correlació entre les dues variables igual a −0,02. Com interpretaries aquest resultat?

2. Explica què és la distribució bidimensional. Posa'n un exemple.

3. La mitjana dels pesos d'una població és de 65 kg, i la de les alçades és de 170 cm. Les desviacions típiques són de 5 kg i 10 cm, respectivament, i la covariància d'ambdues variables és 40. Calcula la recta de regressió dels pesos respecte de les alçades. Què pots preveure que pesarà un individu de 180 cm d'alçada?

4. En quatre viatges del trajecte Barcelona-Girona un conductor ha observat les velocitats mitjanes i els consums de gasolina següents:

X velocitat (km/h)	105	117	90	120
Y consum (L/100 km)	6,5	7,5	6	8,2

a) Calcula les variàncies de les variables *X* i *Y*, la covariància i el coeficient de correlació.

b) Escriu la recta de regressió de *Y* sobre *X*.

c) Quin consum es podria esperar d'un viatge fet a 120 km/h de mitjana?

5. En una mostra de 12 individus s'han estudiat dues variables, de les quals sabem que:

$$\bar{x} = 6 \qquad \sigma_x = \sqrt{6} \qquad \sum_{i=1}^{12} y_i^2 = 380$$

Sabem també que l'equació de la recta de regressió que expressa *X* en funció de *y* és: $x = 0{,}89\, y + 1{,}55$.

Calcula:

a) La mitjana i la variància de la variable *Y*.

b) La covariància i el coeficient de correlació lineal.

c) L'equació de la recta de regressió de *Y* sobre *X*.

Unitat 9

1. En un congrés a Berlín hi assisteixen 120 persones. Els organitzadors han optat per l'alemany i l'anglès com a llengües vehiculars. A les butlletes d'inscripció 60 persones van dir que coneixien i parlaven l'alemany i 90, l'anglès. Quina és la probabilitat que dos assistents escollits a l'atzar no s'entenguin?

2. Quina és la probabilitat que en ordenar a l'atzar 7 llibres amb títols que comencen per lletres diferents quedin ordenats alfabèticament?

3. En una marató hi ha apuntats 125 atletes, dels quals 18 són dels EUA. Quina és la probabilitat que els atletes d'EUA aconsegueixin els tres llocs del podi?

4. Si consideres a l'atzar un nombre entre 0 i 999, quina és la probabilitat que la xifra de les desenes sigui més gran que les altres dues?

5. En fer una sola travessa a l'atzar, calcula la probabilitat d'obtenir:

a) Un catorze.

b) Un dotze.

6. Els números d'un sorteig van del 0 000 al 9 999. N'escollim un a l'atzar.

a) Quina és la probabilitat que acabi en 0?

b) I que comenci per 20?

c) Calcula la probabilitat que el número escollit no sigui parell.

7. Un producte està format per tres parts: *A*, *B* i *C*. En el procés de fabricació s'ha comprovat que la probabilitat que surti un defecte a *A* és 0,03; que en surti un a *B*, 0,02 i que el defecte surti a *C*, 0,01. Si sabem que els tres esdeveniments són independents, calcula la probabilitat que un producte escollit a l'atzar no tingui cap dels defectes.

Unitat 10

1. En l'experiment aleatori de llançar quatre monedes, determina la funció de probabilitat de la variable aleatòria X: «nombre de cares». Calcula l'esperança i la desviació típica de la variable.

2. Quina diferència hi ha entre una variable estadística i una variable aleatòria? Quines condicions ha de complir una distribució per seguir el model binomial?

3. Tenim una moneda trucada de manera que la probabilitat de treure cara és quatre vegades la de treure creu. Tirem 6 vegades la moneda. Calcula la probabilitat de:

a) Treure dues vegades creu.

b) Treure, com a màxim, dues vegades creu.

4. De 1 000 mesures de talles, se n'ha obtingut una mitjana de 165 cm i una desviació típica de 8 cm. Se suposa que la distribució és normal i es demana:

a) Quantes mesures són més petites de 157 cm?

b) Quantes estan entre 167 i 181 cm?

5. Si l'alçada mitjana de les persones adultes d'un país determinat és de 167 cm i les alçades es distribueixen normalment amb una desviació típica de 5 cm:

a) Quin percentatge de la població adulta d'aquest país té una alçada compresa entre 160 i 180 cm?

b) Calcula quantes persones adultes del país d'una mostra de 500 mesurarien entre 160 i 180 cm.

c) Quina és la probabilitat que una persona escollida a l'atzar tingui una alçada no superior a 175 cm?

6. La nota de tall per entrar en una facultat ha sigut de 7,732. Se sap que la mitjana de les notes d'accés dels alumnes que han demanat entrar en aquesta facultat és de 7,215 amb una desviació típica de 1,81.

a) Quin percentatge d'alumnes ha tingut accés als estudis d'aquesta facultat?

b) Si hi haguessin entrat el 70 % dels alumnes que ho havíen demanat, quina hauria sigut la nota de tall?